中等职业教育课程改革创新示范教材

中等职业教育机械系列规划教材

车削加工技术

主　编　赵治平　王超纲
　　　　于定文
副主编　伍　琼　赵开翀
　　　　龙海玲

哈尔滨工程大学出版社
Harbin Engineering University Press

内容简介

本书由基础知识篇和操作技能篇组成。基础知识篇包括安全文明生产与车床简介，车工常用量具和金属切削基础知识；操作技能篇包括简单轴类零件的车削加工，简单套类零件的车削加工，内、外圆锥的车削加工，成型面及表面修饰加工，普通三角形螺纹车削加工，梯形螺纹、蜗杆加工，偏心件、细长轴、薄壁件车削加工，以及车削加工综合训练。

图书在版编目(CIP)数据

车削加工技术/赵治平，王超纲，于定文主编. —哈尔滨：哈尔滨工程大学出版社，2019.6

ISBN 978-7-5661-2349-7

Ⅰ.①车… Ⅱ.①赵… ②王… ③于… Ⅲ.①车削 Ⅳ.①TG51

中国版本图书馆 CIP 数据核字(2019)第 129313 号

选题策划 马子涵
责任编辑 卢尚坤
封面设计 刘文东

出版发行 哈尔滨工程大学出版社
社　　址 哈尔滨市南岗区南通大街 145 号
邮政编码 150001
发行电话 0451-82519328
传　　真 0451-82519699
经　　销 新华书店
印　　刷 北京海石通印刷有限公司
开　　本 787 mm×1 092 mm　1/16
印　　张 17.5
插　　页 0
字　　数 426 千字
版　　次 2019 年 6 月第 1 版
印　　次 2019 年 6 月第 1 次印刷
定　　价 43.00 元
http://www.hrbeupress.com
E-mail：heupress@hrbeu.edu.cn

服务电话：400-615-1233

前言

PREFACE

车削加工技术是机械制造业不可或缺的金属切削加工技术。机械制造业配合先进的电子技术，对振兴民族工业，促进国民经济迅速发展起着举足轻重的作用。在实际的加工生产中，要完成一个零件的切削加工，通常需要铸、锻、车、铣、刨、磨、镗、钳、热处理等诸多工种的协同配合，而最基本的就是车削加工。车削是指操作工人（车工）在车床上根据图样要求利用工件的旋转运动和刀具的相对切削运动来改变毛坯的尺寸和形状，使之成为合格产品的金属切削方法。

在制造业中，车床号称“母机”。车削加工几乎占切削加工的50%，在车床上可以加工内、外圆柱面，内、外圆锥面，端面，内、外沟槽，端面沟槽，各种内、外螺纹，以及各模数的蜗杆，各种成形面，偏心件、细长轴、薄壁件；还能够进行滚花、研磨和抛光；如果增加一些附件，还可以进行内、外圆磨，镗孔，绕制弹簧等操作。

为了使学习者能够自学和在教师指导下更好地掌握车削加工这门技术，编者遵循由浅入深、循序渐进、理论与实践相结合的原则编写了本书。

本书由基础知识篇和操作技能篇组成。基础知识篇包括安全文明生产与车床简介，车工常用量具和金属切削基础知识；操作技能篇包括简单轴类零件的车削加工，简单套类零件的车削加工，内、外圆锥的车削加工，成形面及表面修饰加工，普通三角形螺纹车削加工，梯形螺纹、蜗杆加工，偏心件、细长轴、薄壁件车削加工，以及车削加工综合训练。

本书由赵治平、王超纲、于定文任主编，伍琼、赵开翀、龙海玲任副主编。其中，赵治平负责统筹编撰、修改，王超纲负责审稿，伍琼负责绝大部分零件图及其立体图的绘制，赵开翀负责初审，龙海玲绘制了部分零件图，于定文负责零件图的审核与校对。

由于编者水平有限，书中难免存在一些不足之处，恳请广大读者批评指正。

编　者

前言

目录
CONTENTS

基础知识篇

操作技能篇

目录

基础知识篇

任务一 安全文明生产与车床简介

任务描述

坚持安全文明生产是保障生产工人和设备安全、防止发生工伤和设备事故的根本保证，同时也是工厂科学管理的一种十分重要的手段。只有了解、熟悉车床的结构，才能更好地操作车床进行车削加工。

子任务1 安全文明生产、车床的结构与作用

【知识目标】

1. 掌握安全文明生产、安全操作规程。
2. 掌握车床的结构组成及其各部件的名称、作用。
3. 学会对车床进行润滑和日常保养，延长车床的使用寿命。
4. 学会操作车床（启动、进给、变速，各手柄的灵活使用）。

【技能目标】

1. 熟练操作车床（对车床的组成、结构了如指掌，熟练、准确地使用各操作手柄，清楚各部件的作用及车床传动路线、车床横向进给 / 纵向进给的操作）。
2. 能对车床进行润滑和日常保养。
3. 能通过查阅资料或讨论交流的方式获取所需相关信息。
4. 具有团队合作的能力和自我学习的能力，具有严谨的工作作风和良好的职业道德。

典型工作任务

（1）掌握安全文明生产的重要性和必要性。
（2）掌握车床及其各部件的名称、特点、性能和作用。
（3）正确操作车床（启动、变速、进给、正反转和停车）。

相关知识

一、车床的结构

车床一般由“一身”（床身）、“二腿”（左腿、右腿）、“三杠”（光杠、丝杠、操纵杠）、“四箱”（床头箱 / 主轴箱、进给箱 / 走刀箱、挂轮箱 / 交换齿轮箱、溜板箱 / 拖板箱）和“一架”(刀架)、“一鞍”（床鞍）、“一尾座”“二滑板”（又称拖板，即中滑板和小滑板）、“四系统”[传动系统、润滑系统、电气系统、（液压）冷却系统]组成，如图 1-1 所示。车床的操作手柄如图 1-2 所示。

图 1-1　车床的组成

1—左腿；2—溜板箱；3—挂轮箱；4—进给箱；5—主轴箱；6—床鞍；7—刀架；8—床身；9—尾座；10—丝杠；11—光杠；12—操纵杠；13—右腿；14—小滑板；15—中滑板

图 1-2　车床的操作手柄

1，2—进给箱变速手柄；3，4—主轴箱变速手柄；5—中滑板手动手柄；6—刀架锁紧手柄；7—小滑板手动手柄；8—尾座套筒锁紧手柄；9—尾座锁紧手柄；10—尾座移动手轮；11—刀架纵向 / 横向快进 / 工进操作手柄；12—开合螺母手柄；13—溜板箱手动手柄；14—主轴正反转停车操作手柄

二、普通车床的工作原理与车削特点

普通车床的工作原理是电动机将动力传给床头箱，经床头箱变速，主轴带动工件做旋转运动，

为切削提供主运动；溜板箱上的床鞍（大拖板、大滑板）、中滑板和小滑板做直线运动，如图 1–1 所示，为切削提供进给运动。

普通车床能加工的东西，数控车床不一定都能加工，而数控车床能加工的东西，普通车床一定都能加工。

车削的特点如下：

（1）适用性强，应用广泛，适用于车削不同材料、不同精度要求的工件。

（2）所有刀具结构简单，制造、刃磨、装夹方便。

（3）车削一般是等截面连续进行的，因此切削力较小，切削过程相对平稳，生产效率高。

（4）可以加工出尺寸精度、形状精度、位置精度和表面质量较高的工件。

三、普通车床的用途

普通车床的用途可在车工实训场地现场示范、观摩。

车床的主要作用如图 1–3 所示。车床可以车内、外圆，车端面，切断，车内、外沟槽，钻中心孔，钻孔，车孔，铰孔，车内、外圆锥，车内、外螺纹，套丝与攻丝，车成形面，滚花，盘绕弹簧，磨外圆，镗孔，研磨，抛光，倒角等。

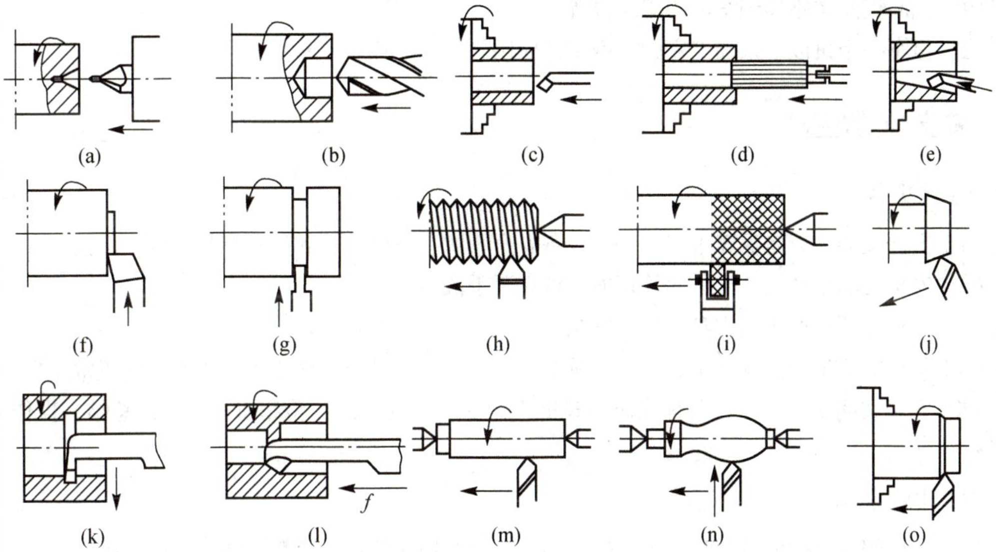

图 1–3 车床的主要作用

（a）钻中心孔 （b）钻孔 （c）车内圆 （d）铰孔 （e）车内圆锥 （f）车端面 （g）切断或切槽 （h）车螺纹 （i）滚花 （j）车外圆锥 （k）车内沟槽 （l）镗孔 （m）车外圆 （n）车成形面 （o）倒角

四、普通车床基本操作规范

车工在工作中要认真遵循以下规范：

（1）找正工件时只准用手扳动卡盘或开最低速找正，不准开高速找正。

（2）加工棒料时，棒料不得伸出太长，一般以不超出主轴孔后端 300 mm 为宜，并用木片在主轴孔内卡紧。若超过 300 mm，则应用支架支承，确认安全后方可加工，但不准开高速。

（3）加工偏重工件时，所加配重要恰当、紧固牢靠，用手转动卡盘检查无障碍后再低速回转，确认配重符合要求方可加工。

（4）用尾座顶针顶持工件时，尾座套筒的伸出量不准超过套筒直径的 2 倍，同时注意锁紧。

（5）用尾座装钻头钻孔时不准用杠杆转动手轮进刀。

（6）装卸较重的工件时，要在床面上垫块木板，防止发生意外。

（7）装卸卡盘时，只准用手转动三角皮带带动主轴回转，绝对禁止直接开动机床强制松开或拧紧皮带，同时要在床面上垫块木板，防止发生意外。

（8）溜板做快速移动时，需在离极限位置 50 ～ 100 mm 处停止快速移动，防止碰撞。

（9）车刀安装不宜伸出过长，车刀垫片要平整，宽度要与车刀底面宽度一致。

（10）车削外圆时，只准用光杠而不准用丝杠带动溜板走刀。

（11）改变主轴回转方向时要停止主轴回转后进行，不准突然改变主轴回转方向。

（12）工作中不准用反车的方法制动主轴回转。

（13）加工钢件改为加工铸铁件或其他有色金属件时，应将切屑彻底清除及擦净冷却液。加工铸铁件或其他有色金属件改为加工钢件时，应将切屑彻底清除，擦净导轨面并加油润滑。

（14）高速切削钢件时要有断屑装置，必须使用活顶尖。

（15）大型车床的工件重量及加工时的转速一定要符合使用说明书要求。

车工在工作后要认真做到以下两点：

（1）把溜板及尾座移到车床的尾端位置。

（2）停车一个班以上未加工完的大型工件应用木块支承住。

五、安全文明生产

1. 重要性

（1）安全文明生产是保障生产工人和设备安全、防止发生工伤和设备事故的根本保证。

（2）安全文明生产是工厂科学管理的一种重要手段。

（3）安全文明生产影响人身和设备安全、产品质量及生产效率。

（4）安全文明生产能延长工、夹、量具的使用寿命和有助于操作工人技术水平的正常发挥。

（5）安全文明生产的一些具体要求是长期生产活动中的实践经验和血的教训的总结，操作时必须严格执行。

2. 注意事项

（1）工作服应穿戴整齐，长发工人应戴帽，严禁穿短衣短裤、凉鞋、裙子，严禁戴手套。

（2）戴好防护眼镜，头不可离工件太近。

（3）集中精力，注意手、身体、衣服不能靠近正在旋转的机件。

（4）工件、刀具装夹牢固。

（5）必须先停车再装卸工件、更换刀具、进行测量及变速。

（6）车床运转时不得用手去摸，严禁用棉纱擦抹工件表面。

（7）使用专用铁钩清屑。

（8）坯料从主轴孔尾端伸出不宜太长。

（9）不得用手去停转动的卡盘。

（10）不得随意拆装电气设备，以防触电。在工作中发现机床、电气部件有故障应及时申报，由专业人员修检，未修复不得使用。

3. 安全文明生产的具体要求

（1）开车前检查各部分机构及防护设备是否完好，各手柄是否灵活、位置是否正确。检查各注油孔并进行润滑，空转 1 ～ 2 min，待运转正常后方可工作。

（2）主轴变速必须先停车，将变速手柄置于低速挡，除车螺纹外不得使用丝杠进行机动进给。

（3）刀具、量具、工具放置妥当、整齐、合理，有固定位置。

（4）工具和量具应分类摆放。

（5）正确使用和爱护量具。

（6）不得在卡盘、床身上敲击校直工件，床面上不得放置工件，装夹较重工件时应用木板保护床面。

（7）车刀磨损后及时刃磨。

（8）批量生产，首件送检。

（9）毛坯、半成品、成品应分类存放。

（10）图样、工艺卡应放置在便于阅读的位置，且保持清洁、完整。

（11）使用切削液，床身上先涂润滑油。车削铸件及气割料时应擦去导轨上的润滑油，定期更换切削液。

（12）工作场地周围应保持清洁、整齐。

（13）工作完毕，将所用过的物件擦净归位，清理机床，刷去切屑，擦净机床各部位的油污。按规定加注润滑油。将床鞍摇至尾端，使各手柄归回空挡位置，然后关闭电源。

知识拓展

一、车间安全文明生产管理制度（供参考）

为进一步贯彻落实国家安全生产方针政策，加强对安全生产工作的领导和管理，保护员工在生产中的安全和健康，实现安全生产、文明生产，根据《中华人民共和国安全生产法》等法律法规，结合公司实际，制定安全文明生产管理制度。

（1）安全生产人人有责，每个员工都应在自己的岗位上认真履行各自的安全工作职责，并对本岗位的安全生产负责。

（2）认真抓好安全教育工作，树立安全意识，培养安全操作技能，学习安全知识和提高防范能力。新入厂员工经过三级安全教育后方可上岗作业，特殊工种和特种设备作业人员必须经技术监督部门培训，并经考核合格后持证上岗。在每年生产淡季组织员工进行集中安全培训。

（3）加强安全生产、文明生产检查，及时发现并整改各类安全隐患，及时发现并制止各类不安全行为，有效防止事故的发生。

（4）认真履行《中华人民共和国安全生产法》赋予的各项义务，认真学习安全生产知识和公司各项安全生产规章制度，严格遵守岗位作业指导书和安全操作规程，严格遵守劳动、操作、工艺等各项工作纪律，不得擅离职守。

（5）上岗前必须按规定穿戴劳动保护用品，工作中正确使用各种防护用品和用具。

（6）工作前首先检查所使用的机器、仪器、工具等，发现异常及时处理，不能让它们带病运行。

（7）工作前要注意周围环境有无危险情况和标志，注意自己和他人的安全。

（8）工作中要精力集中；在机械设备周围，操作人员要扣好纽扣，不准穿长、大衣服和裙子，长发和辫子要放在工作帽内，不准在作业岗位上穿高跟鞋、凉鞋等。

（9）操作机械设备和仪器设备均不得超过其规定的温度、压力、液位、容积和转速等技术标准。

（10）做到专人专机和专用仪器设备，未经组长和操作者本人同意，任何人不得擅自动用。两人以上同时操作一台设备的，要互相配合，遵守信号，加强协作，以免发生事故。

（11）凡连班作业的工种或岗位，应做好交接班工作，做到交班清楚、接班明白，避免遗留安全隐患。发现隐患要积极采取措施并立即报告领导，同时要做好交接班记录。凡因交接不清而造成事故的，双方均负责任。

（12）共同作业时要加强联系，互相照顾，听从统一指挥和严格遵守规定的信号与标志。

（13）凡机动、机械转动设备在检修、清理时必须停机进行，并在开关处挂禁止启动标志。禁止启动标志谁挂谁摘，其他人不得随意摘取。

（14）在机械停车未停稳前不得用手脚强制制动。

（15）各种平台、走台、固定梯子均应加护栏，各种传动装置、机械危险部位均需安装牢固可靠的防护装置。凡停车卸下的安全防护装置必须在开车前安好，否则禁止开车。

（16）机械传动摩擦部位应设有自动加油装置，运转中难以加油的应停车进行加油。

（17）不准跨越传动设备。

（18）在机械设备运转中，不得用手触摸传动部分，不得将身体探入传动部分内探取物件。

（19）正确使用电气设备，不得私自乱拉电线。凡电气设备的金属外壳和金属隔离装置均需有良好的接地或接零保护装置，以防触电。非电工不得拆卸和修理电气设备。

（20）行灯电压不得超过 36 V，在金属容器内或潮湿的地方使用不得超过 12 V。

（21）登高作业时必须扎好安全带，戴好安全帽，不准穿硬底鞋，工具装在工具袋内，使用的梯子要有防滑装置，用前检查，使用无防滑装置的梯子时下面要有人扶守，以防滑落伤人。不准随意从高处往下扔东西。

（22）厂内危险区域设立标志，严禁无关人员进入，有关人员入内要提高警惕。

（23）不准坐、站在窗台上休息或乘凉，在窗口做卫生时要采取安全措施，以防跌落。

（24）工作中遇停电时应立即拉闸断电，来电后再按顺序合闸开车。禁止用水冲洗电气设备，防止触电及毁机。严禁在电气柜、电气箱内存放杂物。

（25）在设备运转时严禁离开工作岗位，必须注意力高度集中，不得与他人谈话、闲聊。

（26）加强原材料、半成品、成品的搬运和防护管理工作，不野蛮装卸，保持包装物整洁、完美，防止出现损伤。

（27）注意文明行为规范。按时上下班，不迟到、早退，不离岗、脱岗，有事提前请假，不无故不到岗。工作期间不干私活，不说笑打闹和闲聊睡觉。班前和班中不喝酒。坚守工作岗位，遵守劳动纪律。

（28）外来人员不经领导批准不准进入车间，严禁带儿童进入车间及工作场所。

（29）下班时应停机、拉闸、关水门，整理好机械设备和现场卫生，关好门窗后方可离开。

（30）车间内、外的所有厂区环境卫生要每天定人打扫，保持清洁。

二、车床的种类

按用途和结构的不同，车床主要分为卧式车床（图 1-1）、落地车床、立式车床、转塔车床、回轮车床、单轴自动车床、多轴自动和半自动车床、仿形车床、多刀车床，以及各种专门化车床，如凸轮轴车床、曲轴车床、车轮车床、铲齿车床。在所有车床中，以卧式车床应用最广泛。卧式车床加工尺寸公差等级可达 IT8 ~ IT7，表面粗糙度 *Ra* 值可达 1.6 μm。

普通车床的加工对象广，主轴转速和进给量的调整范围大，能加工工件的内、外表面，端面，内、外螺纹。这种车床主要由工人手工操作，生产效率低，适用于单件、小批生产和修配车件。

转塔车床和回轮车床具有能装多把刀具的转塔刀架或回轮刀架，能在工件的一次装夹中由工人依次使用不同刀具完成多种工序，适用于成批生产。

三、机床通用型号编制方法

机床通用型号的编制方法参考国家标准《金属切削机床　型号编制方法》(GB/T 15375—2008)。图 1-4 所示为机床通用型号表示方法，用以简明地表示机床的类型、主要技术参数、性能和结构特点等。

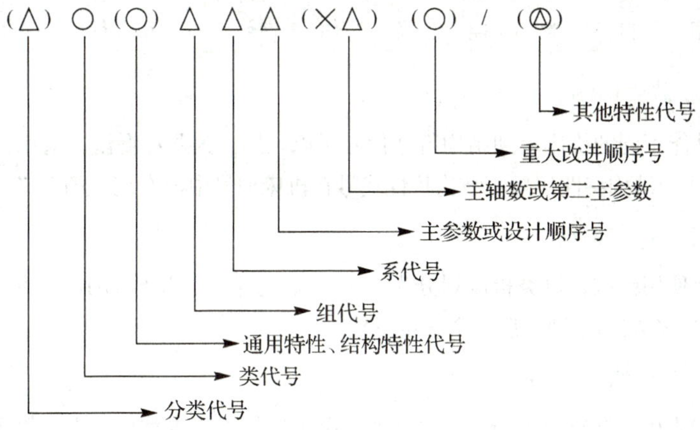

注 1：有"(　　)"的代号或数字，若无内容则不表示，若有内容则不带括号。
注 2：有"○"符号的为大写的汉语拼音字母。
注 3：有"△"符号的为阿拉伯数字。
注 4：有"◎"符号的为大写的汉语拼音字母或阿拉伯数字，或两者兼有。

图 1-4　机床通用型号表示方法

1. 机床的分类及代号

机床的品种规格繁多，为便于区别、使用和管理，必须加以分类。机床的分类方法有以下几种：

(1) 按通用性程度，机床可分为通用（万能）机床、专门化机床和专用机床。

(2) 按工作精度，机床可分为普通机床、精密机床和高精度机床。

(3) 按重量和尺寸，机床可分为仪表机床、中型机床、大型机床、重型机床和超重型机床。

(4) 按自动化程度，机床可分为手动机床、机动机床、半自动机床、自动机床和数控机床。

(5) 按主要工作部件的数目，机床可分为单轴机床、多轴机床、单刀机床和多刀机床。

(6) 按加工性质、刀具，机床可分为车床、钻床、镗床、磨床、齿轮加工机床、螺纹加工机床、铣床、刨插床、拉床、特种加工机床、锯床、其他机床。机床的分类及代号见表 1-1。

表1-1　机床的分类及代号

类别	车床	钻床	镗床	磨床			齿轮加工机床	螺纹加工机床	铣床	刨插床	拉床	特种加工机床	锯床	其他机床
代号	C	Z	T	M	2M	3M	Y	S	X	B	L	D	G	Q
读音	车	钻	镗	磨	2 磨	3 磨	牙	丝	铣	刨	拉	电	割	其他

2. 机床的通用特性代号

机床的通用特性代号见表 1-2。

表1-2　机床的通用特性代号

通用特性	高精密	精密	自动	半自动	数控	加工中心	仿形	轻型	加重型	简式或经济型	柔性加工单元	数显	高速
代号	G	M	Z	B	K	H	F	Q	C	J	R	X	S
读音	高	密	自	半	控	换	仿	轻	重	简	柔	显	速

3. 机床的结构特性代号

对于结构、性能不同的机床可加结构特性代号予以区别。为避免混淆，通用特性代号已用的字母及 I、O 都不能作为结构特性代号。结构特性代号在机床型号中没有统一的含义。

4. 机床的组代号和系代号

按结构性能及使用范围，每类机床划分为 10 个组，每个组又划分为 10 个系，分别用阿拉伯数字 0 ～ 9 表示，前一个表示组别，后一个表示系别。

5. 机床的主参数和第二主参数

机床主参数代表机床规格的大小，在大多数情况下用折算值表示，其折算值等于主参数乘以折算系数（1/10 或 1/100）。

第二主参数一般指主轴数、最大跨距、最大工件长度、工作台工作长度等。第二主参数也用折算值表示。

常用机床主参数、第二主参数及折算系数见表 1-3。

表1-3　常用机床主参数、第二主参数及折算系数

机床名称	主参数	第二主参数	折算系数
单轴自动车床	最大棒料直径		1
转塔车床	最大车削直径		1/10
立式车床	最大车削直径	最大工件高度	1/100
卧式车床	床身上最大工件回转直径	最大车削长度	1/10
摇臂钻床	最大钻孔直径	最大跨距	1
立式钻床	最大钻孔直径	轴数	1
卧式铣镗床	镗轴直径		1/10
坐标镗床	工作台面宽度	工作台面长度	1/10
外圆磨床	最大磨削直径	最大磨削长度	1/10
内圆磨床	最大磨削孔径		1/10
平面磨床	工作台面宽度		1/10
端面磨床	最大砂轮直径		1/10

续表

机床名称	主参数	第二主参数	折算系数
齿轮加工机床	（大多数是）最大工件直径	（大多数是）最大模数	1/10
龙门铣床	工作台面宽度	工作台面长度	1/100
卧式升降台铣床	工作台面宽度	工作台面长度	1/10
龙门刨床	最大刨削宽度	最大刨削长度	1/10
牛头刨床	最大刨削长度		1/10
插床	最大插削长度		1/10
拉床	额定拉力		1

6. 机床的重大改进顺序号

当机床的性能及结构布局有重大改进时，加重大改进顺序号 A、B、C……

7. 机床的其他特性代号

机床的其他特性代号如企业代号等。

机床通用型号示例如图 1-5 所示。

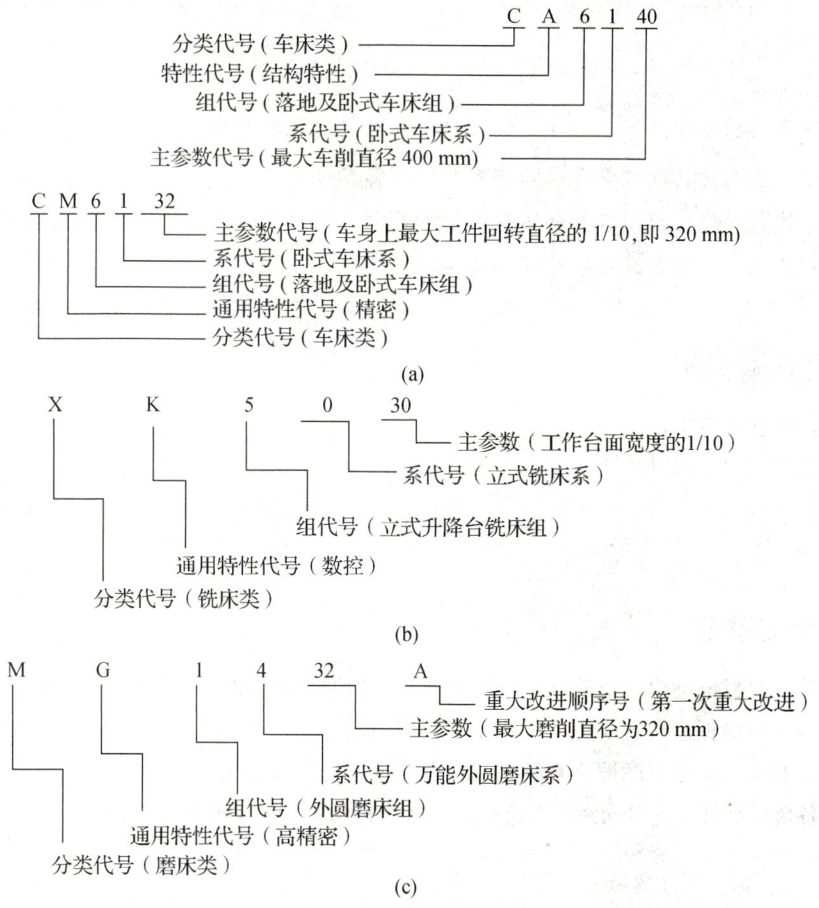

图 1-5 机床通用型号示例

（a）车床通用型号示例 （b）铣床通用型号示例 （c）磨床通用型号示例

考核与评价

（1）是否掌握了安全文明生产的重要性和必要性？
（2）是否掌握了车床的安全操作规程？
（3）是否熟悉并掌握了车床的结构组成及其各部件的名称与作用？
（4）是否熟悉车床的性能、作用及操作方法和要点？是否学会了操作车床？

子任务2 车床润滑、维护保养及基本操作训练

【知识目标】

1. 掌握润滑的基本概念。
2. 掌握车床润滑的形式及方法。
3. 掌握车床传动系统相关知识。

【技能目标】

1. 掌握车床的维护与保养方法，能正确对车床进行维护与保养。
2. 能通过查阅资料或讨论交流的方式获取所需相关信息。
3. 提高操作实践、应用工具和客观评价的能力，培养团队协作能力和自我学习能力。
4. 具有严谨的工作作风和良好的职业道德。

典型工作任务

（1）车床的基本操作。
（2）车床的润滑与维护保养。

相关知识

一、车床传动系统

车床的传动是靠电动机将电能转变为机械能，然后通过齿轮的啮合与传动带动车床主轴做旋转运动，床鞍、中小滑板进行直线运动，从而完成切削加工的。传动说明相邻的零部件相互接触并发生相对运动，有运动就会有摩擦，有摩擦就会有磨损。为了减少车床各传动件的磨损，延长车床的使用寿命，各传动部件要充分润滑，并进行必要的维护保养。图 1-6 所示为 C6140 车床的传动系统。（现场观摩）

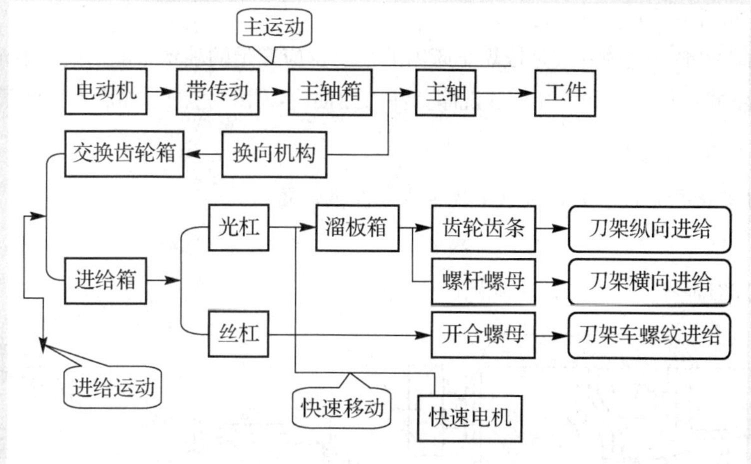

图 1-6 C6140 车床的传动系统

二、普通车床润滑

1. 普通车床的润滑方式

普通车床的润滑方式有浇油润滑、溅油润滑、油绳导油润滑、弹子油杯润滑、黄油（油脂）杯润滑和油泵循环润滑等。

（1）浇油润滑。车床外露的滑动表面，如床身导轨面，中、小滑板导轨面等，擦干净后用油壶浇油润滑。

（2）溅油润滑。车床齿轮箱内的零件一般是利用齿轮的转动把润滑油飞溅到各处进行润滑。

（3）油绳导油润滑。将毛绳浸在油槽内，利用毛细管作用把油引到需要润滑的部位，如图 1-7（a）所示。普通车床进给箱就是利用油绳导油润滑的。

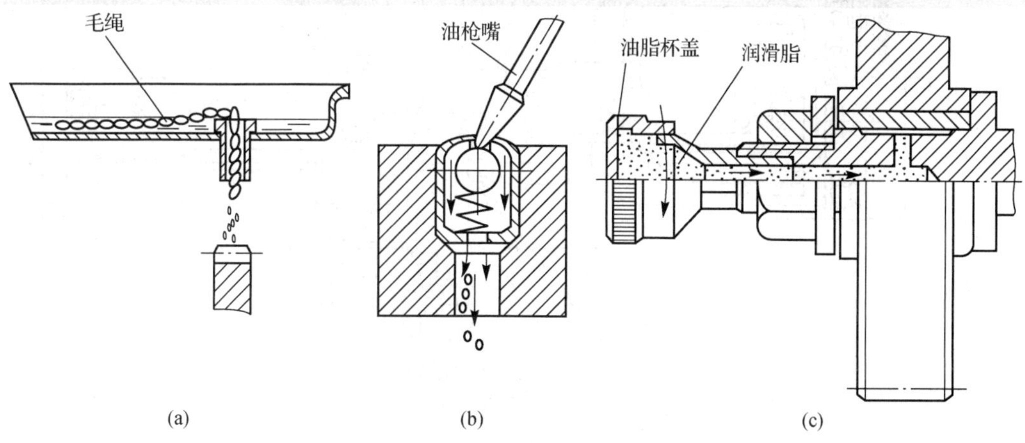

图 1-7 普通车床的润滑方式

（a）油绳导油润滑 （b）弹子油杯润滑 （c）黄油（油脂）杯润滑

（4）弹子油杯润滑。尾座和中、小滑板摇动手柄转动轴承处一般用弹子油杯润滑。润滑时，用油枪嘴把弹子压下，滴入润滑油，如图 1-7（b）所示。

（5）黄油（油脂）杯润滑。润滑时，先在黄油杯中装满工业润滑脂，旋入油杯盖时润滑脂就会挤入轴承套内，如图 1-7（c）所示。

（6）油泵循环润滑。这种方式是依靠车床内的油泵供应充足的油量来润滑的。换油时，先将废油放净后用干净煤油将箱体内部和油绳彻底洗净。注入的油应该用网过滤，油面不得低于油标中心线。

2. 普通车床的润滑系统

普通车床的润滑系统如图 1-8 所示（数字指示注油位置）。

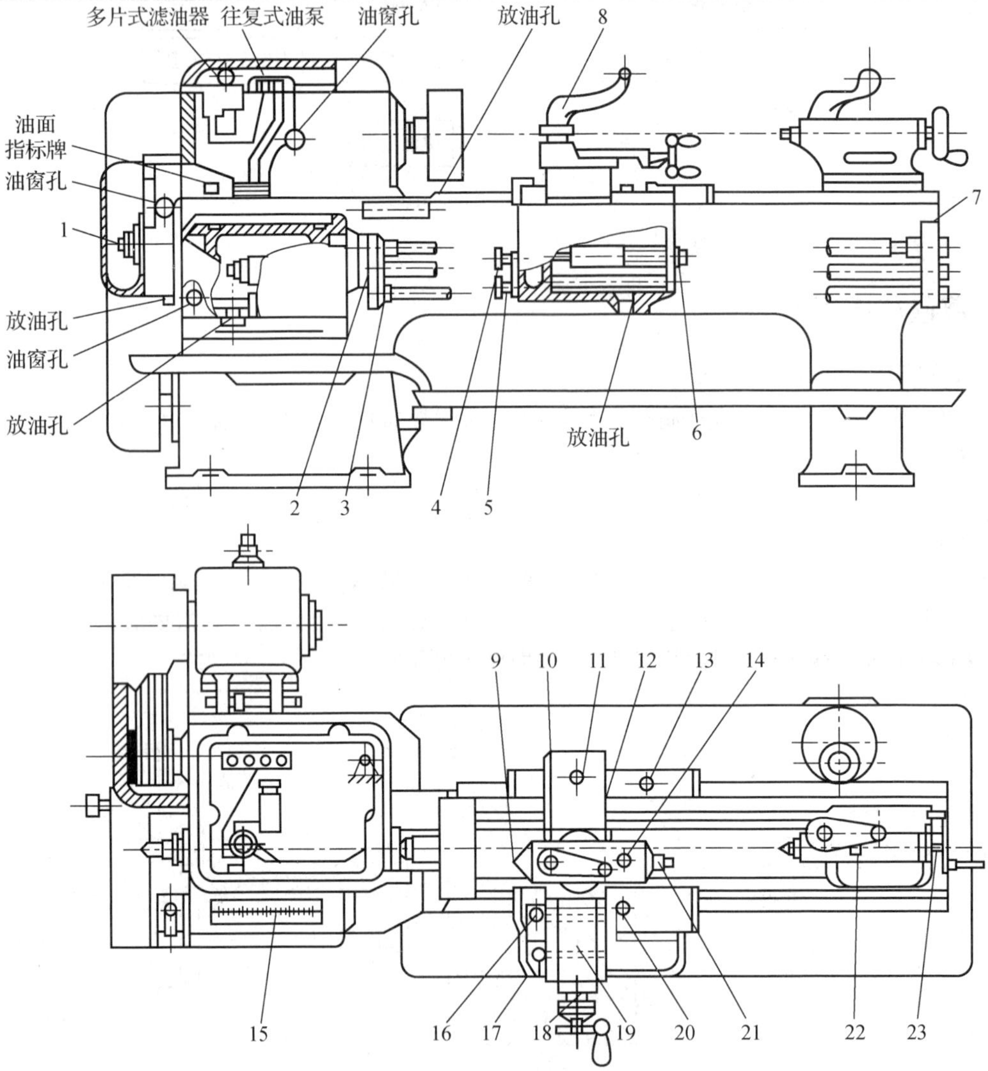

图 1-8 普通车床的润滑系统

各部位润滑注意事项如下：

（1）主轴箱的储油量通常以油面达到油窗高度为宜。箱内齿轮用溅油法进行润滑，主轴后轴承用油绳导油润滑，车床主轴前轴承等重要润滑部位用往复式油泵供油润滑。

（2）主轴箱上有一个油窗，如果发现油孔内无油输出，说明油泵输油系统有故障，应立即停车检查断油原因，等修复后才可开动车床。

（3）主轴箱、进给箱和溜板箱内的润滑油一般 3 个月更换 1 次，换油时应将箱体内用煤油洗清后再加油。挂轮箱上的正反机构主要靠齿轮溅油润滑，油面的高度可以从油窗孔看出，换油期也是 3 个月。

（4）进给箱内的轴承和齿轮除了用齿轮溅油润滑外，还靠进给箱上部的储油池通过油绳导油润滑。因此除了注意进给箱油窗内油面的高度外，每班还要给进给箱上部的储油池加油一次。

（5）溜板箱内的脱落蜗杆机构用箱体内的油润滑，油从图 1–8 中标注的盖板油孔 6 中注入，其储油量通常加到这个孔的下面边缘为止。溜板箱内的其他机构用其上部储油池里的油绳导油润滑，润滑油由图 1–8 中标注的孔 16 和孔 17 注入。

（6）床鞍、中滑板、小滑板、尾座、光杠、丝杠等的轴承靠油孔注油润滑（图 1–8 中标注的 8 ～ 23 和 2、3、7 处），每班加油一次。

（7）挂轮架中间齿轮轴承和溜板箱内换向齿轮的润滑（图 1–8 中标注的 1、4、5 处）每周加黄油一次，每天向轴承中旋进一部分黄油。

3. 普通车床的润滑要求

普通车床的润滑要求可概括为“五定”，即定点、定质、定量、定期、定人。其含义如下：

（1）定点。确定每台设备的润滑部位和润滑点，保持其清洁与完好无损，实施定点给油。

（2）定质。按照润滑图表（其符号含义见表 1–4）规定的油脂牌号用油，润滑材料及掺配油品必须经检验合格，润滑装置和加油器具保持清洁。

表1–4　润滑图表符号含义

周期	数字	意　　义	符号	含　　义	润滑部位	数量
每班	整数形式	“○”中数字表示润滑油牌号，每班加油 1 次	②	用 2 号钙基润滑脂进行脂润滑，每班拧动油杯盖 1 次	交换齿轮箱中的中间齿轮轴	1 处
			㊻	使用牌号为 L-AN46 的润滑油，每班加油 1 次	多处	14 处
经常	分数形式	“(分子/分母)”中分子表示润滑油牌号，分母表示两班制工作时换（添）油间隔的天数（每班工作时间为 8 h）	(46/7)	分子“46”表示使用牌号为 L-AN46 的润滑油，分母“7”表示加油间隔为 7 天	主轴箱后面的电气箱内的床身立轴套	1 处
			(46/50)	分子“46”表示使用牌号为 L-AN46 的润滑油，分母“50”表示换油间隔为 50 ～ 60 天	左床脚内的油箱和溜板箱	2 处

（3）定量。在保证良好润滑的基础上实行日常耗油量定额和定量换油，做好废油回收退库工作，治理设备漏油现象，防止浪费。

（4）定期。按照润滑图表或卡片规定的周期加油、添油和清油，储油量大的油箱应按规定时间抽样化验，视油质状况确定清洗换油、循环过滤及抽验周期。

（5）定人。按润滑图表上的规定，明确操作工、维修工、润滑工对设备日常加油、添油和清洗换油的分工，各司其职、互相监督，并确定取样送检人员。

三、普通车床日常润滑保养

每天需对车床进行润滑保养。以 CA6140 型卧式车床每日润滑保养步骤为例加以说明。

1. 保养前的准备

准备好棉纱、油枪、油壶、油桶、2 号钙基润滑脂（黄油）、L-AN46 全损耗系统用油等，如图 1-9 所示。

2. 擦拭车床，润滑各导轨面

依次用棉纱擦净小滑板导轨面、中滑板导轨面、尾座套筒表面、尾座导轨面、溜板导轨面，如图 1-10 所示。

图 1-9　润滑工具

图 1-10　擦拭车床

3. 润滑项目及内容

CA6140 型卧式车床每日润滑点分布如图 1-11 所示，据此进行润滑。

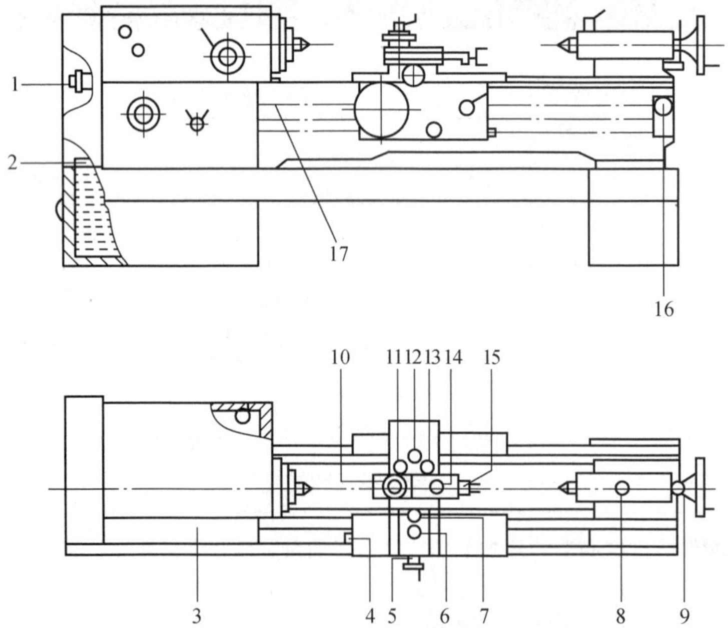

图 1-11　CA6140 型卧式车床每日润滑点分布

1—交换齿轮轴承；2—交换齿轮；3—变速箱；4—丝杠；5—溜板箱；6，7—中滑板导轨；8—尾座套筒；9—尾座手轮；10—床鞍；11，13—中滑板；12—刀架；14—小滑板导轨；15—小滑板手轮；16—“三杠”轴承；17—光杠

（1）主轴箱的润滑如图 1-12 所示。其润滑方式为油泵循环润滑和溅油润滑，润滑油为 L-AN46 全损耗系统用油。

图 1-12 主轴箱的润滑

（2）进给箱和溜板箱的润滑如图 1-13 所示。其润滑方式为溅油润滑和油绳导油润滑，润滑油为 L-AN46 全损耗系统用油。

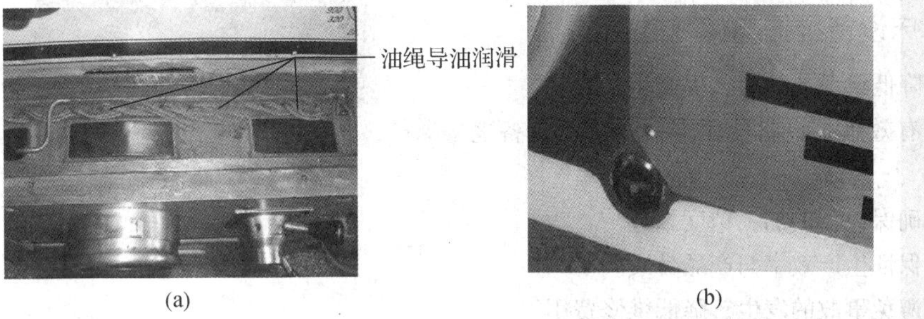

图 1-13 进给箱和溜板箱的润滑

（a）进给箱 （b）溜板箱油标

（3）丝杠、光杠及操纵杆轴颈的润滑方式为油绳导油润滑和弹子油杯润滑，润滑油为 L-AN46 全损耗系统用油。丝杠左端轴颈的弹子油杯润滑如图 1-14 所示，后托架储油池的注油润滑如图 1-15 所示。

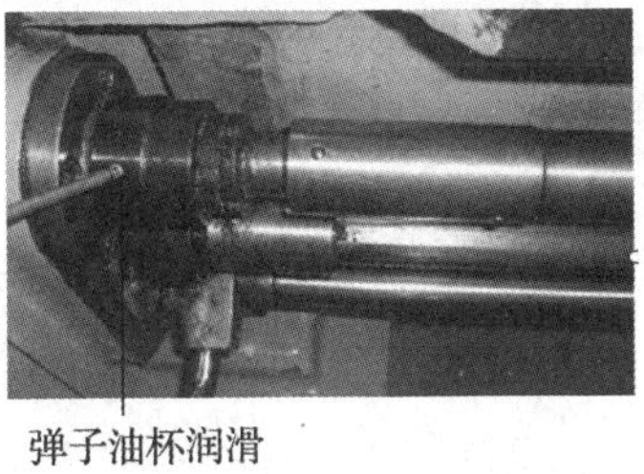

图 1-14 丝杠左端轴颈的弹子油杯润滑

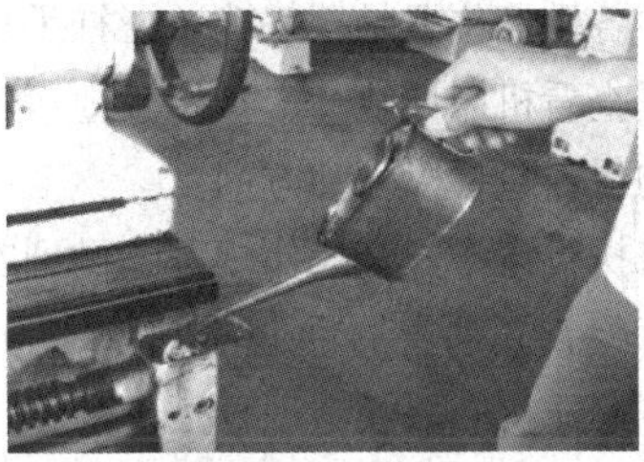

图 1-15 后托架储油池的注油润滑

（4）床鞍、导轨面和刀架部分的润滑方式为浇油润滑和弹子油杯润滑，润滑油为 L-AN46 全损耗系统用油。刀架的润滑如图 1-16 所示（a、b、c、d、e 为各润滑点）。

（5）尾座的润滑如图 1-17 所示。其润滑方式为弹子油杯润滑，润滑油为 L-AN46 全损耗系统用油。

图 1-16　刀架的润滑

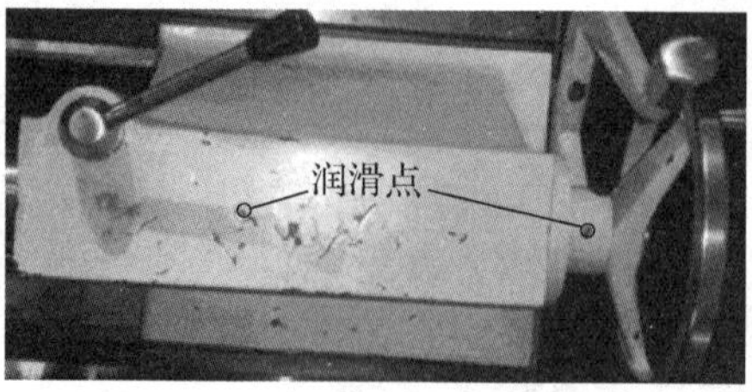

图 1-17　尾座的润滑

（6）交换齿轮箱中间齿轮轴的润滑如图 1-18 所示。其润滑方式为浇油润滑和弹子油杯润滑，润滑材料为 2 号钙基润滑脂。

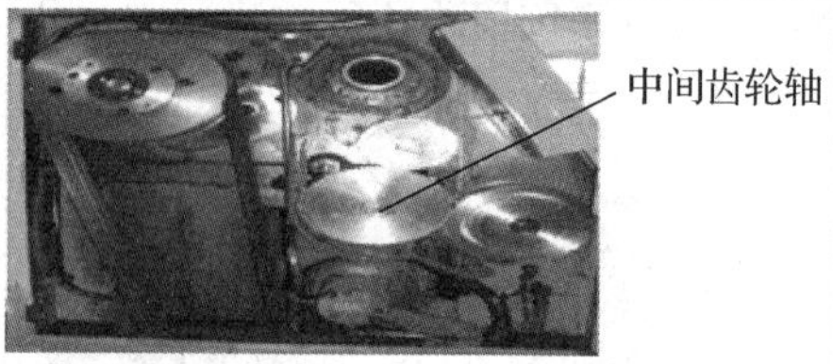

图 1-18　交换齿轮箱中间齿轮轴的润滑

四、普通车床设备维护与保养

（一）车床设备维护与保养的目的

（1）降低设备故障率，提高生产效率。

（2）有效延长设备使用寿命，降低设备老化速度。

（3）确保设备的加工精度。

（4）保证生产效率与产品品质。

（5）避免事故的发生，降低维修费用。

（二）车床设备维护与保养的标准

车床设备的维护与保养坚持日清洁、周维护、月保养，强制实行设备的一、二级保养制度。

1. 普通车床的日常保养

开车前的保养包括以下几方面：

（1）操作者每班前应做好巡回检查，执行“十字作业”，即清洁、润滑、紧固、调整、防腐。检查机床润滑情况，油窗油位不得低于油位线 4 mm。

（2）检验各手柄位置是否正确（三杠手柄在开机前必须在空挡位置）。

（3）认真查看机床导轨、卡盘及其他运转部位有无异物。

使用中的保养包括以下几方面：

（1）严格执行设备安全操作规程，做到安全、文明使用。不得超负荷使用或违章操作设备。

（2）注意检查泵油窗油量是否正常，随时注意机床有无噪声、振动等异常情况发生；若出现异常情况立即停车，按有关规定进行处理。

（3）加工过程中工件不得放在机床导轨上或易发生事故的部位。

（4）及时清理导轨上的铁屑。

停车后的保养包括以下几方面：

（1）当天工作结束后，按程序进行清理。首先将铁屑仔细清理干净，并倒入铁屑回收箱。

（2）运转部位（三杠、导轨、尾座）、车头箱、拖板、溜板箱、走刀箱等要认真清扫干净，并在各运转部位加润滑油或防锈油。

（3）机床要全面、彻底打扫干净，床身部位不得留有油灰、“黄袍”（黄色油垢，像黄色油漆一样粘在车床表面）等，特别注意照明灯、冷却管、接屑盘等部位都要清扫干净，电气装置不得有油灰、铁屑等杂物。

（4）将尾座、大拖板停靠在机床尾部，并使所有设备尾座、大拖板整齐划一，照明灯、冷却管统一设置在工作状态。

（5）工具箱内的工具摆放整齐，上面不得放置杂物。工具箱外部要擦拭干净，不得有铁屑、油灰等污垢。

（6）备用冷却液、润滑油统一放置在铁屑盘下后床腿处。

（7）彻底打扫机床周围的环境卫生。

（8）每天下班前要按四项要求（整齐、清洁、节能、安全）保持设备和环境卫生符合规定要求，填写设备运转保养记录。

2. 普通车床的一级保养

设备运行 500 h 后，以操作工人为主，维修工为辅，车间应在每月末安排一次一级保养。

一级保养的基本内容包括：按要求对设备进行部分解体清洗。设备外观应清洁，无锈蚀、油污；油线、油毡清洗干净；油路畅通。清洗完毕后需安装调试各调整部位，应使设备的限位、联锁、操作手柄灵活可靠。电器及电器线路排列整齐且清洁，蛇皮管应无脱落，安全防护装置应齐全、完整、可靠；设备附件应摆放合理，做到无污垢、锈蚀现象；周围环境清洁，毛坯、在制品排列整齐，工位器具摆放合理，地面清洁。

一级保养具体内容如下：

（1）保养床头箱。

① 拆洗滤油器。

② 检查、调整摩擦片及刹车带。

③ 检查油箱油质及油面，补充润滑油。

④ 检查变速定位螺丝。

（2）保养刀架及拖板。

① 拆洗刀架和小、中拖板，清洗导轨毛毡，必要时更换油毡、油线。

② 调整丝杠、丝母、压板及楔铁间隙。

③ 清洗各油槽、油孔。

（3）保养溜板箱、走刀箱及三杠。

① 确保溜板箱油面符合要求。

② 清洗油槽、油池。

（4）保养挂轮箱。

① 清洗挂轮架、挂轮，调整挂轮间隙为 0.2 ～ 0.3 mm。

② 油杯中添加适量润滑脂。

③ 擦洗内表面（油箱、油泵及管道）。

④ 擦拭电机及皮带轮。

（5）保养尾座。

① 拆洗尾座套筒、丝杠，清除锥孔毛刺。

② 清洗毛毡垫。

（6）保养冷却系统。

① 清除过滤网堵塞物。

② 清洗冷却槽，更换冷却液；废旧冷却液交有关部门处理，不得倒入下水道中。

（7）保养电器及其他部位。

① 清扫电机及电气箱内外的灰尘。

② 擦洗机床各死角，使其内外清洁，无“黄袍”，漆见本色铁见光。

③ 补齐脱落螺钉、手柄、手柄球。

3. 普通车床的二级保养

设备运行 2 500 h 后，以维修工人为主、操作工人为辅进行一次二级保养。

二级保养的基本内容包括：按要求进行解体、检查，清洗保养。主要部位的重要零件必须测量，经测量后不能修复的必须更换。滑动部位需调整其主要间隙，若需要则刮研修复部分导轨面、滑动面或基础面，严重时则要补焊。设备的油箱、水箱、齿轮箱清洗后换油换水或经过滤后再使用。废弃物应按有关规定集中存放、统一处理。保养结束后应测量设备的主要精度，确定其达到完好标准。校正安装水平等以恢复其工作能力。

二级保养的具体内容如下：

（1）保养床头箱。

① 清洗油箱并换油，更换的旧油应回收后交有关部门统一处理。

② 检查并酌情更换磨损件。

（2）保养刀架及拖板。

① 检查、更换必要的磨损件。

② 拆洗大拖板，疏通油路清除拉毛。

（3）保养溜板箱、走刀箱、三杠。

① 清洗各齿轮箱，检查各部位零件，更换必要磨损件。

② 检查轴瓦间隙，并酌情调整间隙。

（4）保养挂轮箱，更换磨损件。

（5）保养尾座，酌情修复尾座锥孔及更换磨损件。

（6）保养电器。检修电气元件，酌情更换电机轴承，更换润滑脂。

（7）保养其他部位。

① 修光导轨毛刺，修补研伤部位。

② 使油窗清晰。

③ 检查、调整主要精度项目，达到出厂标准或工艺要求，做好验收记录。

④ 保养附件，达到整洁、完好。

五、普通车床规范操作流程与内容

1. 开机前

（1）检查交接班记录。

（2）检查操纵手柄、开关、旋钮是否位置正确，操纵是否灵活，安全装置是否齐全、可靠。

（3）在开始工作前，空车低速运转 2 ～ 3 min，并观察运转状况是否正常，如有异常应停机检查或报告维修人员。

（4）检查油标中的液面指示高度是否合适、油路是否畅通，在规定部位加足润滑油。

（5）确认润滑、电气系统及各部位运转正常后方可开始工作。

2. 工作过程中

（1）严禁电气设备超性能使用。

（2）禁止在机床的导轨表面、油漆表面放置金属物品。

（3）严禁在卡盘、顶尖或导轨面上敲打校直和修整工件。

（4）装夹工件、刀具必须牢固、可靠。严禁在主轴或尾座锥孔内安装与锥度不符或锥面有严重伤痕及不清洁的刀具、顶尖等。

（5）装卸卡盘或较重工件时必须选择安全、可靠的吊具和方法，同时要对导轨进行防护。

（6）合理选择转速及切削用量，严禁开车时进行变速。

（7）操纵反车时应先停车后反向。

（8）用顶尖顶持工件时，尾座套筒伸出量不得大于套筒直径的 2 倍。用尾座钻孔时，禁止采用用杠杆增加尾座手轮转矩的方法进行钻削。

（9）使用中心架、跟刀架、靠模板时，必须经常检查其与工件接触面的润滑和磨损情况。

（10）机床运转时，操作者严禁离开工作岗位。

（11）机床在运转中出现异常现象时应立即停机，查明原因并及时处理。

3. 工作结束

（1）必须将各操纵手柄置于停机位置，尾座、溜板箱移至床身右端，切断电源。

（2）进行日常维护与保养。

（3）填写交接班记录，做好交接班工作。

技能训练

（1）车床的启动训练。

（2）主轴箱的变速操作训练。

（3）进给箱操作训练。

（4）溜板箱部分操作训练。

（5）刻度盘、分度盘操作训练。

（6）自动进给操作训练。

（7）开合螺母操作手柄训练。

（8）刀架操作训练。

（9）尾座操作训练。

（10）三爪卡盘的装配、装夹训练。

知识拓展

车床附件是用来支承、装夹工件的装置，通常称为夹具。夹具可以提高生产效率，降低生产成本，稳定工件质量，扩大机床的工作范围，并改善劳动条件。

常用的车床附件有三爪自定心卡盘、四爪单动卡盘、花盘和弯板、跟刀架、中心架、鸡心夹、顶尖、心轴等。

1. 三爪自定心卡盘

图 1–19 所示为三爪自定心卡盘，其可自动定心，无须找正，主要用于夹持圆形工件。它的夹持力较小，适用于中小型工件。

2. 四爪单动卡盘

图 1–20 所示为四爪单动卡盘，四个卡爪各自单动，不能自动定心，需找正。其可夹持不规则形状的工件，夹持力较大。

3. 花盘和弯板

如图 1–21 所示，花盘端面有许多长槽，与弯板配合，用螺栓压紧，可加工有平行度和垂直度要求的工件。

弯板也称辅助支承角铁，是用铸铁制成的车床附件。弯板通常有两个相互垂直的通孔和两个相互垂直的表面。

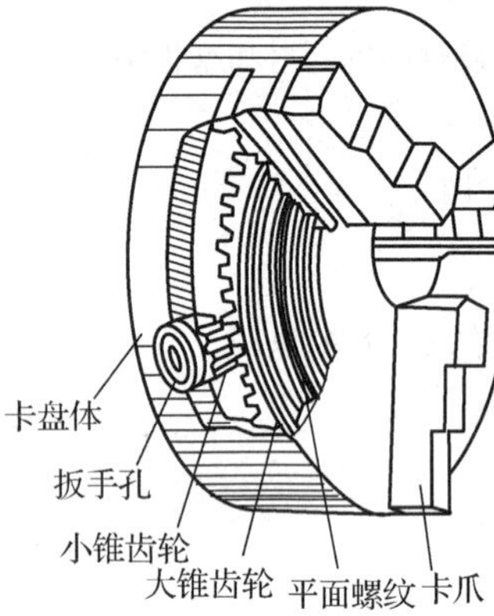

图 1–19 三爪自定心卡盘

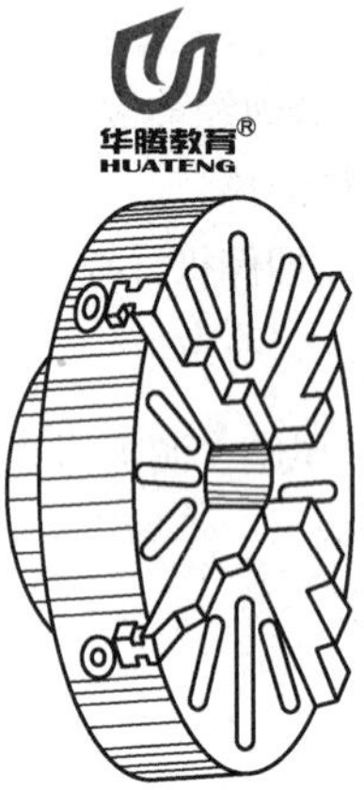

图 1–20 四爪单动卡盘

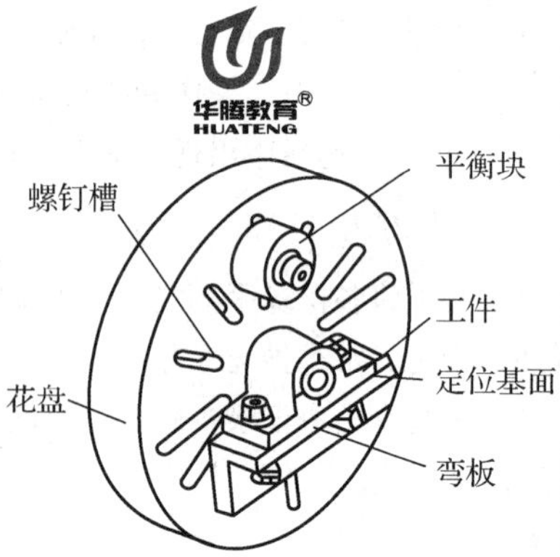

图 1–21 花盘和弯板

4. 跟刀架

跟刀架是安装在溜板上且靠近刀具并与刀具一同移动，以抵抗径向力，确保工件加工时不变形的装置，如图 1–22 所示。

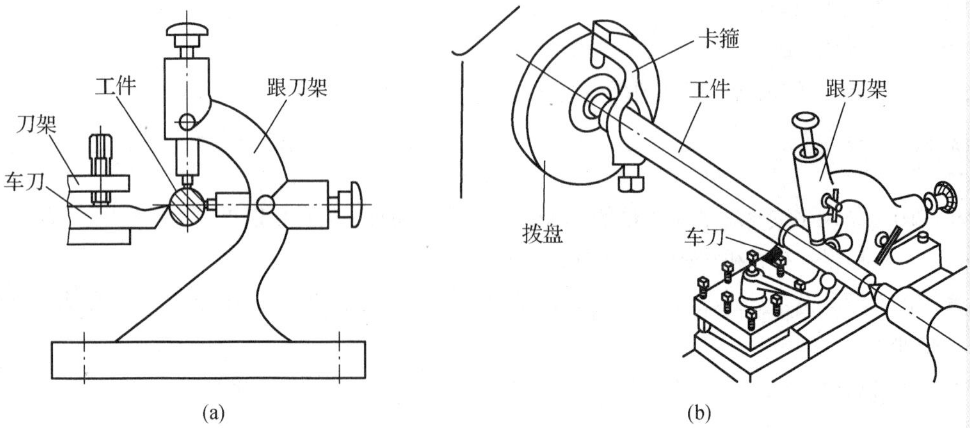

图 1–22 跟刀架

任务一 任务二 任务三 任务四 任务五 任务六 任务七 任务八 任务九 任务十 任务十一

5. 中心架

当工件长度与直径之比大于 25（$L/d>25$）时，工件本身的刚性变差，在车削时工件受切削力、自重和旋转时离心力的作用会产生弯曲、振动，严重影响其圆柱度和表面粗糙度；同时，工件受热伸长产生弯曲变形，使车削很难进行，严重时会使工件在顶尖间被卡住。此时需要用中心架（图 1-23）或跟刀架来支承工件。

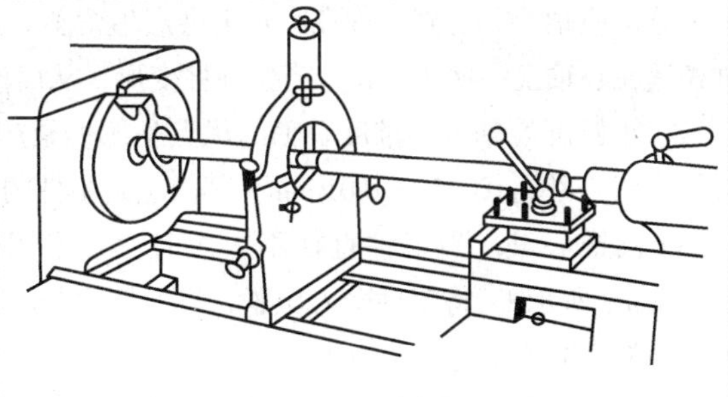
图 1-23 中心架

6. 鸡心夹

鸡心夹是一种用于加工轴类零件的夹具，如图 1-24 所示。鸡心夹主要通过主轴头上安装的卡盘的拨动而转动，由于鸡心夹紧紧地夹在工件上，因而工件自然随着卡盘转动。它限制了轴的回转自由度。

7. 顶尖

顶尖如图 1-25 所示，有前顶尖和后顶尖两种。

图 1-24 鸡心夹

图 1-25 顶尖

（1）前顶尖。前顶尖可直接安装在车床主轴锥孔中，与工件一起旋转，无相对运动，所以可不必淬火。车床有时也可用三爪自定心卡盘夹住一自制的有 60°锥角的钢制前顶尖。为了防止车削中轴向力的作用使顶尖位移，自制顶尖上卡盘的夹持部分应做成阶梯形。当顶尖在卡盘上拆下后，若再次使用，则必须重新车削 60°锥面。

（2）后顶尖。后顶尖有固定顶尖和回转顶尖两种。使用时可将后顶尖插入车床尾座套筒的锥孔内。固定顶尖的刚性好、定心准确，但中心孔与硬尖之间是滑动摩擦，易磨损和烧坏顶尖，因此只适用于低速加工、精度要求较高的工件。回转顶尖内部装有滚动轴承，顶尖和工件一起转动，能在高转速下正常工作，但刚性较差，有时还会产生跳动而降低加工精度，因此只适用于精度要求不太高的工件。

普通顶尖采用高碳钢制作，安装简单、价格便宜。合金顶尖采用合金制作，使用寿命长，耐高温，应用较为广泛。

8. 心轴

当以内孔为定位基准，并能保证外圆轴线和内孔轴线的同轴度要求时，用心轴定位。工件以圆柱孔定位时常用圆柱形阶梯心轴和小锥度心轴，带有锥孔、螺纹孔、花键孔的工件定位常用相应的圆锥心轴、螺纹心轴和花键心轴。

（1）圆柱心轴。圆柱心轴是以外圆柱面定心、端面压紧来装夹工件的。圆柱心轴与工件孔一般用 H7/h6、H7/g6 的间隙配合，所以工件能很方便地套在圆柱心轴上，但由于配合间隙较大，一般只能保证同轴度为 0.02 mm 左右。为了消除间隙，提高圆柱心轴的定位精度，心轴可以做成锥体，但锥体的锥度应很小，否则工件在心轴上会产生歪斜。常用的锥度为 1∶5 000 ～ 1∶1 000。定位时，工件楔紧在心轴上，楔紧后孔会产生弹性变形，从而使工件不致倾斜。

（2）小锥度心轴。小锥度心轴的优点是靠楔紧产生的摩擦力带动工件，不需要其他夹紧装置，定心精度高，可达 0.005 ～ 0.01 mm。其缺点是工件的轴向无法定位。

（3）圆锥心轴。当工件直径不太大时，可采用圆锥心轴［锥度为 1∶1 000 ～ 1∶5 000，如图 1–26（a）所示］。将工件套入压紧，靠摩擦力与心轴紧固。圆锥心轴对中准确、加工精度高、装卸方便，但不能承受过大的力矩。

（4）阶梯心轴。当工件直径较大时，应采用带有螺纹、压紧螺母的阶梯心轴，如图 1–26（b）所示。它的夹紧力较大，但对中精度较圆锥心轴低。

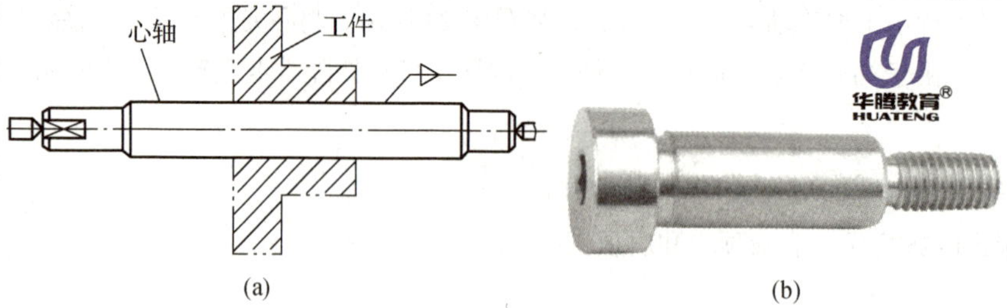

图 1–26　心轴

（a）圆锥心轴　（b）阶梯心轴

考核与评价

一、理论知识考评

（1）车床的哪些部位需要润滑？常用什么方式润滑？常用什么润滑剂？

（2）写出普通车床的传动路线。

（3）车床上各手柄有何作用？

（4）普通 CA6140 有多少种转速？如何调整车床的转速？

（5）车床维护保养的目的是什么？其内容有哪些？

（6）如何对车床进行维护保养？一级保养与二级保养有何区别？

（7）操作车床有哪些规范要求？

二、实训技能考评

（1）能否指出车床各部位的名称及作用？

（2）操作车床是否规范？调速是否规范、准确？

（3）对车床进行一级保养、二级保养是否符合要求？

（4）对车床进行日常保养是否规范、正确？

（5）是否遵守课堂纪律？

成绩评定见表 1–5。

表1-5 成绩评定

姓　名		总得分		
项　目	检测内容	配分	评分标准	得分
车床的认识	车床各部的名称	10	准确说出各部名称	
	车床各部的作用	10	准确说出各部作用	
	车床的传动路线	10	准确说出传动路线	
	车床各手柄名称	10	准确说出各手柄名称	
	车床各手柄操作	10	准确说出各手柄作用	
车床的日常保养	车床日常保养内容	10	准确说出日常保养内容	
	车床常用润滑方式	10	准确说出常用润滑方式内容	
	车床各部润滑周期	10	准确说出各部润滑周期	
车床的安全操作	安全文明生产	20	准确说出安全文明生产的内容及安全文明生产的重要性和必要性	

任务二

车工常用量具

任务描述

如何知晓图 2-1～图 2-9 所示零件的技术要求合不合格？通过测量即可得知。

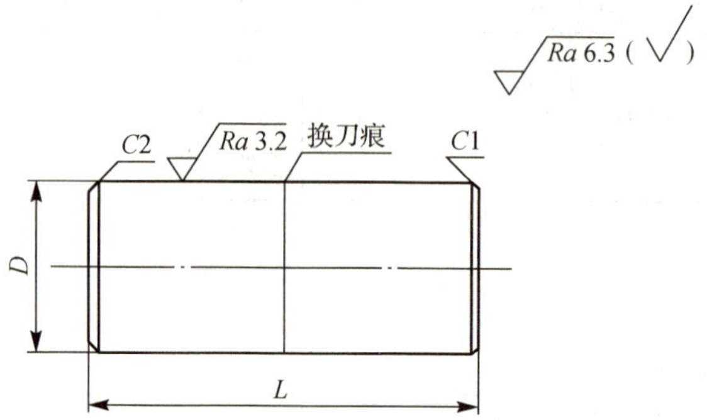

图 2-1　光轴

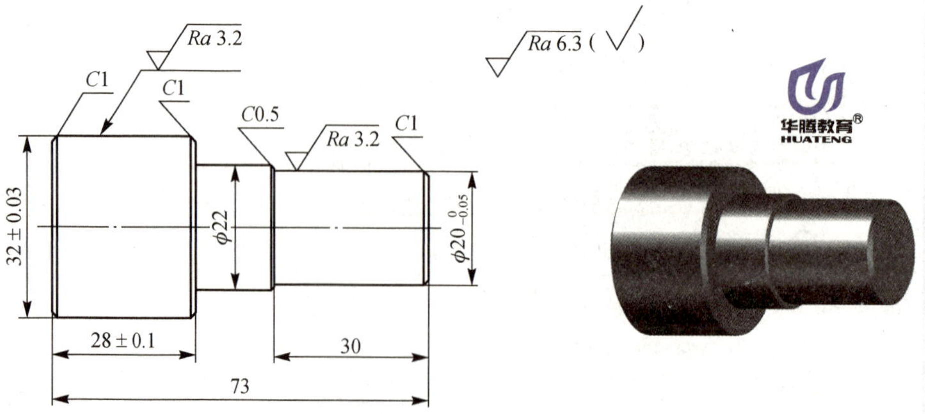

图 2-2　阶梯轴

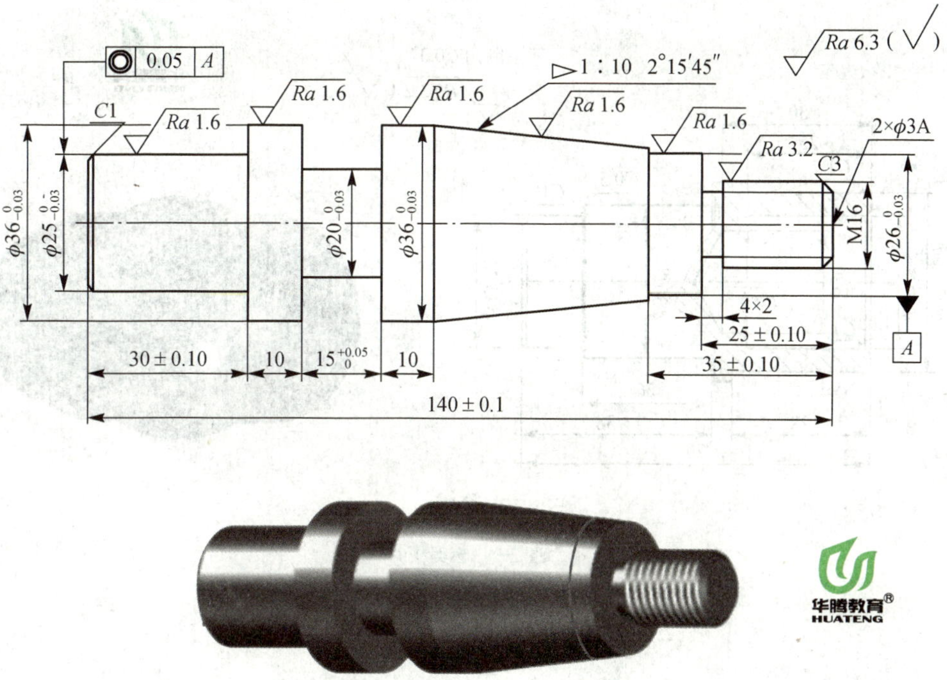

图 2-3 普通螺纹圆锥轴

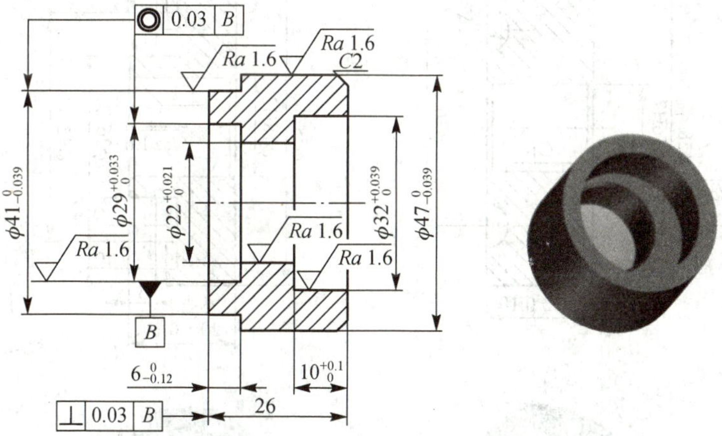

(a)

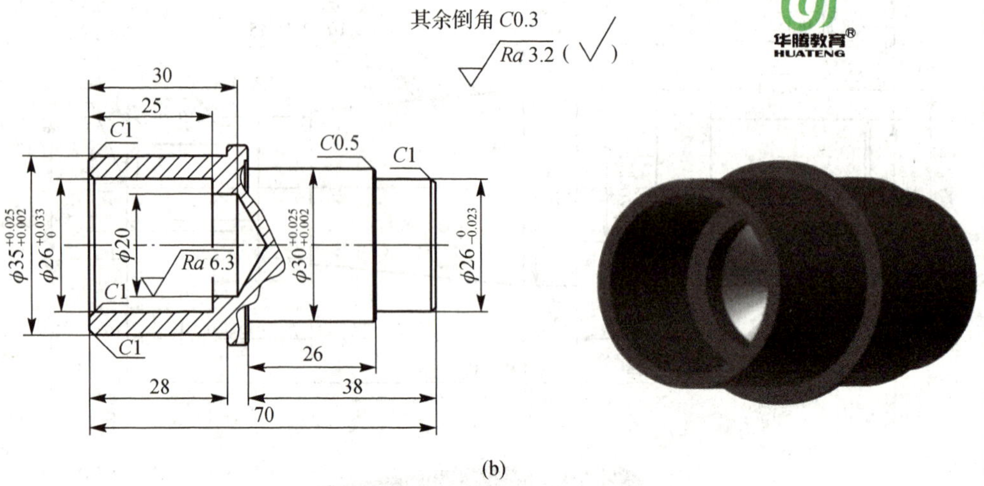

(b)

图 2-4　套类零件

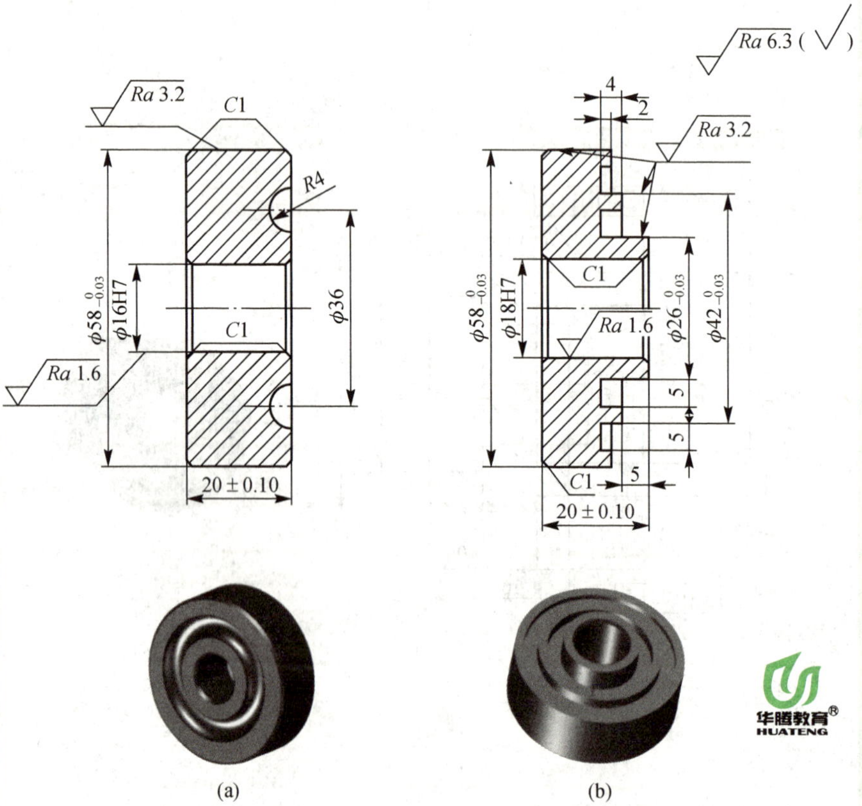

(a)　(b)

图 2-5　端面连接件零件

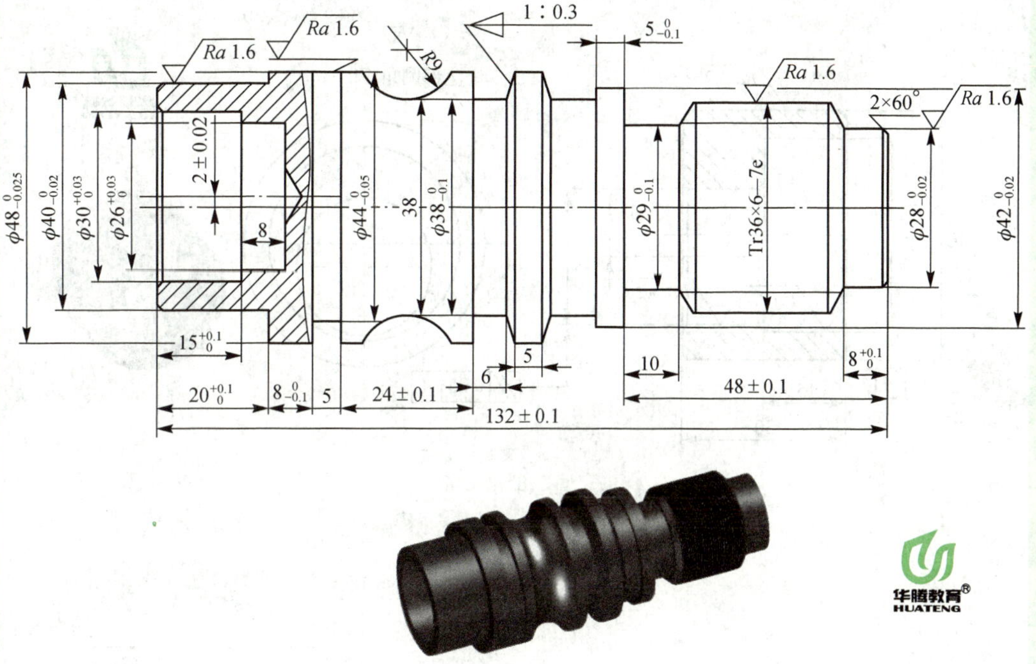

图 2-6 梯形螺纹轴

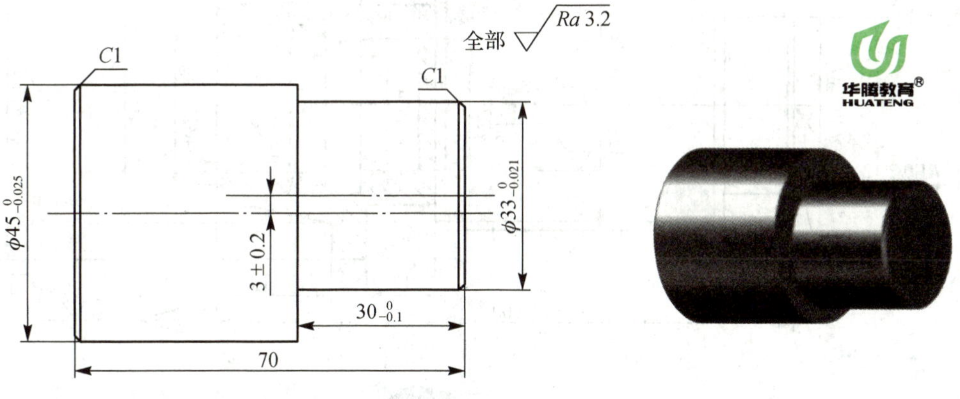

图 2-7 偏心轴

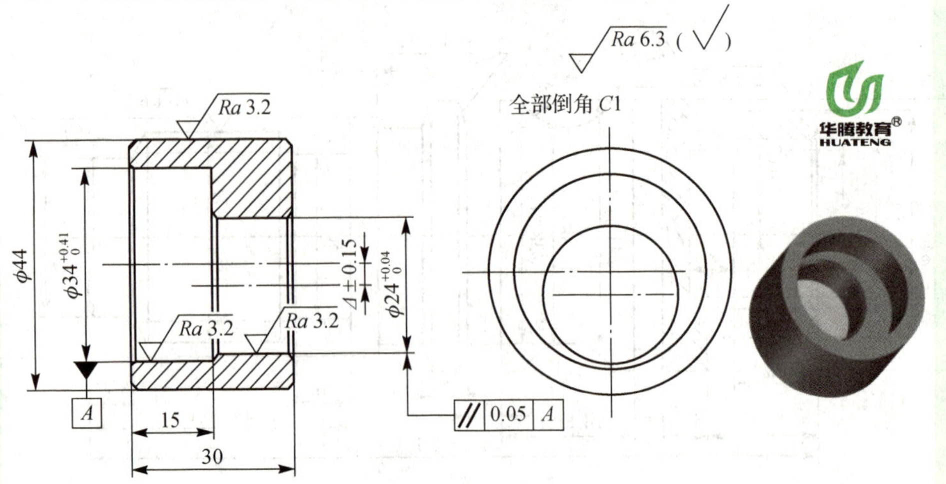

图 2-8　偏心套

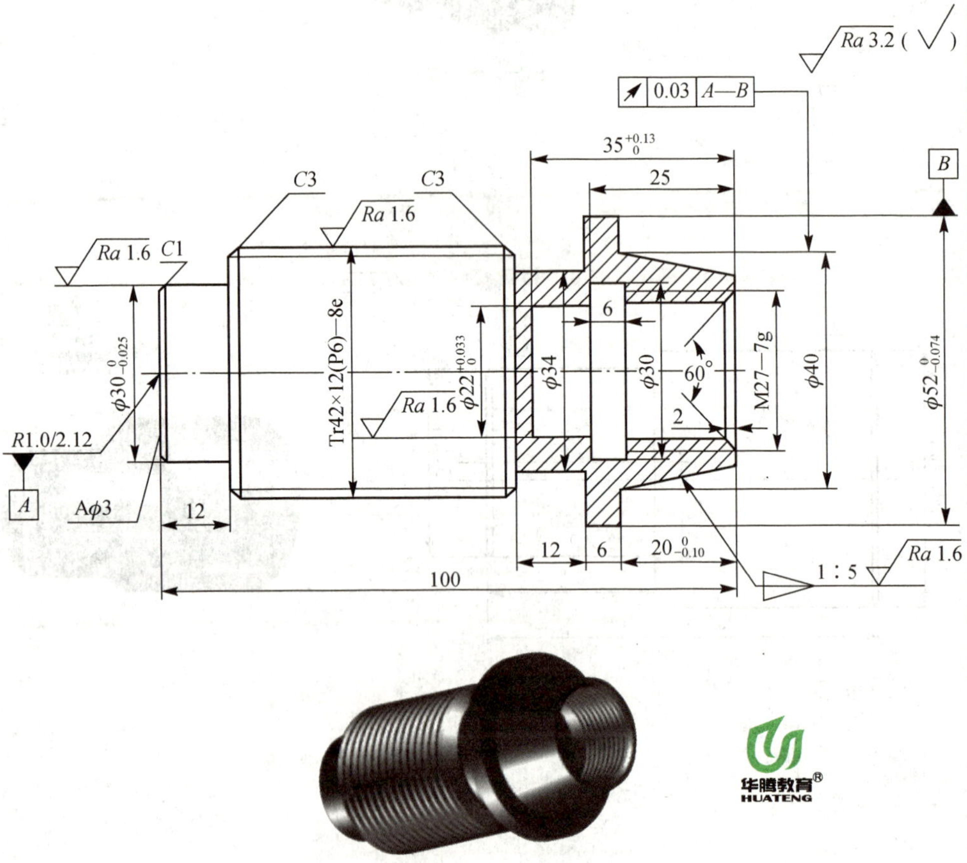

图 2-9　带锥螺纹轴

万能量具也称通用量具，是指可以在测量范围内测出工件或物体某一项目（如尺寸、角度、重量等）的具体数值的计量工具，如直尺、卷尺、量角器等常见量具。机械制造业常用通用量具有游标卡尺、千分尺、万能角度尺、百分表等。

通过本任务的学习，要能够掌握相关量具知识，正确使用量具进行测量，检测出零件是否合格，并按测量完成后的各技术要求进行误差分析及测量工作的总结。

子任务1 游标卡尺及其应用

【知识目标】

1. 掌握游标卡尺的结构。
2. 掌握游标卡尺的刻线原理与读数方法。
3. 掌握游标卡尺的测量范围与精度。
4. 掌握游标卡尺的测量方法。
5. 了解并熟悉其他游标卡尺。

【技能目标】

1. 能熟练掌握游标卡尺、高度游标卡尺的使用方法。
2. 能用游标卡尺测量工件的各类线性尺寸。
3. 能通过查阅资料获取相关知识。
4. 具备良好的职业素养。

典型工作任务

通过对游标卡尺的学习，能测量出图 2-1 ～图 2-9 所示零件的线性尺寸。

相关知识

一、常用游标卡尺的结构

游标卡尺是一种中等精度的量具，主要用来测量工件的外径、孔径、长度、宽度、深度、孔距等尺寸。车工常用游标卡尺的测量范围有 0 ～ 125 mm、0 ～ 200 mm、0 ～ 300 mm 等几种。常用游标卡尺的结构如图 2-10 所示。

图 2-10（a）所示为可微调的游标卡尺，其主要由尺身 5 和游标 8 组成，4 是辅助游标。使用时，松开螺钉 2 和 3 即可推动游标在尺身上移动。测量工件需要微量调节时，可拧紧螺钉 3，松开螺钉 2，旋动微调螺母 7，借助小螺杆 6 使游标 8 微动。量得尺寸后拧紧螺钉 2，使游标位置固定，然后读数。游标卡尺上量爪 1 的内侧面可测量外径和长度，下量爪 9 用来测量孔径和沟槽宽度。

任务一 任务二 任务三 任务四 任务五 任务六 任务七 任务八 任务九 任务十 任务十一

图 2-10（b）所示为带深度尺的游标卡尺，其结构简单，上量爪可测量孔径、孔距和槽宽，下量爪可测量外径和长度，深度尺还可测量内孔和沟槽深度。

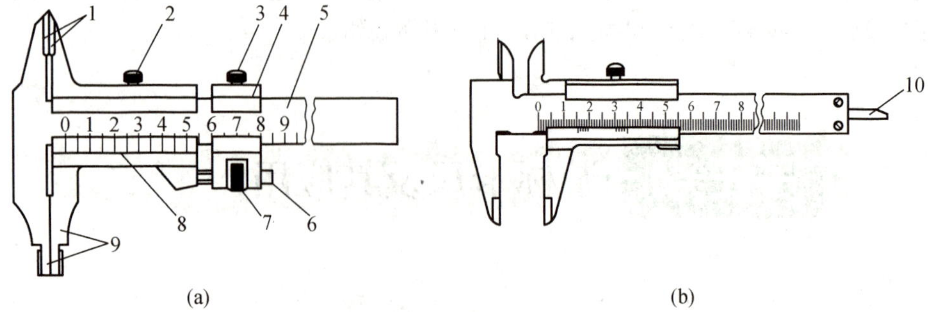

图 2-10 常用游标卡尺的结构

（a）可微调的游标卡尺 （b）带深度尺的游标卡尺

1—上量爪；2，3—螺钉；4—辅助游标；5—尺身；6—小螺杆；7—微调螺母；8—游标；9—下量爪；10—深度尺

二、常用游标卡尺的刻线原理

游标卡尺按其读数值精度可分为 0.1 mm、0.05 mm、0.02 mm 三种。目前使用较多的是读数值精度为 0.02 mm 的游标卡尺。

1. 读数值精度为 0.1 mm 的游标卡尺的刻线原理

读数值精度为 0.1 mm 的游标卡尺尺身上每小格为 1 mm，当两量爪合并时，游标上的 10 格刚好与尺身上的 9 mm 对正，即尺身上的 9 mm 等于游标上的 10 格，如图 2-11 所示。则游标每格为 9/10=0.9 mm，尺身与游标上每格相差 1-0.9=0.1 mm。

读数值精度为 0.1 mm 的游标卡尺的另一种刻线原理是尺身上 19 mm 对准游标的 10 格，则游标每格为 19/10=1.9 mm，尺身 2 格与游标 1 格相差 0.1 mm。这是放大刻度的游标卡尺，其优点是刻线清晰，容易看准。

2. 读数值精度为 0.05 mm 的游标卡尺的刻线原理

读数值精度为 0.05 mm 的游标卡尺的尺身上每小格为 1 mm，当两量爪合并时，尺身上的 19 mm 刚好与游标上的 20 格对正，如图 2-12 所示。则游标上每格为 19/20=0.95 mm，尺身与游标上每格相差 1-0.95=0.05 mm。

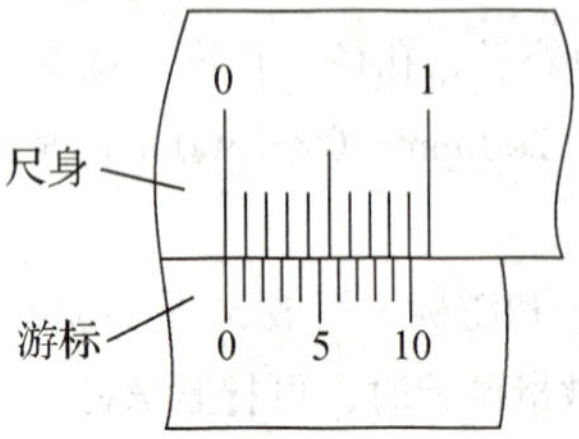

图 2-11 读数值精度为 0.1 mm 的游标卡尺的刻线原理

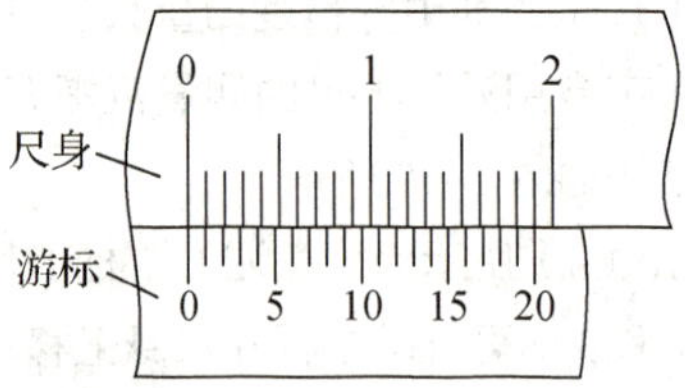

图 2-12 读数值精度为 0.05 mm 的游标卡尺的刻线原理

读数值精度为 0.05 mm 的游标卡尺的另一种刻线原理是尺身每格长度为 1 mm，游标总长为 19 mm，等分 20 格，每格长度为 19/20=1.95 mm，则尺身 2 格和游标 1 格长度之差为 2−1.95=0.05 mm，所以它的精度为 0.05 mm。

3. 读数值精度为 0.02 mm 的游标卡尺的刻线原理

读数值精度为 0.02 mm 的游标卡尺的尺身上每小格为 1 mm，当两量爪合并时，尺身上的 49 mm 刚好与游标上的 50 格对正，如图 2−13 所示。则游标上每格为 49/50=0.98 mm，尺身与游标上每格相差 1−0.98=0.02 mm。

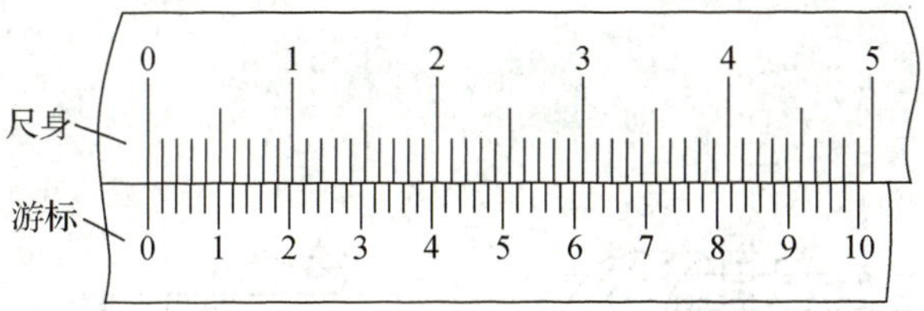

图 2−13 读数值精度为 0.02 mm 的游标卡尺的刻线原理

三、常用游标卡尺的读数方法

游标卡尺的读数分以下三个步骤：

（1）读出游标零刻线左边尺身上的整毫米数。

（2）读出游标上的小数尺寸，即看游标从零刻线开始第几条刻线与尺身某一刻线对齐，其数值与读数值精度的乘积就是不足 1 mm 的小数部分。

（3）将整毫米数与小数相加就是测得的实际尺寸。

四、常用游标卡尺使用的注意事项

游标卡尺是比较精密的量具，使用时应注意以下事项：

（1）应按工件的尺寸和精度要求选用合适的游标卡尺。游标卡尺只适用于中等精度（IT10 ~ IT16）尺寸的测量和检验，不能用游标卡尺测量铸铁件等毛坯尺寸，也不能用游标卡尺测量精度要求过高的工件。

（2）使用前要擦净量爪，检查游标卡尺量爪和测量刃口是否平直无损，两量爪贴合时应无漏光现象。检查尺身和游标的刻线是否对齐；若未对齐，则应根据原始误差修正测量读数。

（3）测量外尺寸时，量爪应张开到略大于被测尺寸而自由套入工件，以固定量爪贴紧工件，然后轻轻推动游标，用轻微压力把活动量爪贴靠在工件的另一面，并使游标卡尺测量面接触正确，然后把紧固螺钉拧紧，读出读数，如图 2−14 所示。测量时用力不能过大，以免卡脚变形或磨损而影响测量精度。测量时，游标卡尺可使用单手测量，如图 2−15 所示，也可使用双手测量，如图 2−16 所示。游标卡尺测量面的连线应垂直于被测量表面，不能偏斜，如图 2−17 所示。

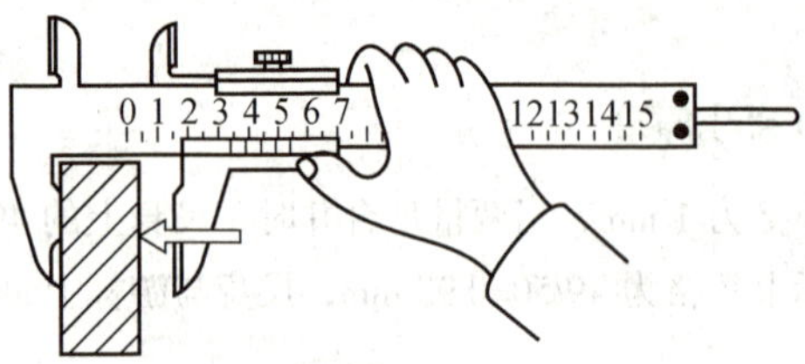

图 2-14 游标卡尺的使用方法

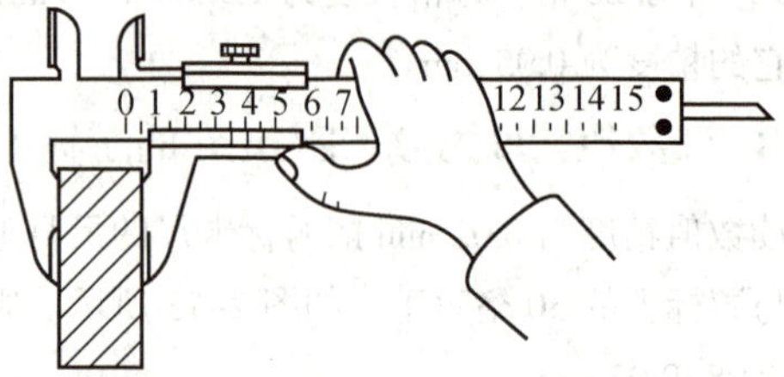

图 2-15 游标卡尺单手测量

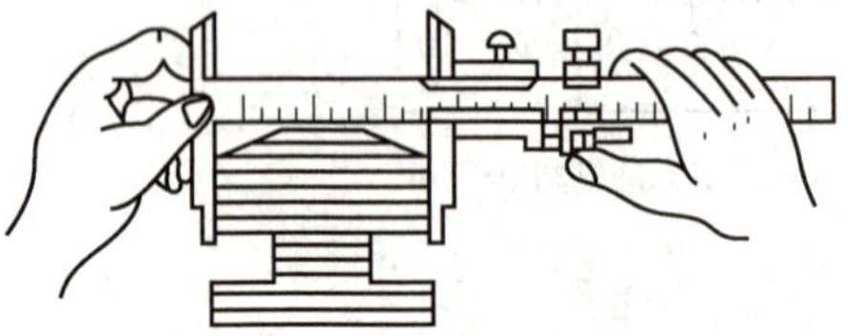

图 2-16 游标卡尺双手测量

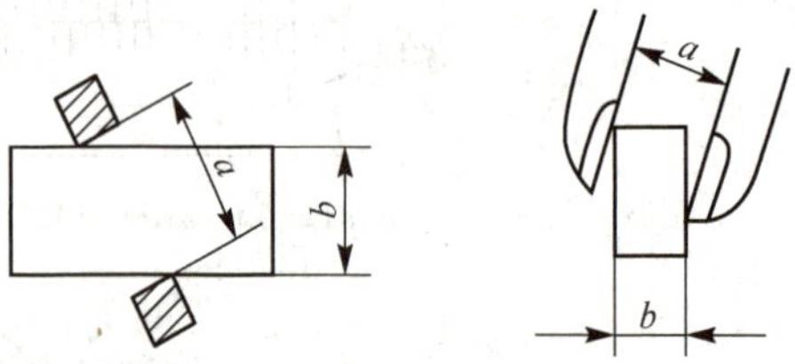

图 2-17 游标卡尺错误测量

（4）测量内尺寸时，两量爪应张开到略小于被测尺寸，使量爪自由进入孔内，再慢慢张开并轻轻地接触零件的内表面，两侧量爪应在孔的直径上，不能偏斜，应轻轻摆动以便找出最大值，如图 2-18 所示。

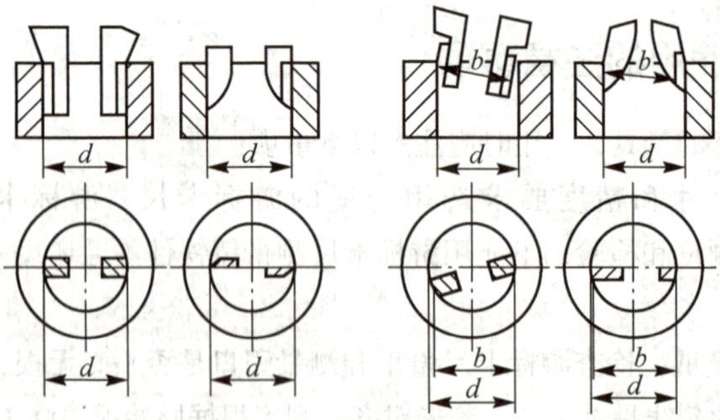

(a)　(b)

图 2-18 测量内尺寸

（a）正确 （b）不正确

（5）读数时应将游标卡尺置于水平位置，使人的视线尽可能与游标卡尺的刻线垂直，以免视线歪斜而造成读数误差。

（6）游标卡尺用后应仔细擦净，抹上防护油，平放在盒内，以防生锈或弯曲。

知识拓展

一、其他游标卡尺

其他游标卡尺包括深度游标卡尺、高度游标卡尺、齿厚游标卡尺、数显游标卡尺和扁头内沟槽游标卡尺等。

1. 深度游标卡尺

图 2-19 所示为深度游标卡尺的外形和结构。深度游标卡尺是用来测量台阶长度和孔、槽的深度的，其刻线原理和读数方法与普通游标卡尺一样。

使用方法为把尺框贴在工件孔或槽的端面，将尺身插到其底部，并用螺钉紧固后读值。

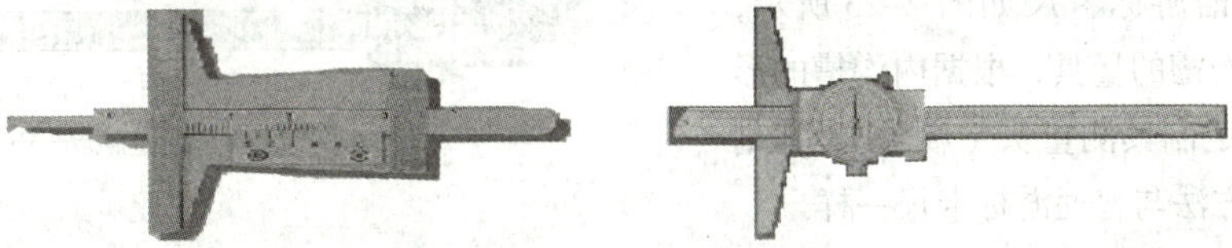

图 2-19 深度游标卡尺的外形和结构

2. 高度游标卡尺

高度游标卡尺如图 2-20 所示，它是用来测量零件的高度和进行精密划线的，其刻线原理和读数方法与普通游标卡尺相同。

3. 齿厚游标卡尺

齿厚游标卡尺如图 2-21 所示，它是用来测量齿轮和蜗杆的弦齿厚与弦齿顶的。这种游标卡尺由两个相互垂直的主尺和两个副尺组成，*A* 尺寸由垂直尺调整测量，*B* 尺寸由水平尺调整测量，其刻线原理和读数方法也与普通游标卡尺相同。

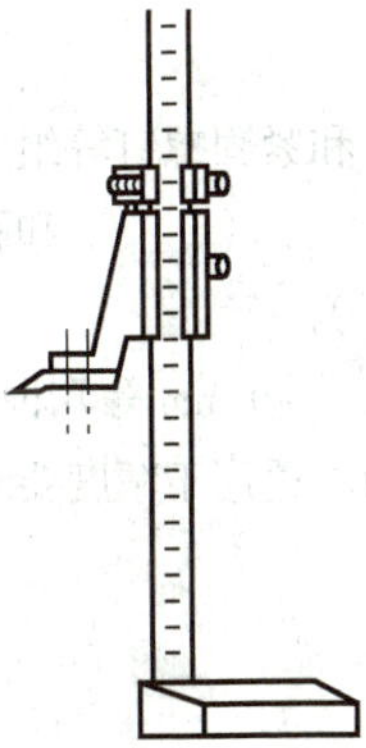

图 2-20 高度游标卡尺

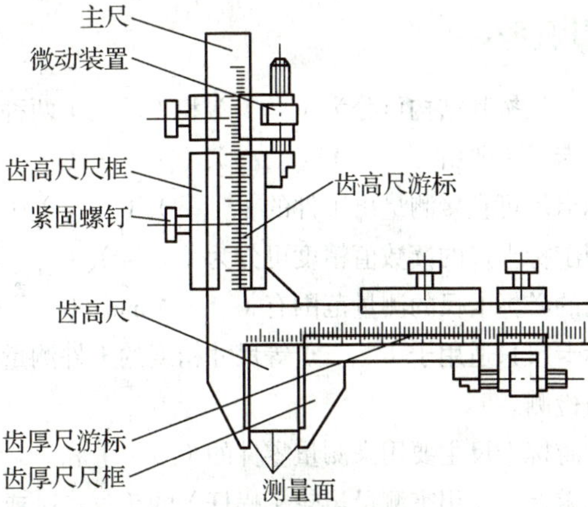

图 2-21 齿厚游标卡尺

任务一 任务二 任务三 任务四 任务五 任务六 任务七 任务八 任务九 任务十 任务十一

4. 数显游标卡尺

数显游标卡尺如图 2-22 所示。其常用的分辨率为 0.01 mm，允许误差为 ±0.03 mm/150 mm。也有分辨率为 0.005 mm 的高精度数显游标卡尺，允许误差为 ±0.015 mm/150 mm。还有分辨率为 0.001 mm 的多用途数显千分卡尺，允许误差为 ±0.005 mm/50 mm。

数显游标卡尺测量效率高，读数直观清晰。刻线面无光泽镀铬，采用激光刻线或镀黑铬照相刻线，一般为不锈钢或优质碳素钢材料，具有测量内径、外径、深度和台阶四种功能。

图 2-22 数显游标卡尺

5. 扁头内沟槽游标卡尺

扁头内沟槽游标卡尺如图 2-23 所示，是精确测量内沟槽的量具，根据内沟槽的形状、尺寸范围定制其测量头（扁头），其刻线原理和读数方法与普通游标卡尺一样。

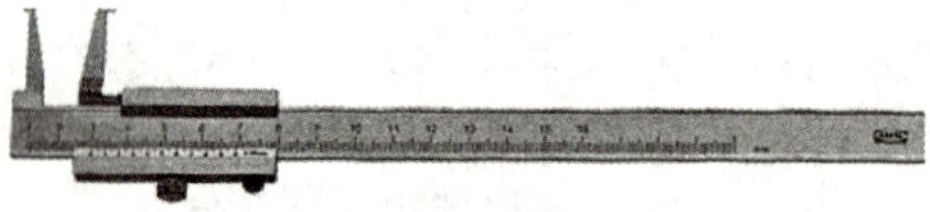

图 2-23 扁头内沟槽游标卡尺

二、常用游标卡尺的维护与保养

（1）不得把游标卡尺的两个量爪当作螺钉扳手用。

（2）不得把游标卡尺的两个量爪尖端作为划线工具、圆规用。

（3）测量完成后要把游标卡尺放平，大尺寸游标卡尺更要注意。

（4）带深度尺的游标卡尺用后要把测量卡爪合拢，以防深度尺变形或折断。

（5）游标卡尺用后要擦净涂油，放到盒内，以防生锈和弄脏。

（6）不得靠近高温区域和磁场区域。

（7）定期送检。

考核与评价

一、理论知识考评

（1）游标卡尺按其结构可分为（　　）和（　　）两种。

（2）游标卡尺主要由（　　）、（　　）、（　　）、（　　）、（　　）和紧固螺钉等组成。

（3）游标卡尺可直接测量出工件的（　　）、（　　）、（　　）、（　　）、（　　）和孔距等。

（4）常用游标卡尺的读数值精度可分为（　　）、（　　）和（　　）。

（5）常用的游标卡尺的测量范围有（　　）mm、（　　）mm 和（　　）mm 等几种。

（6）游标卡尺只适用于（　　）等尺寸精度的工件测量与检测，而不适用于精度要求较（　　）的工件测量与检测。

（7）高度游标卡尺主要用来测量零件的（　　）和（　　）。

（8）齿厚游标卡尺用来测量齿轮（蜗杆）的（　　）或（　　）。

（9）深度游标卡尺主要用来测量（　　）、（　　）和（　　）。

（10）识读图 2-24 所示的游标卡尺（图中 × 号所示为读数值）。

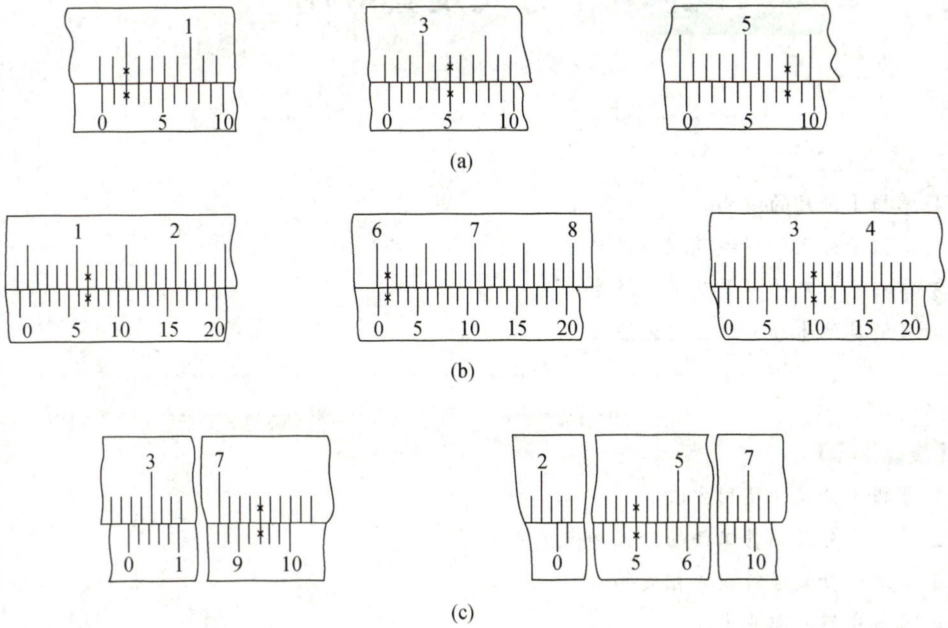

图 2-24 游标卡尺识读
（a）0.1 mm 读数值精度 （b）0.05 mm 读数值精度 （c）0.02 mm 读数值精度

二、实训技能考评

测量图 2-1～图 2-9 所示的零件或教师选定的零件，考核与评分标准见表 2-1。

表2-1 零件测量（用游标卡尺）考核与评分标准

班级		姓名		学号		总分	
序号	内容	配分	评分标准		小组评分	交检评分	得分
1	准备工作	20	准备工作充分，每少一样工具扣 2 分				
2	操作过程	20	操作过程符合规范，每操作错误一次扣 5 分				
3	测量精度	40	测量精度在 0.02 mm 以内，超差一处扣 5 分				
4	职业素养	20	操作完成后能自觉做好量具的维护保养工作、现场管理工作，每发现一处不符合要求扣 5 分				

任务一 任务二 任务三 任务四 任务五 任务六 任务七 任务八 任务九 任务十 任务十一

子任务2 千分尺及其应用

【知识目标】

1. 掌握千分尺的结构。
2. 掌握千分尺的刻线原理与读数方法。
3. 掌握千分尺的测量范围与精度。
4. 了解其他千分尺的使用方法。

【技能目标】

1. 掌握千分尺的使用方法。
2. 能用千分尺测量工件的外径和内径尺寸。
3. 能通过查阅资料获取相关知识。
4. 具备良好的职业素养。

典型工作任务

精确测量出图 2-1 ～图 2-9 所示零件的各相应尺寸。

相关知识

千分尺是测量中最常用的精密量具之一，是利用螺旋读数原理制造的，通常可分为百分尺和千分尺。百分尺的最小读数值为 0.01 mm，千分尺的最小读数值为 0.001 mm。千分尺在工厂应用广泛，工厂中常把百分尺也称为千分尺。

千分尺的种类较多，如外径千分尺、内径千分尺、深度千分尺、螺纹千分尺、壁厚千分尺等，其中外径千分尺使用较为广泛。

一、常用外径千分尺

1. 常用外径千分尺的作用与规格

外径千分尺主要用来测量工件的外径、长度、厚度等。其比较灵敏且精度比一般游标卡尺高，测量精度可达 0.01 mm，并能准确地读出尺寸，因此测量对加工精度要求较高的工件时多应用千分尺。

外径千分尺的测量范围从零开始，每增加 25 mm 为一种规格，常用的规格有 0 ～ 25 mm、25 ～ 50 mm、50 ～ 75 mm、75 ～ 100 mm、100 ～ 125 mm 等。当测量范围大于 300 mm 时，可把固定测砧制成可调式的，调节范围为 0 ～ 100 mm。使用时按被测工件的尺寸选用外径千分尺。

2. 常用外径千分尺的结构

常用外径千分尺的结构如图 2-25 所示，其中固定套筒（主尺）3 的表面有刻度，衬套 4 内有内螺纹，螺距为 0.5 mm，测微螺杆 7 右面的螺纹可沿此内螺纹回转。在固定套筒 3 的外面有一微分筒

（副尺）6，上面有刻线，它用锥孔与测微螺杆 7 右端锥体相连。测微螺杆 7 在转动时的松紧程度可用螺母 5 调整。当要测微螺杆 7 不动时，可转动手柄 13 通过偏心机构锁紧。松开罩壳 8 时，可使测微螺杆 7 与微分筒 6 分离，以便调整零线位置。转动棘轮 11，测微螺杆 7 就会前进。当测微螺杆 7 左端面接触工件时，棘轮 11 在棘爪 10 的斜面上打滑，由于弹簧 9 的作用，棘轮 11 在棘爪 10 上滑过而发出“咔咔”声。若棘轮 11 以相反方向转动，则拨动棘爪 10 和微分筒 6 及测微螺杆 7，使测微螺杆 7 向右移动。棘轮 11 用螺钉 12 与罩壳 8 连接。

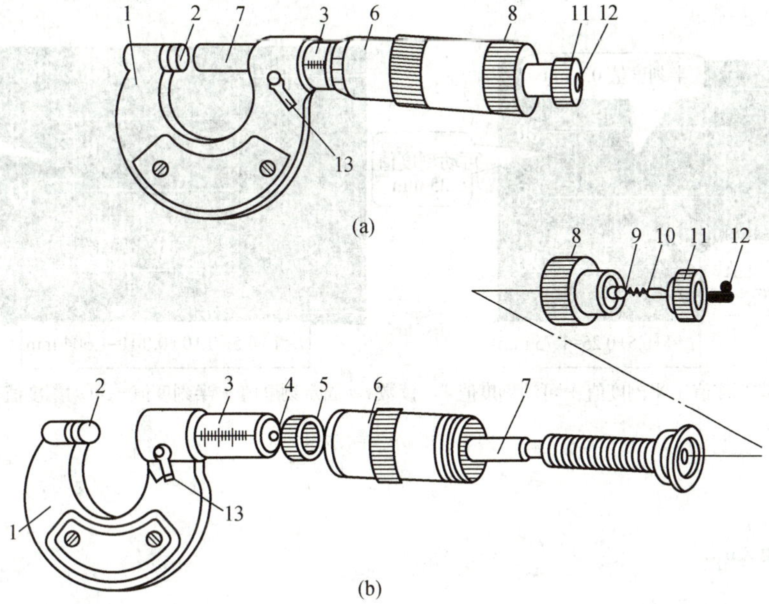

图 2-25　常用外径千分尺的结构

（a）千分尺的整体图　（b）千分尺的分解图

1—尺架；2—测砧；3—固定套筒（主尺）；4—衬套；5—螺母；6—微分筒（副尺）；7—测微螺杆；8—罩壳；9—弹簧；10—棘爪；11—棘轮；12—螺钉；13—手柄（锁紧装置）

固定套筒上轴向刻有一条中线，这条线是微分筒的读数基准线。在刻线上、下各刻有一排间距为 1 mm、与此中线垂直的刻线，相互错开 0.5 mm。其中上一排刻线刻有 0、5、10、15、25，表示毫米整数值，相对于下一排刻线错开 0.5 mm。

3. 常用外径千分尺的刻线原理

测微螺杆的螺距为 0.5 mm，固定套筒上每相邻两刻线（每格）轴向间距为 0.5 mm。当微分筒转一圈时，测微螺杆就移动 1 个螺距 0.5 mm。微分筒圆锥面上共等分 50 格，微分筒每转过 1 格，测微螺杆就移动 0.5/50=0.01 mm，所以千分尺的测量精度为 0.01 mm，如图 2-26 所示。

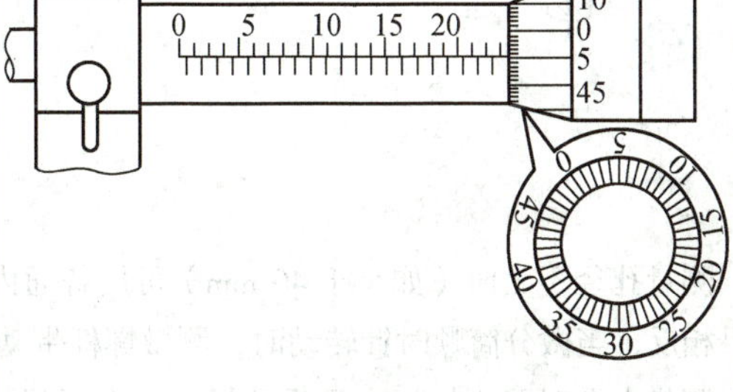

图 2-26　外径千分尺的刻线原理

4. 常用外径千分尺的读数方法

常用外径千分尺的读数步骤如下：

（1）以微分筒的端面为基准线，读出固定套筒下刻度线的值（固定刻度值）。

（2）以固定套筒上的水平横线作为读数基准线，读出微分筒上的值（可动刻度值），读数时应估读到最小刻度的 1/10，即 0.001 mm。

（3）若微分筒的端面与固定套筒的下刻度线之间无上刻度线，则测量数值即为下刻度线的数值加微分筒的数值。

（4）若微分筒的端面与固定套筒下刻度线之间有一条上刻度线，则测量结果应为下刻度线的数值加上 0.5 mm，再加上微分筒的数值，如图 2–27 所示。

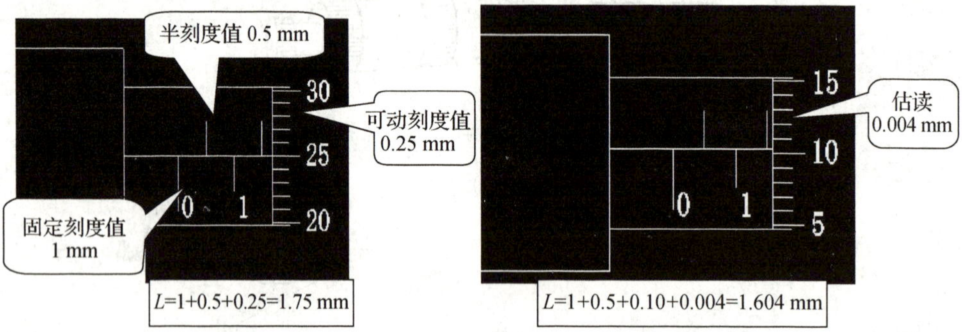

读数 L= 固定刻度值 + 半刻度值 + 可动刻度值　　读数 L= 固定刻度值 + 半刻度值 + 可动刻度值 + 估读数值

图 2–27　外径千分尺的读数

二、其他千分尺

1. 内径千分尺

内径千分尺是用来测量内孔直径、槽宽等尺寸的，有普通式和杠杆式两种，分别如图 2–28 和图 2–29 所示。

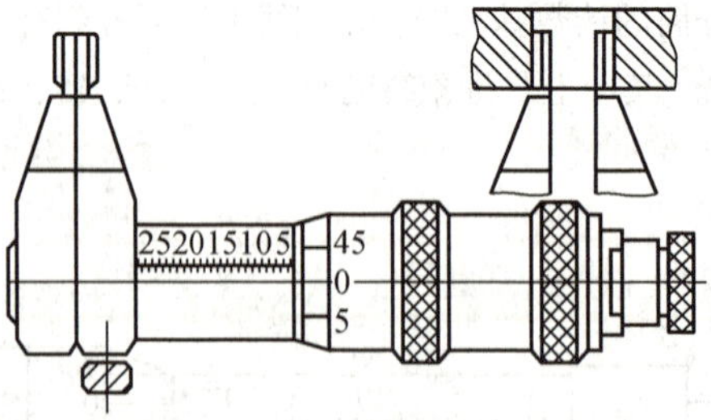

图 2–28　普通内径千分尺

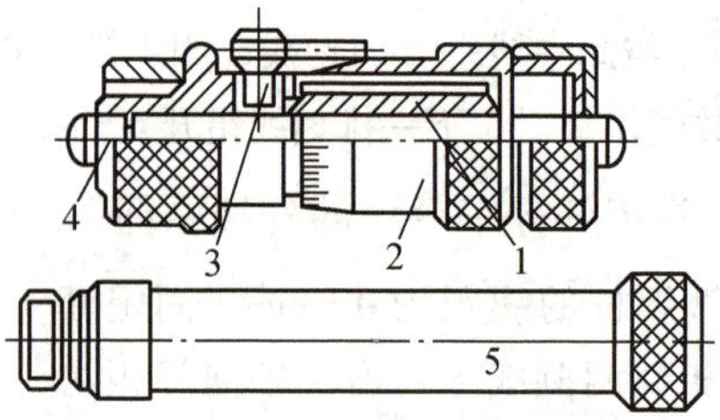

图 2–29　杠杆内径千分尺

1—固定套筒；2—微分筒；3—锁紧装置；4—测量面；5—接长杆

测量孔径不大时（如小于 40 mm）可用普通内径千分尺，这种内径千分尺的刻线方向与外径千分尺相反，当微分筒顺时针转动时，测微螺杆带动卡脚移动，测距越来越大。

测量大孔时可用杠杆内径千分尺。它由两部分组成：一是尺头部分，二是接长杆。它有多种长度规格，可根据被测工件孔的尺寸大小选择不同规格的接长杆，并装在尺头（千分尺）上。

2. 深度千分尺

深度千分尺如图 2–30 所示，它用于测量阶梯孔、凹槽、盲孔的深度。深度千分尺的测数结构与常用外径千分尺相同，但其测微螺杆可根据工件尺寸不同进行调整。

3. 螺纹千分尺

螺纹千分尺如图 2–31 所示，它用来测量普通螺纹的螺纹中径。测量的中径范围为 0 ～ 25 mm、25 ～ 50 mm、50 ～ 75 mm，可测量的螺纹螺距为 0.4 ～ 6 mm。它有两个特殊的可调换的量头，量头的度数与螺纹牙型角相同。

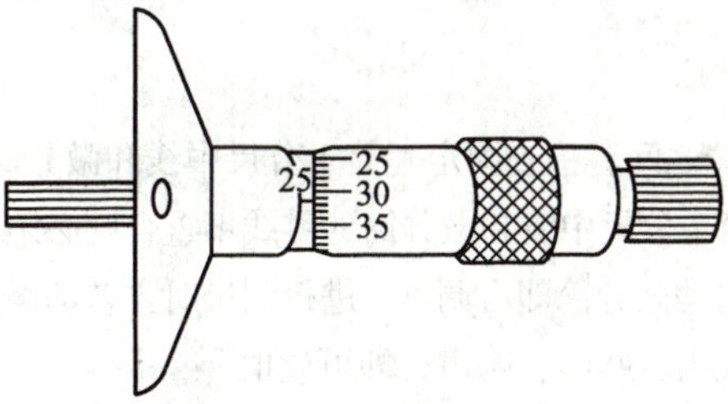

图 2–30　深度千分尺

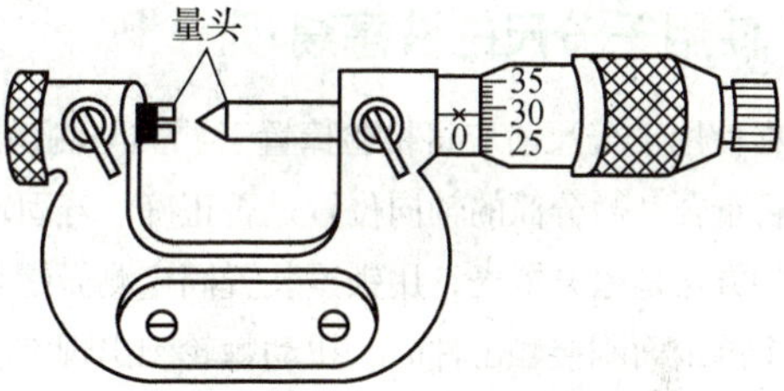

图 2–31　螺纹千分尺

4. 壁厚千分尺

壁厚千分尺如图 2–32 所示，它用来测量精密管形零件的壁厚。

5. 尖头千分尺

尖头千分尺如图 2–33 所示，它用于测量小沟槽，如钻头和偶数槽丝锥的沟槽处的直径等，测量范围为 0 ～ 25 mm。

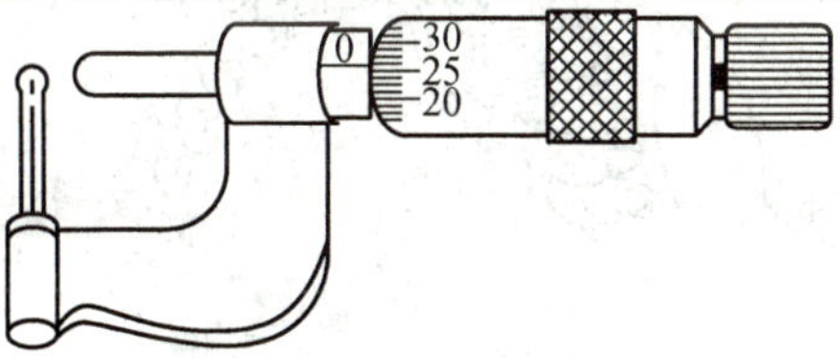

图 2–32　壁厚千分尺

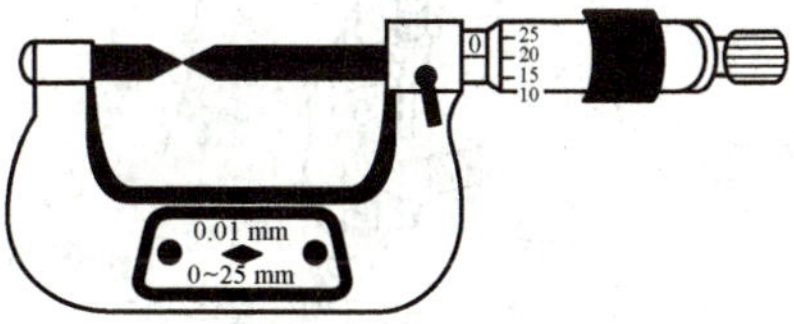

图 2–33　尖头千分尺

6. 公法线千分尺

公法线千分尺如图 2–34 所示，它用来测量齿轮的公法线长度，测量头是两个带精确平面的量钳，以便伸进齿槽中进行测量。

7. 数显千分尺

数显千分尺如图 2–35 所示，它是一种新型千分尺，当在零件上量得某尺寸时，这个尺寸数值就会在微分筒数显窗口中显示出来，使用比较方便。

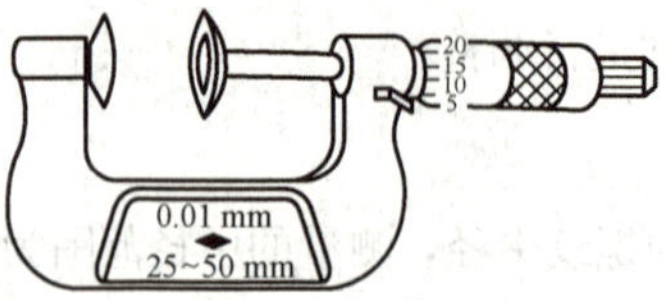

图 2-34　公法线千分尺

图 2-35　数显千分尺

三、使用千分尺的注意事项

在使用千分尺前应将检验棒置于测砧与测微螺杆端之间，检查固定套筒千分尺中线和微分筒的零线是否重合，微分筒的轴向位置是否正确。若固定套筒千分尺中线和微分筒的零线不重合则必须调整。调整的方法是松开罩壳，用锁紧装置固定测微螺杆，扭动微分筒即可调整。进行测量时先转动微分筒，当两个测量面刚接触工件时，扭动棘轮到出现空转并发出“咔咔”响声，即可读值。

注意：在两个测量面刚接触工件时不可扭动微分筒进行测量，只能旋转棘轮。如果受工件条件限制不便查看尺寸，可旋紧锁紧装置，取下千分尺读数。

用千分尺进行测量时，应先将测砧和测微螺杆的测量面擦干净，并校准千分尺的零位。测量时可用单手或双手操作，具体方法如图 2-36、图 2-37 所示。不管用哪种方法，旋转力都要适当，一般应先旋转微分筒，当测量面快接触或刚接触工件表面时再旋转棘轮，以控制一定的测量力，最后读数。

注意：不能用千分尺测量毛坯或正在转动的工件。

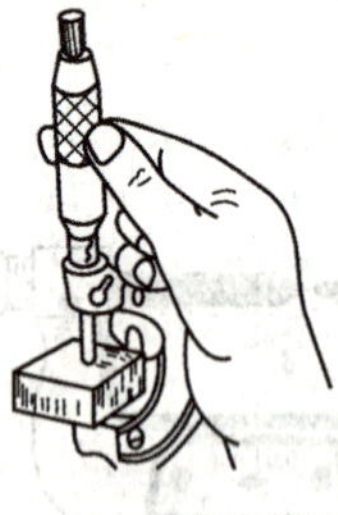
图 2-36　千分尺单手测量

图 2-37　千分尺双手测量

知识拓展

千分尺又称为螺旋测微器、分厘卡，是比游标卡尺更精密的测量工具。使用千分尺时需注意维护和保养，具体要求如下：

（1）轻拿轻放，必须放在专用盒内。

（2）不准用油石、砂纸等硬物摩擦其测量面。

（3）用完要擦净、涂油，放入专用盒内。

（4）不得靠近高温区域和磁场区域。

（5）定期送检。

考核与评价

一、理论知识考评

（1）千分尺是一种精密测量仪器，其测量精度比游标卡尺（　　）。（填高或低）

（2）千分尺按其用途可分为（　　）、（　　）、（　　）、（　　）、螺旋千分尺等，其中（　　）使用最广泛。

（3）外径千分尺主要用来测量工件的（　　）、（　　）和厚度等。

（4）内径千分尺主要用来测量（　　）、（　　）等尺寸。

（5）深度千分尺主要用来测量（　　）、（　　）、（　　）的深度。

（6）螺纹千分尺是用来测量普通螺纹的螺纹（　　）的，测量范围为（　　）mm、（　　）mm、（　　）mm，可测量螺纹的螺距为（　　）mm。

（7）公法线千分尺主要用来测量齿轮的（　　）长度。

（8）识读图 2-38 所示的千分尺。

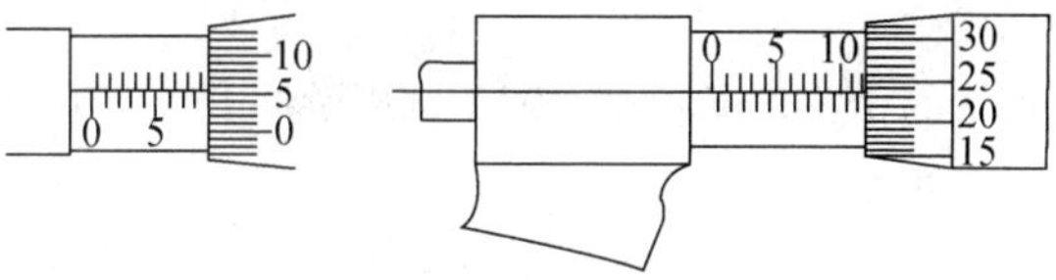

图 2-38　千分尺识读

二、实训技能考评

测量图 2-1～图 2-9 所示的零件尺寸，考核与评分标准见表 2-2。

表2-2　零件测量（用千分尺）考核与评分标准

班级		姓名		学号		总分	
序号	内容	配分	评分标准		小组评分	交检评分	得分
1	准备工作	20	准备工作充分，每少一样工具扣 2 分				
2	操作过程	20	操作过程符合规范，每操作错误一次扣 5 分				
3	测量精度	40	测量精度在 0.01 mm 以内，超差一处扣 5 分				
4	职业素养	20	操作完成后能自觉做好量具的维护保养工作、现场管理工作，每发现一处不符合要求扣 5 分				

AR

任务一 任务二 任务三 任务四 任务五 任务六 任务七 任务八 任务九 任务十 任务十一

子任务3 万能角度尺、百分表及其应用

【知识目标】

掌握万能角度尺、百分表的结构和使用方法。

【技能目标】

1. 能用万能角度尺测量工件的内、外角度。
2. 能用百分表测量零件的形状和位置公差及尺寸精度。
3. 能通过查阅资料获取相关知识。
4. 具备良好的职业素养。

典型工作任务

测量图 2–39 所示 V 形块的相关角度和对称度（试用游标卡尺、千分尺、万能角度尺、百分表测量出图中所示的各个尺寸及角度）。

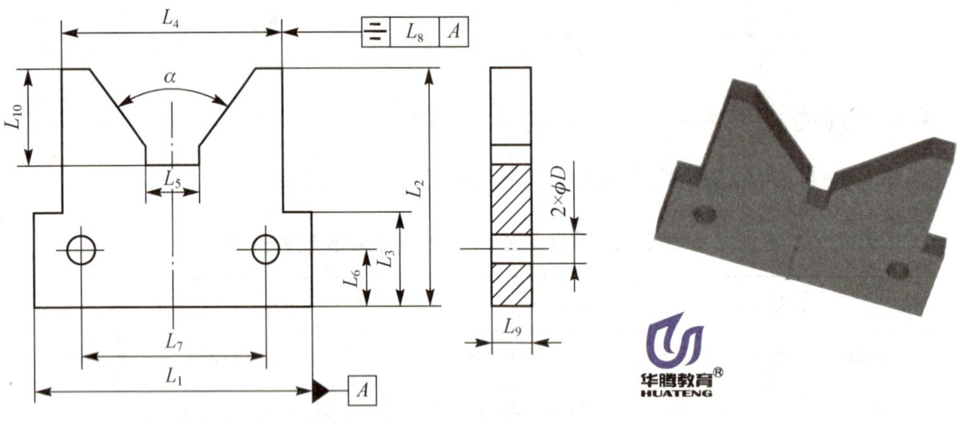

图 2–39 V 形块

相关知识

一、万能角度尺

万能角度尺是用来测量工件内、外角度及斜度的量具。其测量精度有 2′ 和 5′ 两种，测量范围为 0°～320°。

（一）万能角度尺的结构

万能角度尺的结构如图 2-40 所示，主要由尺身（主尺）、扇形板、基尺、游标、（直）角尺、直尺、卡块和制动头等部分组成。

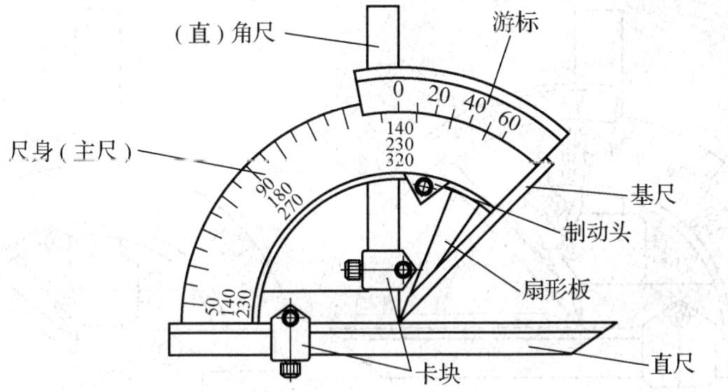

图 2-40 万能角度尺的结构

（二）万能角度尺的刻线原理

精度为 2′ 的万能角度尺的刻线原理是主尺刻线每格 1°，游标刻线是将主尺上 29° 所占的弧长等分为 30 格，每格所对应的角度为（29/30）°，因此游标 1 格与主尺 1 格相差 1°－（29/30）°＝（1/30）°=2′，即万能角度尺的测量精度为 2′。

（三）万能角度尺的读数方法

万能角度尺的读数方法与游标卡尺的读数方法相似，具体如图 2-41 所示。先从主尺上读出游标零刻线左边的刻度整数，即 2°；再从游标上读出分的数值（格数 ×2′），即 8×2′ =16′；将两者相加就是被测工件的角度数值，即 2°＋8×2′ =2° 16′。

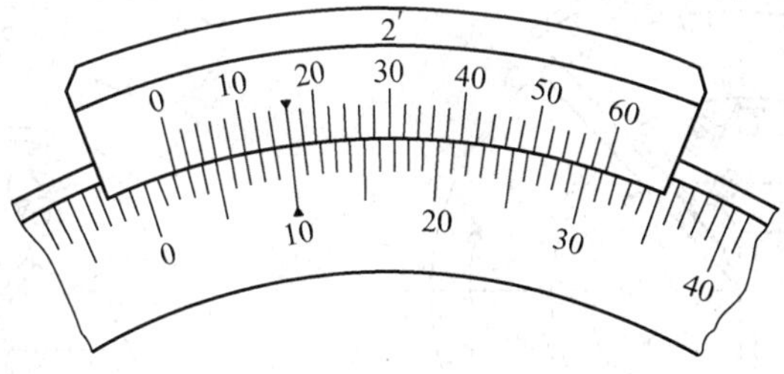

图 2-41 万能角度尺的读数方法

（四）万能角度尺的测量范围和使用方法

万能角度尺的测量范围一般为 0°～320°。测量时，根据产品被测部位的情况先调整好角尺或直尺的位置，用卡块上的螺钉把它们紧固住，再调整基尺测量面与其他有关测量面之间的夹角。这时要先松开制动头上的螺母，移动主尺做粗调整；然后转动扇形板背面的微动装置做细调整，直到两个测量面与被测表面密切贴合为止；最后拧紧制动头上的螺母，把角度尺取下进行读数。

1. 0° ~ 50° 外角的测量

装上角尺和直尺，将产品的被测部位放在基尺和直尺的测量面之间进行测量，此时按尺身上第一排刻度示值读数，如图 2-42 所示。

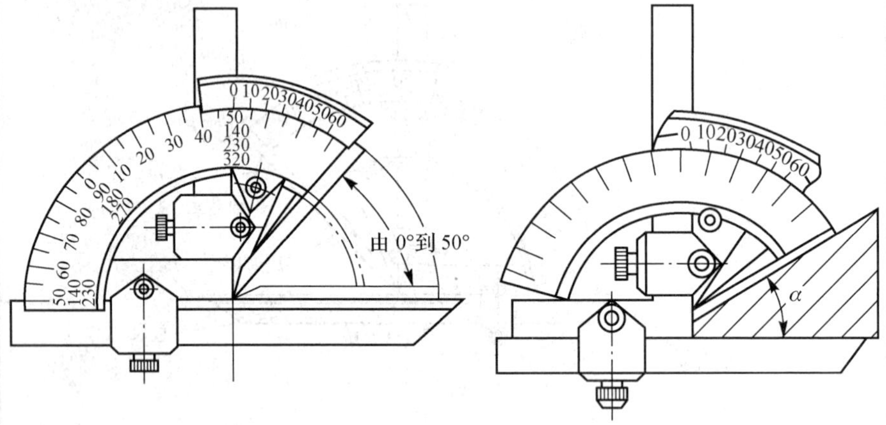

图 2-42 测量 0° ~ 50°外角

2. 50° ~ 140° 外角的测量

把角尺卸掉、直尺装上，使它与扇形板连在一起。将工件的被测部位放在基尺和直尺的测量面之间进行测量。也可以不拆下角尺，只把直尺和卡块卸掉，再把角尺拉到下边，直到角尺短边与长边的交线和基尺的尖棱对齐为止。把工件的被测部位放在基尺和角尺短边的测量面之间进行测量，此时按尺身上第二排刻度示值读数，如图 2-43 所示。

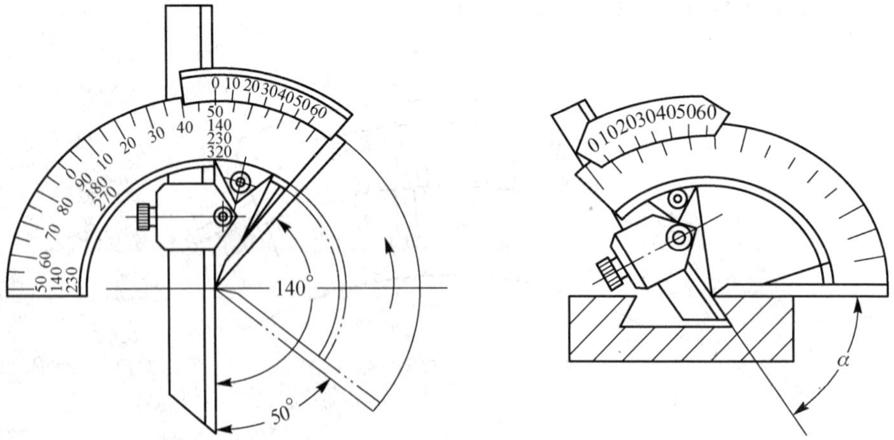

图 2-43 测量 50° ~ 140°外角

3. 140° ~ 230° 外角和 130° ~ 220° 内角的测量

把直尺和卡块卸掉，只装角尺，但要把角尺推上去，直到角尺短边与长边的交线和基尺的尖棱对齐为止。把工件的被测部位放在基尺和角尺短边的测量面之间进行测量，此时按尺身上第三排刻

任务一 任务二 任务三 任务四 任务五 任务六 任务七 任务八 任务九 任务十 任务十一

度示值读数，如图 2-44 所示。

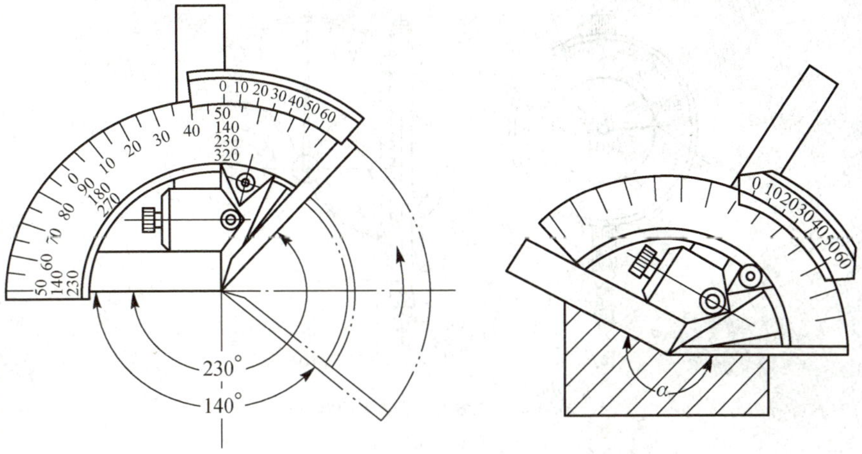

图 2-44　测量 140°～230°外角和 130°～220°内角

4. 230°～320°外角和 40°～130°内角的测量

把角尺、直尺和卡块全部卸掉，只留下扇形板和主尺（带基尺）。把工件的被测部位放在基尺和扇形板测量面之间进行测量，此时按尺身上第四排刻度示值读数，如图 2-45 所示。

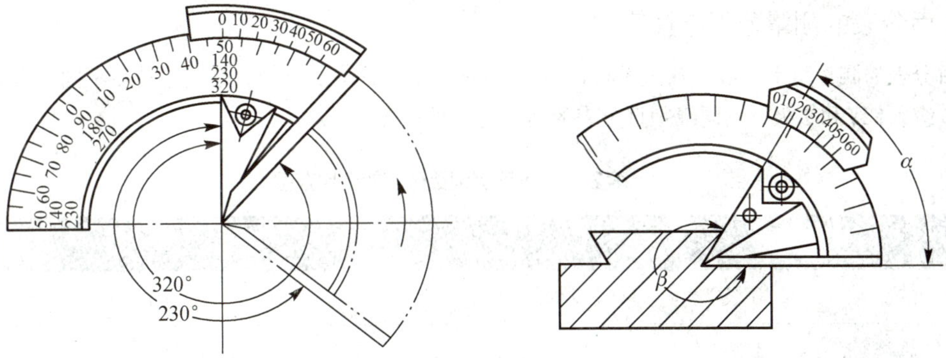

图 2-45　测量 230°～320°外角和 40°～130°内角

二、百分表

百分表是一种精度较高的比较量具，它只能测出相对数值，不能测出绝对数值。百分表主要用来测量工件的尺寸、形状和位置误差，也可用来检验机床的几何精度或调整工件的装夹位置偏差。

（一）百分表的结构及工作原理

百分表的结构及工作原理如图 2-46 所示。当测量杆 1 向上或向下移动 1 mm 时，齿轮传动系统带动大指针 5 转一圈、小指针 7 转一格。刻度盘在圆周上有 100 个等分格，各格的读数值为 0.01 mm。小指针每格读数为 1 mm。测量时指针读数的变动量即为尺寸变化量。刻度盘可以转动，以便测量时大指针对准零刻线。

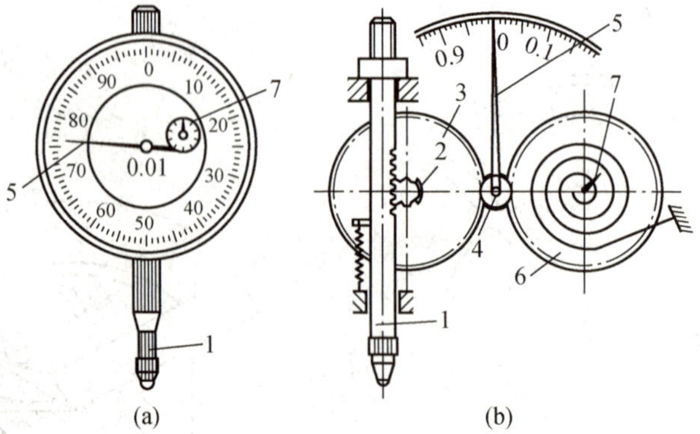

图 2-46　百分表的结构及工作原理

（a）百分表（b）传动原理

1—测量杆（触头）；2—齿轮；3—指示盘；4—大指针齿轮；

5—大指针；6—弹簧座；7—小指针

（二）百分表的读数方法

先读小指针转过的刻度线（毫米整数），再读大指针转过的刻度线（小数部分）并乘以 0.01，然后将两者相加即得到所测量的数值。

（三）百分表的测量范围与精度

百分表的测量范围一般有 0 ～ 3 mm、0 ～ 5 mm、0 ～ 10 mm 三种。按制造精度不同，百分表可分为 0 级、1 级和 2 级，不同级别百分表的适用范围见表 2-3。

表2-3　不同级别百分表的适用范围

级　别	适用范围
0 级	IT6 ～ IT14
1 级	IT6 ～ IT16
2 级	IT7 ～ IT16

（四）百分表的使用与注意事项

1. 百分表的使用

百分表常装在表架上使用，如图 2-47 所示。

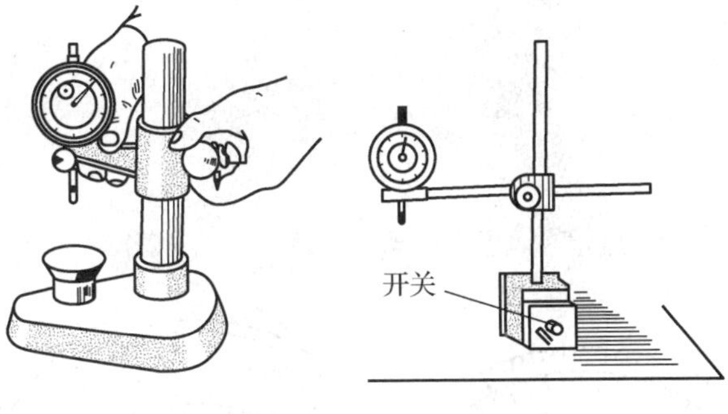

图 2-47　百分表及表架

（a）万能表架（b）磁性表架（c）普通表架

百分表可用来精确测量零件圆度、圆跳动、平面度、平行度和直线度等形位误差，也可用来找正工件，如图 2-48 所示。

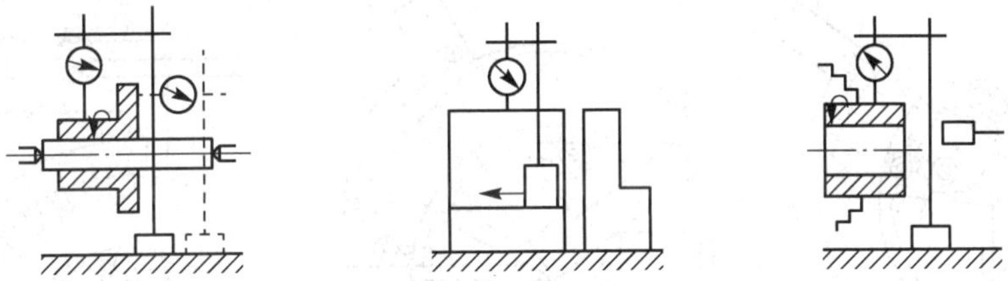

图 2-48　百分表应用举例

（a）检查外圆对孔的圆跳动（b）检查工件两面的平行度（c）找正外圆

2. 使用百分表的注意事项

（1）使用百分表前应检查测量杆活动的灵活性。轻轻推动测量杆时，测量杆在套筒内的移动要灵活，没有任何轧卡现象，每次手松开后指针能回到原来的刻度位置。

（2）使用时必须把百分表固定在可靠的夹持架上，切不可贪图省事而随便将百分表夹在不稳固的地方，否则容易造成测量结果不准确或摔坏百分表。

（3）测量时不要使测量杆的行程超过其测量范围，不要使表头突然撞到工件上，也不要用百分表测量表面粗糙度大或有显著凹凸不平的工件。

（4）测量平面时，百分表的测量杆要与平面垂直；测量圆柱形工件时，测量杆要与工件的中心线垂直。否则，将使测量杆活动不灵或测量结果不准确。

（5）为方便读数，在测量前一般都让大指针指到刻度盘的零位。

（6）百分表不用时应使测量杆处于自由状态，以免使表内弹簧失效。

知识拓展

一、万能角度尺的应用

万能角度尺应用举例如图 2-49 所示。

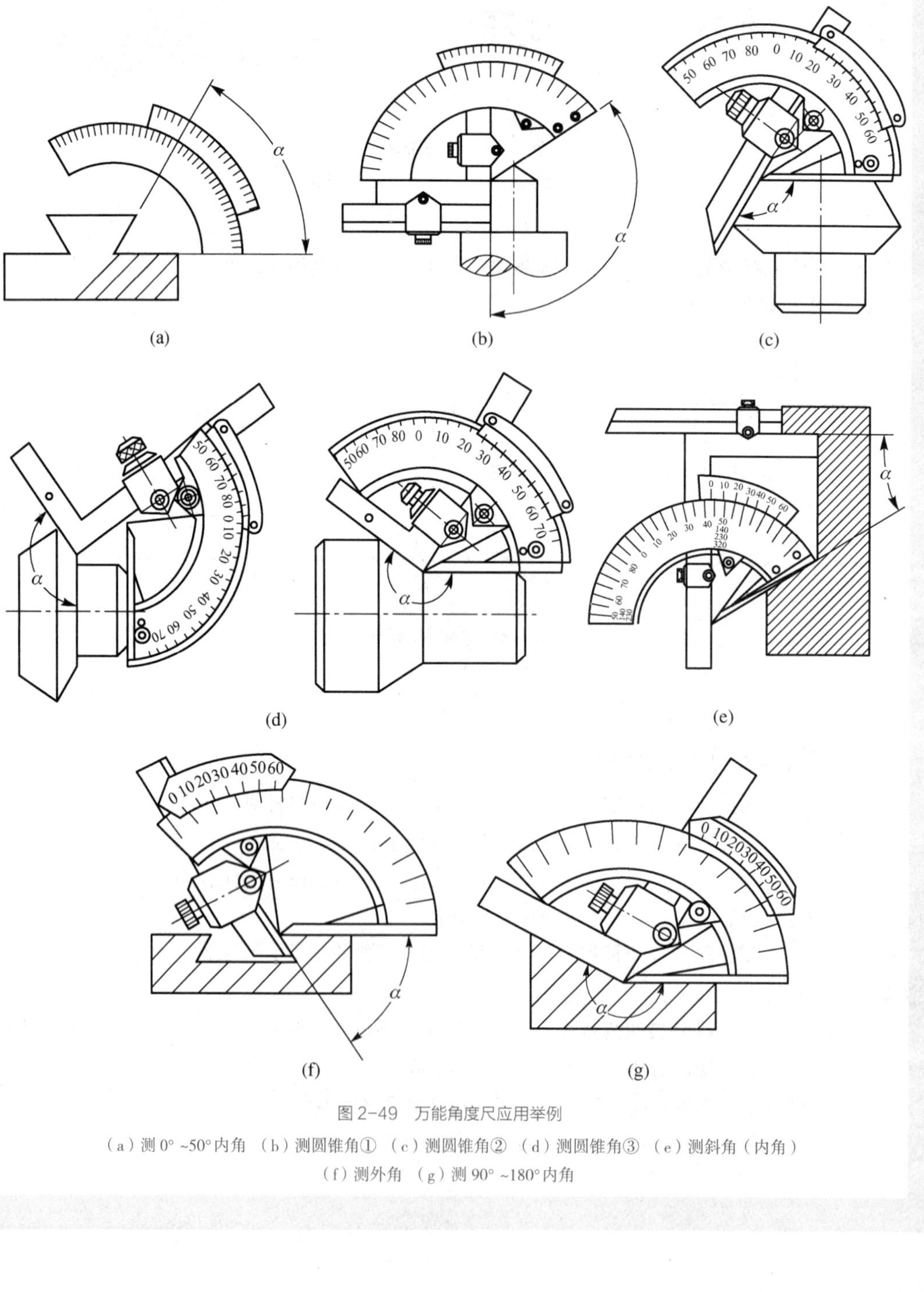

图 2-49 万能角度尺应用举例

（a）测 0° ~50° 内角 （b）测圆锥角① （c）测圆锥角② （d）测圆锥角③ （e）测斜角（内角）（f）测外角 （g）测 90° ~180° 内角

二、其他万能角度尺和百分表

其他万能角度尺如图 2-50 所示。

(a) (b) (c)

图 2-50 其他万能角度尺

(a) 可调式万能角度尺 (b) 大型固定式万能角度尺 (c) 数显式万能角度尺

其他各种百分表如图 2-51 所示。

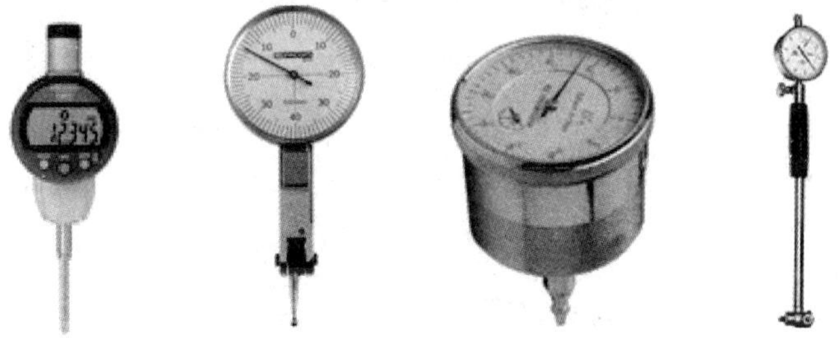

(a) (b) (c) (d)

图 2-51 其他各种百分表

(a) 数显百分表 (b) 杠杆百分表 (c) 浓度百分表 (d) 内径百分表

三、百分表的维护与保养

(1) 远离液体，不使冷却液、切削液、水或油与百分表接触。

(2) 在不使用时要摘下百分表，使表解除所有负荷，让测量杆处于自由状态。

(3) 成套保存于盒内，避免丢失与混用。

(4) 不得靠近高温区域和磁场区域。

(5) 定期送检。

考核与评价

一、理论知识考评

(1) 万能角度尺是用来测量工件内、外 ( ) 的量具。其测量精度有 ( ) 和 ( ) 两种，测量范围为（　　）。

（2）说出图 2-52 所示万能角度尺上各数字所代表的名称。

1（　　）、2（　　）、3（　　）、4（　　）、5（　　）、6（　　）。

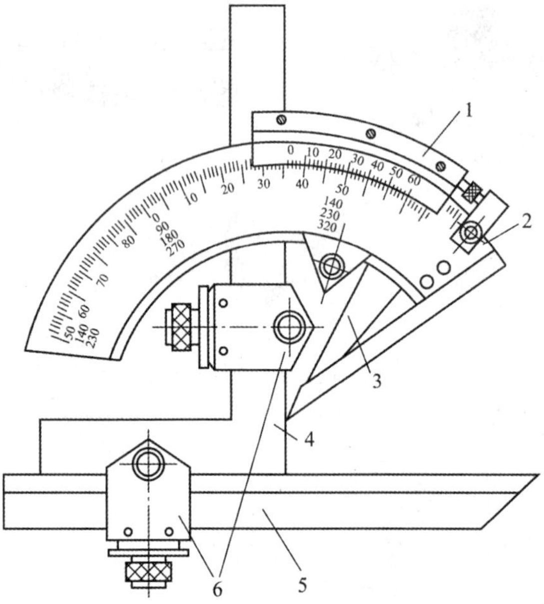

图 2-52　万能角度尺结构分析

（3）图 2-53 所示的万能角度尺读数是（　　）。

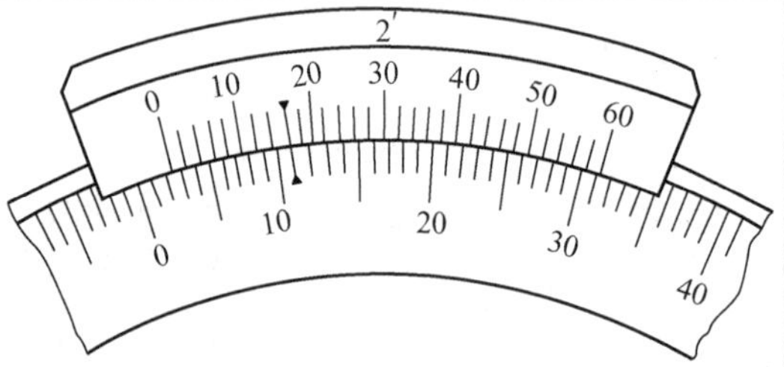

图 2-53　万能角度尺读数

（4）百分表可以检测机床的精度，测量工件的尺寸、（　　）和位置误差。

（5）百分表的测量范围一般有（　　）、（　　）和 0 ～ 10 mm 三种。

（6）百分表的测量精度为（　　）mm。

（7）百分表可用来精确测量零件（　　）、圆跳动、（　　）、（　　）和直线度等形位误差，也可用来找正工件。

二、实训技能考评

测量图 2-39 所示 V 形块，考核与评分标准见表 2-4。

表2-4　V形块测量考核与评分标准

班级		姓名			学号		总分		
序号	尺寸	尺寸公差	配分	第一次测量	第二次测量	评分标准	小组评分	交检评分	得分
1	L_1		5			超差不得分			
2	L_2		5			超差不得分			
3	L_3		5			超差不得分			
4	L_4		5			超差不得分			
5	L_5		10			超差不得分			
6	L_6		10			超差不得分			
7	L_7		10			超差不得分			
8	α		10			超差不得分			
9	L_8		10			超差不得分			
10	L_9		5			超差不得分			
11	L_{10}		5			超差不得分			
12	量具使用与维护		20			量具使用不当扣10分，量具维护不良扣5分			
13	职业素养	旷课扣5分，上课迟到扣2分，早退扣2分，穿戴不整齐扣2分，玩手机扣5分，睡觉扣5分，其他不符合职业素养的视情况扣分							

子任务4　标准量具、专用量具及其应用

【知识目标】

1. 掌握常用标准量具的特点及使用方法和要点。
2. 掌握常用专用量具的种类及名称。

【技能目标】

1. 能用标准量具、专用量具进行测量与检测。
2. 能通过查阅资料获取相关知识。
3. 具备良好的职业素养。

典型工作任务

标准量具、专用量具及其应用。

相关知识

标准量具指用作测量或检定标准的量具，如量块、多面棱体、表面粗糙度比较样块等。

专用量具（或称非标量具）指专门为检测工件某一技术参数而设计制造的量具，如内、外沟槽卡尺，钢丝绳卡尺，步距规等。

一、量块

量块是横截面为矩形或圆形、一对相互平行的测量面间具有准确尺寸的测量器具，如图 2–54 所示。量块的主要特点是形状简单，量值稳定，耐磨性好，使用方便。量块除每块可单独作为特定的量值使用外，还可以组合成所需的各种不同尺寸使用。

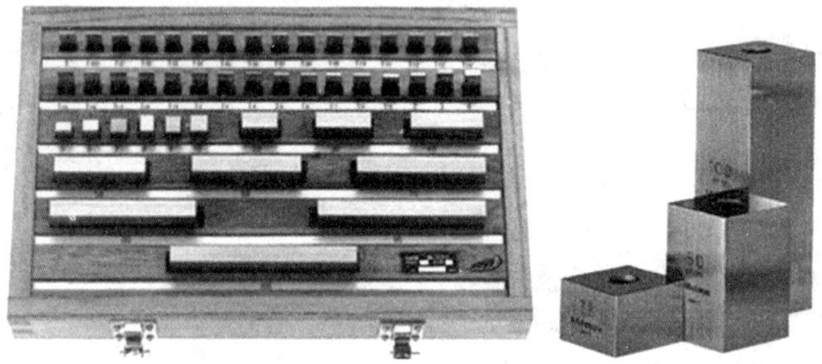

图 2–54　量块

1. 量块的标记和要求

每个量块都应刻印永久性的、字迹清晰的、代表其标称长度的数码字，也允许刻印制造厂的商标。标称长度不大于 5.5 mm 的量块上测量面上应刻印上述标记，但在测量面中心沿长边方向为 12 mm 区域内和四角测点位置不应刻印任何标记。标称长度大于 5.5 mm 的量块在其左侧面上刻印上述标记。标称长度大于 100 mm 的量块除刻印上述标记以外，还应刻印支承位置定位线。新制造量块的测量面和侧面不应有划痕、碰伤与锈蚀。成套量块的盒上应标明出厂时的级别、编号和商标。

量块的截面尺寸应符合国际规定。量块侧面的平面度、侧面对测量面的垂直度和侧面对侧面的平行度均应不超过国际规定。量块的所有棱边应是 $0.2\times45^{\circ}$ 的倒棱或半径不超过 0.3 mm 的倒圆，倒棱边与测量面之间应光滑地倒圆过渡，倒棱边宽度允许值应符合国际规定。量块测量面与相邻侧面之间的垂直度误差应不超过 10″；测量面的平面度为 Ⅰ 级；每个量块的两测量面在单面或双面研合时都应符合要求；钢质量块测量面表面硬度应不低于 800 HV（≈ 63 HRC）。

在 10 ～ 30 ℃时，钢质量块温度线膨胀系数应为（11.5 ± 1）$℃^{-1}$。

2. 量块的用途

量块作为长度标准，传递尺寸量值，用于检定测量工具的示值误差；作为标准件，用比较法测量工件尺寸，或用来校准、调整测量器具的零位；用于直接测量零件尺寸；用于精密机床的调整和机械加工中精密划线。

3. 量块的正确使用

量块具有两个互相平行的工作面，而且工作面之间的长度尺寸非常准确，是一种结构简单、准确度高、使用方便的量具。具有专门用途的专用量块，如计量室专门用于检定卡尺、千分尺的成套量块，在检定工作中使用方便、准确度高，可减少量块研合所造成的磨损，还能大大提高检定工作效率。量块的正确使用应注意以下几点：

（1）量块必须经过检定，并有合格证书。

（2）检定量具的量块等级应符合规程要求。

（3）量块测量范围应能满足所检量具的需要。

（4）必须符合温度规范。检定量具或在车间使用量块时，应使量块与量具或工件温度尽可能一致。

（5）量块列加数不得超过 5 块，尺寸大的量块放在底下。

二、正弦规

正弦规是配合量块使用按正弦原理组成标准角，用以在水平方向按微差比较方式测量工件角度的一种精密量仪，是测量精密工件或量规角度的工具。正弦规可测量内、外锥体的尺寸和校正水平仪等。在机床上加工带角度的工件时，还可用正弦规进行精密定位。

正弦规由精密的钢质长方体和两个精密的圆柱体组成，如图 2–55 所示。两个圆柱体的直径相等，其中心连线与长方体的平面互相平行。正弦规分为窄型和宽型两种，精度有 0 级和 1 级之分。

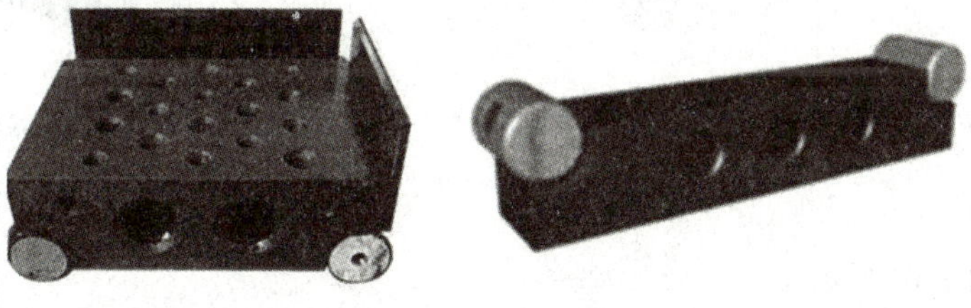

图 2–55 正弦规

正弦规规格见表 2–5。

表2–5 正弦规规格

正弦规规格 /mm	100×25	200×40	200×150
	100×80	200×80	300×150

三、专用量具

不能直接读出被测量零件的实际尺寸数值，但能够判断被测量零件的形状及尺寸是否合格的量具称为专用量具。

图 2-56 ～图 2-60 所示为各种塞规。

图 2-56 圆柱塞规（检测圆柱孔）

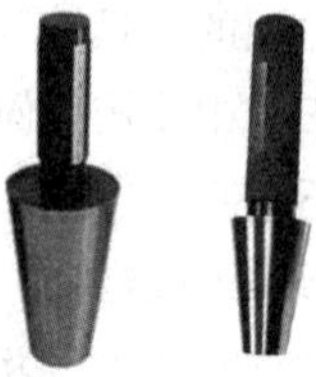

图 2-57 圆锥塞规（检测圆锥孔）

图 2-58 螺纹塞规（检测内螺纹）

图 2-59 数显（电子）塞规（依测量头不同检测相应的参数）

图 2-60 键槽塞规（检测键槽）

各种套规如图 2-61 所示。

(a) (b) (c)

图 2-61 各种套规

（a）圆柱套规（检测外圆柱）（b）圆锥套规（检测外圆锥）（c）螺纹套规（检测外螺纹）

各种塞尺如图 2-62 所示。

(a) (b) (c)

图 2-62 各种塞尺

（a）楔形塞尺（检测楔形间隙）（b）塞尺（厚薄规）（检测普通间隙）（c）锥形塞尺（检测圆锥配合间隙）

各种牙规如图 2-63 和图 2-64 所示。

(a) (b)

图 2-63 三角形牙规（检测三角形螺纹）

(a) (b)

图 2-64 梯形牙规（检测梯形螺纹）

其他还有异形规、专用量规（如半径规），分别如图 2-65、图 2-66 所示。

图 2-65 异形规（检测异形沟槽）

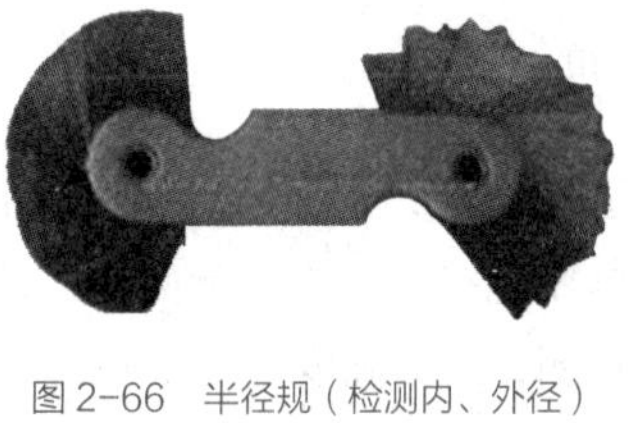

图 2-66 半径规（检测内、外径）

知识拓展

一、光滑塞规

光滑塞规是检验工件内孔尺寸正确性的工具。光滑塞规两端做成最大极限尺寸和最小极限尺寸。它的最小极限尺寸一端称为通端，最大极限尺寸一端称为止端。在测量中，通端塞规应通过孔径，且止端塞规不应通过孔径。光滑塞规规格为 $\phi 3 \sim \phi 500$，特殊型号的可以定做。直径大于 $\phi 65$ 的光滑塞规可做成单头不全型或片型塞板。

二、螺纹塞规

螺纹塞规又称内圆螺纹规，它是检测内螺纹的检具，也称为螺纹量规。螺纹塞规广泛用于航空航天、机械机电、电子电气、石油管道等不同的工业。

米制螺纹塞规的正确用法如下：

（1）用通规试拧，如果不能拧进就不合格，此时不必再用止规，因为已经不合格。

（2）用通规试拧，如果能够拧进，再用止规拧，如果止规也能拧进，则不合格。

（3）用通规试拧，如果能够拧进，再用止规拧，如果止规不能拧进或只拧进一两个牙，则合格。

三、圆锥量规

圆锥量规有公制圆锥量规和莫氏锥度量规两种。公制圆锥量规有 4、6、80、100、120、140、160 和 200 共八种规格。莫氏锥度量规有 0、1、…、6 共七种规格，0 号规格尺寸最小，6 号规格尺寸最大。莫氏锥度量规又分为带扁尾和不带扁尾两种形式。

圆锥量规根据其公差分为高精度和普通精度两种。高精度的圆锥量规用于检验机床、精密仪器等的主轴及孔的锥度，普通精度的圆锥量规用于检验工具圆锥轴及圆锥孔的正确性。

检验内锥体的为圆锥塞规，检验外锥体的为圆锥套规。一般圆锥量规都成对使用，可分为通规和止规。通规的作用是防止工件尺寸超出最大实体尺寸，止规的作用是防止工件尺寸小于最小实体尺寸。检验时，若通规能通过工件，而止规不能通过，则认为工件是合格的。

四、塞尺

塞尺是用来检验间隙的薄片式量具，其单片均具备准确的厚度尺寸，使用时将单片或多片组成符合间隙尺寸的薄片组合即可测量。在实际使用时，一般来说测量范围 $2<d \leqslant 3$ mm 时，多片测量的误差为 $^{+0.048}_{-0.025}$（mm），当测量范围 $1<d \leqslant 2$ mm 时，误差为 $^{+0.028}_{-0.015}$（mm）。详情参考《塞尺检定规程》（JJG 62—2017）。

五、半径规

半径规又名 R 规，是利用光隙法测量圆弧半径的工具。测量时必须使 R 规的测量面与工件的圆弧完全地、紧密地接触，当测量面与工件的圆弧没有间隙时，工件的圆弧度数即为 R 规上所表示的数字。因是目测，故准确度不是很高，只能做定性测量。

1. 使用方法

检验轴类零件的圆弧曲率半径时，半径规要放在径向界面内；检验平面形圆弧曲率半径时，半径规应平行于被检截面，不得前后倾倒。

使用半径规检验工件圆弧半径有两种方法：一是当已知被检验工件的圆弧半径时，可选用相应尺寸的半径规检验；二是当不知道被检工件的圆弧半径时，则用试测法进行检验。

半径规试测方法如下：首先目测被检工件的圆弧半径，依次选择半径规去试测。若光隙位于圆弧的中间部分，则说明工件的圆弧半径 r 大于样板的圆弧半径 R，应换一片半径大一些的样板去检验。若光隙位于圆弧的两边，则说明工件的圆弧半径 r 小于样板的圆弧半径 R，应换一片半径小一点的样板去检验，直到两者吻合（$r=R$），则此样板的半径就是被测工件的圆弧半径。

如果根据工件圆弧半径的公差选两片极限样板，那么对于凸面圆弧，用上限半径规检验时允许其两边沿漏光，用下限半径规检验时允许其中间漏光。这样均可确定该工件的圆弧半径在公差范围内。对于凹面圆弧，允许的漏光情况则相反。

2. 维护与保养

（1）半径规使用后应擦净，擦时要从铰链端向工作端进行，切勿逆擦，以防止样板折断或弯曲。

（2）半径规要定期检定。

（3）如果样板上标明的半径数值不清，千万不要使用，以防错用。

六、其他量具

1. 刀口直尺

刀口直尺如图 2-67 所示。通过透光法，利用刀口直尺可以检验较小加工表面的直线度和平面度误差。

测量时，面对光源（最好选用自然光源），将刀口直尺垂直放置于工件被测表面上，如图 2-68 所示，保持视线与工件被测表面平行。测量应在被测表面的纵向、横向和对角方向多处逐一进行，以确定各方向的直线度误差。若刀口直尺与工件被测表面之间透光微弱、均匀，则说明该方向直线度精度较高；若光线强弱不一，则说明该方向存在一定的直线度误差。此时可在刀口直尺与工件紧靠处插入塞尺，根据塞尺的厚度即可确定直线度的误差，如图 2-69 所示。

图 2-67　刀口直尺

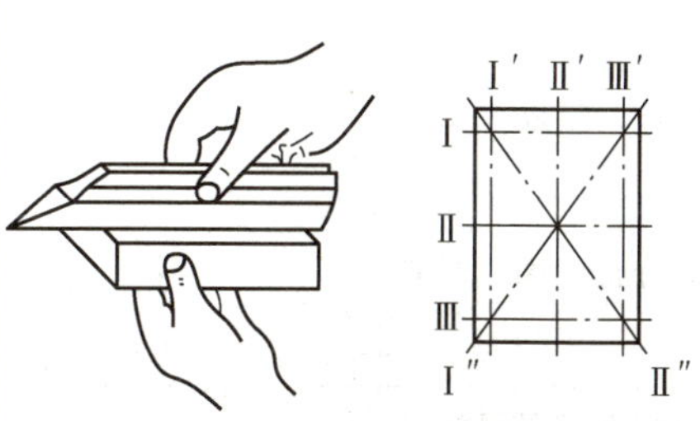

图 2-68　刀口直尺检验直线度

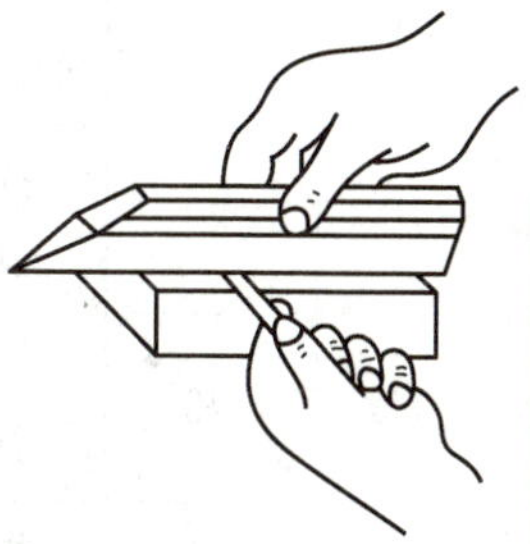

图 2-69　直线度误差值检测

2. 刀口角尺

刀口角尺如图 2-70 所示，主要用来测量工件的垂直度误差。

测量前应注意将量具表面和工件被测表面擦拭干净，确保刀口角尺的基准面与工件基准面紧密贴合，以避免产生附加误差。刀口角尺在工件被测表面上改变测量位置时不允许拖动，应提起后轻轻放到另一测量位置，否则刀口角尺的测量棱边容易产生局部磨损而降低测量精度。

图 2-70　刀口角尺

考核与评价

一、理论知识考评

（1）量块的测量面与非测量面有何区别？量块是用来测量什么的？

（2）量块及正弦规如何配合使用？

（3）量块一套有多少块？如何正确使用量块？

（4）选用量块时应尽可能选用最少的块数，在一般情况下块数不超过（　　）块。

（5）塞尺又称测微片或（　　），是用于检验两个贴合面之间（　　）大小的片状定值量具。

（6）塞规、套规如何使用？

（7）如何正确使用正弦规？

二、实训技能考评

（1）车床主轴间隙的检测。

（2）车床导轨间隙的检测。

（3）M24 × 1.5 螺纹的检测。

（4）游标卡尺、千分尺的检测。

（5）图 2-9 零件锥度的检测。

考核与评分标准见表 2-6。

表2-6　检测考核与评分标准

班级		姓名		学号		总分	
序号	内容	配分	评分标准		小组评分	交检评分	得分
1	准备工作	20	准备工作充分，每少一样工具扣 2 分				
2	操作过程	20	操作过程符合规范，每操作错误一次扣 5 分				
3	测量精度	40	测量精度在 0.02 mm 以内，超差一处扣 5 分				
4	职业素养	20	操作完成后能自觉做好量具的维护保养工作、现场管理工作，每发现一处不符合要求扣 5 分				

任务三

金属切削基础知识

任务描述

图 3-1 和图 3-2 所示零件（坯料 $\phi35\times65$、$\phi60\times80$）是如何加工成型的呢？图 2-1 ～图 2-9 所示的零件又是如何得到的？它们都是运用金属切削的基本知识和技能技术，按图样要求对坯料进行切削加工出来的。通过本任务的学习，要能熟悉并掌握金属切削的基本知识，并能灵活运用所学知识和技能，为后期学习零件车削加工做准备。

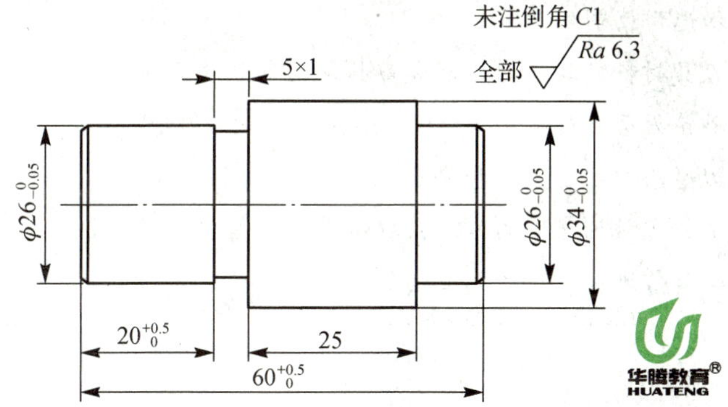

图 3-1　零件 1

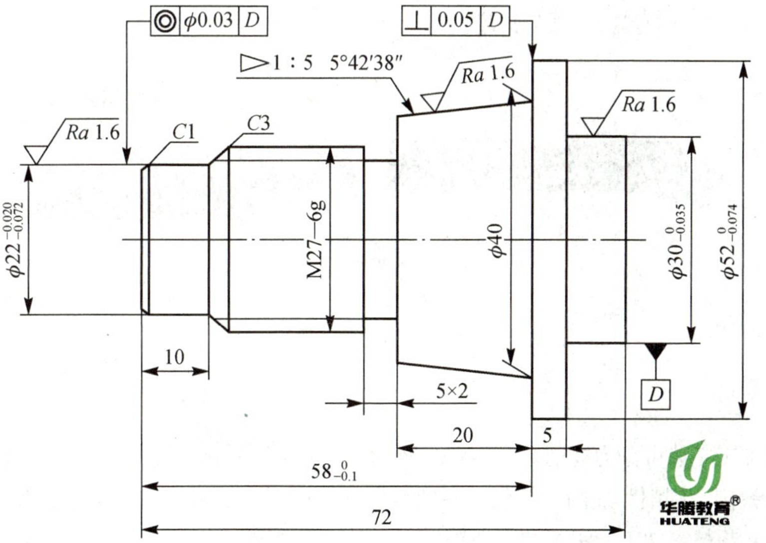

图 3-2　零件 2

任务一 任务二 任务三 任务四 任务五 任务六 任务七 任务八 任务九 任务十 任务十一

子任务1 金属切削的基本知识及金属切削刀具

【知识目标】

1. 掌握常用金属材料性能、切削运动、切削用量三要素。
2. 掌握常用刀具材料、刀具结构、刀具切削部分的几何角度。
3. 掌握砂轮机及砂轮的型号、选用。
4. 了解刃磨刀具的安全方法。

【技能目标】

1. 能正确说出切削过程中形成的三个面。
2. 能正确说出和选用切削用量。
3. 能正确讲出刀具材料应具备的性能和刀具切削部分的几何角度。
4. 能正确选用砂轮刃磨刀具。
5. 能掌握刀具刃磨的方法、步骤和要点。
6. 能通过查阅资料或讨论交流的方式获取所需相关信息。
7. 具有严谨的工作作风和良好的职业道德。

典型工作任务

图 3–3 所示是刀具吗？它的结构特点是什么？它是什么材料做成的？它是什么刀？用刀切削加工，其切削过程怎样？刀具钝了如何刃磨？

图 3–3 90°外圆车刀

相关知识

金属切削加工一般可分为锉削（图 3–4）、錾削（图 3–5）、钻削（图 3–6）、锯削（图 3–7）、车削、铣削、镗削、铰削、刨削、插削、拉削、磨削、研磨、珩磨、超精加工、抛光、齿轮加工、蜗轮加工、螺纹加工、超精密加工、钳工和刮削等。

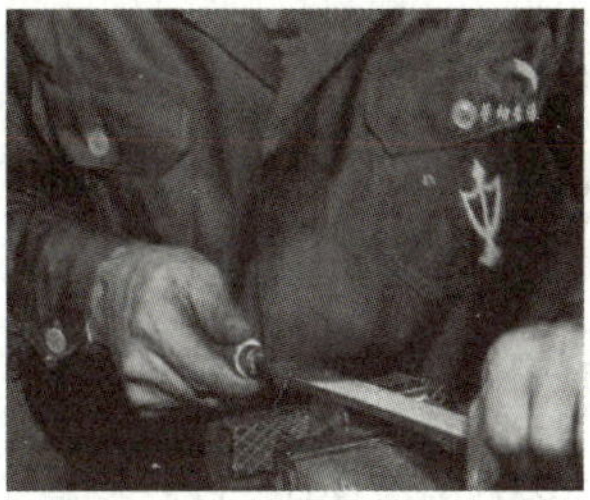

图 3-4 锉削

图 3-5 錾削

图 3-6 钻削

图 3-7 锯削

一、切削运动

切削运动是指利用刀具切除工件上多余的金属层，以获得所要求的尺寸、形状精度和表面质量的运动，其过程如图 3-8 所示。切削运动分为主运动和进给运动。

1. 切削时的主运动

主运动具有唯一性，是进行切削时最主要的、消耗动力最多的运动。它是刀具与工件之间产生相对运动，直接切除工件上的切削层，使之转变为切屑，形成工件新表面的运动。

主运动的运动形式为旋转运动和直线运动。车、镗削的主运动是机床主轴的旋转运动。

2. 切削时的进给运动

进给运动是刀具与工件之间产生的附加相对运动，以保持切削连续进行，即使新的切削层不断投入切削运动。其运动形式为纵向进给运动（走刀运动）和横向进给运动（吃刀运动）。图 3-8 中的 v_f 是车外圆时的纵向进给速度，是连续的，而横向进给运动则是间断的。

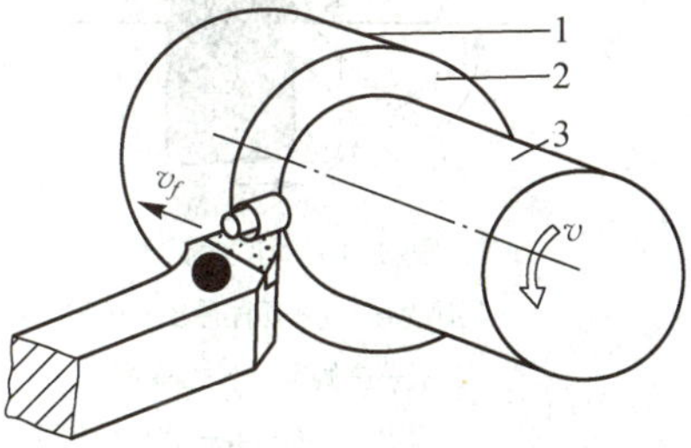

图 3-8 切削过程

1—待加工表面；2—过渡面；3—已加工表面；v_f—纵向进给速度

二、切削时形成的表面

切削时形成的表面有三个，如图 3-9 所示，分别是待加工表面、已加工表面和过渡表面。

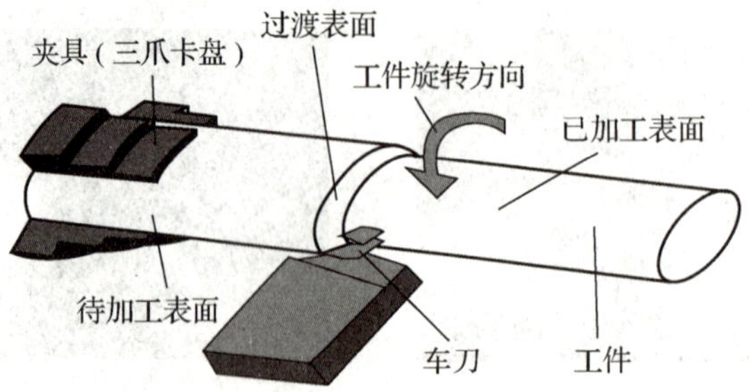

图 3-9　切削时形成的三个面

（1）待加工表面指加工时工件上等待切除的表面。

（2）已加工表面指工件上经刀具切削后产生的表面。

（3）过渡表面指工件上由切削刃正在形成的那部分表面。

三、切削层

图 3-10 所示为切削层的形成，切削层参数影响切削变形和切削力。

（1）切削宽度 a_w。沿着过渡表面度量的切削层尺寸为切削层公称宽度，简称切削宽度，单位为 mm。

（2）切削厚度 a_c。过切削刃选定点且垂直于过渡表面度量的切削层尺寸为切削层公称厚度，简称切削厚度，单位为 mm。

（3）切削面积 A_D。主切削刃上在基面的切削层投影图形的面积为切削层公称截面积，简称切削面积，单位为 mm^2。图 3-11 中 *ABCE* 的面积为切削面积。

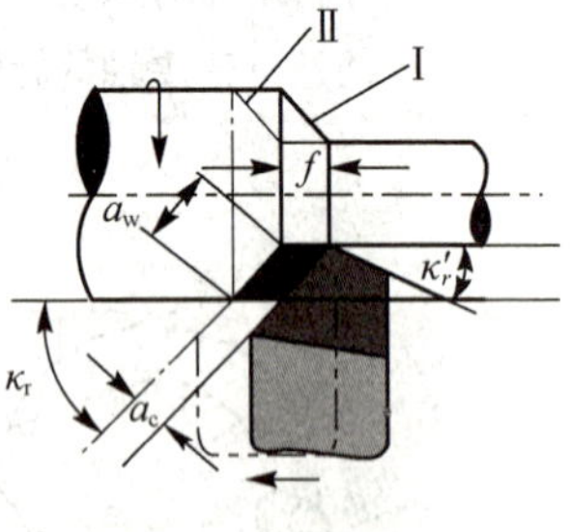

图 3-10　切削层的形成

a_w—切削宽度；a_c—切削厚度；f—进给量；

κ_r—主偏角；κ_r'—副偏角

Ⅰ—起始切削面；Ⅱ—终止切削面

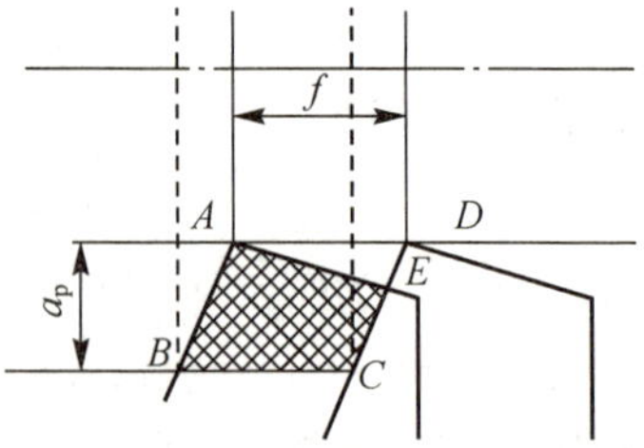

图 3-11　切削面积

四、切削用量

切削用量又称切削三要素，是切削加工过程中切削速度、进给量和背吃刀量（切削深度）的总称。它表示主运动量及进给运动量，用于调整机床的工艺参数。

1. 切削速度 v_c

切削速度即切削刃选定点相对于工件主运动的瞬时速度，单位为 m/s 或 m/min。车削时切削速度的计算式为

$$v_c=\frac{\pi dn}{1\ 000} \tag{3-1}$$

式中，d 为待加工表面直径，mm；n 为主运动的旋转速度，r /min 或 r /s。

2. 进给量 f

进给量即工件或刀具每转一转或刀具往复一次，刀具相对于工件在进给运动方向上的位移，单位为 mm/r。车削时的进给速度的计算式为

$$v_f=fn \tag{3-2}$$

3. 背吃刀量 a_p

背吃刀量即工件上已加工表面和待加工表面间的垂直距离。车外圆时，背吃刀量的计算式为

$$a_p=\frac{d_a-d_m}{2} \tag{3-3}$$

式中，d_a 为已加工表面直径；d_m 为待加工表面直径。

五、车刀几何参数

（一）车刀的组成

车刀由切削部分和刀柄部分组成，切削部分又包括刀面、切削刃和刀尖，如图 3-12 所示。

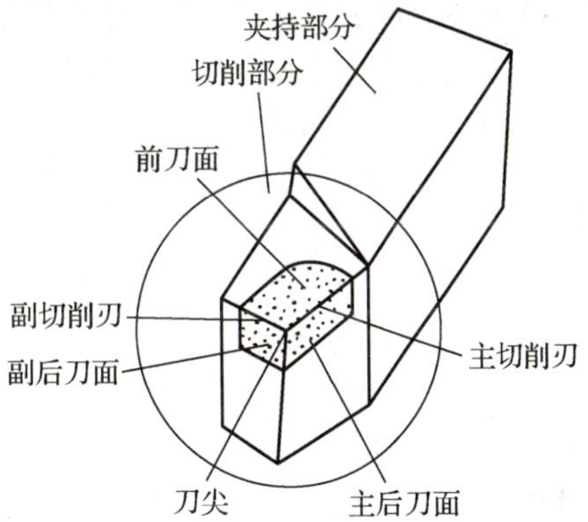

图 3-12　刀具切削部分的组成

1. 刀面

刀面分为前面、后面和副后面。

（1）前面又称前刀面，即刀具上切屑流出时经过的表面。

（2）后面又称主后刀面，即与工件过渡表面相对的刀具表面。

（3）副后面又称副后刀面，即与工件已加工表面相对的刀具表面。

前面和后面之间所包含的刀具实体部分为刀楔。

2. 切削刃

（1）主切削刃 S，即刀具前面与后面的交线。

（2）副切削刃 S'，即刀具前面与副后面的交线。

3. 刀尖

刀尖是前刀面与主后刀面的交线和前刀面与副后刀面的交线及主后刀面与副后刀面的交线三线相交的点。刀尖不能太尖，应修成圆弧或倒角。刀尖圆弧半径用 r_ε 表示，如图 3-13 所示。

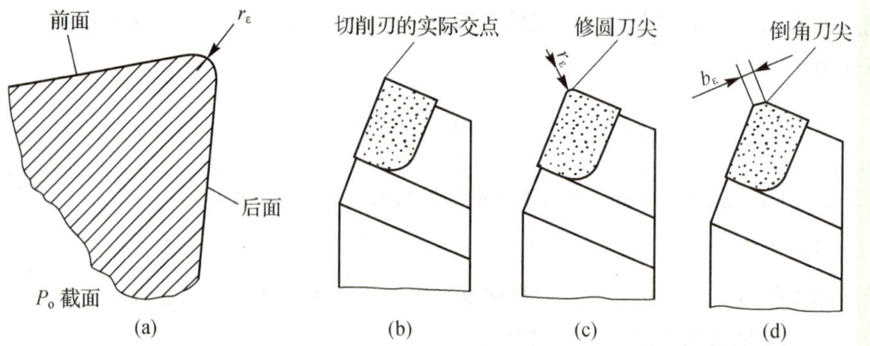

图 3-13　车刀的刀尖

（二）坐标平面与参考系

车刀角度包括静态的标注角度和动态的工作角度。为标注车刀角度，必须建立三个坐标平面组成的参考系。

假定主运动方向垂直于车刀刀柄的安装面。

假定进给运动方向垂直或平行于刀柄轴线。

（1）基面 P_r。它是指过切削刃选定点，垂直于该点切削速度（假定主运动方向）的平面。车刀的基面是平行于车刀安装面（底面）的平面，如图 3-14 所示。

（2）切削平面 P_s。它是指通过切削刃选定点，与切削刃相切并垂直于基面的平面。

（3）正交平面 P_o。它是指通过切削刃选定点，同时垂直于基面 P_r 和切削平面 P_s 的平面。

车刀角度标注参考系如图 3-15 所示。

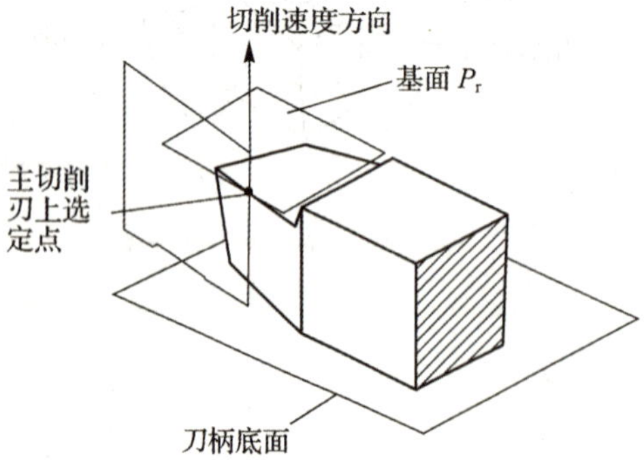

图 3-14　车刀的基面

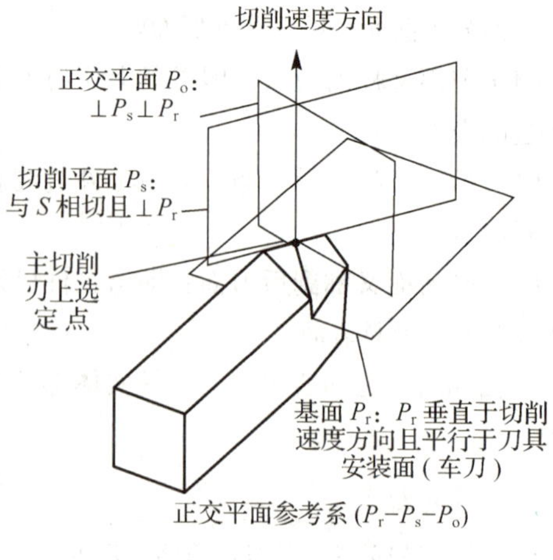

图 3-15　车刀角度标注参考系

（三）车刀几何角度

车刀几何角度如图 3-16 所示。

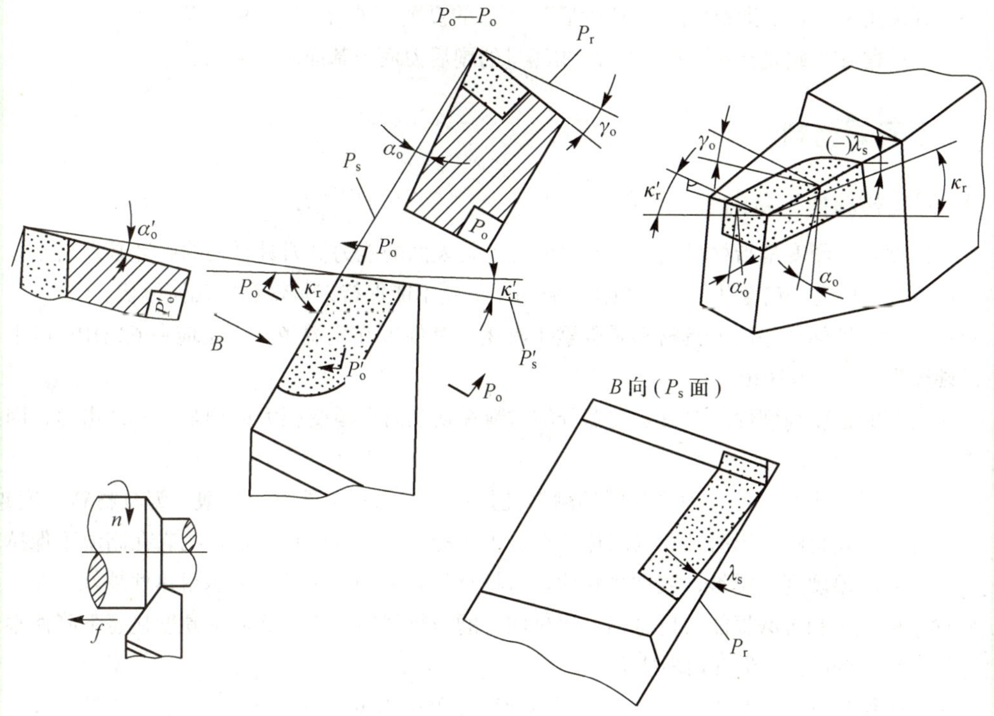

图 3-16　车刀几何角度

（1）前角 γ_o。它是指在正交平面 P_o 中测量的前面与基面 P_r 间的夹角。前角正负的判断如图 3-17（a）所示，当前面与 P_r 之间的夹角小于 90°时，前角为正；当该夹角大于 90°时，前角为负。

（2）（主）后角 α_o。它是指在正交平面 P_o 中测量的后面与基面 P_r 间夹角。后角正负的判断如图 3-17（a）所示，当后面与 P_r 之间的夹角小于 90°时，后角为正；当该夹角大于 90°时，后角为负。

（3）主偏角 κ_r。它是指主切削刃 S 在基面 P_r 上的投影与进给方向间的夹角。

（4）刃倾角 λ_s。它是指在切削平面 P_s 中测量的主切削刃 S 与基面的夹角。如图 3-17（b）所示，当切削刃与基面重合时，刃倾角为零度（刀尖水平，λ_s =0°）；当刀尖为切削刃最高点时，刃倾角为正值（刀尖上翘，λ_s >0°）；当

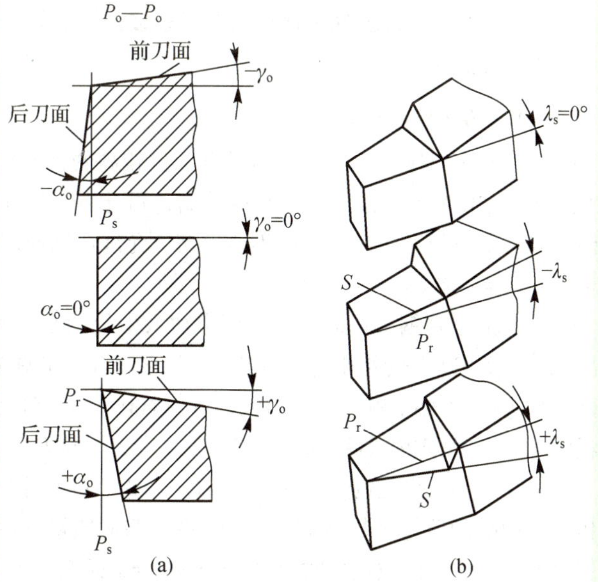

图 3-17　刀具前、后角及刃倾角的正负判断

（a）前、后角　（b）刃倾角

刀尖为切削刃最低点时，刃倾角为负值（刀尖下倾，λ_s<0°）。

（5）副偏角 κ_r'。它是指副切削刃 S' 在基面 P_r 上的投影与进给方向间的夹角。

（6）副后角 α_o'。它是指在正交平面 P_o 中测量的副后刀面与基面间的夹角。

六、常用刀具材料

1. 刀具材料应具备的基本性能

（1）硬度高。硬度是指材料抵抗其他物体压入其表面的能力。刀具材料的硬度必须高于被加工材料的硬度，一般高一倍至几倍，否则在高温高压下就不能保持刀具锋利的几何形状。

目前，切削性能最差的刀具材料是碳素工具钢，其硬度在室温条件下也应在 62 HRC 以上；高速钢的硬度为 63 ～ 70 HRC。

（2）足够的强度和韧性。刀具切削部分的材料在切削时要承受很大的切削力和冲击力，因此要有足够的强度和韧性。

（3）耐磨性和耐热性好。刀具材料的耐磨性是指抵抗磨损的能力。一般，刀具材料硬度越高，耐磨性越好。刀具材料的耐磨性和其耐热性有着密切的关系。其耐热性通常用它在高温下保持较高硬度的性能即高温硬度来衡量，或称热硬性。刀具材料高温硬度越高，表示耐热性越好，在高温时的抗塑性变形能力和抗磨损能力也越强。耐热性差的刀具材料由于在高温下硬度显著下降而很快磨损乃至发生塑性变形，丧失其切削能力。

（4）导热性良好。刀具材料的导热性用热导率（单位为 $W \cdot m^{-1} \cdot K^{-1}$）表示。热导率大，表示导热性好，切削时产生的热量容易传导出去，从而降低切削部分的温度，减轻刀具磨损。此外，导热性好的刀具材料其耐热冲击和抗热裂的性能强，这种性能对采用脆性刀具材料进行断续切削，特别在加工导热性能差的工件时尤为重要。

（5）工艺性好。为了便于制造，要求刀具材料有较好的可加工性，如热塑性（锻压成型）、焊接工艺性、切削加工性和热处理工艺性等。

（6）经济性好。经济性是评价新型刀具材料的重要指标之一，也是正确选用刀具材料、降低产品成本的主要依据之一。

2. 车工常用刀具材料

（1）碳素工具钢。碳素工具钢是含碳量较高的优质钢（含碳量为 0.7%～ 1.2%），常用牌号有 T7A、T8A、T13A 等。其淬火后硬度较高，可达 61 ～ 65 HRC，耐热（红硬）性为 200 ～ 250 ℃，不耐高温，价格低廉，切削速度不能提高，允许切削速度 $v_c \leq$ 10 m/min，只能制作低速手用刀具，如板牙、锯条、锉等。

（2）合金工具钢。在碳素工具钢中加入少量的 Cr、W、Mn、Si 等元素，形成合金工具钢（如 9SiCr），可适当减少热处理变形和提高耐热性。合金工具钢的主要牌号有 9SiCr、CrWMn。其淬火后的硬度可达 61 ～ 65 HRC，红硬性为 300 ～ 400 ℃，允许切削速度 v_c=10 ～ 15 m/min，用于制作低速、形状比较复杂、要求淬火后变形小的刀具，如板牙、拉刀、手用铰刀（用于孔的精加工）等。

（3）高速钢。高速钢是一种含铬（Cr）、钨（W）、钼（Mo）、钒（V）等合金元素较多的合金工具钢，其中碳的质量分数为 0.7% ～ 1.5%，铬的质量分数约为 4%，钨的质量分数和钼的质量分数为 10%～20%，钒的质量分数为 1%～5%。合金元素与碳化合形成较多的高硬度碳化物，如碳化钒，硬度高达 2 800 HV，且晶粒细小，分布均匀。而且合金元素和碳原子结合力很强，提高了马氏体受热时的稳定性。

高速钢具有较高的硬度（热处理硬度可达 62 ～ 67 HRC）和耐热性（切削温度可达 550 ～

600 ℃)，与碳素工具钢和合金工具钢相比，其切削速度可提高 1 ～ 3 倍，故得名高速钢，提高耐用度 10 ～ 40 倍。

高速钢中的铬提高了淬透性，使小型刀具在空气中冷却就能淬硬，且能刃磨得锋利，故高速钢又有“风钢”或“锋钢”之称，可加工包括有色金属、高温合金在内的范围广泛的材料。

高速钢具有高的强度（抗弯强度为一般硬质合金的 2 ～ 3 倍，为陶瓷的 5 ～ 6 倍）和韧性，抗冲击振动的能力较强，适宜制造各类刀具。

高速钢刀具制造工艺简单，能锻造，容易磨出锋利的刀刃，因此在复杂刀具（钻头、丝锥、成形刀具、拉刀、齿轮刀具等）的制造中占有重要地位。

3. 常用刀具材料的选用

正确选择刀具材料、牌号，需要全面掌握金属切削的基本知识和规律，最主要的是了解刀具材料的切削性能和工件材料的切削加工性能及加工条件，抓住切削中的主要矛盾并根据经济合理性决定取舍。常用刀具材料的选用一般应遵循以下原则：

（1）加工普通材料时一般选用普通高速钢与硬质合金刀具，加工难加工材料时可选用高性能和新型材料刀具，只有在加工高硬材料或精密加工中常规刀具材料难以胜任时，才考虑用超硬材料立方氮化硼和金刚石刀具。

（2）由于任何刀具材料在强度、韧性和耐磨性之间总是难以兼顾的，因而在选择刀具材料牌号时，根据工件材料切削加工性和加工条件，通常先考虑耐磨性，崩刃问题尽可能用最佳几何参数解决。如果刀具材料性脆而易崩刃，再考虑降低耐磨性要求，选强度和韧性较好的刀具材料牌号。一般来说，低速切削时切削过程不平稳，容易产生崩刃现象，宜选强度和韧性好的刀具材料；高速切削时高的切削温度对刀具材料的磨损影响最大，应选择耐磨性好的刀具材料。

七、车刀的刃磨和检测

在金属切削加工中，刀具/工件界面处的表面负荷，以及切屑沿刀具前刀面高速滑移而产生的能量和摩擦转化为热量，而通常这些热量的 80% 都被切屑带走（这一比例的变化取决于多个要素，尤其是切削速度），其余大约 20% 的热量则传入刀具之中，热量和温度是刀具磨损的根本原因。

常见刀具磨损类型有后刀面磨损、刻画磨损、月牙洼磨损、切削刃磨钝、切削刃崩刃、切削刃裂纹和灾难性失效等。刀具磨损会使工件加工精度降低、表面粗糙度增大，并导致切削力加大、切削温度升高，甚至产生振动，使切削不能继续正常进行。刀具磨损直接影响加工效率、质量和成本，因此刀具磨损后需要重新刃磨出符合要求的刀具几何角度，使刀具能够继续进行切削。

刀具刃磨可以保证切削顺利进行，提高产品质量，提高刀具的使用率并降低成本。

1. 车工常用砂轮机

砂轮机是用来磨去工件或材料的毛刺和锐边，以及刃磨钻头、刮刀等刀具或工具的简易机器。砂轮机按外形可分为台式和立式两种，图 3-18 所示为几种常用砂轮机。

砂轮机的操作规程如下：

（1）砂轮机起动前，应检查安全托板装置是否固定可靠和完好，并注意观察砂轮表面有无裂缝。

（2）砂轮机起动后，应观察砂轮机的旋转是否平稳，旋转方向与指示牌是否相符，以及有无其他故障。

（3）砂轮外圆表面若不平整，应用砂轮修正器或石笔进行修正。

（4）待砂轮转速正常后才能进行磨削。

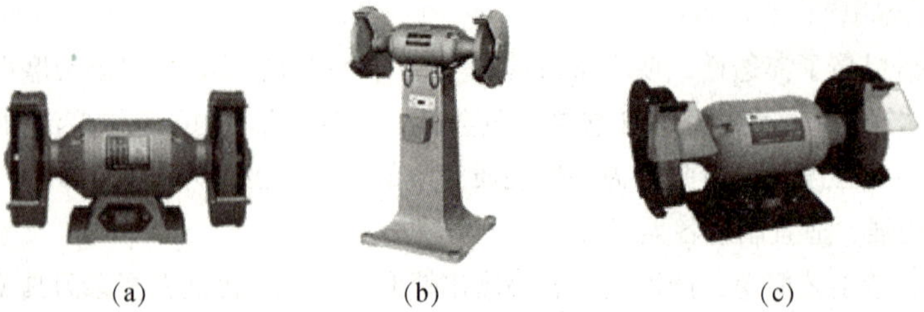

图 3-18 几种常用砂轮机

（a）M3215 （b）M3020 （c）M3220

（5）对长度小于 50 mm 的小件进行磨削时，应用钳子或其他工具夹持，千万不能用手握。

（6）使用完毕应随即切断电源。

砂轮机使用安全常识如下：

（1）砂轮机应有安全罩。

（2）操作时，人不能正对砂轮站立，应站在砂轮的侧面或斜侧位置。在磨削时不要用力太猛，以免砂轮碎裂。

常用的砂轮有白色的氧化铝砂轮和绿色的碳化硅砂轮两种。

（1）氧化铝砂轮。其适于刃磨高速钢、碳素工具钢等刀具和硬质合金车刀的刀柄。

（2）碳化硅砂轮。其适于刃磨硬质合金车刀的刀片部分。

2. 车刀的刃磨步骤和方法

车刀刃磨一般需先粗磨后精磨。

（1）粗磨。粗磨主后刀面，同时磨出主偏角及主后角，如图 3-19（a）所示；粗磨后刀面，同时磨出副偏角及副后角，如图 3-19（b）所示；粗磨前刀面，同时磨出前角及刃倾角，如图 3-19（c）所示。

（2）精磨。修磨前刀面，修磨主后刀面、副后刀面，修磨刀尖圆弧，如图 3-19（d）所示。

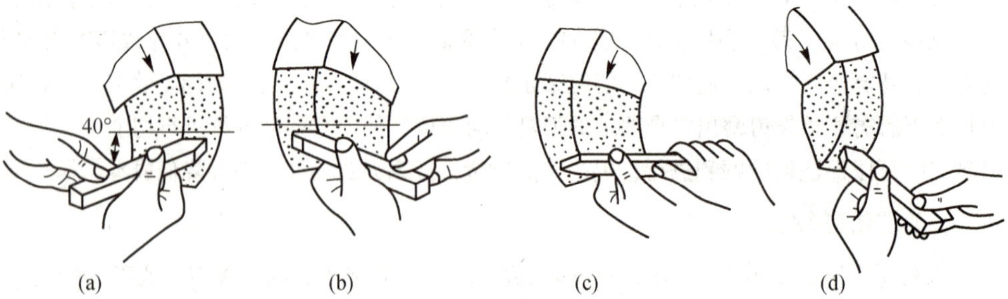

图 3-19 车刀的刃磨

3. 刃磨车刀的注意事项

刃磨前要对砂轮机的防护设施进行认真检查。刃磨时要戴防护眼镜；要站在砂轮的侧面，以防砂轮崩裂飞出伤人；两手握紧车刀，不能用力过大，以防打滑伤手。

刃磨硬质合金车刀时，不准把刀头放进水中冷却，以防刀片碎裂；刃磨高速钢车刀时要随时用

任务一 任务二 任务三 任务四 任务五 任务六 任务七 任务八 任务九 任务十 任务十一

水冷却，以防车刀过热退火而硬度降低。砂轮磨削表面要经常修整，使砂轮没有明显的跳动。刃磨后要随手关掉砂轮机电源。

4. 车刀几何角度的检测

车刀几何角度的检测有目测法和样板检测法两种方法。

（1）目测法。观察车刀角度是否符合要求，刀刃是否锋利，表面是否有裂纹和其他缺陷。

（2）样板检测法。用车刀角度器准确地检测车刀几何角度。

考核与评价

一、理论知识考评

（1）什么是切削运动？切削运动可分为（　　）和（　　）两种运动形式。

（2）切削时工件表面通常形成的三个不断变化的表面是（　　）、（　　）、（　　）。

（3）切削用量三要素是（　　）、（　　）、（　　）。

（4）如何正确选用切削用量？

（5）什么样的材料才能做刀具？

（6）刀具切削部分的几何角度有哪些？

二、实训技能考评

刀具刃磨评分标准见表 3-1。

表3-1　刀具刃磨评分标准

班级		姓名		学号		总分	
序号	内　容	配分	评分标准		小组评分	交检评分	得分
1	前角	10	总体判断				
2	后角	10	图形偏向毛坯一个方向每超过 1 mm 扣 1 分，直到扣完为止				
3	主偏角	10	每处缺陷扣 2 分，直到扣完为止				
4	副偏角	5	每处缺陷扣 2 分，直到扣完为止				
5	刃倾角	10	每处缺陷扣 2 分，直到扣完为止				
6	副后角	10	每超差一处扣 2 分，直到扣完为止				
7	三刀面的粗糙度	15	每处缺陷扣 2 分，直到扣完为止				
8	正确选用砂轮，刃磨操作姿势正确	20	每次失误扣 2 分，直到扣完为止				
9	职业素养	10	操作完成后能自觉做好工具等的维护保养工作和现场管理工作，每发现一处不符合要求扣 5 分				

任务一 任务二 任务三 任务四 任务五 任务六 任务七 任务八 任务九 任务十 任务十一

子任务2 金属切削过程与控制

【知识目标】

1. 掌握切屑的形成机理、形成过程和种类。
2. 掌握影响工件切削所需切削力的因素。
3. 掌握影响刀具寿命的原因。
4. 掌握选择切削液的方法。

【技能目标】

1. 能正确控制切屑的流向和形状。
2. 能正确选择切削方法以降低切削力。
3. 能正确选用切削液，以降低切削温度和提高工件表面质量。
4. 学会延长刀具使用寿命的方法和要领。
5. 能通过查阅资料或讨论交流的方式获取所需相关信息。
6. 具有严谨的工作作风和良好的职业道德。

典型工作任务

什么是切屑？切屑是如何形成的？切削时要用哪些力？切削过程中的热量对切削过程有影响吗？如何选用切削液？一把刀具能用多久？

相关知识

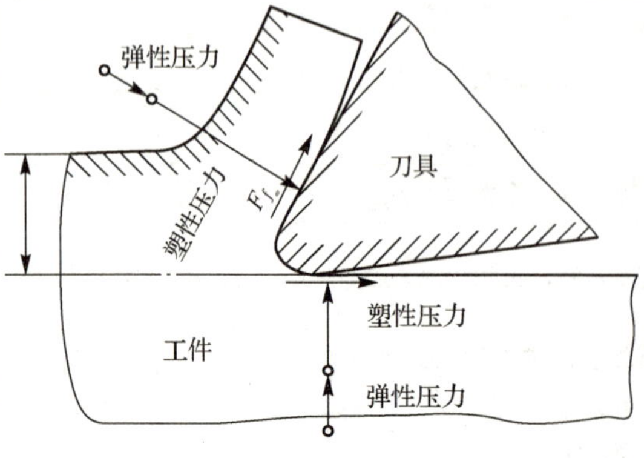

图 3-20 切削力的来源

一、切削力

切削加工时，工件材料抵抗刀具切削所产生的阻力，称为切削力。

1. 切削力的合成与分解

切削力来源于三个方面：克服被加工材料对弹性变形的抗力；克服被加工材料对塑性变形的抗力；克服切屑对刀具前刀面的摩擦力和刀具后刀面对过渡面与已加工表面的摩擦力，如图 3-20 所示。

如图 3-21 所示，根据生产实际需

要及测量方便，通常将总切削力 F 分解为三个互相垂直的分力，即主切削力、进给力和背向力。

（1）主切削力或切向力 F_z。它切于过渡面并与基面垂直。F_z 是计算车刀强度、设计机床零件、确定机床功率所必需的。

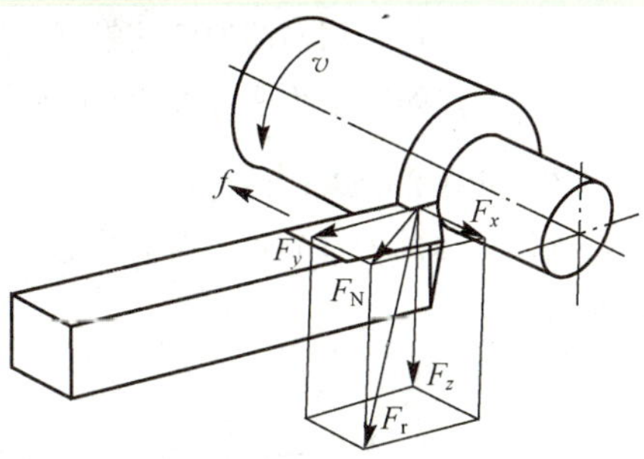

图 3-21 切削力的分解

$F_r=\sqrt{F_{xy}^2+F_z^2}=\sqrt{F_x^2+F_y^2+F_z^2}$，其中 $F_y=F_{xy}\cos\kappa_r$，$F_x=F_{xy}\sin\kappa_r$

（2）进给力、轴向力或走刀力 F_x。它是处于基面内并与工件轴线平行、与走刀方向相反的力。F_x 是设计进给（走刀）机构、计算车刀进给功率所必需的。

（3）背向力或切深力、径向力、吃刀力 F_y。它是处于基面内并与工件轴线垂直的力。F_y 用来确定与工件加工精度有关的工件挠度，计算机床零件和车刀强度。它与工件在切削过程中产生的振动有关。

2. 影响切削力的因素

影响切削力的因素很多，主要有设备自身的功率大小、工件材料、切削用量、刀具几何角度、刀具材料、刀具磨损情况和切削液等。

（1）工件材料。工件材料硬度或强度提高，剪切屈服强度 τ_s 增大，切削力增大。工件材料塑性或韧性提高，切屑不易折断，切屑与前刀面摩擦增大，切削力增大。

（2）切削用量。

① 背吃刀量（切削深度）a_p。进给量增大，切削层面积增大，变形抗力和摩擦力增大，切削力增大。由于背吃刀量 a_p 对切削力的影响比进给量对切削力的影响大（通常 $XF_z=1$，$YF_z=0.75\sim0.9$），因此在实践中，当需切除一定量的金属层时，为了提高生产率，采用大进给切削比大切深切削较省力又功率高。

② 切削速度 v_c。加工塑性金属时，切削速度 v_c 对切削力的影响规律与对切削变形的影响规律一样，它们都是通过积屑瘤与摩擦的作用产生的。

切削脆性金属时，因为变形和摩擦均较小，所以切削速度 v_c 改变时切削力变化不大。

（3）刀具几何角度。

① 前角。前角增大，变形减小，切削力减小。

② 主偏角。主偏角 κ_r 在 $30°\sim60°$ 范围内增大，切削厚度的影响起主要作用，故主切削力 F_z 减小；主偏角 κ_r 在 $60°\sim90°$ 范围内增大，刀尖处圆弧和副前角的影响更为突出，故主切削力 F_z 增大。一般地，$\kappa_r=60°\sim75°$，所以主偏角 κ_r 增大，主切削力 F_z 增大。

在车削轴类零件实践中，尤其是车削细长轴时，为了减小切深力 F_y 的作用，往往采用主偏角较大（$\kappa_r>60°$）的车刀切削。

③ 刃倾角 λ_s。λ_s 对 F_z 影响较小，但对 F_x、F_y 影响较大。λ_s 由正向负转变，则 F_x 减小、F_y 增大。

实践中从切削力观点分析，切削时不宜选用过大的负刃倾角 λ_s。特别是在工艺系统刚度较差的情况下，往往因负刃倾角 λ_s 增大了切深力 F_y 的作用而产生振动。

（4）其他因素。其他影响因素如刀具棱面、刀具圆弧半径、刀具磨损情况等。

① 刀具棱面应选较小宽度，使 F_y 减小。

② 刀具圆弧半径增大，切削变形、摩擦增大，切削力增大。

③ 后刀面磨损增大，刀具变钝，与工件挤压、摩擦增大，切削力增大。

二、切削热的产生和传导

被切削的金属在刀具的作用下发生弹性和塑性变形而耗功，这是切削热的一个重要来源。此外，切屑与前刀面、工件与后刀面之间的摩擦也要耗功，也产生大量的热量。因此，切削时共有三个发热区域，即剪切面、切屑与前刀面接触区、后刀面与过渡面接触区。三个发热区与三个变形区相对应。所以，切削热的来源就是切屑变形功和前、后刀面的摩擦功。

1. 影响切削温度的主要因素

根据理论分析和大量的实验研究可知，切削温度主要受切削用量、刀具几何参数、刀具磨损和切削液的影响。

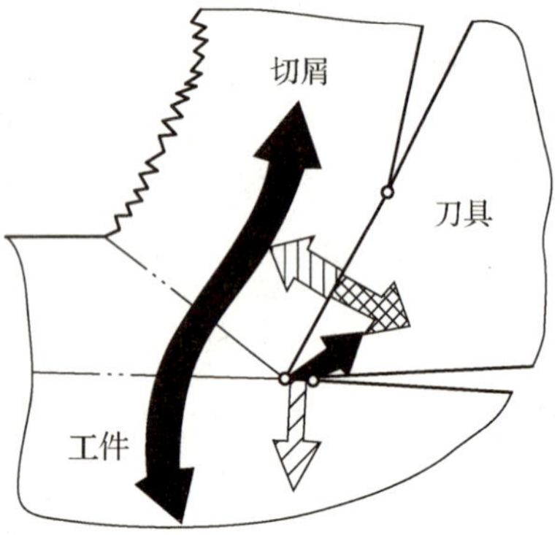

图 3-22 切屑的形成过程

（1）切削用量。切屑的形成过程如图 3-22 所示。分析各因素对切削温度的影响，主要应从这些因素对单位时间内产生的热量和传出的热量的影响入手。若某些因素产生的热量大于传出的热量，则这些因素将使切削温度增高；若某些因素使传出的热量增大，则这些因素将使切削温度降低。切削速度对切削温度影响最大，随切削速度的提高，切削温度迅速上升。而背吃刀量 a_p 变化时，散热面积和产生的热量亦做相应变化，故 a_p 对切削温度的影响很小。

（2）刀具几何参数。切削温度 θ 随前角 γ_0 的增大而降低。其原因是前角增大时，单位切削力下降，使产生的切削热减少。但当前角大于 18° 时，对切削温度的影响减小，这是因为楔角变小使散热体积减小。当主偏角 κ_r 减小时，切削宽度 a_w 增大，切削厚度 a_c 减小，故切削温度下降。负倒棱 $b_{\gamma 1}$ 在（0 ～ 2）f 变化，刀尖圆弧半径 r_ε 在 0 ～ 1.5 mm 变化，基本上不影响切削温度。因为负倒棱宽度及刀尖圆弧半径的增大会使塑性变形区的塑性变形增大，但另一方面这两者都能使刀具的散热条件有所改善，传出的热量也有所增加，两者趋于平衡，所以对切削温度影响很小。

（3）刀具磨损。在后刀面的磨损值达到一定数值后，其对切削温度的影响增大；切削速度越高，对切削温度的影响就越显著。合金钢的强度大，导热系数小，所以切削合金钢时刀具磨损对切削温度的影响比切削碳素钢时大。

（4）切削液。切削液对切削温度的影响与切削液的导热性能、比热、流量、浇注方式，以及本身的温度有很大的关系。从导热性能来看，油类切削液不如乳化液，乳化液不如水基切削液。

2. 切削温度的分布

切削温度的分布特点如下：

（1）剪切面上各点温度几乎相同。

（2）前刀面和后刀面上的最高温度都不在刀刃上，而在离刀刃有一定距离的地方。

（3）在剪切区域中，垂直于剪切面方向上的温度梯度很大。

（4）切屑靠近前刀面的一层（简称底层）上的温度梯度很大，离前刀面 0.1 ～ 0.2 mm 处的温度可能下降一半。

（5）后刀面的接触长度较小，因此温度的升降是在极短时间内完成的。

（6）工件材料塑性越大，前刀面上的接触长度越大，切削温度的分布也就越均匀；相反，工件材料的脆性越大，最高温度所在的点离刀刃越近。

（7）工件材料的导热系数越低，刀具的前、后刀面的温度越高。

3. 切削温度对工件、刀具和切削过程的影响

切削温度高是刀具磨损的主要原因，它将限制生产率的提高；切削温度还会使加工精度降低，使已加工表面产生残余应力及其他缺陷。

（1）对工件材料强度和切削力的影响。切削时的温度虽然很高，但是切削温度对工件材料硬度及强度的影响并不很大，对剪切区域的应力影响不很明显。切削时，80% 的热量被切屑带走。

（2）对刀具材料的影响。适当地提高切削温度，使工件硬度降低、塑性增加而易于切削，对提高硬质合金的韧性是有利的。

（3）对工件尺寸精度的影响。其主要表现在工件的热胀冷缩使冷却后尺寸变小。

（4）利用切削温度与切削力控制刀具磨损。提高切削温度，工件因硬度降低、塑性增加而易于切削，使切削力减小，刀具的磨损减缓，从而提高切削效率和延长刀具的使用寿命。

三、刀具寿命

刀具寿命是指一把新刀具从开始投入使用直到报废为止的总切削时间，其中包含多次重磨（重磨次数以 n 表示）时间，所以刀具寿命等于刀具耐用度与（n+1）的乘积。

影响刀具寿命的因素如下：

（1）工件材料的强度、硬度和塑性越大，刀具的寿命越短。

（2）在切削用量中，对刀具寿命影响最大的是切削速度，其次是进给量，影响最小的是背吃刀量。

（3）适当增大前角，减小主偏角、副偏角和增大刀尖圆弧半径，均能延长刀具寿命。

（4）选用新型材料是提高刀具寿命的有效途径。

（5）合理选择切削液也能延长刀具寿命。

四、切屑的种类

在切削过程中，刀具推挤工件，首先使工件上的一层金属产生弹性变形；刀具继续前进，在切削力的作用下，金属产生不能恢复原状的滑移（塑性变形），当塑性变形超过金属的强度极限时，金属就从工件上断裂下来形成切屑。

由于工件材料不同，切削过程中的变形程度也就不同，因而产生的切屑种类也就多种多样，如图 3-23 所示。图中前三种为切削塑性材料的切屑，最后一种为切削脆性材料的切屑。切屑的类型是由应力 - 应变特性和塑性变形程度决定的。

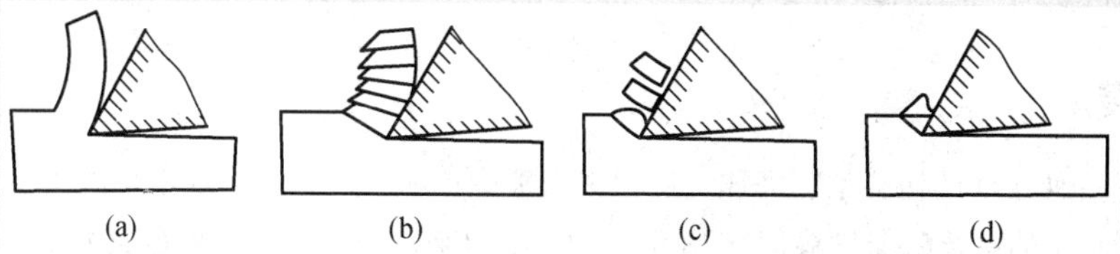

图 3-23　切屑种类

（a）带状切屑（b）挤裂切屑（c）单元切屑（d）崩碎切屑

（1）带状切屑。它的内表面光滑，外表面毛茸。在加工塑性金属材料过程中，当切削厚度较小、

切削速度较高、刀具前角较大时常得到这种切屑。它的切削过程平衡，切削力波动较小，已加工表面粗糙度较小。

（2）挤裂切屑。这类切屑与带状切屑不同之处在外表面呈锯齿形，内表面有时有裂纹。这种切屑大多在切削速度较低、切削厚度较大、刀具前角较小时产生。

（3）单元切屑。如果在挤裂切屑的剪切面上，裂纹扩展到整个面上，那么整个单元被切离，成为梯形的单元切屑，如图 3–23（c）所示。

以上三种切屑只有在加工塑性材料时才可能得到。其中，带状切屑的切削过程最平稳，单元切屑的切削力波动最大。在生产中最常见的是带状切屑，有时得到挤裂切屑，单元切屑则很少见。改变产生挤裂切屑的条件，如进一步减小刀具前角，降低切削速度或加大切削厚度，就可以得到单元切屑。反之，则可以得到带状切屑。这说明切屑的形态是可以随切削条件变化而转化的，掌握了它的变化规律，就可以控制切屑的形态和尺寸，以达到卷屑和断屑的目的。

（4）崩碎切屑。这是属于脆性材料的切屑。这种切屑的形状是不规则的，加工表面是凸凹不平的。从切削过程来看，切屑在破裂前变形很小，其切屑形成机理和塑性材料也不同。它的脆断主要是由于材料所受应力超过了其抗拉极限。加工脆硬材料，如高硅铸铁、白口铁等，特别是切削厚度较大时常得到这种切屑。由于它的切削过程很不平稳，容易破坏刀具，也有损于机床，已加工表面又粗糙，因此在生产中应力求避免出现崩碎切屑。其方法是减小切削厚度，使切屑成针状或片状；同时适当提高切削速度，以增加工件材料的塑性。

以上是四种典型的切屑，但加工现场获得的切屑，其形状是多种多样的。在现代切削加工中，切削速度与金属切除率达到了很高的水平，但切削条件很恶劣，常常产生大量“不可接受”的切屑。所谓切屑控制（又称切屑处理，工厂中一般简称为“断屑”），是指在切削加工中采取适当的措施控制切屑的卷曲、流出与折断，使形成“可接受”的良好屑形。

五、断屑的原则

断屑是指挤压或卷曲切屑，使其剪切或弯曲变形而断裂。

切屑的断裂性能主要与切削用量、工件材料、刀具几何形状有关。切削速度和切削深度越大，切屑越不易折断。而加大进刀量，则有利于断屑。目前，断屑主要从改变刀具几何形状方面来解决，大致有以下三种方法：在车刀上磨出断屑槽或台阶，采用断屑器，采用装夹式不重磨硬质合金刀片断屑。

在加工铸铁等脆性材料时容易形成崩碎切屑，铁屑崩成碎片飞出，极易伤人，并且造成机床导轨表面的研损，因此需要采取措施，这对于保证工人安全十分重要。目前常采用的措施有：操作者戴护目镜；在车床上安装活动或透明防护挡板；采用脆铜卷屑车刀（前刀面搓板形车刀），变崩碎切屑为卷状切屑。

六、切削液

切削液是一种在金属切、削、磨加工过程中用来冷却和润滑刀具与加工件的工业用液体。切削液是金属切削加工的重要配套材料。自 18 世纪中后期以来，切削液在各种金属加工领域中得到了广泛的应用。20 世纪初，人们从原油中提炼出大量润滑油，发明了各种润滑油添加剂，真正拉开了现代切削液技术的序幕。

1. 切削液的组成及性能特点

切削液的品种繁多、作用各异，分为油基切削液和水基切削液两大类。油基切削液也称切削油，它主要用于低速重切削加工和难加工材料的切削加工。水基切削液分为三大类，有乳化切削液、微乳化切削液和合成切削液。

2. 切削液的作用

使用切削液的主要目的是减少切削能耗，及时带走切削区内产生的热量以降低切削温度，减少刀具与工件间的摩擦和磨损，延长刀具使用寿命，保证工件加工精度和表面质量，提高加工效率，以达到最佳经济效果。切削液在加工过程中的这些效果主要来源于其润滑作用、冷却作用、清洗作用和防锈作用。此外，因为切削液是油脂化学制品，直接与操作人员、工件和机床相接触，所以对其安全性和腐蚀性也必须有一定的要求。

3. 切削液的发展趋势

众所周知，切削液具有润滑、冷却、清洗及防锈等作用，对提高切削加工质量和效率、减少刀具磨损等均有显著效果。近年来，我国的切削液技术发展很快，切削液新品种不断出现，性能也得到不断改进和完善，特别是 20 世纪 70 年代末生产的水基合成切削液和近几年发展起来的半合成切削液（微乳化切削液）在生产中的推广与应用，为机械加工向节能、减少环境污染、降低工业生产成本方向发展开辟了新路径。

4. 切削液的选用原则

（1）根据机床的要求选择切削液。车削加工一般选用乳化液，滚齿机选用油溶性切削液，刨床一般不用切削液。

（2）根据刀具材料选择切削液。高速钢刀具选择以冷却为主的切削液，硬质合金刀具可以不用切削液。

（3）根据工件材料选择切削液。加工塑性材料时选择以冷却为主的切削液，加工脆性材料时可以不用切削液，加工高硬度的材料时选择以润滑为主的切削液。

（4）根据加工方法选择切削液。粗加工选择以冷却为主的切削液，精加工选择以润滑为主的切削液。

5. 切削液（或其他切削冷却剂）的使用方法

（1）手工加油法。固体或膏状润滑剂可以用毛笔、刷子将润滑剂涂或滴落到刀具或工件上（主要是攻螺纹、板牙套螺纹时）。最近还研制出了手提式供液器，通过加热将润滑剂雾化，喷到刀具和工件上。

（2）溢流法。最常见的使用切削液的方法是溢流法。用低压泵把切削液打入管道中，切削液经过阀门从喷嘴（喷嘴安装在接近切削区域）流出。切削液流过切削区后再流到机床的不同部位，然后汇集到集油盘内，再从集油盘流回切削液箱中，循环使用。

（3）高压法。对于某些加工，如深孔钻削和套孔钻削，常用高压（0.69 ～ 13.79 MPa）切削液系统供油。深孔钻削用的是单刃钻头，与镗孔相似，只是钻头内部有切削液的通路。

（4）喷雾法。切削液可以用油雾的形式喷到刀具与工件上。切削液经一个小的喷嘴，在压力为 0.069 ～ 0.552 MPa 的压缩空气下分散成很小的液滴喷入切削区。

用喷雾法有以下优点：

① 刀具寿命比干切削长。

② 在没有或不宜使用溢流系统时，可用它提供冷却作用。

任务一 任务二 任务三 任务四 任务五 任务六 任务七 任务八 任务九 任务十 任务十一

③ 切削液可以到达其他方法无法接近的地方。

④ 在工件与刀具之间，切削液的流速高于溢流阀，冷却效率按同体积的切削液计算。

⑤ 在某些条件下可以降低成本。

考核与评价

（1）什么是切屑？切屑是如何形成的？

（2）由于工件材料和切削条件不同，切屑有哪几种？

（3）切削力是怎样分解的？分解成哪三个分力？

（4）影响切削工件所需切削力的因素有哪些？

（5）影响刀具寿命的因素有哪些？

（6）切削液有何作用？如何选用切削液？

子任务3 零件的加工工艺分析

【知识目标】

1. 掌握基准及其分类和基准的选用。
2. 掌握工艺及工艺路线。
3. 掌握生产过程中的工序、工步、工艺卡、工序卡相关知识。

【技能目标】

1. 学会制定工艺卡、工序卡。
2. 能通过查阅资料或讨论交流的方式获取所需相关信息。
3. 具有严谨的工作作风和良好的职业道德。

典型工作任务

什么是基准、工艺、工艺路线、工步、工序、工艺卡、工序卡？如何设计工艺路线、工艺卡、工序卡？图 2-1 ～图 2-9 所示零件如何加工？

相关知识

一、基准概述

基准是机械制造中应用十分广泛的一个概念。机械产品从设计时零件尺寸的标注、制造时工件的定位、校验时尺寸的测量，一直到装配时零部件的装配位置确定等，都要用到基准的概念。基准就是用来确定生产对象几何关系所依据的点、线或面。

（一）基准的分类

按照功用不同，基准可分为设计基准和工艺基准两大类，如图 3–24 所示。

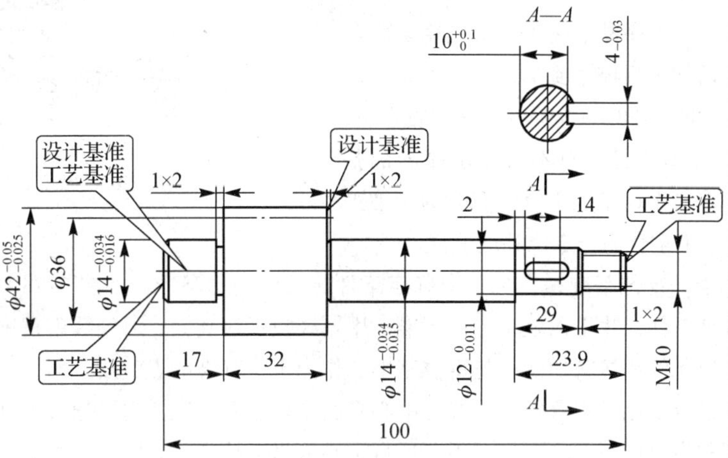

图 3–24　基准

1. 设计基准

在零件图上用以确定其他点、线、面位置的基准，称为设计基准。设计基准是加工、测量、安装的依据，也是消除加工积累误差、保证加工质量的依据。

设计基准一般是零件的轴心线、对称中心线（面）、某个面积较大的平面（底面或顶面、侧面），如图 3–25 所示。

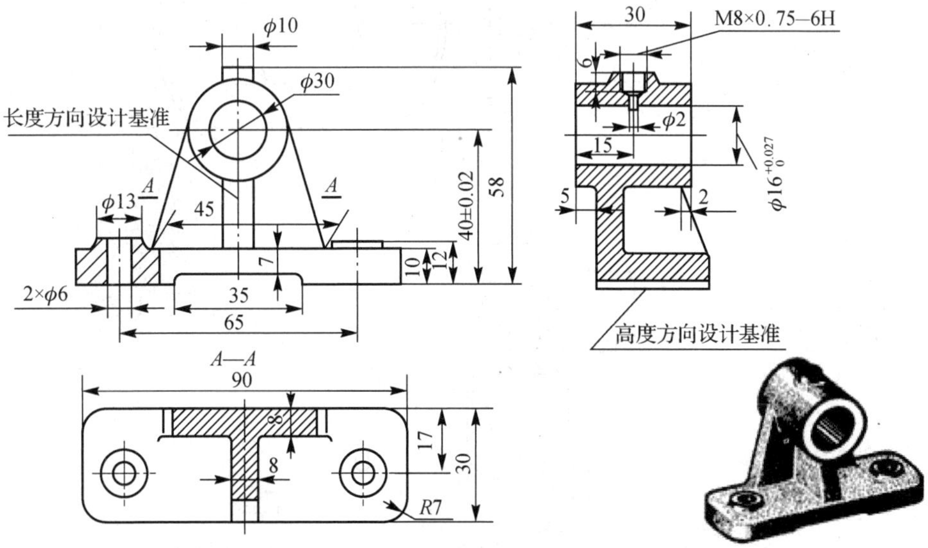

图 3–25　设计基准

2. 工艺基准

工艺过程中（零件加工与装配）所采用的基准称为工艺基准，如图 3-26 和图 3-27 所示。工艺基准又可以分为以下几类：

（1）工序基准。工序基准是工序图上用来确定本工序所加工表面加工后应达到的尺寸、形状、位置所用的基准，如图 3-28（a）所示。就实质来说，它与设计基准有相似之处，只不过是工序图的基准。工序基准大多与设计基准重合，有时为了加工方便，与设计基准不重合而与定位基准重合。

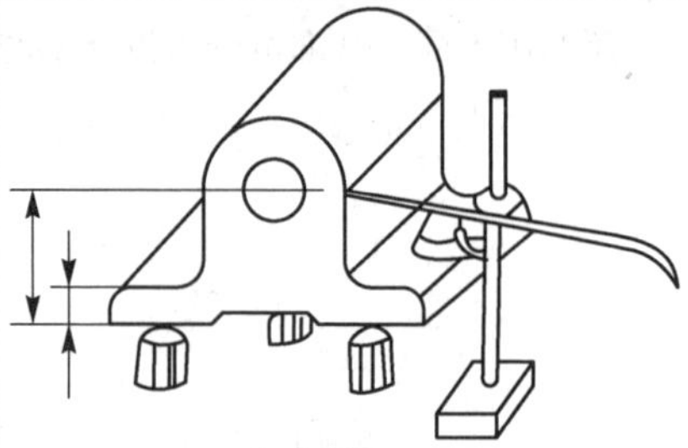

图 3-26　划线（工艺）基准

（2）定位基准。定位基准是在加工中确定工件位置所用的基准，如图 3-28（b）所示。例如，用直接找正法装夹工件，找正面就是定位基准；用划线找正法装夹，所划线就是定位基准；用夹具装夹工件，与定位元件相接触的面就是定位基准。作为定位基准的点、线、面，可能是工件上的某些表面，也可能是看不见摸不着的中心线、中心平面、球心等，往往需要通过工件某些定位表面来体现，这些表面称为定位基面。例如，用三爪自定心卡盘夹持工件外圆，轴线为定位基准，外圆面为定位基面；车细长轴的定位基准是两端中心孔。

（3）测量基准。测量基准是工件在加工中或加工后测量时所用的基准，如图 3-28（c）所示。

（4）装配基准。装配基准是装配时用来确定零件或部件在产品中的相对位置所采用的基准。

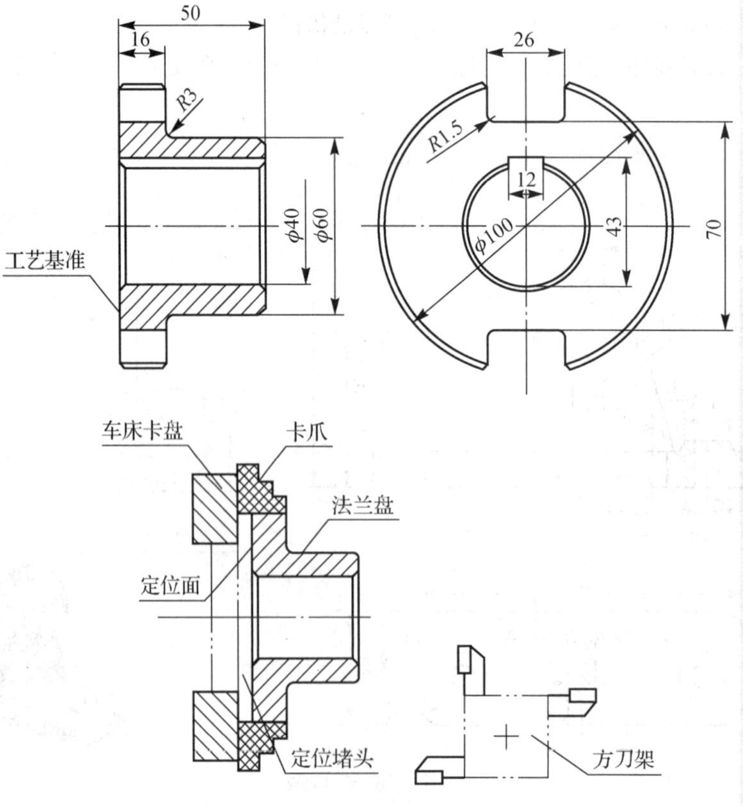

图 3-27　法兰盘加工装夹（工艺）基准

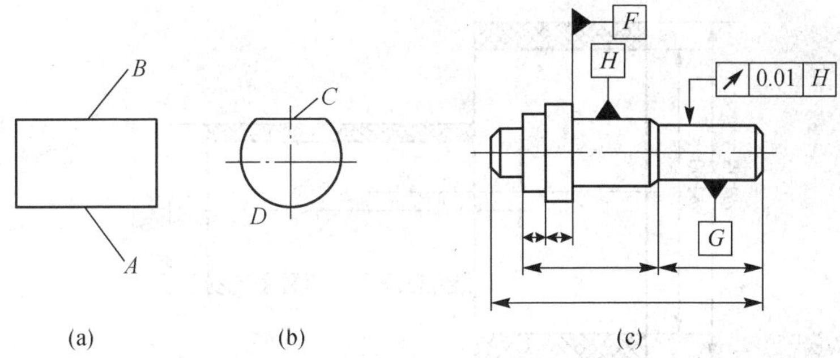

图 3-28　工序基准、定位基准和测量基准

（a）工序基准　（b）定位基准　（c）测量基准

（二）定位基准的选择

合理选用定位基准对保证工件的尺寸精度，尤其是定位精度起决定性作用。定位基准又分为粗基准和精基准。粗基准指用毛坯表面作为定位基准，精基准即用已加工表面作为定位基准。

1. 粗基准选择

（1）粗基准选择原则。首先，保证所有加工表面具有足够的加工余量；其次，保证工件加工表面与不加工表面之间具有一定的位置精度；最后，保证装夹稳妥可靠，以便切削加工。

（2）粗基准选择方法。

① 选择不加工表面作为粗基准，如图 3-29 所示。

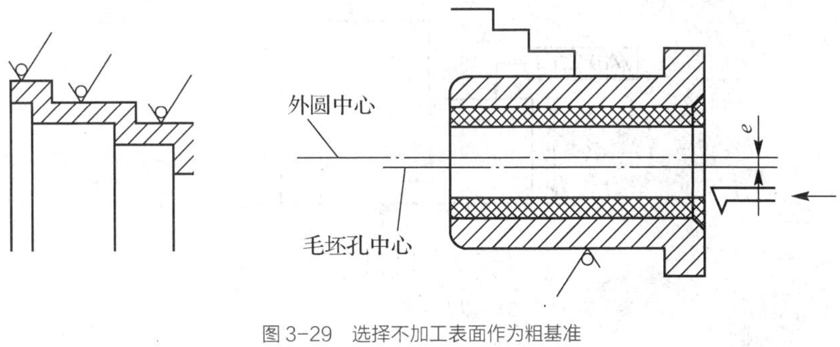

图 3-29　选择不加工表面作为粗基准

② 在有较多加工表面时，选择毛坯余量较小的表面作为粗基准，如图 3-30 所示。

任务一 任务二 任务三 任务四 任务五 任务六 任务七 任务八 任务九 任务十 任务十一

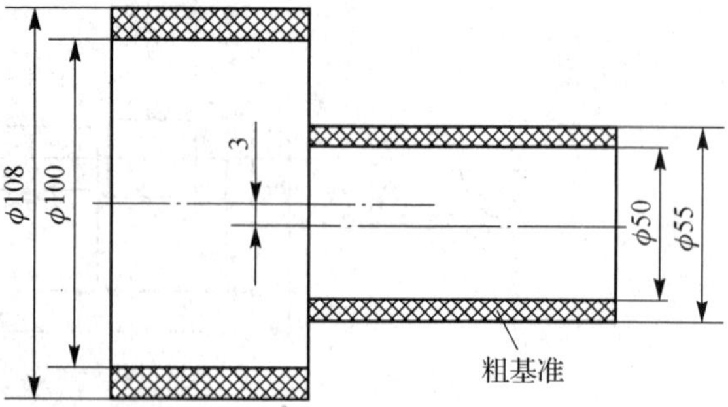

图 3-30　选择毛坯余量较小的表面作为粗基准

③ 选作粗基准的表面应尽可能平整，并有足够大的面积，还要去飞边、毛刺，保证定位准确、夹紧可靠，避免打刀。

④ 粗基准应避免重复使用，在同一尺寸方向，粗基准只许选用一次。

⑤ 粗基准的表面一般又是夹紧力的承受面，应有足够的刚性，不易变形。

2. 精基准选择

为保证加工精度，同时使工件装夹方便、正确、可靠，必须遵循基准重合原则、基准统一原则、互为基准原则、自为基准原则和装夹方便原则。

（1）遵循基准重合原则。以设计基准作为定位基准，以避免基准不重合误差。尽量选择设计基准作为精基准，以减小定位误差，如图 3-31 所示。

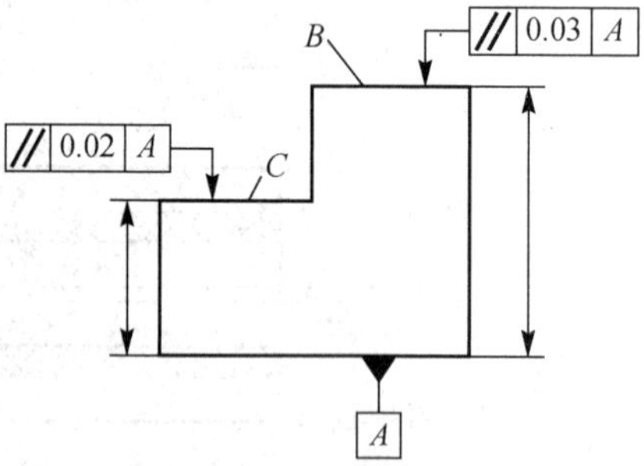

图 3-31　以设计基准作为精基准

尽可能使精基准与测量基准重合，如图 3-32 所示。

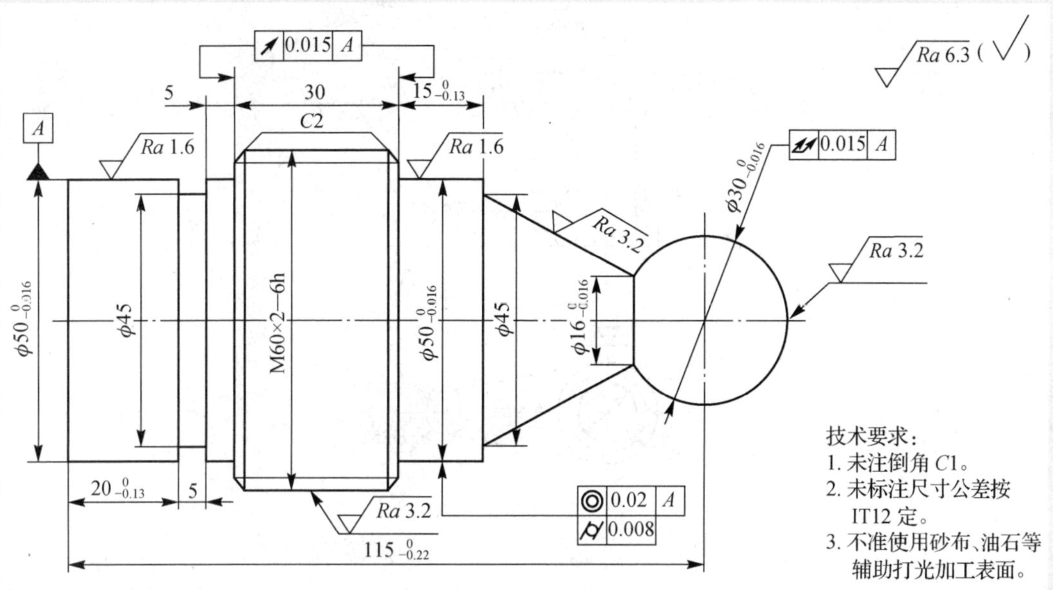

图 3-32　精基准与测量基准重合

尽可能使精基准与装配基准重合，如图 3-33 所示。

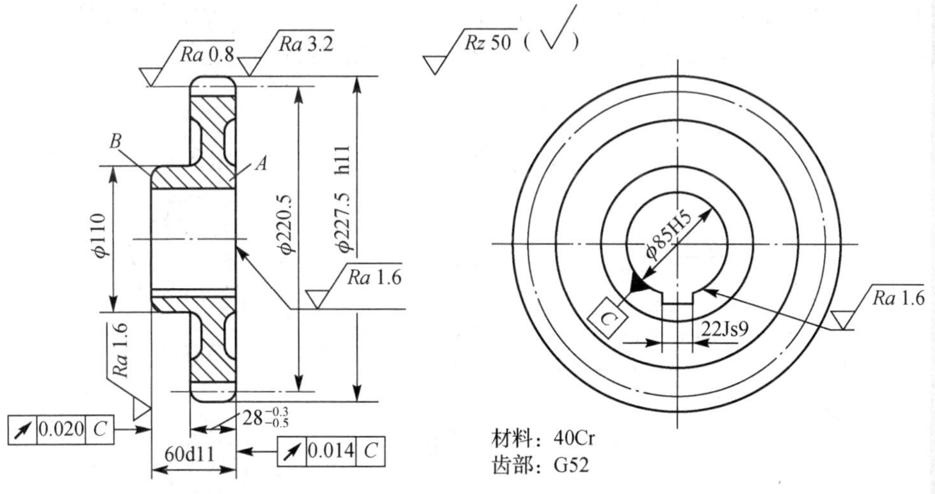

图 3-33　精基准与装配基准重合

（2）遵循基准统一原则。当零件上有许多表面需要进行多道工序加工时，尽可能在各工序的加工中选用同一组基准定位，称为基准统一原则。基准统一表现在除第一道工序外，其余工序尽量采用同一精基准加工大多数表面。该方法可以减小定位误差，提高加工精度且便于装夹。基准统一原则可较好地保证各个加工面的位置精度，各工序所用夹具定位方式统一、结构相似，可减少夹具的设计、制造工作量及费用，提高生产率，并且可以避免基准转换所造成的误差，如图 3-34 所示。

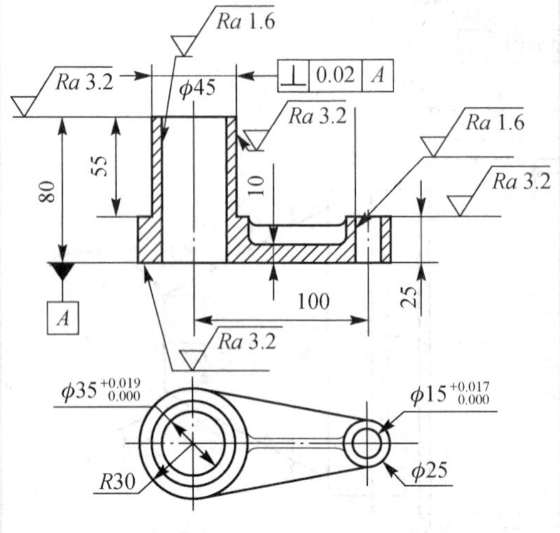

图 3-34　基准统一原则

基准统一原则在机械加工中应用较为广泛，如阶梯轴的加工，大多采用顶尖孔做统一的定位基准；齿轮的加工一般都以内孔和一端面做统一定位基准来加工齿坯、齿形；箱体零件加工大多以一组平面或一面两孔做统一定位基准来加工孔系和端面。在自动机床或自动线上，一般也需遵循基准统一原则。

（3）遵循互为基准原则。为了使加工面获得均匀的加工余量和加工面间有较高的位置精度，可令加工面间互为基准反复加工。如图 3-35 所示，加工精度和同轴度要求高的套筒类零件在精加工时一般先以外圆定位磨内孔，再以内孔定位磨外圆。又如，加工精密齿轮通常是将齿面淬硬后再磨齿面及内孔。

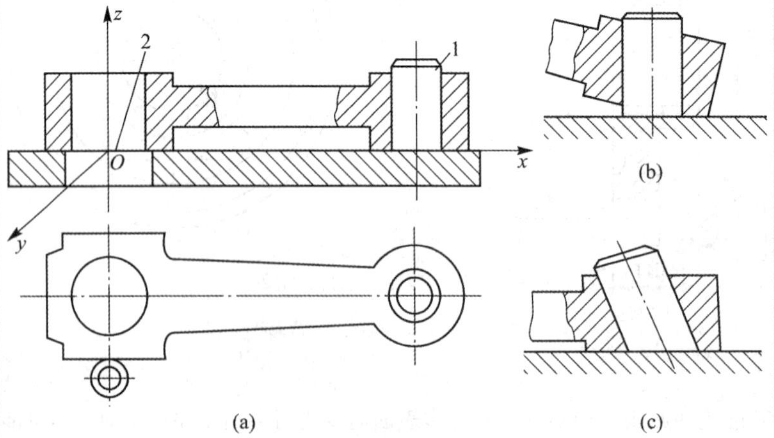

图 3-35　互为基准原则

（4）遵循自为基准原则。有些精加工工序，为了保证加工质量，要求加工余量小而均匀，采用加工面自身做定位基准，称为自为基准原则，如图 3-36 所示。如在导轨磨床上磨削床身导轨，为了保证加工余量小而均匀，采用百分表找正床身表面的方式装夹工件。

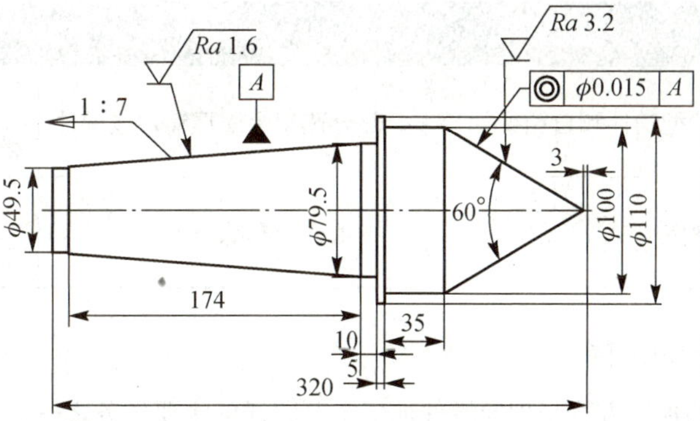

图 3-36 自为基准原则

（5）遵循装夹方便原则。所选定位基准应能使工件定位稳定，夹紧可靠，操作方便，夹具结构简单。选择精度较高、装夹稳定可靠，并尽可能形状简单和尺寸较大的表面做精基准，这样可减少定位误差，并使定位稳定。

二、工艺概述

（一）工艺路线和生产类型

1. 工艺路线

工艺路线是指产品、零部件在生产过程中，由毛坯准备到成品包装入库，经过企业各有关部门或工序的先后顺序。

拟定工艺路线是制定工艺规程的关键。拟定工艺路线的要点为确保零件的全部技术要求、生产效率高、生产成本低、劳动生产条件好。

2. 生产类型

生产类型可分为单件生产、成批生产和大量生产。

（1）单件生产。其特点是生产的产品种类繁多，每种产品仅制造一个或几个，且很少再重复生产。

（2）成批生产。其特点是分批地生产相同的零件，生产呈周期性的重复。成批生产又分为小批生产、中批生产和大批生产。

（3）大量生产。其特点是产品的产量大、品种少，大多数生产设备长时间、重复地进行某一零件、某一工序的加工。

各生产类型的工艺特征见表 3-2。

表3-2 各生产类型的工艺特征

项　目	单件生产	成批生产	大量生产
机床设备	通用（万能）设备	通用或部分专用设备	高效率专用设备
夹具	很少用专用夹具	广泛使用专用夹具	高效率专用夹具

任务一 任务二 任务三 任务四 任务五 任务六 任务七 任务八 任务九 任务十 任务十一

续表

项　目	单件生产	成批生产	大量生产
毛坯	木模砂型铸件和自由锻件	部分选用金属模铸件或锻件	机器造型、压力铸造、模锻、滚锻等
对工人的技术要求	技术熟练	技术比较熟练	调整工技术熟练，操作工要求的熟练程度较低

（二）表面加工方法的选择

选择零件各表面的加工方法是拟定零件加工工艺路线的主要任务之一。对于零件的各表面有不同的加工方法，而同一表面可以有几种不同的加工方法，而不同的加工方法又具有不同的技术经济效果。一般根据经验或查表确定加工方法，并根据实际情况或工艺试验修改。

选择合适的加工方法时要考虑下列因素：

（1）选择能获得经济精度和经济表面粗糙度的方法。经济精度即在正常条件下（采用符合质量标准的设备、工艺装备、标准技术等级的工人，不延长加工时间）所能保证的加工精度。经济表面粗糙度即在正常条件下所能保证的表面粗糙度。

（2）工件的结构形状和尺寸大小。

（3）工件材料的力学性能及热处理的影响。

（4）结合生产类型考虑生产率与经济性。

（5）现有生产条件。

在实际生产中，这些因素都不是孤立的，而是互相影响的，在具体选择加工方法时应根据具体条件全面考虑、灵活运用，不要顾此失彼。只有这样才能选择出优质、高产、低耗的加工方案。

外圆、内孔、平面加工的经济精度、经济表面粗糙度 *Ra* 值及适用范围见表 3-3，可供参考。

表3-3　外圆、内孔、平面加工的经济精度、经济表面粗糙度*Ra*值及适用范围

序号	加工方法	经济精度	经济表面粗糙度 *Ra* 值	适用范围
外圆加工方法				
1	粗车	IT13~IT11	12.5~50	淬火钢以外的各种金属
2	粗车—半精车	IT10~IT8	3.2~6.3	
3	粗车—半精车—精车	IT8~IT7	0.8~1.6	
4	粗车—半精车—精车—滚压（抛光）	IT8~IT7	0.025~0.2	
5	粗车—半精车—磨削	IT8~IT7	0.4~0.8	主要用于淬火钢，也可用于未淬火钢，但不宜加工有色金属
6	粗车—半精车—粗磨—精磨	IT7~IT6	0.1~0.4	
7	粗车—半精车—粗磨—精磨—超精加工（或轮式超精磨）	IT5	0.012~0.1	

续表

序号	加工方法	经济精度	经济表面粗糙度 *Ra* 值	适用范围
8	粗车—半精车—精车—精细车	IT7~IT6	0.025~0.4	精度要求高的有色金属加工
9	粗车—半精车—粗磨—精磨—超精磨	IT5 以上	0.006~0.025	极高精度的外圆加工
10	粗车—半精车—粗磨—精磨—研磨	IT5 以上	0.006~0.1	
内孔加工方法				
1	钻	IT13~IT11	12.5	加工未淬火钢及铸铁的实心毛坯，也可加工有色金属
2	钻—铰	IT10~IT8	1.6~6.3	
3	钻—粗铰—精铰	IT8~IT7	0.8~1.6	
4	钻—扩	IT11~IT10	6.3~12.5	
5	钻—扩—铰	IT9~IT8	1.6~3.2	
6	钻—扩—粗铰—精铰	IT7	0.8~1.6	
7	钻—扩—机铰—手铰	IT7~IT6	0.2~0.4	
8	钻—扩—拉	IT9~IT7	0.1~1.6	大批量生产
9	粗镗（或扩孔）	IT13~IT11	6.3~12.5	除淬火钢外的各种材料，毛坯有铸（锻）孔
10	粗镗（扩）—半精镗（精扩）	IT10~IT9	1.6~3.2	
11	粗镗（扩）—半精镗（精扩）—精镗（铰）	IT8~IT7	0.8~1.6	
12	粗镗（扩）—半精镗（精扩）—精镗—浮动镗刀精镗	IT7~IT6	0.4~0.8	
13	粗镗（扩）—半精镗—磨孔	IT8~IT7	0.2~0.8	不能用于有色金属
14	粗镗（扩）—半精镗—粗磨—精磨	IT7~IT6	0.1~0.2	
15	粗镗—半精镗—精镗—精细镗（金刚镗）	IT7~IT6	0.05~0.4	主要用于有色金属
16	钻—扩—粗铰—精铰—珩磨，钻—（扩）—拉—珩磨，粗镗—半精镗—精镗—珩磨	IT7~IT6	0.025~0.2	精度要求很高的孔
17	以研磨代替上述方法中的珩磨	IT6~IT5	0.006~0.1	

续表

序号	加工方法	经济精度	经济表面粗糙度 Ra 值	适用范围
平面加工方法				
1	粗车	IT13~IT11	12.5~50	端面
2	粗车—半精车	IT10~IT8	3.2~6.3	
3	粗车—半精车—精车	IT8~IT7	0.8~1.6	
4	粗车—半精车—磨削	IT8~IT6	0.2~0.8	
5	粗刨（或粗铣）	IT13~IT11	6.3~25	一般不淬硬平面
6	粗刨（或粗铣）—精刨（或精铣）	IT10~IT3	1.6~6.3	
7	粗刨（或粗铣）—精刨（或精铣）—刮研	IT7~IT6	0.1~0.8	精度要求高的不淬硬平面
8	以宽刃精刨代替以上刮研	IT7	0.2~0.8	
9	粗刨（或粗铣）—精刨（或精铣）—磨削	IT7	0.2~0.8	精度要求高的不淬硬平面及淬硬平面
10	粗刨（粗铣）—精刨（精铣）—粗磨—精磨	IT7~IT6	0.025~0.4	
11	粗铣—拉	IT9~IT7	0.2~0.8	大量生产，较小平面
12	粗铣—精铣—磨削—研磨	IT5 以上	0.006~0.1	高精度平面

（三）划分加工阶段

加工阶段一般划分为以下四个：

（1）粗加工阶段。其主要任务是切除各加工面的大部分加工余量，主要问题是如何获得高的生产率。

（2）半精加工阶段。其主要为精加工做准备。

（3）精加工阶段。此阶段使工件的各主要表面达到图样规定的质量要求。

（4）光整加工或超精加工阶段。其主要目的是提高表面尺寸精度、获得更高的表面粗糙度及使表面强化，一般不用于纠正表面的几何形状误差和相对位置误差。

划分加工阶段的意义在于有利于保证加工质量，合理使用设备，充分发挥技术工人的操作技能，安排热处理工序，及早发现毛坯缺陷。

（四）确定加工顺序

1. 工艺文件中的几个基本概念

（1）工序。一个或一组人在一个工作地对同一个或同时对几个工件所连续完成的那一部分工艺过程称为工序。

（2）工位。为了完成一定的工序部分（工序内容），在一次装夹工件后，工件（装配单元）与夹具或设备的可动部分一起相对刀具或设备的固定部分所占据的每个位置，称为工位。

（3）工步。在加工表面（或装配时的连接表面）和加工（或装配）工具不变的情况下，所连续完成的那一部分工序，称为工步。一道工序可以包括几个工步，也可以只包括一个工步。

（4）走刀。每次切削就是一次走刀。一个工步可包括一次或几次走刀。

（5）安装。工件在加工前，在机床或夹具上首先占据一正确位置称为定位；然后夹紧，称为装夹；加工或装配单元经一次装夹后所完成的那一部分工序称为安装。

2. 工序集中与分散

工序集中的特点包括以下几个方面：

（1）在一次装夹中可以完成工件多个表面的加工，比较容易保证这些表面的相互位置精度；同时，也减少了工件的装夹次数和辅助时间，减小了工件在机床间转运的工作量，有利于缩短生产周期。

（2）易于采用多刀、多刃、多轴机床，组合机床，数控机床加工中心等高效工艺装备，从而缩短基本时间。

（3）缩短工艺路线，减少对机床、夹具和操作工人及车间生产面积的需求，简化生产计划和生产管理工作。

（4）采用专用设备和高效工艺装备使投资增大，设备调整和维修复杂，生产准备工作量加大。

（5）一道工序加工表面较多，故对机床的精度要求全面，而且很难为每个加工表面都选择合适的切削用量。

（6）对工人的技术水平和应变能力要求较高。

工序分散的特点包括以下几个方面：

（1）机床设备及工艺准备简单，调整和维修方便，工人掌握技术容易，生产准备工作量少，且易平衡工序时间，易于更换产品，对工件的装卸、切削和测量等过程易于实现自动化。

（2）有条件为每个工步选择合适的切削用量，减少基本时间。

（3）设备数量多，操作工人多，占用生产面积大，计划调度和生产管理工作较为烦琐。

（4）操作简化，对工人的技术熟练程度和应变能力要求较低。

工序集中和工序分散是拟定工艺路线的两个不同原则，各有利弊，具体应根据生产类型、零件的结构特征和技术要求、现有生产条件、企业能力等因素综合分析比较，择优选用。

3. 机加工工序安排原则

（1）先主后次。根据零件的功用（从装配图得知）和技术要求，分清零件的主要表面和次要表面。主要表面是指装配基准面、重要工作表面和精度要求较高的表面，次要表面是指光孔、螺纹孔、未标注公差表面和其他非工作表面。

机加工工序安排如下：加工精基准面—粗加工主要表面—半精加工主要表面—精加工主要表面—光整加工、超精密加工主要表面。次要表面加工安排在各阶段之间进行。

（2）先基面后其他。应先加工出选定的后续工序的精基准，如外圆、内孔、中心孔等。

（3）先粗后精。先粗加工，再半精加工、精加工。

（4）先面后孔。为了保证孔的稳定可靠性，应先加工孔的端面后加工孔。

（五）热处理工序的安排

1. 预备热处理

预备热处理的目的是改善切削性能、消除毛坯制造时的内应力、细化晶粒、均匀组织，并为最终热处理准备良好的金相组织，包括退火、正火、低温时效处理、调质。

（1）退火、正火。退火、正火主要用于铸件、锻件毛坯，改善切削性能，故将其安排在毛坯制造以后、粗加工之前。

（2）低温时效处理。低温时效处理主要用于各种精密工件消除切削加工的内应力，保持尺寸的稳定性，通常安排在半精车之后，或粗磨、半精磨以后。特别重要的高精度的工件要经过几次低温时效处理。

（3）调质。调质能获得均匀的索氏体组织，为以后表面淬火和渗氮处理时减小变形做好准备。由于调质之后工件的综合力学性能良好，因此对硬度、耐磨性要求不高的工件，调质也可作为其最终热处理。调质通常安排在粗加工之后、半精加工之前。

2. 最终热处理

最终热处理的目的是提高加工材料的硬度、耐磨性、强度等力学性能，包括淬火、渗碳淬火、渗氮等。

（1）淬火。淬火适于中碳结构钢、合金钢。淬火后工件不再进行切削加工。淬火一般安排在半精加工之后、磨削加工之前。

（2）渗碳淬火。渗碳淬火适于低碳钢和低合金钢（15、15Cr、20、20Cr），其目的是先使工件含碳量增加，然后经淬火使表面获得高的硬度和耐磨性，而内部仍然保持一定的强度和较高的韧性与塑性。渗碳淬火可以解决工件部分表面不淬硬的工艺问题。渗碳淬火变形大，且渗碳层一般为 0.5 ～ 2 mm，安排在半精加工和精加工之间。相关工序如下：下料—锻造—正火—粗、半精加工—渗碳淬火—精加工。

（3）渗氮。渗氮指使氮原子渗入金属表面，而获得一层氮化合物。渗氮可以提高零件表面的硬度、耐磨性、疲劳强度和抗腐蚀性。渗氮温度低，工件变形小，渗氮层较薄（0.6 ～ 0.7 mm），一般安排在精磨或研磨之前。

常用渗氮材料为 38CrMoAlA 和 25CrMoV。

（六）典型零件工艺路线

1. 轴类零件

典型轴类零件工艺路线如下：下料—锻造—退火（正火）—粗加工—调质—半精加工—表面淬火—粗磨—低温时效处理—精磨。

2. 盘类零件

典型盘类零件工艺路线如下：下料—锻造—粗车—调质—半精车—拉花键孔—装花键心轴车外圆—插齿（或滚齿）—齿部倒角—齿面淬火—珩齿或磨齿。

3. 支架、箱体类零件

典型支架、箱体类零件工艺路线如下：铸造毛坯—退火—划线—粗加工主要平面—粗加工支承孔—精加工主要平面—精加工支承孔。其他次要表面的加工根据情况穿插安排，螺纹孔加工在最后进行。

（七）工艺文件简介

工艺文件是指导工人操作和用于生产工艺管理的各种技术文件，主要有工艺过程卡、工艺卡、工序卡三种。以机加工为例进行说明。

1. 工艺过程卡

工艺过程卡是以工序为单位，简要说明产品或零件、部件的加工（或装配）过程的一种工艺文件，是制定其他工艺文件的基础，也是生产技术准备、编排作业计划和组织生产的依据。该卡的工序说明不具体，只做生产管理用，不做指导工人操作用。其格式见表 3-4 和表 3-5。

表3-4 机加工工艺过程卡1

第二组	机加工工艺过程卡片					产品型号		零件图号	6		
						产品名称	小台虎钳	零件名称	螺纹杆	共 1 页	第 1 页
材料牌号	铝合金	毛坯种类	棒料	毛坯外形尺寸	ϕ15×95	每毛坯件数	1	每台件数	1	备注	

工序号	工序名称	工序内容	车间	工段	设备	工艺设备	工时 准终	工时 单件
1	下料	棒料 ϕ15×95	金工			切断刀、游标卡尺		
2	车	（用三爪自定心卡盘夹紧毛坯一端）	金工		CA6140 车床			
		（1）车端面，表面光滑即可				三爪自定心卡盘、90° 外圆车刀		
		（2）车 ϕ13 的外圆						
		（3）车 ϕ9 的外圆，保证长度为 80				三爪自定心卡盘、90° 外圆车刀、游标卡尺		
		（4）车 ϕ8 的外圆，保证长度为 60，倒角						
		（5）车外螺纹 M8—7h，长度为 50				外螺纹车刀、游标卡尺		
		（6）在 ϕ9 的圆柱中间处切出 5×1 的槽（长度为 20 的中间处）				切断刀、游标卡尺		
		（7）在 93.4 处切断零件（将工件掉头，用三爪自定心卡盘夹紧毛坯 ϕ9 圆柱端处），适当车切断面，保证总长度为 90				90° 外圆车刀、切断刀、游标卡尺		
3	钻	在 ϕ13 的圆柱中间处钻 ϕ4 的通孔（长度为 10 的中间处）	金工		立式铣床	钻夹具、钻头		
4	锉	修去工件的锐边及毛刺	金工			锉刀		
5	检	检验零件尺寸是否达到要求	检			游标卡尺		
			设计（日期）		校对（日期）	审核（日期）	标准化（日期）	会签（日期）

表3-5 机加工工艺过程卡2

综合实验		机加工工艺过程卡片						总 5 页	第 1 页	编号:		
								产品名称	阀体	生产纲领	件 / 年	
								零件名称	阀体	生产批量	件 / 月	
材料	6061-T6	毛坯种类	铸件	毛坯外形尺寸	ϕ82×84 mm	每毛坯可制作件数	1	每台件数	1	备注		

序号	工序名称	工序内容	工序简图	机床夹具	刀具	量具附具	工时 / min
1	车	夹毛坯外圆一端：①车端面；②钻直径为 ϕ30 的孔；③车深度为 3 的阀体内腔 ϕ70；④粗车阀体与阀芯结合孔为 ϕ35；⑤粗、半精、精车长度为 24 轮廓的外圆。 掉头，夹住外圆一端：①车端面；②粗、半精、精车深度为 68 的阀体内腔 ϕ70；③粗、半精车外圆轮廓	（图略）	CAK6136 V/750 三爪卡盘	外圆车刀、内孔车刀、中心钻、ϕ30 钻头	游标卡尺（0~150 mm）	20.5
2	雕铣	以两端内腔及端面定位雕铣徽标和标识	（图略）	VCN510C 专用夹具	铣刀、雕铣刀	游标卡尺（0~150 mm）	480
3	铣	夹住阀体外圆一端：①粗铣结合面；②半精铣结合面；③精铣结合面；④去毛刺；⑤终检	（图略）	XKA714/F 三爪夹具	立铣刀	游标卡尺（0~150 mm）、内孔百分表	5

标记	处数	更改文件号	签字	日期	编制（日期）	审核(日期）	标准化（日期）	会签（日期）

2. 工艺卡

工艺卡是按产品或零件、部件的某一工艺阶段编制的一种工艺文件。它以工序为单元，详细说明产品（或零件、部件）在某一工艺阶段的工序号、工序名称、工序内容、工序参数、操作要求，以及采用的设备和工艺装备等。其格式见表 3–6。

表3–6　机加工工艺卡

<table>
<tr><td>产品名称</td><td colspan="2"></td><td>产品型号</td><td colspan="2"></td><td>共 页</td><td>第 页</td></tr>
<tr><td>材料名称</td><td></td><td>毛坯种类
及尺寸</td><td></td><td>零件
图号</td><td></td><td>每台件数</td><td></td></tr>
<tr><td colspan="2">毛坯重量 /kg</td><td colspan="2"></td><td colspan="2">零件净重 /kg</td><td colspan="2"></td></tr>
<tr><td>工序号</td><td>工序名称</td><td colspan="2">技术要求及注意事项</td><td>设备</td><td>夹具、模具</td><td>刀具</td><td>量具</td></tr>
<tr><td></td><td></td><td colspan="2"></td><td></td><td></td><td></td><td></td></tr>
<tr><td></td><td></td><td colspan="2"></td><td></td><td></td><td></td><td></td></tr>
</table>

工艺卡的编制步骤如下：

（1）分析零件图。零件图是制定工艺的最基本依据，通过图样可以了解零件的功用、加工特征、技术要求，以及零件对材料、热处理等的要求，以便合理制定工艺规程。

（2）确定毛坯。根据零件或产品所要求的形状、工艺尺寸等而制成的供进一步加工用的生产对象，称作毛坯。不同种类的毛坯制造方法不同，对零件加工的经济性有很大影响。

确定毛坯时应考虑零件材料的工艺性及零件对材料力学性能的要求、零件的加工形状及外形尺寸、生产批量和实际生产条件及制造毛坯的工艺水平。

（3）选择定位基准。依据基准选择原则选择定位基准。

（4）拟定零件的加工工艺路线。依据工序集中和工序分散原则，通过分析比较、权衡利弊，结合生产实际，拟定最合适的加工工艺路线。

3. 工序卡

工序卡是在工艺过程卡或工艺卡的基础上，按照每道工序所编制的工艺文件。它一般具有工序简图，并详细说明该工序的每个工步的加工（或装配）内容、工序参数、操作要求、采用的设备和工艺装备等，以具体指导工人进行操作，其内容比工艺卡更详细。工序卡常用于大批、大量生产场合，但对中小批生产中的关键、复杂零件，为确保生产的顺利进行，也需要编制工序卡。其格式见表 3–7。

表3-7 机加工工序卡

机加工工序卡	产品型号		零（部）件图号			
	产品名称	联轴器	零（部）件名称	连接座	共（6）页	第（1）页

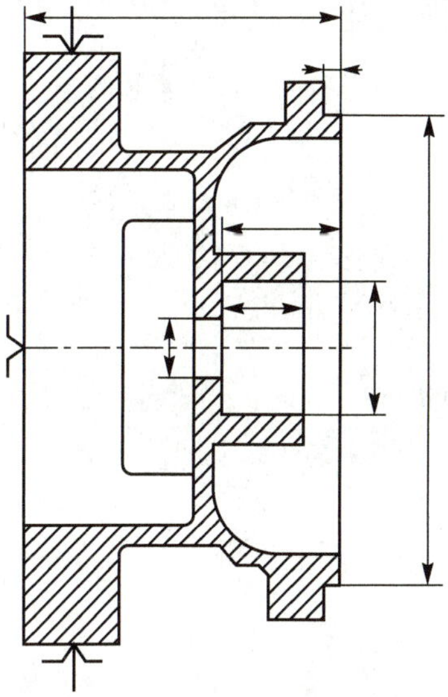

车间	工序号	工序名称	材料
机加工车间		粗车	HT200
毛坯种类		每毛坯可制件数	每台件数
铸件		1	1
设备名称	设备型号	设备编号	同时加工件数
			1
夹具编号		夹具名称	切削液

工位器具编号	工位器具名称	工序工时	
		准终	单件

工步号	工步内容	工艺装备	主轴转速/（$r \cdot min^{-1}$）	切削速度	进给量	切削深度	进给次数	工步工时	
								机动	辅助

							设计（日期）	审核（日期）	标准化（日期）	会签（日期）

考核与评价

（1）什么是基准？基准如何分类？

（2）基准的作用是什么？如何选用基准？

（3）什么是工艺？什么是工艺文件？

（4）工艺文件有哪些？如何制定？

（5）什么是工序？什么是工步？什么是工序卡？

（6）写出图 2-1 ～图 2-9 所示零件的加工工艺过程。

（7）编制图 2-1 ～图 2-9 所示零件的加工工序卡。

操作技能篇

任务四

简单轴类零件的车削加工

任务描述

图 2-1、图 2-2 及图 4-1 为简单轴类零件图。通过本任务的学习，利用车工的基本操作，按要求将轴制作出来，并对完成后的轴进行误差分析及加工质量总结。

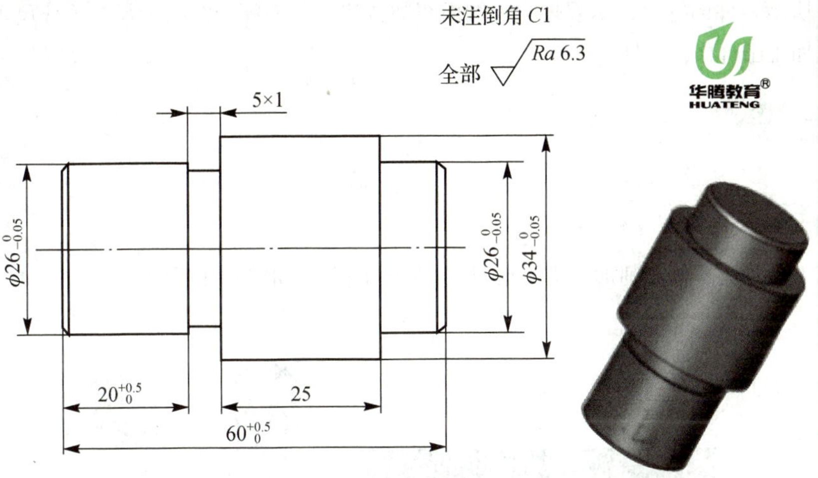

图 4-1　轴

子任务1　车　光　轴

【知识目标】

1. 掌握已学的常用刀具材料、刀具结构、刀具切削部分的几何角度和砂轮机及其选用。
2. 重温并牢固掌握刃磨刀具的要点和方法。
3. 掌握工件和刀具的装夹形式与方法。

【技能目标】

1. 能熟练掌握切削运动及切削过程的控制，合理选择切削用量进行车削加工。
2. 提升车刀的选用及刃磨的技能。
3. 能熟练地装夹刀具。
4. 能熟练识读零件图，并依图样选择坯料并制定加工工艺路线。
5. 能熟练依图样选择工件的装夹方式，采取合理的方法、措施保证加工质量要求。
6. 能通过查阅资料或讨论交流的方式获取所需相关信息。
7. 具有严谨的工作作风和良好的职业道德。

典型工作任务

车削加工图 4–1 所示的零件，不得使用砂布、锉刀。

加工前一定要熟悉车床操作，会刃磨外圆车刀，掌握工件及刀具的装夹方法与要点；通过车削加工图 4–1 所示零件的练习，掌握外圆及端面车削方法，并能配合游标卡尺、千分尺等测量工具来保证按要求加工出合格的零件。

相关知识

一、外圆车刀

外圆车刀是轴类零件车削加工常用车刀。常用外圆车刀如图 4–2 所示。

(a) (b)

图 4–2 常用外圆车刀

常用外圆车刀有 90° 外圆车刀、75° 外圆车刀和 45° 外圆车刀。

1. 90° 外圆车刀

90° 外圆车刀又称偏刀，如图 4–3 所示，其 $\kappa_r=90°$， $\varepsilon_r<90°$，有左、右偏刀之分。其特点为车削外圆时，径向切削力小，工件不易弯曲变形；车端面时，当 a_p 较大时，易扎刀，故常从轴中心向外车。

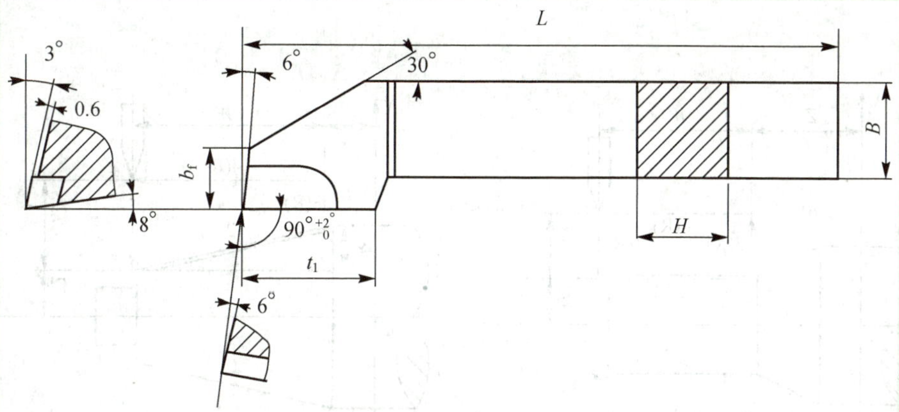

图 4-3 90°外圆车刀

2. 75°外圆车刀

75°外圆车刀如图 4-4 所示，κ_r=75°，ε_r>90°。其强度好、耐用，适于粗车外圆和强力车削铸件、锻件等余量大的工件，也有左、右刀之别，左刀常用于车削铸、锻件的大平面。

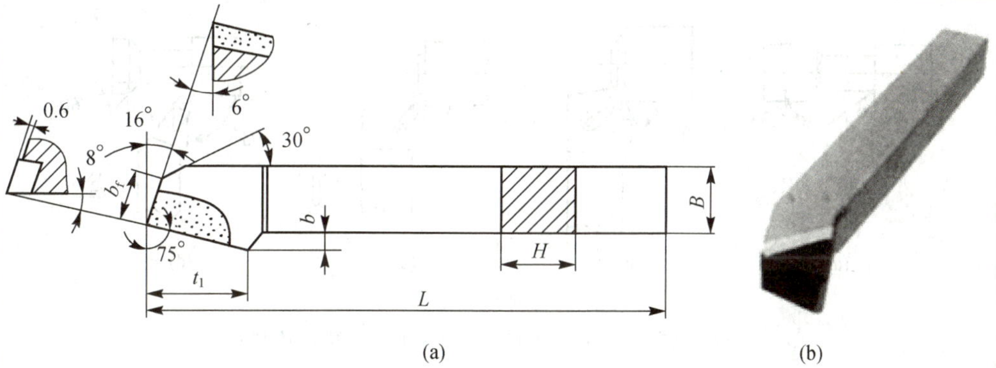

图 4-4 75°外圆车刀

3. 45°外圆车刀

45°外圆车刀又称弯刀，如图 4-5 所示，κ_r=45°，ε_r=90°。其刀体强度和散热条件都好于 90°外圆车刀，常用于车端面和 45°倒角，也可车短的外圆，通用性强。45°外圆车刀车外圆时车刀刀尖与尺寸的控制如图 4-6 所示。45°外圆车刀会使工件产生较大的径向切削抗力，加工细长轴零件容易使其变形。45°外圆车刀的刀尖角较大，刀尖散热性好，刀具寿命长，并且工件表面残留面积小，在走刀量相同的情况下粗糙度值低。在走刀量相同的情况下，

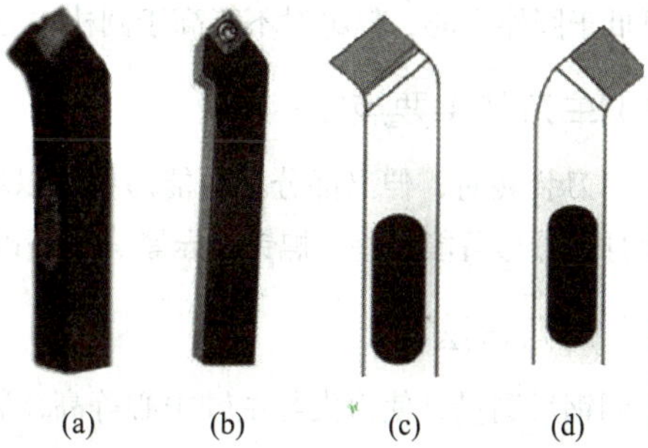

图 4-5 45°外圆车刀

45°外圆车刀切削的切屑较薄，切削热小。

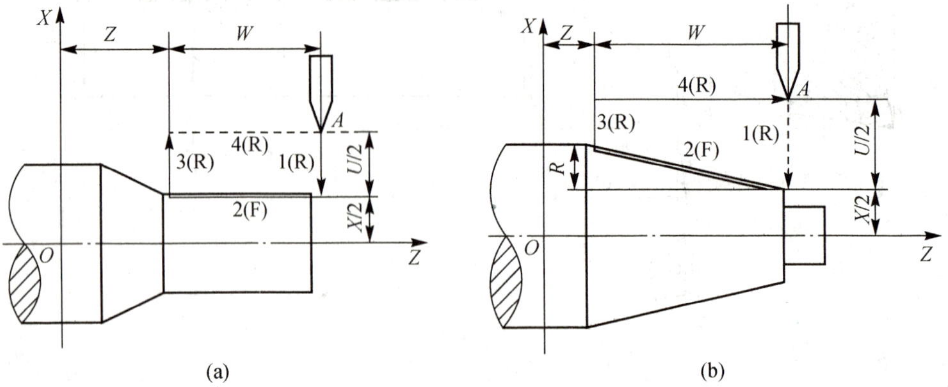

图 4-6 45°外圆车刀车外圆时车刀刀尖与尺寸的控制

图 4-7 所示为各种外圆车刀的应用。

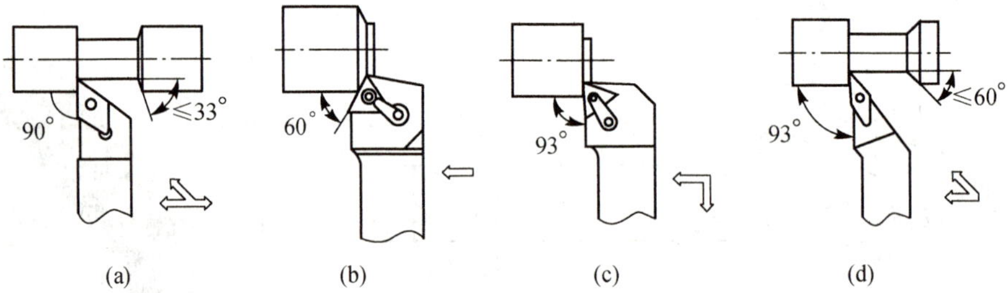

图 4-7 各种外圆车刀的应用

（a）车深槽 （b）粗车高阶梯 （c）车端面 （d）精车高阶梯

二、车刀的安装（装夹）

图 4-8 所示为车刀的装夹，要求从车床尾端看过去，车刀尖与圆棒中心重合，车外圆时车刀刀尖可低于圆棒中心，但绝对不能高于圆棒中心。

（一）车刀装夹要点

车刀装夹时，伸出部分尽可能短些，以增加其刚性，伸出长度为 1 ～ 1.5 倍刀柄厚度，垫片要平整且数量尽可能少些，螺钉要压紧、压平以防振动，刀尖与工件轴线等高。

（二）对刀方法

用钢尺测量，使刀尖与主轴中心等高，装刀；或凭尾座顶尖装刀；或使车刀靠近工件端面，目测估计高低装刀。

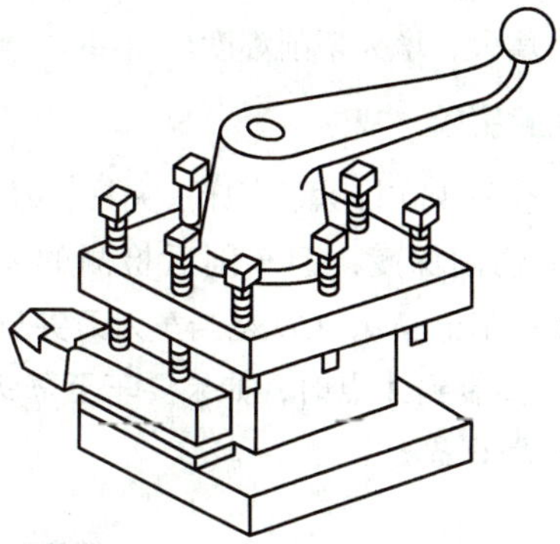

图 4-8 车刀的装夹

（三）车刀的装夹对车削加工的影响

1. 车刀的装夹对车刀工作角度的影响

安装车刀时，中心高是否准确主要对车刀的工作前角和工作后角产生影响。工作前角是基面与前刀面的夹角，工作后角是切削平面与后刀面的夹角。若车刀中心高装准了（从理论上讲），则车刀的刃磨角度等于车刀的工作角度，即 $\alpha_o=\alpha_{oe}$，$\gamma_o=\gamma_{oe}$。若车刀中心高没有装准，则定义车刀角度的参考系——切削平面和基面的位置就会发生改变。当车刀刀尖高于工件轴线时，如图 4-9（a）所示，车刀的工作后角 α_{oe} 减小，工作前角 γ_{oe} 增大；而当车刀刀尖低于工件轴线时，如图 4-9（b）所示，车刀的工作后角 α_{oe} 增大，工作前角 γ_{oe} 减小。

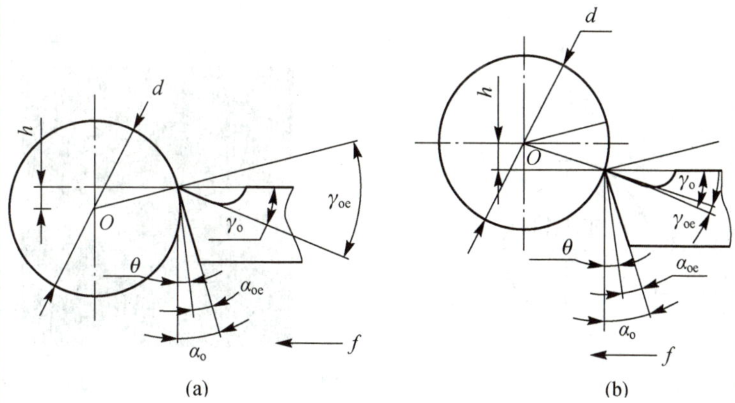

图 4-9 车刀的装夹对车刀工作角度的影响

工作后角的大小主要影响刀具的强度和后刀面与工件加工表面的摩擦，工作前角的大小主要影响刀具的锋利程度。车刀中心高误差越大，对刀具的工作前角和工作后角影响越大。如果车刀中心高过高，就会造成车刀工作后角 α_{oe} 过小，从而增大刀具后刀面与工件加工表面的摩擦，加快刀具的磨损并影响工件已加工表面的质量。如果工作后角 α_{oe} 为零或负值，就会出现刀具后刀面与工件加工表面干涉，形成挤压而造成无法切削甚至发生崩刃现象。如果车刀中心高过低，则会造成工作后角 α_{oe} 过大，工作前角 γ_{oe} 过小。工作后角过大使刀具的强度下降，容易造成崩刃；工作前角过小使刀具的锋利程度下降、切削力增大，增大切削难度。

2. 车刀的装夹对切削深度的影响

在车削工件的外圆或内孔时，会发现在排除了车床、夹具、刀具、量具等各方面因素的影响后，按要求控制中滑板切入了所要的切削深度，但车削后检测的尺寸往往达不到要求，其原因如图 4-10 所示，要将工件外圆由 ϕD 车至 ϕd，CD 是当车刀刀尖与工件轴线等高（中心高正确）时车刀应切入的深度，而当车刀中心高装到 A 点时，如果要车至 ϕd，那么车刀应切入的深度为 AB。若按 CD 切入，则车出的外圆必定大于 ϕd。

车内孔时的分析同理。

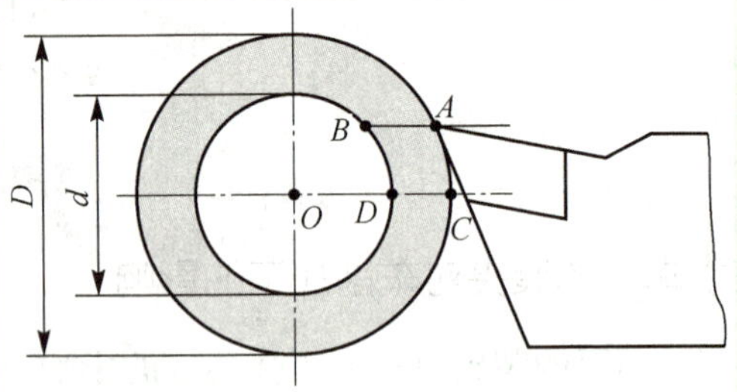

图 4-10 车刀的装夹对切削深度的影响

3. 车刀的装夹对车削圆锥的影响

在车削圆锥时，如果车刀中心高不准确，车出的圆锥就会产生双曲线误差。根据圆锥体的形成原理可知，通过圆锥体中心的圆锥素线是一条直线，如果把一个标准圆锥体用一个平行于轴线且高于轴线 Δh 的截面剖切，其剖面形状是一个双曲线。也就是说，车刀装高 Δh 后，走刀轨迹若能走出这一双曲线，就能车出圆锥素线是直线的正确的圆锥体。但车刀的走刀轨迹不是一条双曲线而是一条直线，因此车圆锥时要车出正确的圆锥体和圆锥孔，就必须尽量装准车刀中心高，如图 4-11 所示。

4. 车刀的装夹对车削工件端面的影响

车端面时，若车刀中心高不正确，在车至端面中心时会使工件中心留有凸台而造成端面不平，并会造成硬质合金车刀刀尖崩碎，如图 4-12 所示。

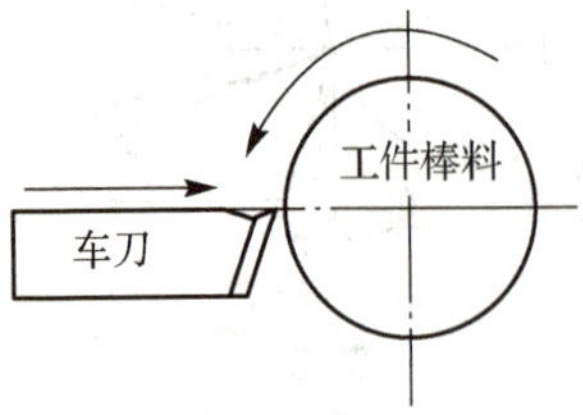

图 4-11 车刀刀尖与工件轴线要等高

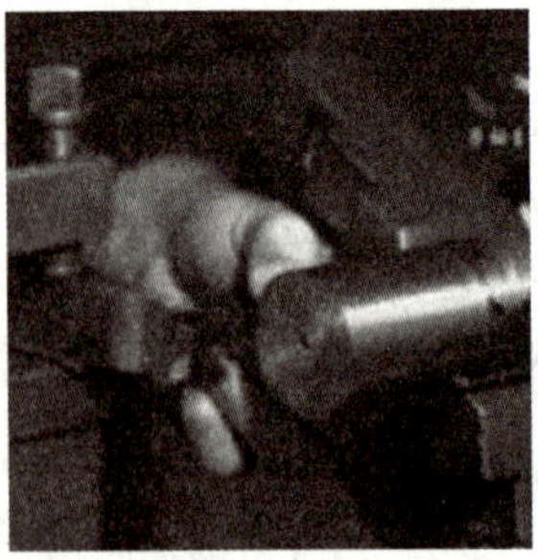
图 4-12 车刀中心高不正确造成端面中心留有凸台

5. 车刀的装夹对数控车床车削台阶外圆和台阶孔的影响

在数控车床上车削台阶外圆和台阶孔时，车刀中心高偏低或偏高都会造成不良后果。如连续车削台阶外圆，当测量小端直径符合公差要求时，大端直径往往已经严重超差，而且外圆越大超差得越严重。

三、工件的装夹

（一）单夹式装夹

单夹式装夹又分为在三爪自定心卡盘上的装夹和在四爪单动卡盘上的装夹。

1. 工件在三爪自定心卡盘上的装夹

三爪自定心卡盘装夹工件如图 4-13 所示。粗加工用目测或划针找正工件毛坯表面，半精加工、精加工用百分表找正外圆和端面。装夹轴向尺寸小的工件时需在刀架上装一铜棒，观察工件端面与轴线的垂直度。

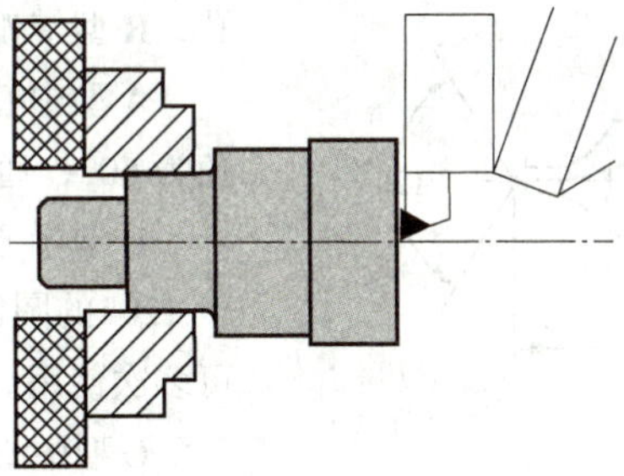

图 4-13 三爪自定心卡盘装夹工件

2. 工件在四爪单动卡盘上的装夹

四爪单动卡盘装夹工件如图 4-14 所示，它找正麻烦、费时，但夹紧力大，多用于不规则或大型件的装夹。

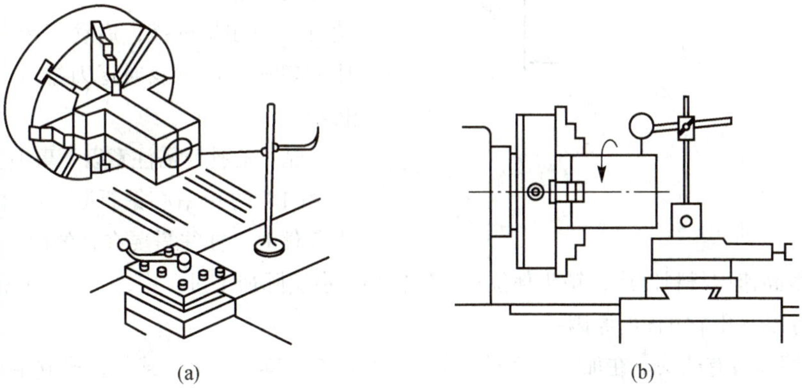

图 4-14 四爪单动卡盘装夹工件

（a）按划线找正 （b）用百分表找正

（二）两顶式装夹

两顶式装夹方便，无须找正，定位精度高，但必须先车端面、钻中心孔。

任务一 任务二 任务三 任务四 任务五 任务六 任务七 任务八 任务九 任务十 任务十一

1. 两顶式装夹的步骤

两顶式装夹步骤如下：安装前、后顶尖（观察前、后顶尖的同轴度）；用鸡心夹或对分夹头夹紧工件一端的适当位置，使拨杆伸出轴端；左手托住工件有鸡心夹的一端，使其中心孔放在前顶尖上；右手转动尾座手轮使后顶尖顶入工件尾端中心孔，锁紧尾座。松紧度以工件可以灵活转动而又无轴向窜动为宜。若后顶尖是固定顶尖，则应加以润滑。

2. 中心孔的加工

两顶式装夹需钻中心孔。中心钻最早用于轴类零件端面中心孔的加工，伴随着自动化的日趋普遍，在多功能数控设备中应用得更为广泛；其最大的功能就是钻中心孔，以保证零件孔加工的位置度。中心钻如图 4-15 所示。国家标准《中心孔》（GB/T 145—2001）规定中心孔有 A、B、C、R 四种，其中 A 型不带护锥，B 型带护锥，C 型带螺纹孔，R 型带弧形。

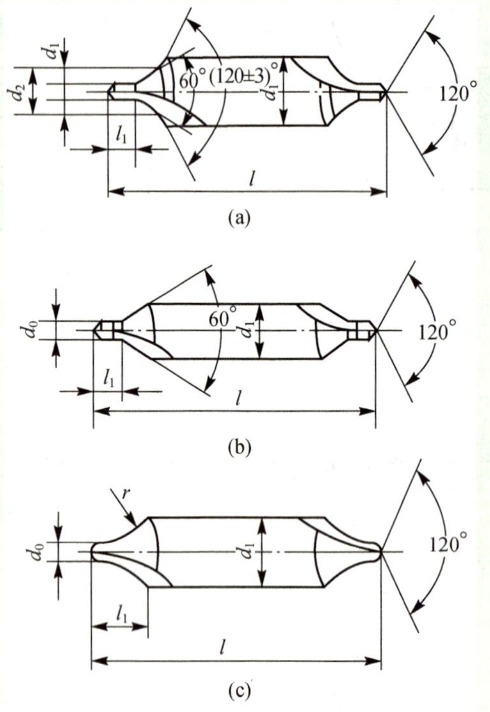

图 4-15 中心钻
（a）带护锥中心钻（b）无护锥中心钻（c）弧形中心钻

A 型中心孔由圆柱和圆锥部分组成，圆锥角为 60°，通常不需要多次使用。

B 型中心孔是在 A 型中心孔的端部多一个 120° 的圆锥保护孔，目的是保护 60° 锥孔，可多次使用。

C 型中心孔是在 B 型中心孔里端有一个比圆柱孔还要小的内螺纹孔，它用于工件之间的紧固连接和保护中心孔。

R 型中心孔是在 A 型中心孔的基础上将圆锥母线改为圆弧形，以减小中心孔和顶尖的接触面积，减小摩擦力，提高定位精度。

钻中心孔的方法如下：车端面，装钻夹头，装钻头，移动尾座到适当位置，调整尾座中心与主轴中心等高，锁紧尾座，选择切削速度，加注切削液，启动车床，双手摇动尾座手轮——注意及时退刀排屑，以防中心钻折断。

钻中心孔时需注意以下事项：

（1）防止中心钻折断。在车床上加工轴类零件时，往往需要在轴的两端面钻中心孔。中心钻一般由高速钢材料制成，钻头部位直径比较小，在实际加工过程中，一不小心中心钻就会折断。其主要有以下几个方面的原因：

① 工件端面留有凸头。在加工端面时，车刀中心没有对准，或高、或低，造成端面中心留有少许凸头。当中心钻进入端面时，钻头尖顶在凸头上，稍有偏斜中心钻头就会折断。因此在加工端面时，车刀的安装高度一定要与工件的旋转中心一致，车削端面时决不能在工件中心留下一点点的凸面。如果用的是 45° 刀，还可在工件中心处车一个小坑，就更利于中心钻的定位。

② 中心钻的中心与工件的中心有偏差。这主要是车床尾座中心与主轴中心不一致造成的。在进行钻中心孔工序时，首先要确定尾座与主轴的中心位置是否准确。若存在左右偏差，则可直接调整尾座。调整方法为用扳手旋转调整螺丝，直至尾座中心与主轴中心重合。若尾座偏低，则需要将尾座拆开，

在尾座中间层垫入厚薄不同的薄片。若尾座偏高，则要铲刮尾座（最好不要动车头箱）。

③ 没有加润滑液。在钻中心孔时没有加润滑液，会造成切屑在中心孔内排泄不畅而卡住中心钻，从而造成折断。因此，在钻中心孔时要适当加一些水性或油性的润滑液，这不仅可顺利排屑，还可增加中心孔的光洁度。

④ 切削用量选择不当。切削用量选择不当，也会造成中心钻折断。中心钻直径一般都比较小，小的轴类甚至会用到 $\phi 2$ 的中心钻。这么小的直径，即使用 1 000 r/min 的转速，其切削速度也有 6.28 m/min。而且一般钻中心孔都是用手摇尾座进刀，手摇时如果转速较快，进刀量就大，又不均匀，就更容易使中心钻折断。因此，在钻中心孔时，切削速度也不能太慢，进刀速度要慢且均匀，并加上一定的润滑液，在钻到要求尺寸后，原地不动停上 1 ～ 2 s，等中心孔圆顺后再退出，这样加工的中心孔才会完美。

（2）掌握中心孔的钻削深度。在钻削中心孔时，注意控制钻孔深度才能获得正确的中心孔。当中心孔的深度钻得正好时，既能保证中心孔和顶尖的定心锥面紧密结合，又不会使顶尖端和工件相碰，这时定心准确；当中心孔钻得过深时，顶尖和中心孔不能用锥面结合，定心不准。这是因为中心钻的圆柱部分修磨后太短，使加工出来的中心孔的圆柱部分太短，当这个孔与顶尖相配时，顶尖的锥面不能和中心孔的锥面相配合，定心就不准。如果出现这种情况，不能靠控制钻孔深度来解决问题，需要更换中心钻。

（三）一夹一顶式装夹

一夹一顶式装夹要注意防止工件发生轴向窜动，要么在卡盘内装一个轴向限位支承，要么在工件被夹持部位车一个 10 ～ 20 mm 工艺限位阶梯，如图 4-16 所示。调整尾座以校正车削过程中产生的锥度。该装夹方式安全可靠，能承受较大的轴向切削力，但对相对位置精度要求高的工件掉头车削时校正困难。

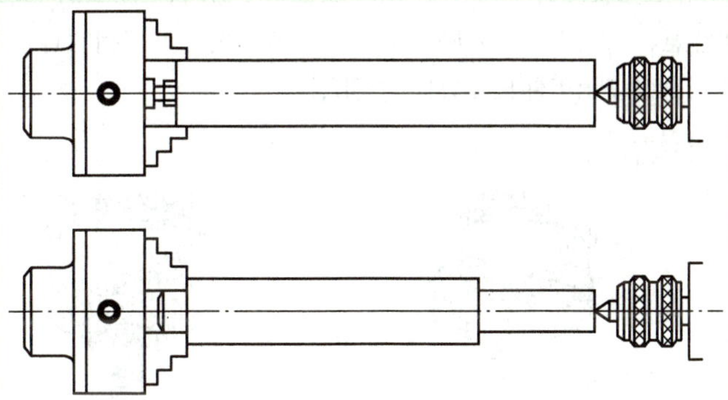

图 4-16 一夹一顶式装夹限位装置

四、外圆车削加工

1. 外圆车削加工的步骤

（1）准备。依图检查工件尺寸，明确加工余量。

（2）调整车床。车床的调整包括主轴转速和车刀进给量的调整。

主轴转速是根据切削速度计算选取的，而切削速度的选择则和工件材料、刀具材料及工件加工精度有关。用高速钢车刀车削时，v=0.3 ～ 1 m/s；用硬质合金车刀车削时，v=1 ～ 3 m/s。车高硬度钢的转速比车低硬度钢的低一些。根据选定的切削速度计算出车床主轴的转速，再对照车床主轴转速铭牌选取车床上最近似计算值而偏小的一挡，然后按要求扳动手柄即可。但特别要注意的是，必须在停车状态下扳动手柄。

（3）对刀。注意调整刻度盘零位（或记住刻线位），注意启动车床对刀。

（4）进刀、试切削。

（5）正常切削。先粗车，然后半精车、精车。

粗车的目的是尽快地切去多余的金属层，使工件接近于最后的形状和尺寸。粗车后应留下 0.5 ～ 1 mm 的加工余量。精车是切去余下少量的金属层以获得零件所求的精度和表面粗糙度，因此背吃刀量较小，为 0.1 ～ 0.2 mm，切削速度则可用较高或较低速，初学者可用较低速。为了提高工件表面粗糙度，用于精车的车刀的前、后刀面应采用油石加机油修磨，也可将刀尖磨成一个小圆弧。为了保证加工的尺寸精度，应采用试切法车削。

2. 车床刻度盘的原理和应用

车削工件时，为了正确、迅速地控制背吃刀量，可以利用中拖板上的刻度盘。中拖板刻度盘安装在中拖板丝杠上，当摇动中拖板手柄带动刻度盘转一周时，中拖板丝杠也转了一周，这时，固定在中拖板上与丝杠配合的螺母沿丝杠轴线方向移动了一个螺距，因此，安装在中拖板上的刀架也移动了一个螺距。若中拖板丝杠螺距为 4 mm，则手柄转一周，刀架就横向移动 4 mm。若刻度盘圆周上等分 200 格，则刻度盘转过一格，刀架就移动了 0.02 mm。

使用中拖板刻度盘控制背吃刀量时应注意：由于丝杠和螺母之间有间隙，因此会产生空行程（刻度盘转动，而刀架并未移动），使用时必须慢慢地把刻度盘转到所需要的位置 [图 4–17（a）]，若不慎多转过几格，不能简单地退回几格 [图 4–17（b）]，而必须向相反方向退回全部空行程，再转到所需位置 [图 4–17（c）]。

工件是旋转的，因此在使用中拖板刻度盘时，车刀横向进给后的切除量刚好是背吃刀量的两倍。故要注意，当测得工件外圆余量后，中拖板刻度盘控制的背吃刀量是外圆余量的 1/2，而小拖板的刻度值则直接表示工件长度方向的切除量。

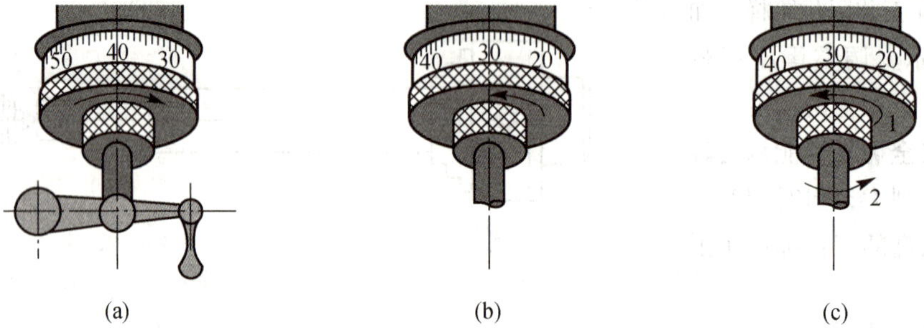

图 4–17　刻度盘的应用

（a）要求手柄转至 30°，但转过头成 40°　（b）错误：直接退至 30°　（c）正确：反转一周后再转至所需位置 30°

五、端面车削加工

对工件的端面进行车削称为车端面。

车端面时，刀具的主刀刃要与端面有一定的夹角；工件伸出卡盘外部分应尽可能短些；车削时用中拖板横向走刀，走刀次数根据加工余量而定，可采用自外向中心走刀，也可以采用自中心向外走刀的方法；移动小滑板或床鞍，控制切削深度，然后锁紧床鞍，摇动中滑板做横向进给，由工件外缘向中心或由工件中心向外缘车削。

常用车端面的方法如图 4–18 所示。

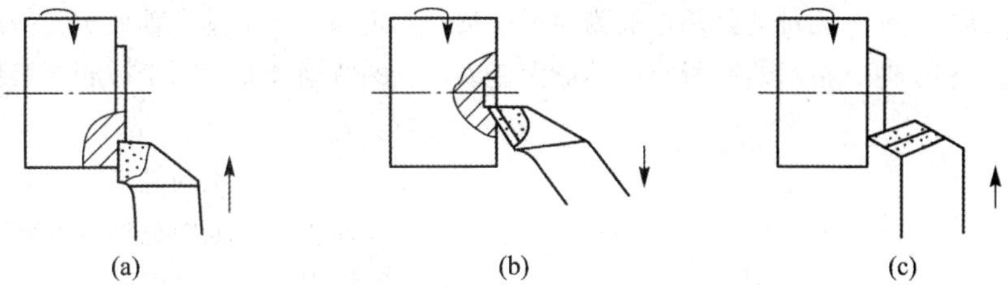

图 4-18 常用车端面的方法

车端面时应注意以下几点：

（1）车刀的刀尖应对准工件中心，以免车出的端面中心留有凸台。

（2）用偏刀车端面时，背吃刀量较大，容易扎刀。背吃刀量 a_p 的选择为粗车时 a_p=0.2 ～ 1 mm，精车时 a_p = 0.05 ～ 0.2 mm。

（3）端面的直径从外到中心是变化的，切削速度也在改变，切削速度必须按端面的最大直径计算。

（4）车直径较大的端面时，若出现凹心或凸肚，应检查车刀、方刀架和大拖板是否锁紧。

六、轴的检测

1. 外圆面的检测

一般用游标卡尺、千分尺对外圆进行尺寸（径向尺寸和轴向尺寸）测量。

任何圆都不可能没有一点儿误差，只是误差很小，几丝甚至几微米，肉眼无法辨别，需要用工具测量。如图 4-19 所示，用两顶尖装夹工件，正确使用百分表，触头顶着某一圆柱面，旋转工件一周，观察百分表表针的摆动幅度，百分表上所反映的值即最大值和最小值的差，为工件的径向跳动值。用径向跳动值是否在要求的公差范围内来判断其跳动是否符合要求。

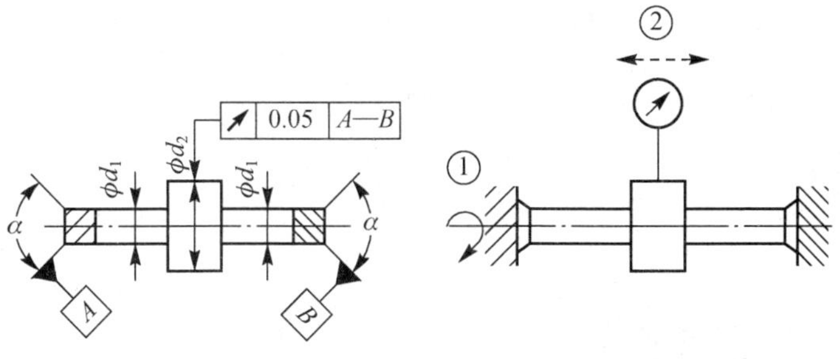

图 4-19 径向跳动的测量

径向跳动分为径向圆跳动和径向全跳动。径向圆跳动公差带是指在垂直于基准轴线的任一测量平面内，半径公差值为 t，且圆心在基准轴线上的两个同心圆之间的区域，其公差带限制在平面坐标范围内，见图 4-19 中的①。径向全跳动公差带是半径公差值为 t，且与基准轴线同轴的两圆柱面之间的区域，其公差带限制在空间坐标范围内，见图 4-19 中的②。

2. 端面的检测

端面跳动是指轴两端面的不平度，有端面圆跳动和端面全跳动之分。

端面圆跳动是指被测要素绕基准轴线回转一周时，由位置固定的指示器在给定方向上测得的最大读数与最小读数之差。圆跳动公差是被测要素在某一固定参考点绕基准轴线旋转一周（零件和测量仪器无轴向位移）时，指示器值所允许的最大变动量。圆跳动公差适用于被测要素任一不用的测量位置。

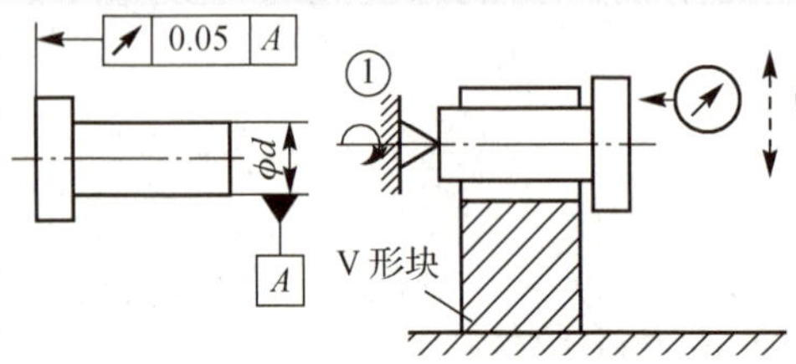

图 4-20　端面跳动的检测

端面全跳动是指在被测实际表面绕基准轴线做无轴向移动的回转的同时，指示器做平行或垂直于基准轴线的移动，在整个过程中指示器测得的最大读数差。检测端面全跳动时，注意测量仪器（百分表）或者工件必须围着轮廓具有理想正确形状的线和相对于基准轴线的正确方向移动。

端面跳动的检测如图 4-20 所示，①代表端面圆跳动，②代表端面全跳动。

3. 加工工件端面的质量分析

车削完成的端面可能存在以下质量问题：

（1）端面不平。端面不平即端面产生凸凹现象或端面中心留“小头”。这是车刀刃磨或安装不正确、刀尖没有对准工件中心、吃刀深度过大、车床有间隙或拖板移动造成的。

（2）表面粗糙度差。其原因是车刀不锋利，手动走刀时摇动不均匀或太快，自动走刀时切削用量选择不当。

知识拓展

一、刀具磨损形态

刀具磨损形态有前刀面磨损、后刀面磨损、前后刀面均磨损，以及边界磨损，如图 4-21 所示。刀具边界磨损发生的过程如图 4-22 所示。

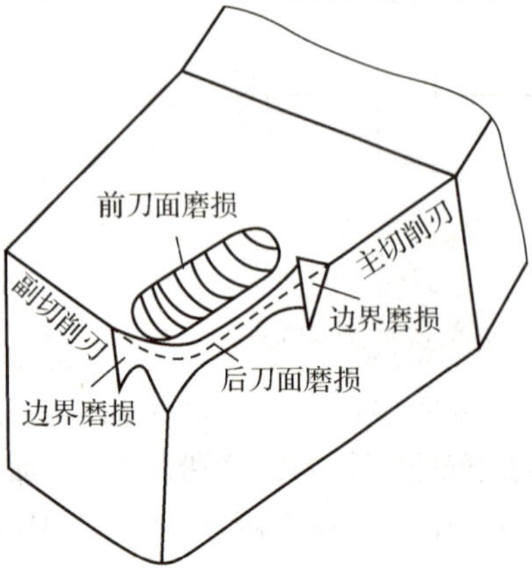

图 4-21　刀具磨损形态

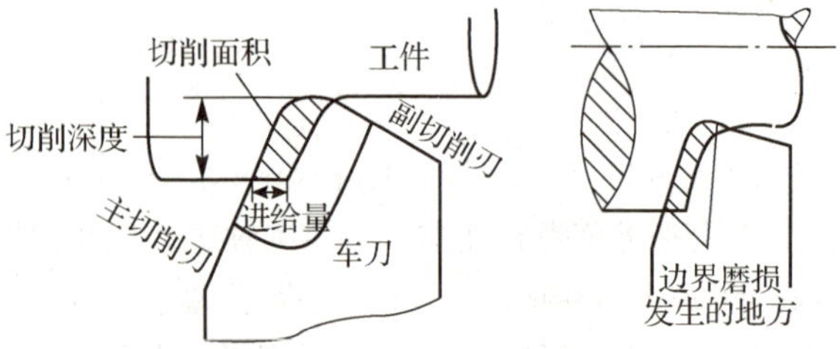

图 4-22　刀具边界磨损发生的过程

二、刀具磨损过程

刀具磨损过程包括初期磨损阶段、正常磨损阶段和急剧磨损阶段三个阶段，如图 4–23 所示。

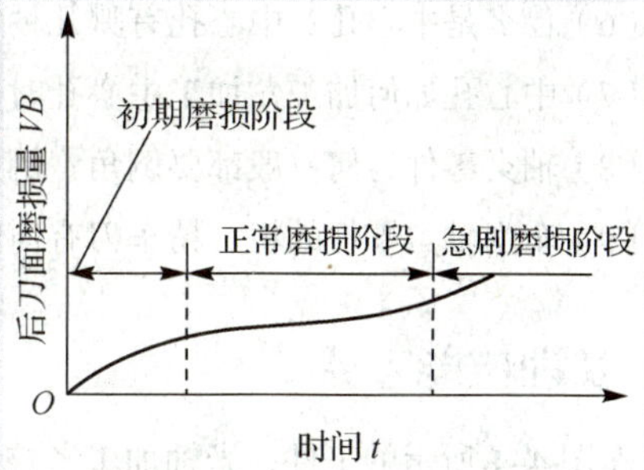

图 4–23　刀具磨损过程分析

（1）初期磨损阶段：在刀具刃磨后开始切削的短时间内，因为后刀面表面粗糙不平或表层组织不耐磨，所以磨损较快。

（2）正常磨损阶段：刀具经过初期磨损以后，后刀面上很快被磨出一条窄的磨损带，接触面增大，压强减小，磨损量 *VB* 随切削时间增长缓慢而均匀地增大。这个阶段是刀具工作的有效期。

（3）急剧磨损阶段：正常磨损后，如果刀具不及时重磨，则磨损急剧加速而使刀具很快变钝，继而损坏刀具。使用刀具时，应避免刀具磨损进入这一阶段，否则刀具材料消耗大，很不经济。

三、刀具磨损原因

刀具磨损原因有硬质点磨损、黏结磨损、扩散磨损、化学磨损和相变磨损。刀具的磨钝标准见表 4–1。

表4–1　刀具的磨钝标准

车刀类型	工件类型	加工性质	后刀面磨损程度 /mm
外圆车刀、端面车刀	碳钢、低合金钢	粗车	0.5 ～ 0.8
		精车	0.4 ～ 0.6
	铸铁	粗车	0.8 ～ 1.2
		半精车	0.6 ～ 0.8
	耐热钢、不锈钢、钛合金	粗车	0.5 ～ 0.7
		半精车	0.3 ～ 0.5
	淬火钢	精车	0.5

考核与评价

一、理论知识考评

（1）轴的加工方法有哪些？加工轴要注意些什么？

（2）车削加工轴如何正确选用切削用量？

（3）车削加工轴类零件需要哪些常用刀具？

（4）车削加工轴类零件如何装夹？装夹方式有哪几种？

（5）什么是顶尖？顶尖有何作用？

（6）什么是中心孔？中心孔有哪几种？

（7）中心孔如何加工？加工中心孔时要注意哪些问题？

（8）轴类零件为何一般都要倒角？倒角有何作用？

（9）车削轴类零件的粗、精车刀有何区别？刃磨时要注意什么？

二、实训技能考评

车图 4–1 所示的工件，光轴加工考核评分标准见表 4–2。

表4–2　光轴加工考核评分标准

项　　目	序号	技术要求	配分	评分标准	得分
工艺（15%）	1	工步正确且完整	5	不规范每处扣 1 分	
	2	切削用量合理	5	每错一处扣 1 分	
	3	工艺规范合理	5	不合理每处扣 1 分	
机床操作（20%）	4	刀具选择安装正确	5	不合理每处扣 1 分	
	5	工件装夹正确	5	不合理每处扣 1 分	
	6	机床操作规范	5	不合理每处扣 1 分	
	7	零件加工不出错	5	出错全扣	
工件质量（35%）	8	尺寸精度符合要求	25	不合理每处扣 1 分	
	9	表面粗糙度及形位公差符合要求	10	不合理每处扣 1 分	
文明生产（15%）	10	安全操作	5	出错全扣	
	11	机床维护与保养	5	不合格全扣	
	12	工作场地整理	5	不合格全扣	
相关知识及职业能力（15%）	13	机加工基础知识	5	教师提问	
	14	自学能力	10	教师根据学生的学习情况、表达沟通能力、合作能力和创新能力酌情给分	

子任务2 车阶梯轴

【知识目标】

1. 掌握阶梯轴的结构特点及技术要求。
2. 会识读阶梯轴零件图，并依图备料。
3. 掌握阶梯轴车削加工基本操作技能、技巧。
4. 掌握阶梯轴车削加工的工艺分析及质量分析的方法。
5. 掌握阶梯轴的检测和测量。

【技能目标】

1. 熟练操作车床进行阶梯轴类零件车削加工，掌握轴向尺寸控制的方法和要点。
2. 提升车外圆、端面的技能。
3. 能对阶梯轴进行工艺分析和质量分析。
4. 提升车刀的选用及刃磨的技能、切削用量选用的技能和车床日常保养的技能。
5. 能通过查阅资料或讨论交流的方式获取所需相关信息。
6. 提高团队合作的能力和自我学习的能力。
7. 具有严谨的工作作风和良好的职业道德。

典型工作任务

加工图 2–2 和图 4–24 所示的零件。其技术要求为各表面粗糙度均为 *Ra* 3.2，不得使用砂布、锉刀。通过阶梯轴车削练习掌握阶梯轴车削方法，并能配合游标卡尺、千分尺等测量工具，保证按要求加工出零件。

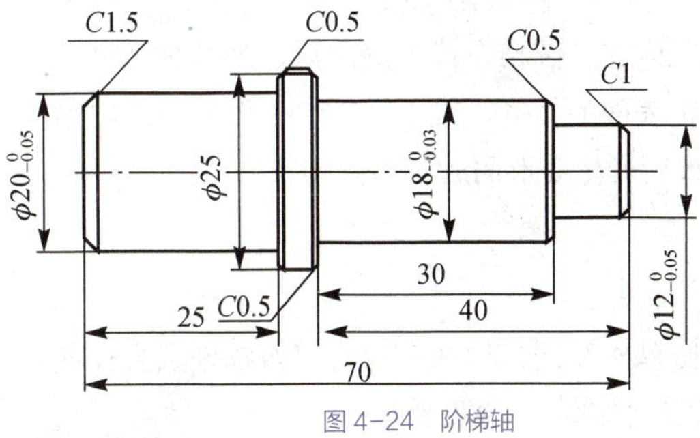

图 4–24 阶梯轴

任务一 任务二 任务三 任务四 任务五 任务六 任务七 任务八 任务九 任务十 任务十一

相关知识

一、阶梯轴的结构特点

如图 2–2 和图 4–24 所示，典型的阶梯轴主体由轴颈、轴头和轴身三部分组成。轴和轴承配合的部分称为轴颈，其直径应符合轴承的内径标准。连接轴颈和轴头的部分称为轴身。

轴的结构应便于轴的加工和轴上零件的装拆。要使轴和轴上零件具有准确的工作位置，必须对轴上零件进行定位和固定。轴上零件的轴向固定是为了防止零件沿轴线方向移动，并承受轴向力。常用的固定方法有轴肩（或轴环）固定、套筒固定、圆螺母固定、轴端挡圈固定等。轴上零件的周向固定是为了传递转矩，防止零件与轴产生相对转动。常用的固定方法有键联接、花键联接和过盈配合等。

二、阶梯轴加工过程分析

1. 确定阶梯轴加工方案

轴类在进行外圆加工时会因切除大量金属后引起残余应力重新分布而变形。应将粗、精加工分开，先粗加工，再进行半精加工和精加工，主要表面的精加工放在最后进行。

2. 划分阶梯轴加工阶段

将轴加工划分为三个加工阶段，即粗车（粗车外圆、钻中心孔）、半精车（半精车各处外圆、台肩和修研中心孔等）、粗精磨各段轴颈。各加工阶段大致以热处理为界。

3. 选择阶梯轴的定位基准

轴类零件各表面的设计基准一般是轴的中心线，其加工的定位基准最常用的是两中心孔。采用两中心孔作为定位基准不但能在一次装夹中加工出多处外圆和端面，而且可保证各外圆轴线的同轴度及端面与轴线的垂直度要求，符合基准统一的原则。

4. 阶梯轴的热处理工序安排

轴类零件大多需进行调质处理。其热处理应放在粗加工后、半精加工前进行。若采用锻件毛坯，必须首先安排退火或正火处理。若该轴毛坯为热轧钢，则可不必进行正火处理。

5. 阶梯轴加工工序安排

阶梯轴加工工序应遵循加工顺序安排的一般原则，如先粗后精、先主后次等。另外还应注意，外圆表面加工顺序应为先加工大直径外圆，然后加工小直径外圆，以免一开始就降低了工件的刚度。轴上的花键、键槽等表面的加工应在外圆精车或粗磨之后、外圆精磨之前。这样既可保证花键、键槽的加工质量，又可保证精加工表面的精度。轴上的螺纹一般有较高的精度，其加工应安排在工件局部淬火之前进行，避免因淬火后产生变形而影响螺纹的精度。

三、阶梯的车削方法

车削阶梯的方法与车削外圆基本相同，但在车削时应兼顾外圆直径和台阶长度两个方向的尺寸要求，还必须保证台阶平面与工件轴线的垂直度要求。

（1）车高度在 5 mm 以下的低台阶时，可用主偏角为 90° 的偏刀在车外圆时同时车出，如图 4–25（a）所示。

（2）车高度在 5 mm 以上的高台阶时应分层进行切削，如图 4–25（b）所示。此时一般选择 90° 车刀，粗车时 κ_r=85° ～ 90°，精车时 κ_r=93°。

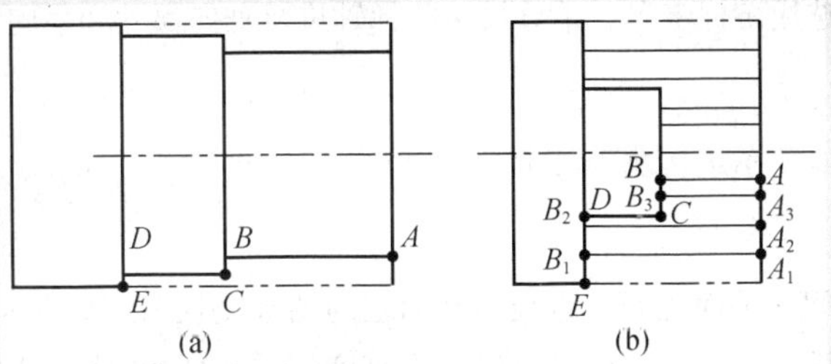

图 4–25　车阶梯轴的方法

（a）低台阶车削法 （b）高台阶车削法

车削时可通过刻线法、样板控制法、刻度盘控制法等控制阶梯轴的轴向尺寸，如图 4–26 所示。

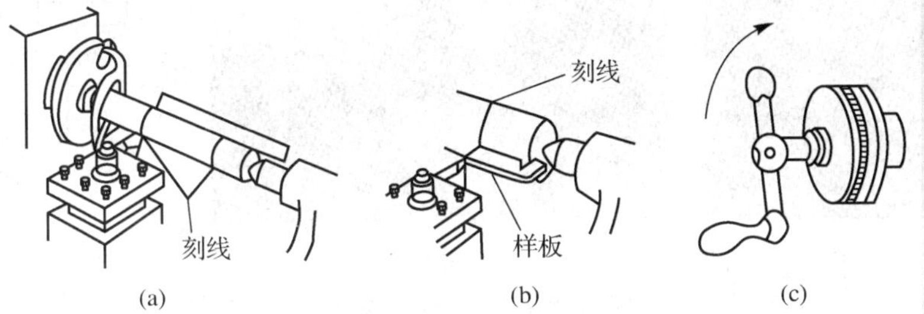

图 4–26　阶梯轴轴向尺寸控制方法

（a）刻线法 （b）样板控制（比较）法 （c）刻度盘控制法

（1）刻线法。车好端面后对刀，用钢直尺量出所要车阶梯的长度，用刀尖在切削终点车出一细小的线痕迹，用以控制阶梯的轴向尺寸。

（2）样板控制法。车好端面后对刀，用钢直尺量出所要车阶梯的长度，用样板控制轴向长度。找到相应的床鞍位置并装上挡铁，使床鞍在该位置时被挡住，用以控制阶梯的轴向尺寸，则称为挡铁法。

（3）刻度盘控制法。

① 床鞍刻度盘控制法。粗车时，利用床鞍的刻度盘控制轴向尺寸。车好端面后对刀，调整床鞍刻度盘为 0 或者记住此时刻度盘的数值，利用床鞍刻度盘的刻度值控制阶梯轴向尺寸。

② 小滑板刻度盘控制法。精车时，利用小滑板刻度盘精确控制轴向尺寸。粗车好后对刀，调整小滑板刻度盘为 0 或者记住此时刻度盘的数值，利用小滑板刻度盘的刻度值精确控制阶梯的轴向尺寸。

四、阶梯轴的质量分析

车削完成的阶梯轴可能存在以下质量问题：

（1）阶梯长度不正确，不垂直，不清晰。其原因是操作粗心，测量失误，自动走刀控制不当，刀尖不锋利，车刀刃磨或安装不正确。

（2）表面粗糙度差。其原因是车刀不锋利，手动走刀不均匀或太快，自动走刀切削用量选择不当。

五、阶梯轴的测量

1. 尺寸测量

依照图样要求合理选用游标卡尺、千分尺对阶梯轴进行轴向尺寸和径向尺寸的测量。

2. 跳动测量

按图 4–19 和图 4–20 所示进行跳动测量。

3. 垂直度测量

垂直度评价直线之间、平面之间或直线与平面之间的垂直状态。垂直度的要素一般为直线和平面。基准要素一般为平面，当然也可以是直线。垂直度要求不高的，可以用直角尺测量；垂直度要求高的，用打百分表的方法进行测量，如图 4–27 所示。

(a)

(b)

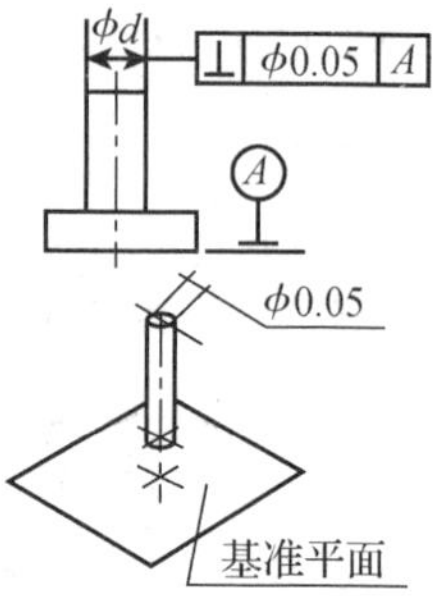

(c)

图 4–27　垂直度测量

4. 平面度测量

平面度指物体表面具有的宏观凹凸高度相对理想平面的偏差。将被测实际表面与理想平面进行比较，两者之间的线值距离即为平面度误差值；或通过测量实际表面上若干点的相对高度差，再换算为以线值表示的平面度误差值。

可用打表测量法测量平面度：将被测零件和测微计放在标准平板上，以标准平板作为测量基准面，用百分表沿实际表面逐点或沿几条直线方向进行测量。百分表在整个实际表面上测得的最大变动量即为该实际表面的平面度误差，如图 4–28 所示。

(a)

(b)

图 4–28　平面度测量

任务一 任务二 任务三 任务四 任务五 任务六 任务七 任务八 任务九 任务十 任务十一

六、阶梯轴车削工艺分析

车削图 2–2 所示阶梯轴时用三爪自定心卡盘夹持坯料外圆（露出部分长度不少于 10 mm），用 45° 车刀手动横向进给车端面，以保证端面质量。其车削工艺分析如下：

（1）用 90° 车刀手动纵向进给粗车 $\phi 32\times 30$，留 1 mm 精车余量，并保证 30 长。

（2）半精车（$\phi 32\pm 0.03$）×（28 ± 0.1）至 $\phi 32.5\times 30$，倒角 $C1$。

（3）精车（$\phi 32\pm 0.03$）×（29 ± 0.5）至（$\phi 32\pm 0.03$）×（29 ± 0.5）。

（4）用铜皮包着（$\phi 32\pm 0.03$）×（28 ± 0.1）端，夹持长度超过 20。

（5）车外圆 $\phi 22$ 至 $\phi 23\pm 0.1$，车端面，保证总长 74。

（6）车外圆 $\phi 20^{0}_{-0.05}\times 31$ 至 $\phi 20.5\times 31$。

（7）精车 $\phi 22$、$\phi 20^{0}_{-0.05}$ 至图样要求，倒角 $C0.5$。

（8）车端面，保证 $\phi 20^{0}_{-0.05}\times 30$、总长 73。

车削图 4–24 所示阶梯轴时用三爪自定心卡盘夹持坯料外圆，夹持长度不少于 15 mm。其车削工艺分析如下：

（1）用 45° 车刀手动横向进给车平端面，粗车外圆至 $\phi 26$，轴向至卡盘处。

（2）粗车 $\phi 20^{0}_{-0.05}$ 至 $\phi 20.5\times 24.5$，倒角 $C1.5$。

（3）精车外圆 $\phi 25$ 至 $\phi 26$；精车 $\phi 20^{0}_{-0.05}$ 至图样要求，保证阶梯长度 25；倒角 $C0.5$。

（4）掉头，夹持 $\phi 20_{-0.05}\times 25$，其端面紧贴卡爪；车端面，保证总长 70。

（5）车 $\phi 18^{0}_{-0.03}\times 30$ 至 $\phi 18.5\times 30.5$，车 $\phi 12^{0}_{-0.05}$ 至 $\phi 12.5$。

（6）倒角一处 $C1$，两处 $C0.5$。

（7）精车 $\phi 18^{0}_{-0.03}\times 30$、$\phi 12^{0}_{-0.05}$ 至图样要求。

车阶梯时产生废品的原因及预防方法见表 4–3。

表4–3 车阶梯时产生废品的原因及预防方法

废品种类	产生原因	预防方法
毛坯表面没有全部车出	加工用量不够	先测量毛坯尺寸
	工件装夹时没有校正	工件找正夹紧
端面产生凸凹不平	用右偏刀由外向内走刀时，床鞍没有固定，车刀扎入工件	固定床鞍螺钉
	车刀不锋利，小滑板或刀架没有压紧，车削时让刀	保持车刀锋利，中小滑板的镶条不应太松，车刀刀架应压紧
阶梯不垂直	车刀装歪，主切削刃与工件轴线不垂直	将车刀装正，使切削刃与工件轴线垂直
	较高阶梯不垂直的原因与端面凸凹的原因、预防方法一样	
阶梯长度不正确	粗心大意看错尺寸	认真仔细，正确测量
	自动走刀没有及时关闭	及时关闭自动走刀

技能拓展

各自寻找阶梯轴零件图，按图进行加工并保证加工质量符合图样要求。

考核与评价

一、理论知识考评

（1）阶梯轴中的阶梯主要是用来（　　）的。

（2）车削阶梯时，其轴向尺寸的控制方法有（　　）、（　　）、（　　）、（　　）。

（3）如何利用小滑板控制轴向尺寸？如何利用中滑板控制径向尺寸？

（4）保证表面粗糙度的方法有哪些？

（5）车阶梯轴时工件的装夹方式有（　　）、（　　）、（　　）。

（6）如何检测阶梯轴的圆度、圆跳动、端面跳动、端面对轴心线的垂直度？

二、实训技能考评

各小组查阅资料，分析讨论，制定任务方案，完成图 2–2 和图 4–24 所示零件的加工。阶梯轴加工考核评分标准见表 4–4。

表4–4　阶梯轴加工考核评分标准

项　目	序号	技术要求	配分	评分标准	得分
工艺（15%）	1	工步正确且完整	5	不规范每处扣 1 分	
	2	切削用量合理	5	每错一处扣 1 分	
	3	工艺规范合理	5	不合理每处扣 1 分	
机床操作（20%）	4	刀具选择安装正确	5	不合理每处扣 1 分	
	5	工件装夹正确	5	不合理每处扣 1 分	
	6	机床操作规范	5	不合理每处扣 1 分	
	7	零件加工不出错	5	出错全扣	
工件质量（35%）	8	尺寸精度符合要求	25	不合理每处扣 1 分	
	9	表面粗糙度及形位公差符合要求	10	不合理每处扣 1 分	
文明生产（15%）	10	安全操作	5	出错全扣	
	11	机床维护与保养	5	不合格全扣	
	12	工作场地整理	5	不合格全扣	
相关知识及职业能力（15%）	13	机加工基础知识	5	教师提问	
	14	自学能力	10	教师根据学生的学习情况、表达沟通能力、合作能力和创新能力酌情给分	

子任务3 切断、车槽

【知识目标】

1. 掌握轴上槽的种类、结构特点和技术要求。
2. 学会识读轴槽零件图，从图样中得知轴槽的作用。
3. 掌握切断、车槽车刀的特点，掌握切断、车槽车刀刃磨的方法和要点。
4. 掌握切断、车槽车刀的装夹要点。
5. 掌握切断、车槽基本操作技能、技巧和工艺分析及质量分析的方法。
6. 学会合理选择切断、车槽时的切削用量及切削液。
7. 学会轴槽的检测和测量。

【技能目标】

1. 熟练掌握轴槽的车削方法、要点及轴槽尺寸控制的方法、要点。
2. 熟练掌握切断、车槽车刀的刃磨及合理选用和操作车床进行切断、车槽加工。
3. 能对轴槽零件进行工艺分析和质量分析。
4. 能通过查阅资料、讨论交流的方式获取所需相关信息。
5. 具有严谨的工作作风和良好的职业道德。

典型工作任务

图 4-1 和图 4-29 所示为用圆棒料车削得到的带槽的轴。图 4-29 中技术要求为未注倒角 $C0.5$，未注表面粗糙度 $Ra\ 6.3$，不得使用砂布、锉刀。

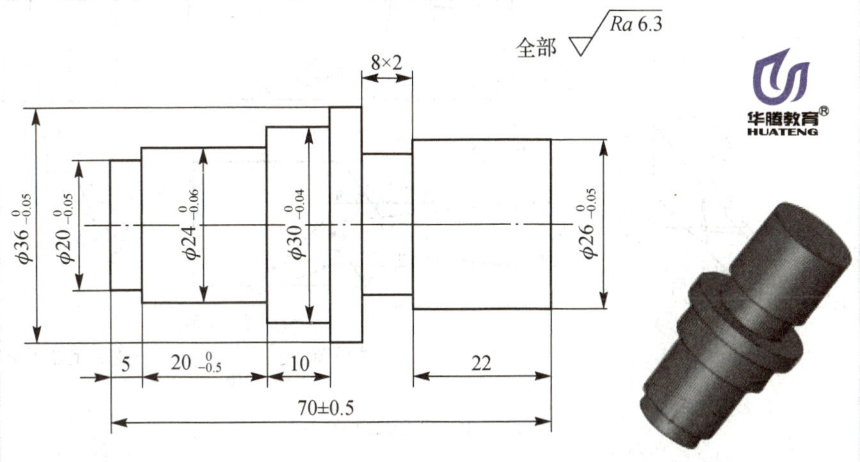

图 4-29 带槽轴

要求通过查阅资料，分析讨论，制定任务完成方案。通过阶梯轴的车削加工练习，掌握阶梯轴车削方法，并能配合游标卡尺、千分尺等测量工具，保证按图样要求加工出零件。

相关知识

一、切断

切断是将棒料或工件切成两段或数段的加工方法，如图 4-30 所示。

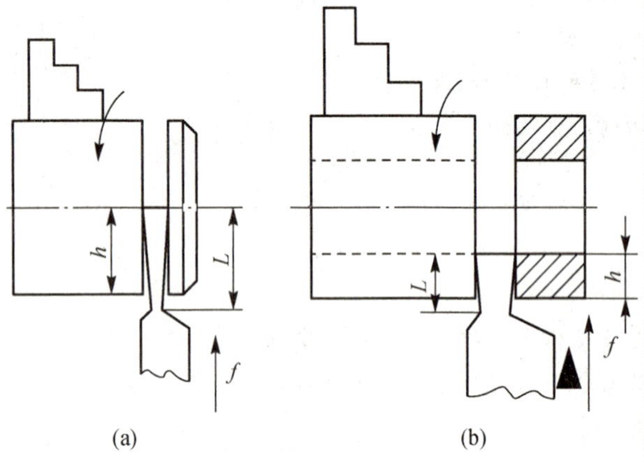

图 4-30 切断

（a）切断实心工件 （b）切断空心工件

切断一般采用正向切断法，即车床主轴正转，车刀横向进给进行车削。切断的关键技术是切断刀的选择和刃磨，以及选择合理的切削用量。

1. 切断刀的选择

切断刀以横向进给为主，前端的切削刃是主切削刃，两侧的切削刃是副切削刃。为了减少工件材料的浪费，保证切断实心工件时能切到工件的中心，一般切断刀的切削刃较窄，刀头较长（图 4-31），其刀头强度相对其他车刀较低，因此在选择几何参数和切削用量时应特别注意。

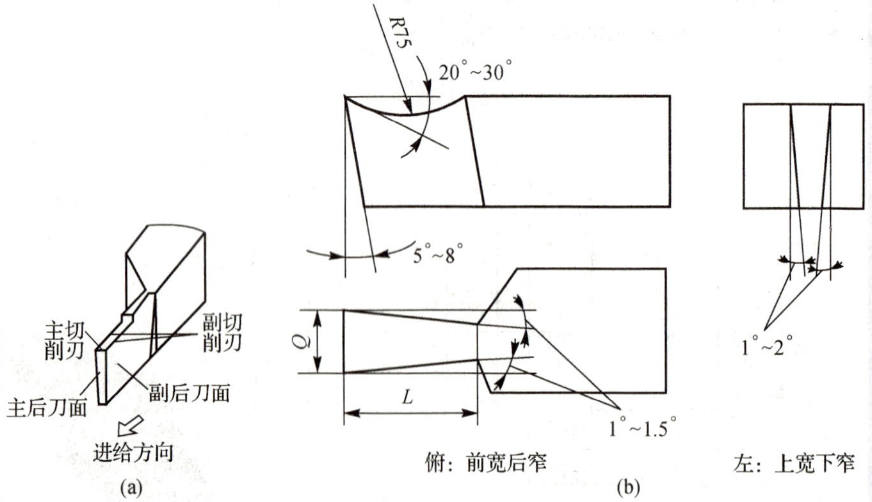

图 4-31 切断刀的形状

（1）高速钢切断刀。高速钢切断刀的几何参数（图 4-32）含义如下：

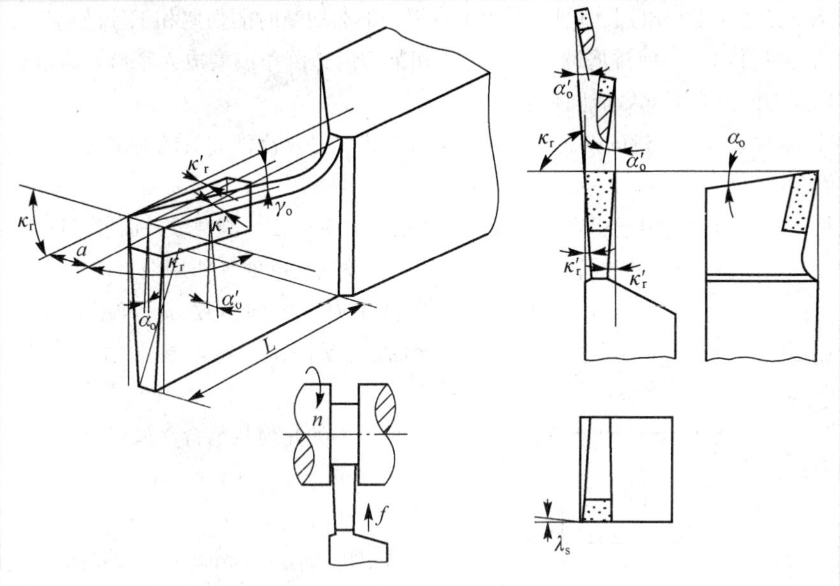

图 4-32 高速钢切断刀的几何参数

① 前角 γ_o：切中碳钢刀具 γ_o=20°～30°，切铸铁刀具 γ_o=0°～10°。

② 后角 α_o：切塑性材料刀具，α_o 大些；切脆性材料刀具，α_o 小些。一般 α_o=6°～8°。

③ 副后角 α_o'：两个副后角要对称，一般为 1°～2°。

④ 主偏角 κ_r：κ_r=90°。

⑤ 副偏角 κ_r'：两个副偏角必须对称，一般为 1°～1.5°。

⑥ 刃倾角 λ_s：λ_s=3°（左高右低）。

⑦ 主切削刃宽 a：a=（0.5～0.6）$\sqrt{d}$。

⑧ 刀体的长度 L：L=h+（2～3）。

⑨ 卷屑槽：不宜太深，一般为 0.75～1.5 mm。

（2）硬质合金切断刀。硬质合金切断刀的几何参数与高速钢切断刀差不多，如图 4-33 所示。

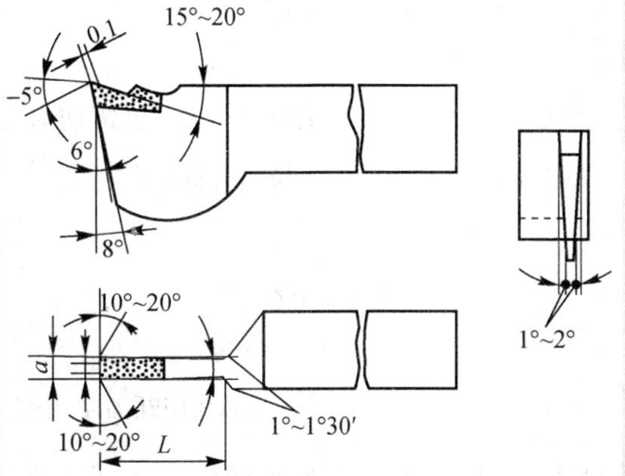

图 4-33 硬质合金切断刀的几何参数

用硬质合金切断刀切断时需注意以下两点：

① 如果硬质合金切断刀的主切削刃采用平直刃，那么切断时的切屑和工件槽宽相等，切屑容易堵塞在槽内而不易排出。为使排屑顺利，可把主切削刃两边倒角或磨成人字形。为增加刀头的支承刚度，常将切断刀的刀头下部做成圆弧形。

② 高速切断时会产生大量的热量，为防止刀片脱焊，必须浇注充分的切削液，发现切削刃磨钝时应及时刃磨。

（3）反切刀。反切刀适用于切削直径较大时，由于刀头较长、刚性较差而容易产生振动的场合。此时可采用反向切断法，即工件反转，用反切刀切断。反向切断时，作用在工件上的切削力 F_c 方向与工件重力 G 方向一致，这样不容易产生振动，并且切屑向下排出，不容易在槽中堵塞，如图 4-34 所示。

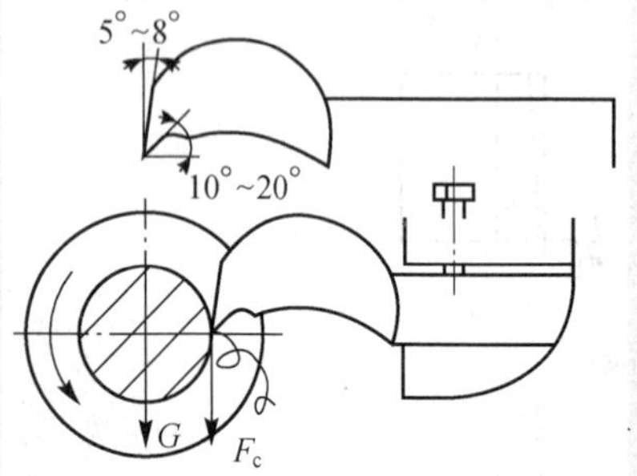

图 4-34　反切刀反向切断

反切刀的几何参数含义如下：

① 前角 γ_o：γ_o=10°～20°

② 后角 α_o：α_o=5°～8°。

③ 副后角 α_o'：两个副后角要对称，一般为 1°～2°。

④ 主偏角 κ_r：κ_r=90°。

⑤ 副偏角 κ_r'：两个副偏角必须对称，一般为 1°～1.5°。

⑥ 刃倾角 λ_s：λ_s=3°（左高右低）。

（4）弹性切断刀。弹性切断刀是将切断刀制成刀片，再装到弹性刀柄上得到的，如图 4-35 所示。当进给量较大时，弹性刀柄受力变形，刀柄的弯曲中心在刀柄上面，刀头自动让刀，防止切断刀折弯或折断。

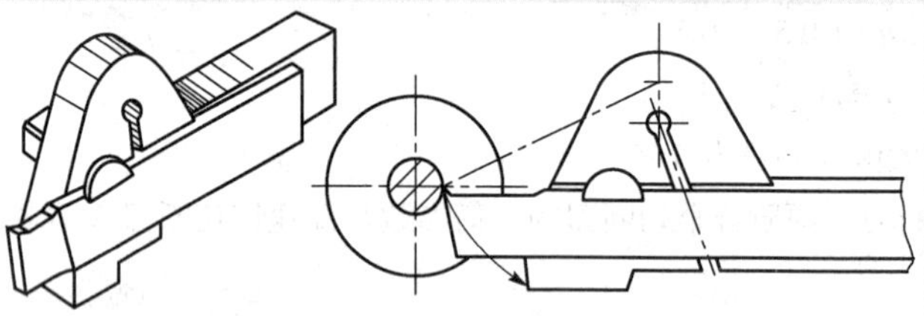
图 4-35　弹性切断刀

切断刀主切削刃的宽度和刀体长度要适当。主切削刃太宽会因切削力太大而振动，同时浪费材料；主切削刃太窄又会削弱刀体强度。刀头过长容易引起振动和折断。主切削刃宽度 a 和刀体长度 L 可用经验公式计算。

$$a \approx (0.5 \sim 0.6)\sqrt{d}\ \text{mm}$$

$$L = h + (2 \sim 3)\ \text{mm}$$

例：已知工件外径为 ϕ36 mm，孔径为 ϕ16 mm，那么切断刀主切削刃宽度和刀体长度为

$$a \approx (0.5 \sim 0.6)\sqrt{d} = (0.5 \sim 0.6) \times \sqrt{36} = 3 \sim 3.6\ \text{mm}$$

$$L = h + (2 \sim 3) = (36/2 - 16/2) + (2 \sim 3) = 12 \sim 13\ \text{mm}$$

2. 切断刀的刃磨

粗、精磨前刀面要保证前角，粗、精磨两副后刀面要保证两副偏角和两副后角及主刀刃宽度，粗、精磨主后刀面要保证主后角。

3. 切断刀的安装

（1）安装切断刀时，伸出不宜过长，中心与工件中心必须垂直，以保证两副偏角对称。

（2）切实心工件时必须对正工件中心，否则易崩刃，甚至折断车刀。

（3）底面应平整，以保证两副后角对称。

4. 切断时切削用量的选择

切断时切削用量的选择要比车外圆时小些，要依照工件材料、刀具材质合理选用。

（1）切削深度。切断时的切削深度等于切断刀刀体的宽度。

（2）进给量。切钢料时刀具进给量为 0.1 ～ 0.2 mm/r，切铸铁时刀具进给量为 0.15 ～ 0.25 mm/r。

（3）切削速度。高速钢切断刀切断钢料时的切削速度为 30 ～ 40 m/min，切断铸铁时的切削速度为 15 ～ 25 m/min。硬质合金切断刀切断钢料时的切削速度为 80 ～ 120 m/min，切断铸铁时的切削速度为 60 ～ 100 m/min。

5. 切断方法

切断方法有直进法、左右借刀法和反切法。

（1）直进法。直进法是指切断刀垂直于工件轴线方向进行切断的方法。这种方法切断效率高，但对车床、切断刀的刃磨和安装都有较高的要求，如图 4–36（a）所示。

（2）左右借刀法。左右借刀法是指切断刀在轴线方向反复地往返移动，随之两侧径向进给进行切断的方法。这种方法适用于切削系统刚性不足的情况，如图 4–36（b）所示。

（3）反切法。反切法是指工件反转，车刀反向装夹的切断方法。这种方法适用于较大直径工件的切断，如图 4–36（c）所示。

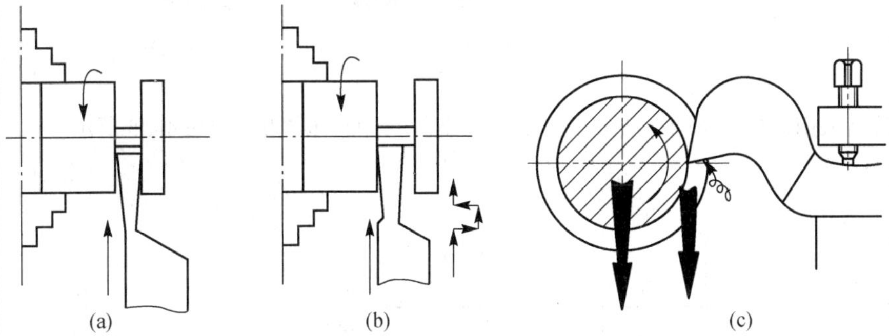

图 4–36 切断方法

（a）直进法 （b）左右借刀法 （c）反切法

6. 切断时的注意事项

（1）在切断工件毛坯表面前，应先将外圆车一刀或尽量减小进给量。

（2）手动进刀切断时，摇动手柄应连续且均匀。

（3）用卡盘装夹工件切断时，切断位置应尽量靠近卡盘。

任务一 任务二 任务三 任务四 任务五 任务六 任务七 任务八 任务九 任务十 任务十一

（4）用一夹一顶方法装夹工件切断时，在工件即将切断之前应卸下工件后再敲断。

（5）切断时不准用两顶尖装夹工件，否则工件在切断瞬间会飞出伤人。

7. 切断时减少振动和防止刀体折断的方法

（1）减少振动的方法有：适当增大前角，一般在 20° 以下，以减小切削阻力；在主切削刃中间磨凹槽，起消振、导向作用，保证切断的平直；切断大直径工件采用反切法，防振，排屑方便；选用适当的主切削刃宽度；改变刀柄的形状，增大刀柄的刚性，做成“鱼肚形”，减弱或消除振动。

（2）防止刀体折断的方法有：增加刀体的强度；刀的角度要刃磨适当，否则易产生“扎刀”，致使刀体折断；应安装正确，刀尖对准工件旋转中心；在切断毛坯工件前，先车外圆再切断或开始时尽量减少进给量；手动进给切断时要连续、均匀；若切削中必须停车，应先退刀后停车。

二、车外沟槽

外圆及轴肩上的沟槽称为外沟槽。常用的外沟槽有矩形沟槽、圆弧沟槽、45° 轴肩沟槽、端面沟槽，按作用其分为密封槽、退刀槽、越程槽、（定位）卡环槽、V 形槽等，其相应的作用分别是密封、退刀、越程、定位、装 V 带等。图 4–37 所示为轴上各种形状的外沟槽。

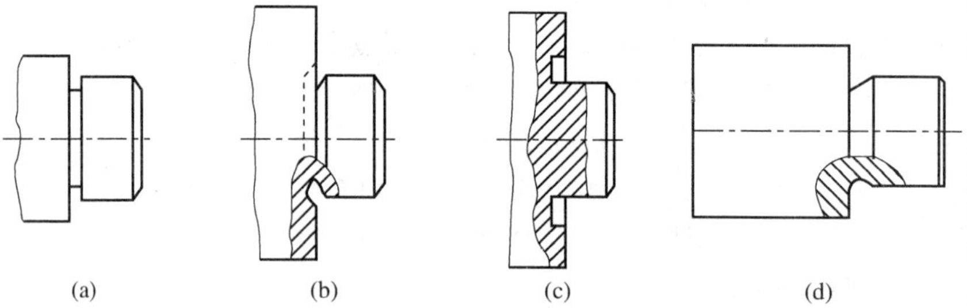

图 4–37 轴上各种形状的外沟槽

（a）外圆沟槽 （b）45° 轴肩沟槽 （c）外圆端面沟槽 （d）圆弧沟槽

车槽就是采用适当的车削方法加工出外圆、轴肩、端面的沟槽，如图 4–38 所示。

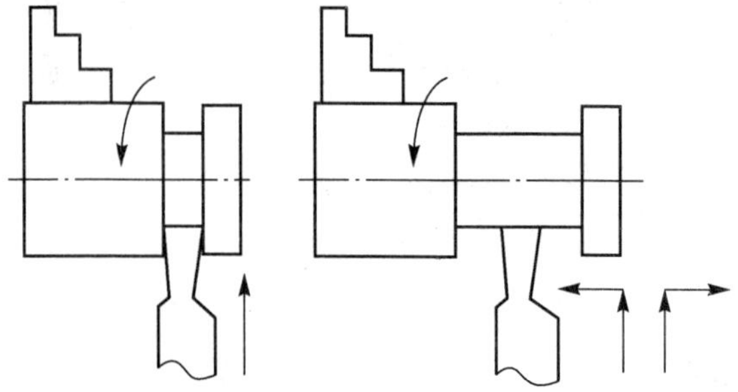

图 4–38 车槽

1. 车槽刀

车槽刀的几何形状、角度与切断刀基本相同，只是刀宽等于槽宽，刀头长度稍大于槽深。

2. 外沟槽的车削方法

车削外沟槽时，车槽刀装夹应垂直于工件轴线，以保证车削质量。

对精度要求不高、宽度不宽的沟槽，刀宽等于槽宽一次车出；有精度要求的，分两次进给，即分粗、精车车出。较宽的沟槽可采用多次直进法车出。较小的圆弧槽用成形刀一次车出。较小的梯形槽用成形刀一次车出；较大的梯形槽先用直进法车出方形槽，再采用左右车削法完成。

3. 斜外沟槽的车削方法

45°外沟槽用45°外沟槽专用车刀车削，车削时将小滑板转过45°，用小滑板进给车出。

圆弧沟槽用刀体磨成相应的圆弧刀刃直接车出。

外端面沟槽采用横向控制槽深、纵向控制深度的方法完成车削。

4. 车槽刀的检测和测量

精度低的车槽刀用直尺测量，精度高的车槽刀用样板、游标卡尺、千分尺测量。

5. 车外沟槽时切削用量的选择

（1）切削深度 a_p。a_p 等于刀体宽度 b。

（2）进给量 f。高速钢刀切钢料时进给量 f=0.05 ～ 0.1 mm/r，切铸铁时进给量 f=0.1 ～ 0.2 mm/r。硬质合金刀切钢料时进给量 f=0.1 ～ 0.2 mm/r，切铸铁时进给量 f=0.15 ～ 0.25 mm/r。

（3）切削速度 v_c。高速钢刀切钢料时切削速度 v_c=30 ～ 40 m/min，切铸铁时切削速度 v_c=15 ～ 20 m/min。硬质合金刀切钢料时切削速度 v_c=80 ～ 120 m/min，切铸铁时切削速度 v_c=60 ～ 100 m/min。

三、切断或车槽产生废品的原因及预防方法

切断或车槽产生废品的原因及预防方法见表4-5。

表4-5 切断或车槽产生废品的原因及预防方法

废品问题	产生原因	预防方法
沟槽的宽度不正确	刀体宽度磨得太宽或太窄，测量不正确	根据沟槽宽度刃磨刀体宽度，仔细、正确测量
沟槽位置不正确	测量和定位不正确	正确定位并仔细测量
沟槽深度不正确	没有及时测量，尺寸计算错误	车槽过程中及时测量；仔细计算尺寸，对留有磨削余量的工件，车槽时必须把磨削余量考虑进去
切下的工件长度不正确	测量不正确	正确测量

续表

废品问题	产生原因	预防方法
切下的工件表面凹凸不平（尤其是薄工件）	（1）切断刀强度不够，主刀刃不平直，吃刀后侧向切削力的作用使刀具偏斜，致使切下的工件凹凸不平； （2）刀尖圆弧刃磨或磨损不一致，使主刀刃受力不均而产生凹凸面； （3）切断刀安装不正确； （4）刀具角度刃磨不正确，两副偏角过大且不对称，从而降低刀体强度，产生让刀现象	（1）增加切断刀的强度，刃磨时必须使主刀刃平直； （2）刃磨时保证两刀尖圆弧对称； （3）正确安装切断刀； （4）正确刃磨切断刀，保证两副偏角对称
表面粗糙度达不到要求	（1）两副偏角太小，产生摩擦； （2）切削速度选择不当，没有加冷却润滑液； （3）切削时产生振动； （4）切屑拉毛已加工表面	（1）正确选择两副偏角的数值； （2）选择适当的切削速度，并浇注冷却润滑液； （3）采取防振措施控制切屑的形状和排出方向

知识拓展

加工出符合图 4-39 要求的零件。也可自行寻找带轴槽的零件图，按图进行加工并保证加工质量符合图样要求。

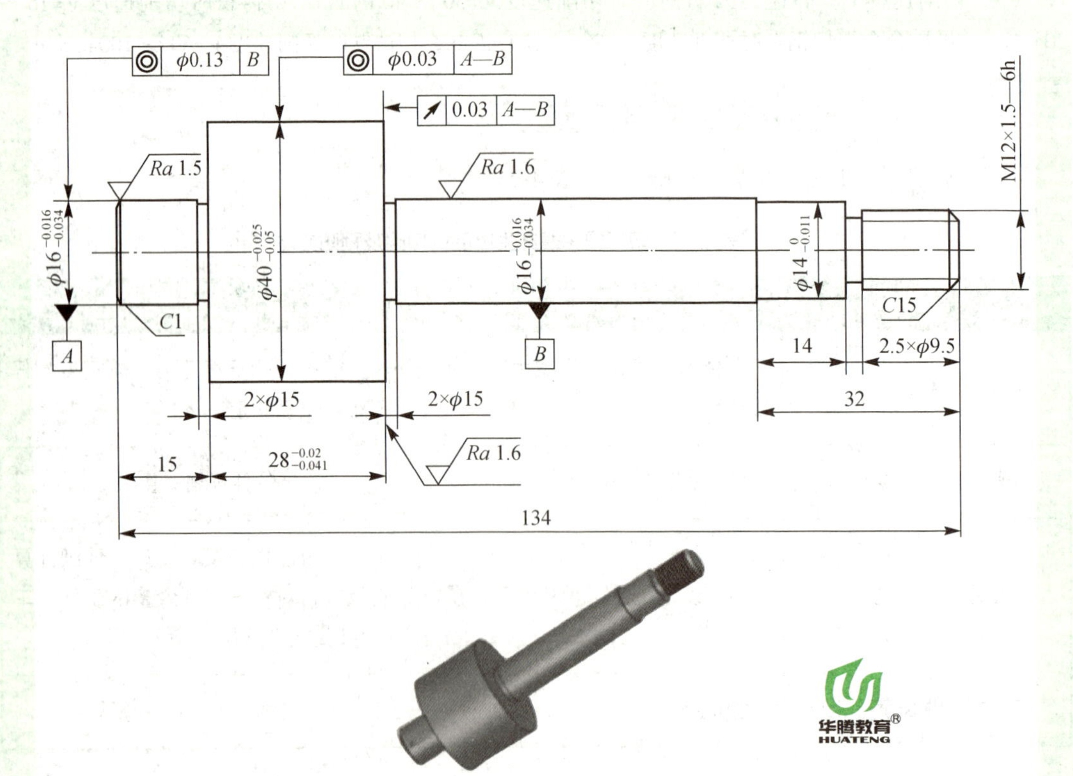

图 4-39　零件

考核与评价

一、理论知识考评

（1）什么是切断？切断的方法有哪几种？
（2）常见的外沟槽按其作用分为哪几种？
（3）如何控制槽深和槽宽？如何检查和测量沟槽？
（4）切断、车槽时如何选择切削用量？
（5）切断、车槽时产生废品的原因有哪些？如何预防？

二、实训技能考评

各小组查阅资料，分析讨论，制定任务方案，完成图 4-1 和图 4-29 所示零件的加工。带槽轴零件加工考核评分标准见表 4-6。

表4-6　带槽轴零件加工考核评分标准

项　目	序号	技术要求	配分	评分标准	得分
工艺（15%）	1	工步正确完整	5	不规范每处扣 1 分	
	2	切削用量合理	5	每错一处扣 1 分	
	3	工艺规范合理	5	不合理每处扣 1 分	
机床操作（20%）	4	刀具选择安装正确	5	不合理每处扣 1 分	
	5	工件装夹正确	5	不合理每处扣 1 分	
	6	机床操作规范	5	不合理每处扣 1 分	
	7	零件加工不出错	5	出错全扣	
工件质量（35%）	8	尺寸精度符合要求	25	不合理每处扣 1 分	
	9	表面粗糙度及形位公差符合要求	10	不合理每处扣 1 分	
文明生产（15%）	10	安全操作	5	出错全扣	
	11	机床维护与保养	5	不合格全扣	
	12	工作场地整理	5	不合格全扣	
相关知识及职业能力（15%）	13	机加工基础知识	5	教师提问	
	14	自学能力	10	教师根据学生的学习情况、表达沟通能力、合作能力和创新能力酌情给分	

任务五

简单套类零件的车削加工

任务描述

图 2–4 所示为两个简单的“套”，一个是通孔套，一个是盲孔套。通过本任务的学习，利用车工知识和基本操作技能，按要求将其加工制作出来，并对完成后的零件进行误差分析及加工质量的分析，写出实训报告。

子任务1 钻、扩、铰、车孔

【知识目标】

1. 掌握套类零件的种类、结构特点和技术要求。
2. 学会识读套类零件图，从图样中得知套类零件的作用。
3. 掌握套类零件加工基本操作技能、技巧及检测和测量方法。
4. 掌握钻、扩、铰、车孔的基本操作技能及切削用量、切削液的合理选择。
5. 掌握钻、扩、铰、车孔刀具的选用与刃磨。
6. 掌握内孔车刀的特点、刃磨方法及要点和装夹要点。
7. 掌握套类零件车削加工的工艺分析及质量分析的方法。

【技能目标】

1. 熟练操作车床进行套类零件车削加工，掌握套类零件尺寸控制的方法和要点。
2. 能合理选用套类零件加工用刀具（麻花钻、扩孔钻、内圆车刀）并刃磨。
3. 能对套类零件进行工艺分析和质量分析。
4. 能通过查阅资料或讨论交流的方式获取所需相关信息。
5. 具有严谨的工作作风和良好的职业道德。

典型工作任务

识读图 2–4，运用所学知识和所掌握的技能加工出符合图样要求的两个零件。那么，加工出

图 2-4 所示零件需要哪些量具？如何测量？并学会对零件进行加工工艺分析和加工质量分析。

相关知识

一、套类零件的特点

（1）结构特点。套类零件的结构包括内、外圆柱面，内、外沟槽，端面及其沟槽，内、外阶梯，内、外螺纹。

（2）技术要求特点。套类零件的技术要求特点为内、外圆的圆度及同轴度，两端面、阶梯端面的平行度，内、外圆锥度及圆柱度，内、外表面粗糙度（*Ra* 0.8 ～ *Ra* 1.6），各相关尺寸精度（IT8 ～ IT7）等。

（3）内圆的特点。与外圆相比，内圆加工（孔加工）是在工件内部进行的，观察切削情况较困难，尤其是小而深的孔；受到孔径和孔深的限制，刀具刀柄不可太粗亦不可太短，而且刚性不足，加工小而深的孔所用刀具以上特点尤为突出；排屑和冷却困难；圆柱孔的测量困难。

二、钻孔

1. 钻孔用刀具

钻孔用刀具为麻花钻，其结构如图 5 –1 所示，其切削部分的形状如图 5–2 所示。

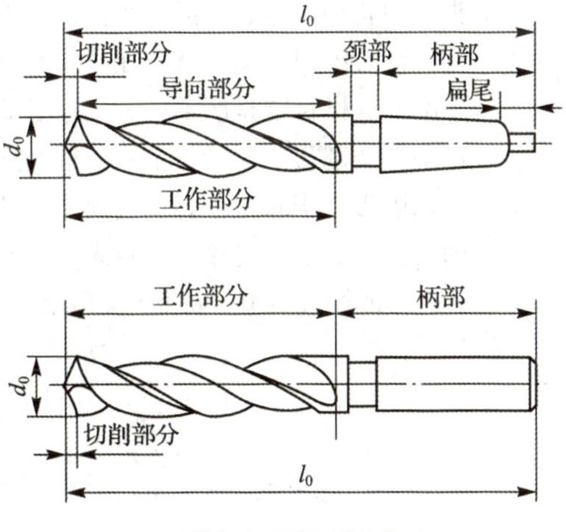

图 5–1　麻花钻的结构

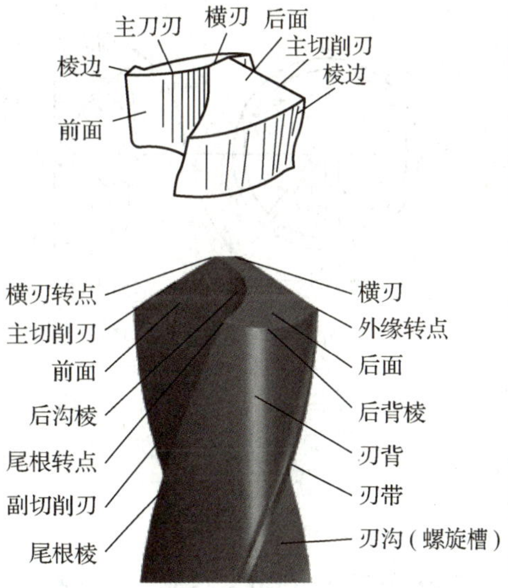

图 5–2　麻花钻切削部分的形状

麻花钻的几何参数如下：

（1）螺旋角 β。螺旋角是钻头螺旋槽上最外圆的螺旋线展开成直线后与钻头轴线的夹角。由于螺旋槽上各点的导程相同，因而钻头不同直径处的螺旋角是不同的，外径处螺旋角最大，越接近中心螺旋角越小。增大螺旋角则前角增大，有利于排屑，但钻头刚度下降。标准麻花钻的螺旋角为 18° ～ 38°。对于直径较小的钻头，螺旋角应取较小值，以保证钻头的刚度。

（2）前角 γ_{om}。由于麻花钻的前刀面是螺旋面，因而主切削刃上各点的前角是不同的，从外圆到中心前角逐渐减小。刀尖处前角约为 30°，靠近横刃处则为 –30°左右。横刃上的前角为 –60° ～ –50°。

（3）后角 α_{om}。麻花钻主切削刃上选定点的后角，是通过该点圆柱剖面中的进给后角 α_{om} 来表示的。柱剖面是过主切削刃选定点 m 作与钻头轴线平行的直线，该直线绕钻头轴心旋转所形成的圆柱面。α_{om} 沿主切削刃也是变化的，越接近中心 α_{om} 越大。麻花钻外圆处的后角通常取 8° ～ 10°，横刃处的后角取 20° ～ 25°。这样能弥补钻头轴向进给运动使主切削刃上各点实际工作后角减小所产生的影响，并能与前角变化相适应。

（4）主偏角 κ_{rm}。主偏角是主切削刃选定点 m 的切线在基面投影与进给方向的夹角。麻花钻的基面是过主切削刃选定点包含钻头轴线的平面。因钻头主切削刃不通过轴心线，故主切削刃上各点基面不同，各点的主偏角也不同。在磨出顶角后，各点主偏角也随之确定。主偏角和顶角是两个不同的概念。

（5）顶角。顶角是两主切削刃在与其平行的平面上投影的夹角。较小的锋角（顶角的一半）容易切入工件，轴向抗力较小，且使切削刃工作长度增加，切削层公称厚度减小，有利于散热和提高刀具耐用度；若锋角过小会导致钻头强度减弱，变形增加，转矩增大，钻头易折断。因此，应根据工件材料的强度和硬度来刃磨合理的锋角。标准麻花钻的顶角为 118°。

（6）横刃斜角 ψ。横刃斜角是主切削刃与横刃在垂直于钻头轴线的平面上投影的夹角。在麻花钻后刀面磨出后，ψ 自然形成。由图 5–3 可知，横刃斜角 ψ 增大，则横刃长度和轴向抗力减小。标准麻花钻的横刃斜角为 50° ～ 55°。

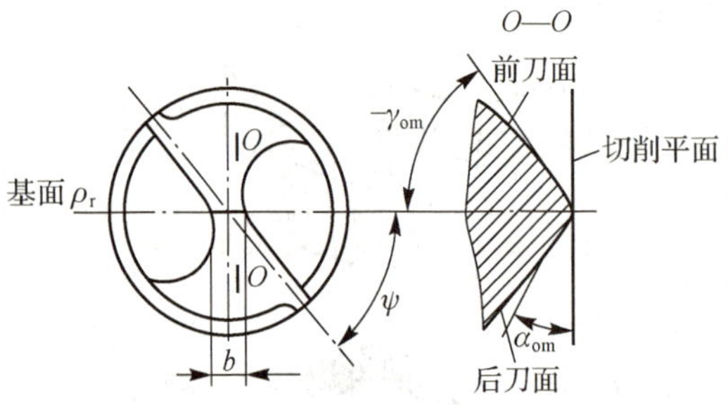

图 5–3 麻花钻的横刃斜角

2. 麻花钻的刃磨

实践中将麻花钻的刃磨技巧总结为四条口诀，具体如下：

口诀一：刃口摆平轮面靠。这是钻头与砂轮相对位置的第一步。操作中往往还没有把刃口摆平就靠在砂轮上开始刃磨，这样肯定是磨不好的。这里的刃口是主切削刃。摆平是指被刃磨部分的主切削刃处于水平位置。轮面是指砂轮的表面。靠是慢慢靠拢的意思。此时钻头还不能接触砂轮。如图 5–4 所示。

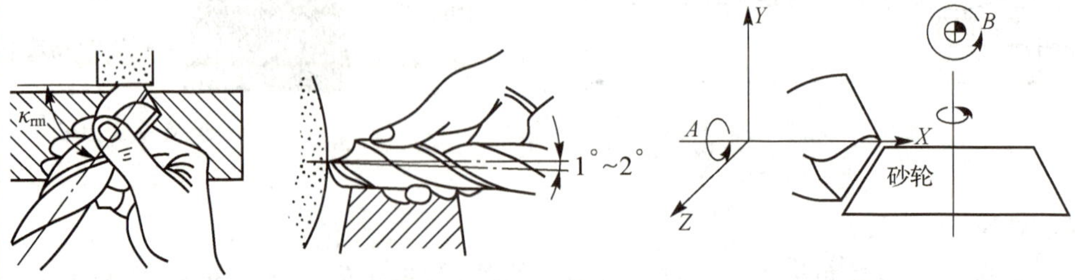

图 5–4 麻花钻的刃（修）磨（刃口摆平轮面靠）

口诀二：钻轴斜放出锋角。这里是指钻头轴心线与砂轮表面之间的位置关系。锋角即顶角

（118° ± 2°）的一半，约为 60°，这个位置很重要，直接影响钻头顶角大小及主切削刃形状和横刃斜角。刃磨者要注意辨识 60°的角度，以便于操作，如图 5-5 所示。

口诀一和口诀二都是指钻头刃磨前的相对位置，二者要统筹兼顾。此时，钻头在位置正确的情况下准备接触砂轮。

口诀三：由刃向背磨后面。这里是指从钻头的刃口开始沿着整个后刀面缓慢刃磨。这样便于散热和刃磨。在稳定保证口诀一、二的基础上，钻头可轻轻接触砂轮，进行较少量的刃磨，刃磨时要观察火花的均匀性，要及时调整压力大小，并注意钻头的冷却。当冷却后重新开始刃磨时，要继续摆好口诀一、二的位置，这一点往往在初学时不易掌握，常常会不由自主地改变位置。如图 5-6 所示。

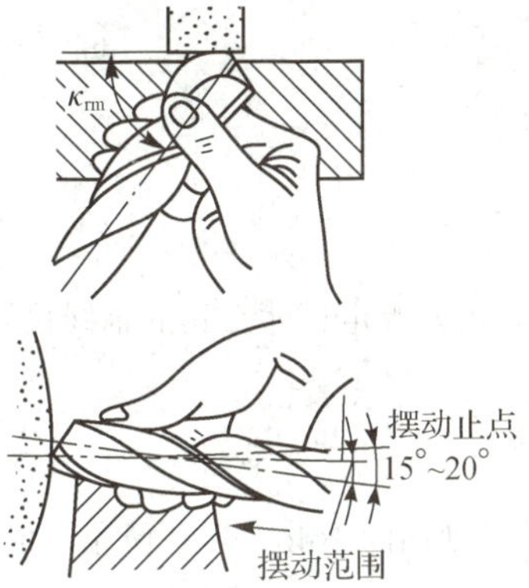

图 5-5 麻花钻的刃（修）磨（钻轴斜放出锋角）

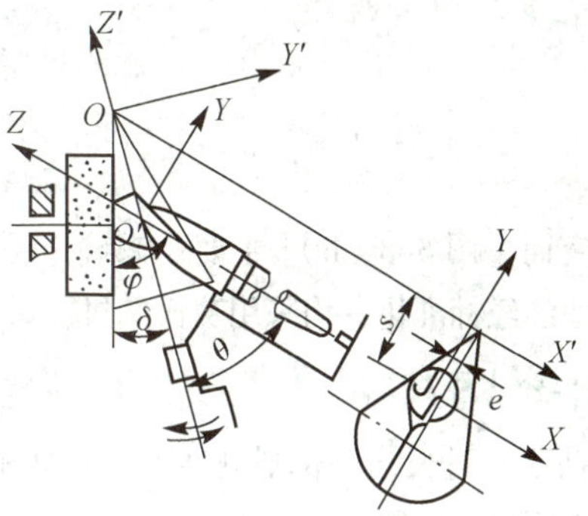

图 5-6 麻花钻的刃（修）磨（由刃向背磨后面）

口诀四：上下摆动尾别翘。这个动作在钻头刃磨过程中也很重要，往往有人在刃磨时把上下摆动变成了上下转动，使钻头的另一主刀刃被破坏。同时，钻头的尾部不能翘得高于砂轮水平中心线以上，否则会使刃口磨钝而无法切削，如图 5-7 所示。

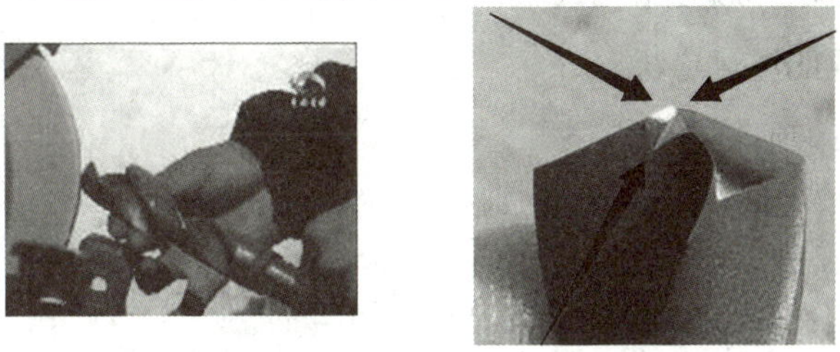

图 5-7 麻花钻的刃（修）磨（上下摆动尾别翘）

3. 麻花钻的装夹

直柄麻花钻，直柄装夹于钻夹头，钻夹头插入尾座套筒；锥柄麻花钻则直接装入尾座套筒。

钻夹头是机床附件的一种，主要用于钻削时夹住钻头，如图 5-8 所示。市场上占主导地位的是手动扳手钻夹头和手动无扳手钻夹头（手紧钻夹头）。钻夹头的致命弱点是夹紧力不足，在工作时易发生打滑而不能正常使用。

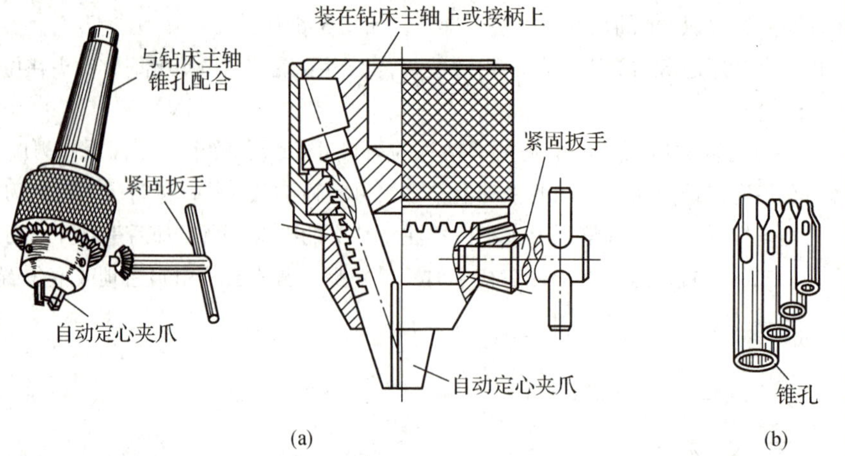

图 5-8 钻夹头及过渡套筒

（a）钻夹头的外形和结构 （b）过渡套筒

过渡套筒［图 5-8（b）］主要用来确定钻头、扩孔钻、铰刀等定尺寸刀具的轴线位置，它结构简单，尺寸已经标准化，均采用莫氏圆锥。

4. 麻花钻及其切削用量的选用

麻花钻不宜过长，过长则刚性不足；亦不宜过短，过短则钻深不够。其直径大小依孔径而定，注意精加工用量的保留。

切削用量选用为 $a_p=d/2$，$v_c=\pi dn/1\,000$，$f=0.15\sim 0.4$ mm/r。

5. 在车床上钻轴向孔的步骤

钻孔步骤如下：找正尾座（主轴与尾座的轴线同轴），车平端面，钻中心孔（或钻小孔）；用细长麻花钻钻孔时在刀架上加一挡铁，孔径小于或等于 30 mm 时可一次钻出，如需扩孔，第一支麻花钻径为第二支麻花钻径的 $\frac{1}{2}\sim\frac{7}{10}$，并留足铰孔用量；当钻入 1 ～ 2 mm 时，需退刀检查孔径是否正确；钻盲孔时要注意孔深（刀架上装挡铁）。

6. 在车床上钻孔的注意事项

钻孔时需注意以下事项：

（1）尾座套筒、钻头、主轴三者轴线同轴。

（2）端面务必车平。

（3）当钻头接触工件或快钻穿时，进给量要小。

（4）钻小而深的孔时务必用中心钻先钻中心孔。

（5）钻孔时要常退刀以利于排屑和加注切削液。

（6）合理选用切削速度，如钻镁合金可提高切削速度和增大进给量。

三、扩孔

1. 扩孔时所用刀具

实际生产中常用麻花钻、扩孔钻进行扩孔。扩孔钻一般用于孔的半精加工或终加工，用于铰或磨前的预加工或毛坯孔的扩大，有 3 ～ 4 个刃带，无横刃，前角和后角沿切削刃的变化小，加工时导向效果好，轴向抗力小，切削条件优于钻孔，如图 5–9 所示。

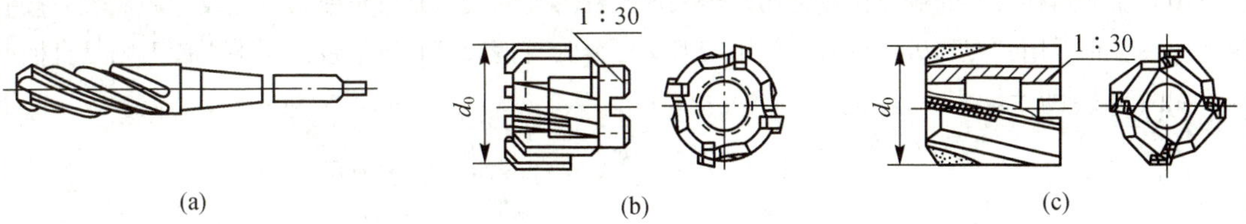

图 5–9 扩孔钻
（a）高速整体式 （b）镶齿套式 （c）硬质合金可转位式

2. 扩孔的方法

（1）用麻花钻扩孔。麻花钻横刃不参与切削，故轴向切削力小，进给省力，但因钻头外缘前角大，易将钻头拉出，使钻头在尾座套筒中打滑，故扩孔时麻花钻前角应刃磨小些，而且应适当控制 f。

（2）用扩孔钻扩孔。扩孔钻齿数多，导向性好，切削平稳。扩孔钻无横刃，可避免横刃对切削的影响；钻心粗，刚性好，可选用较大的切削用量，其进给精度可达到 IT12 ～ IT11，*Ra* 12.5 ～ 6.3。

钻孔、扩孔产生废品的原因及预防方法见表 5–1。

表5–1 钻孔、扩孔产生废品的原因及预防方法

废品问题	产生原因	预防方法
孔径增大	（1）扩孔钻切削刃摆差大； （2）扩孔钻刃口崩刃； （3）扩孔钻刃带上有切屑瘤； （4）安装扩孔钻时，锥柄表面油污未擦干净，或锥面有磕碰伤	（1）刃磨时保证摆差在允许范围内； （2）及时发现崩刃情况，更换刀具； （3）将刃带上的切屑瘤用油石修整到合格； （4）安装扩孔钻前必须将扩孔钻锥柄及机床主轴锥孔内部的油污擦干净，锥面有磕碰伤处用油石修光
孔表面粗糙	（1）切削用量过大； （2）切削液供给不足； （3）扩孔钻过度磨损	（1）适当减小切削用量； （2）切削液喷嘴对准加工孔口，加大切削液流量； （3）定期更换扩孔钻，刃磨时把磨损区全部磨去
孔位置精度超差	（1）导向套配合间隙大； （2）主轴与导向套同轴度误差大； （3）主轴轴承松动	（1）位置公差要求较高时，导向套与刀具配合要精密； （2）校正机床与导向套位置； （3）调整主轴轴承间隙

四、铰孔

铰孔质量高，效率好，操作方便；尺寸精度可达 IT9 ～ IT7，*Ra* 值可达 0.4 μm。

1. 铰刀

铰刀用于铰削工件上已钻削（或扩孔）加工后的孔，主要是为了提高孔的加工精度和降低其表面粗糙度，是用于孔的精加工和半精加工的刀具，加工余量一般很小。

用来加工圆柱形孔的铰刀比较常用。用来加工锥形孔的铰刀是锥形铰刀，比较少用。铰刀按使用情况来看有手用铰刀和机用铰刀，机用铰刀又可分为直柄铰刀和锥柄铰刀，手用铰刀则是直柄型的，如图 5-10 所示。

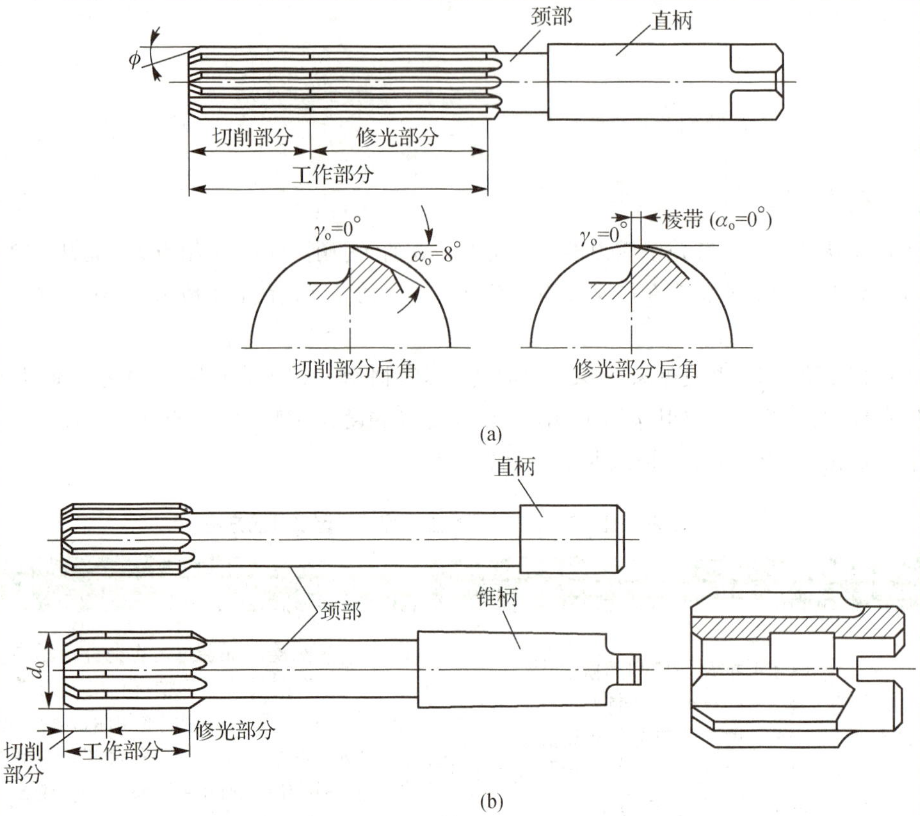

图 5-10　铰刀

（a）手用铰刀（b）直柄、锥柄机用铰刀

（1）机用铰刀。机用铰刀工作部分较短，如图 5-11 所示。

图 5-11　机用铰刀

机用铰刀几何角度如下：

① 主偏角：加工钢等韧性材料时，主偏角一般取 15°；加工铸铁等脆性材料时，主偏角一般取 3°～ 5°；粗铰和铰盲孔时，主偏角一般取 45°。

② 前角：铰孔时一般余量很小，切屑很薄，切屑与前刀面接触长度很短，故前角的影响不显著。

任务一 任务二 任务三 任务四 任务五 任务六 任务七 任务八 任务九 任务十 任务十一

为了制造方便，前角一般均取 0°。加工韧性材料时，为减小切屑变形，前角可取 5°～10°。

③ 后角：铰刀系精加工刀具，为使其重磨后径向尺寸不致变化太大，一般后角取 6°～8°。

④ 刃倾角：一般铰刀的刃倾角为 0°。但铰刀有刃倾角能使切削过程平稳，提高铰孔质量。在铰削韧性较大的材料时，可在铰刀的切削部分磨出 15°～20°的刃倾角，这样可使铰削时切屑向前排出，不至于划伤已加工表面。在加工盲孔时，可在这种带刃倾角的铰刀前端开出一个较大的凹坑，以容纳切屑。

（2）手用铰刀。手用铰刀工作部分较长，如图 5-12 所示。其几何角度如下：γ_o=0°（粗铰钢件 γ_o=5°～10°），α_o=6°～8，κ_r=3°～1.5°。

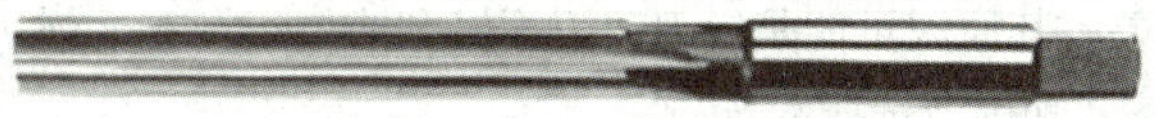

图 5-12 手用铰刀

（3）圆锥铰刀。圆锥铰刀专用于铰制具有莫氏圆锥或公制圆锥的圆锥孔，如图 5-13 所示。圆锥铰刀通常成组供应，每组由两支（粗、精）组成。

图 5-13 圆锥铰刀

2. 铰刀尺寸的选择

选择铰刀时，铰刀的基本尺寸等于孔的基本尺寸，上偏差为被加工孔公差值的 2/3，下偏差为被加工孔公差值的 1/3。

3. 铰刀的装夹

与装夹麻花钻、扩孔钻一样，铰刀与工件、主轴轴线的同轴度应小于 0.02 mm，常采用浮动套筒保证加工精度，如图 5-14 所示。

4. 铰孔方法

（1）确定铰削余量。铰孔时，应该合理确定加工余量。当加工余量太小时，前一道工序留下的加工痕迹不能被完全去除，表面粗糙度高；当加工余量太大时，切屑填塞在铰刀齿槽中，影响切削液进入切削区。铰削余量一般为 0.08～0.15 mm。高速钢铰刀的铰削余量小些，硬质合金铰刀的铰削余量大些。

（2）准备工作。找正尾座中心并且固定在床身适当位置，选择好铰刀并且装夹好铰刀。

（3）铰孔。选择铰削用量为 v_c<5 m/min，f=0.2～1 mm/r，a_p=0.04～0.075 mm。

① 铰通孔。摇动尾座手轮，使铰刀引导部分轻轻进入孔口 1～2 mm，启动机床，充分加注切削液，双手摇动尾座手轮（f=0.5 mm/r），眼睛盯着铰刀，均匀进给至

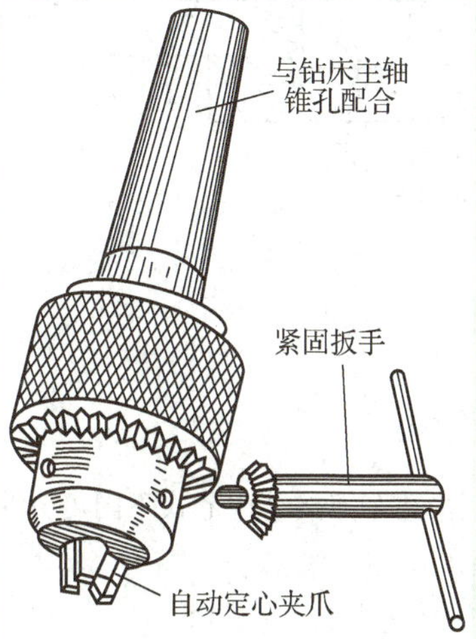

图 5-14 铰刀的装夹

铰刀切削部分的 3/4 超出孔末端，反向摇动尾座手轮将铰刀退出，将内孔擦净，检查孔径。

② 铰不通孔。摇动尾座手轮，使铰刀引导部分轻轻进入孔口 1 ～ 2 mm，启动机床，充分加注切削液，双手摇动尾座手轮进行铰削，当手感觉轴向切削抗力明显增加时，表明铰削到位，立即将铰刀退出。因为盲孔排屑困难，通常中途要退刀数次，用切削液或刷子清屑后继续铰孔。

5. 铰削质量分析

铰削完成后可能出现以下质量问题：

（1）孔径扩大。其原因可能是铰刀直径过大；铰刀刃口径向振动过大；尾座偏移，轴线不重合；切削速度高而产生积屑瘤，铰刀温度升高；余量太多。

（2）表面粗糙度超差。其原因可能是铰刀刀刃不锋利或崩刃，有毛刺；切削余量过大或过小；切削速度高而产生积屑瘤；切削液选择不当。

6. 铰孔时的冷却和润滑

在铰孔时常常根据不同的被加工材料选取不同的切削液：钢件和韧性材料宜选用乳化液、极压乳化液，铸铁件、脆性材料宜选用煤油、煤油与矿物油的混合油，青铜或铝合金宜选用 2 号锭子油或煤油。

五、车孔

车孔是车削加工的主要内容之一，可半精加工和精加工，其精度可达到 IT8 ～ IT7、*Ra* 1.6 ～ 3.2，精车可达到 *Ra* 0.8。

1. 内孔车刀

车内孔用刀具称为内孔车刀，有通孔车刀和盲孔车刀之分，如图 5-15 所示。

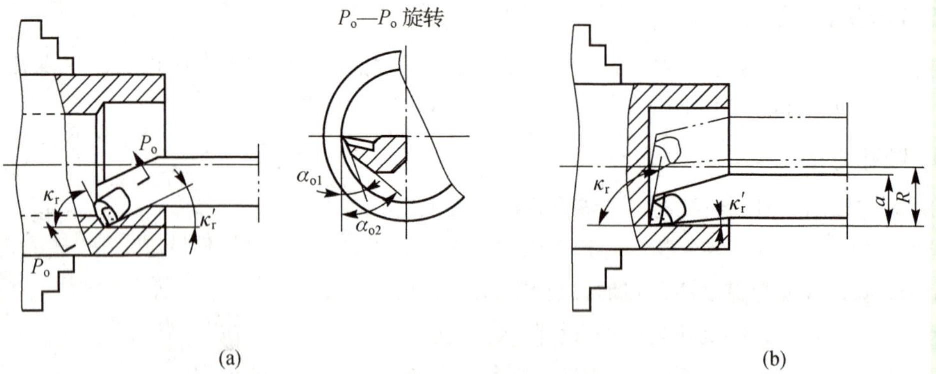

图 5-15 内孔车刀

（a）通孔车刀 （b）盲孔车刀

内孔车刀按结构形式不同可分为整体式内孔车刀和机夹式内孔车刀，分别如图 5-16 和图 5-17 所示。

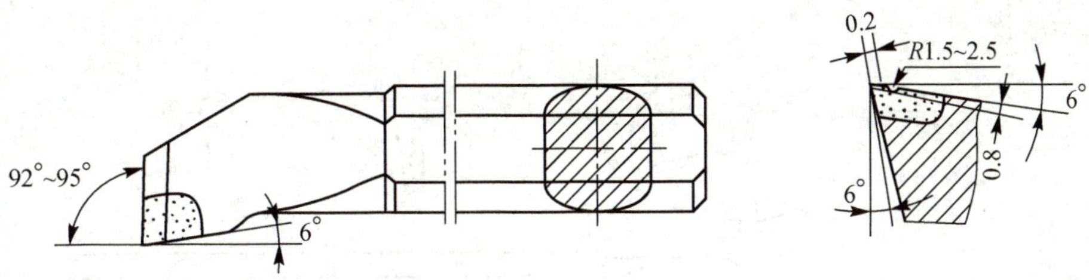

图 5-16 整体式内孔车刀

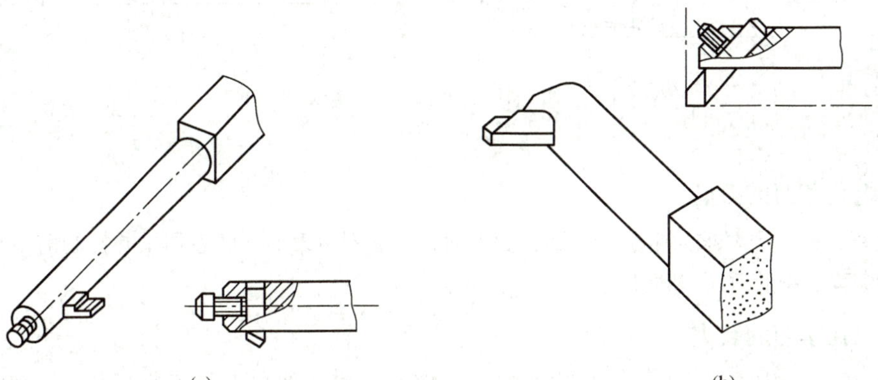

图 5-17 机夹式内孔车刀

（a）通孔车刀 （b）盲孔车刀

2. 内孔车刀的几何参数

（1）通孔车刀的几何参数。为减小径向切削力，防止车孔时的振动，κ_r 应小些，一般为 60°～75°，$\kappa_{r'}$ =15°～30°；为防止内孔车刀后刀面与孔壁摩擦，后角可大些，但不可太大，故磨成 α_{o1}=6°～12°，α_{o2}=30°，如图 5-18 所示。

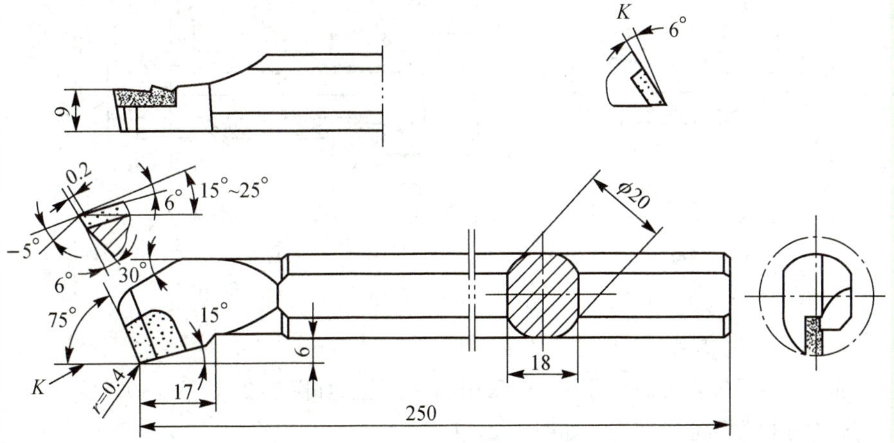

图 5-18 通孔车刀的几何参数

任务一 任务二 任务三 任务四 任务五 任务六 任务七 任务八 任务九 任务十 任务十一

（2）盲孔车刀的几何参数。取 $\kappa_r>90°$，一般为 92°～95°，其余参数与通孔车刀一样，如图 5-19 所示。

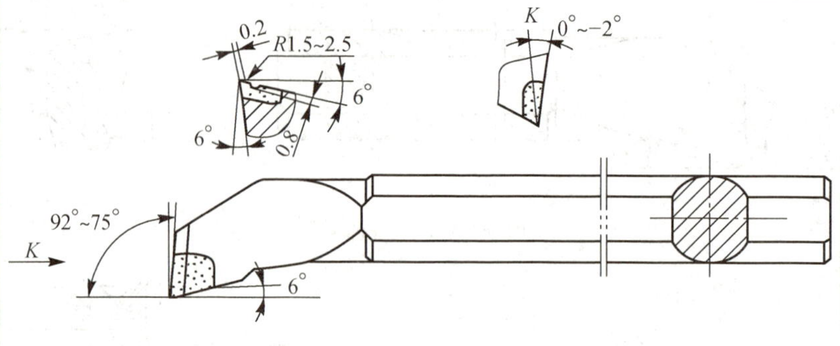

图 5-19　盲孔车刀的几何参数

3. 内孔车刀的刃磨

内孔车刀的刃磨要求为粗磨前刀面、后刀面，粗磨副后刀面，磨卷屑槽并控制前角和刃倾角，精磨主后刀面、副后刀面，磨过渡刃。

4. 内孔车刀的装夹

装夹内孔车刀时，刀尖与工件中心等高或略高；刀柄伸出刀架不宜过长，一般为孔深加 5 ~ 6 mm；刀柄基本平行于工件轴线，防止刀柄碰工件孔口；盲孔车刀的内偏刀的主切削刃与孔底平面成 3° ~ 5°角，并且横向有足够的退刀余地。

5. 工件的装夹

车削内孔时，一般常用三爪卡盘装夹工件，较大或较重工件则采用四爪卡盘装夹。加工直径较大、长度较短（盘类）工件时必须先找正端面，再找正外圆，如此反复，直至找正为止。

（1）工件较短时常用单夹式装夹，如图 5 -20（a）所示。

（2）工件较长时采用中心架装夹，如图 5-20（b）所示。

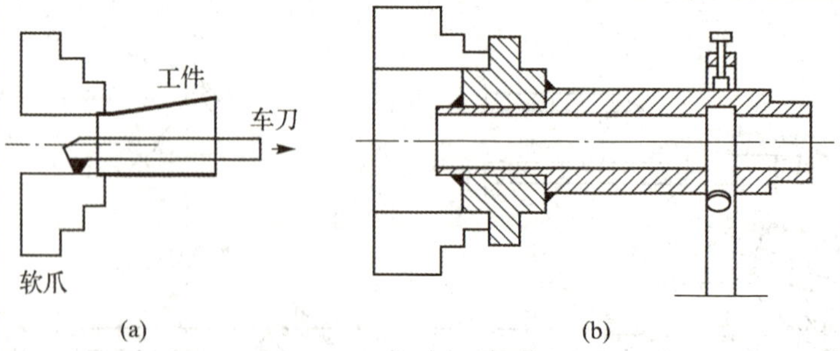

图 5-20　工件的装夹

（3）先加工内圆及零件轴向尺寸较少时采用心轴装夹，如图 5-21 所示。

（4）精车端面也常用心轴装夹，如图 5-21 所示。

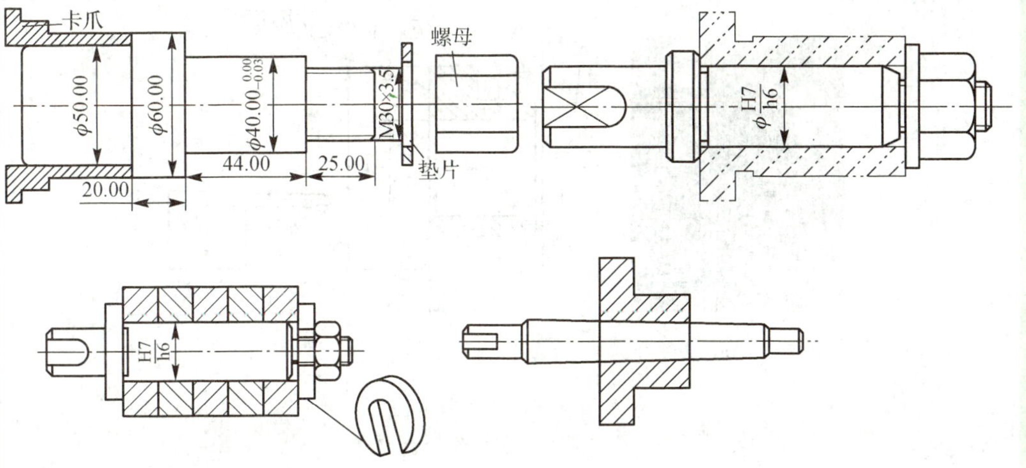

图 5-21 心轴装夹

6. 内孔车削加工的特点

在内孔车削加工中，车刀刚性差，排屑困难。为解决内孔车刀的刚性和排屑问题，可采取以下措施：

（1）增加内孔车刀的刚性。

（2）尽可能增加刀柄的截面，但不得达到孔截面的 1/4。

（3）尽可能缩短刀柄的伸出长度。

（4）控制切屑流向，采用正刃倾角。

（5）加工盲孔时采用负刃倾角使切屑从孔口排出。

7. 内孔车削的要领

（1）车孔时，刀尖应该与工件中心等高或稍高，否则将会因切削抗力将刀柄压低而造成扎刀现象，并导致孔径扩大。

（2）尽量控制刀柄伸出刀架的长度，一般以比被加工孔长 5 ～ 10 mm 为宜。

（3）车孔刀刀柄与工件轴线应基本平行，否则在切深后刀柄可能会碰到孔口。

（4）车孔时，切削用量要小于相同直径的外圆车削，特别是车小孔或深孔时，切削用量应更小。

（5）根据孔要求的精度和表面质量等要求，车孔时可以分别采用粗车、半精车、精车等方法。一般要求的孔可以分粗车和精车两个阶段完成；当车孔作为铰孔前的预加工工序时，可采用粗车加上半精车。

8. 内孔车削的方法

车内孔的一般步骤为车端面—钻孔—粗车内孔—精车内孔—倒角—检查工件。

（1）车直通孔。其与车外圆基本相同，只是进刀方向与退刀方向相反，如图 5-22 所示。粗、精车都要进行试车，横向进给量是纵向进给量的 1/2，纵向车削 2 mm，纵向退刀时横向不动，停车后测量尺寸，微量横向进刀后再测试，直至符合要求。

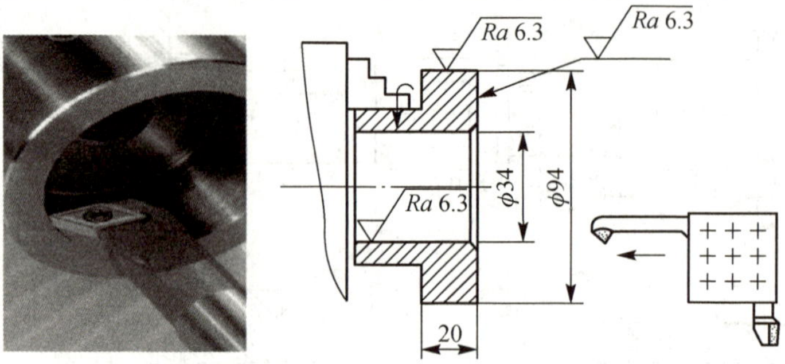

(a) (b)

图 5-22 车直通孔

（2）车阶梯孔。车阶梯孔时，采用通孔车刀车通孔，采用盲孔车刀车盲孔（平底孔），刀柄尽可能与工件轴心线平行，以防刀柄与孔口相碰，如图 5-23 所示。

① 对于直径较小的阶梯孔，先粗、精车小孔，再粗、精车大孔。

② 对于高阶梯孔，先粗车大孔和小孔，再精车小孔和大孔。

③ 车削孔径相差较大的阶梯孔时用 κ_r<90°（85°～88°）内孔车刀先粗车，再用内孔偏刀精车。

④ 注意控制车孔深度。粗车时刀柄上刻记号线或安装限位铜片，或用床鞍刻线控制孔深；精车时用小滑板刻度盘或游标深度尺控制孔深。

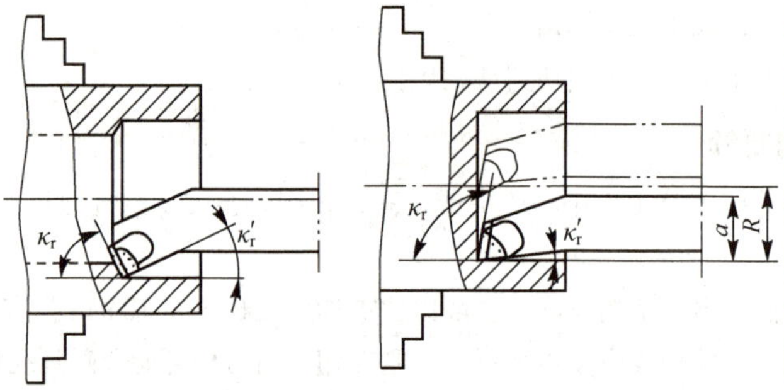

(a) (b)

图 5-23 车阶梯孔

（a）车通孔 （b）车平底孔

（3）车盲孔（平底孔）。

① 车端面，钻中心孔。

② 钻底孔，用比孔径小 1～2 mm 的钻头钻出底孔，以钻头刻线做记号，留 0.5～1 mm 余量。

③ 将盲孔车刀靠近工件端面，移动小滑板，使刀尖与端面接触，将小滑板或床鞍刻度盘调零位。

④ 将车刀深入孔口内，移动中滑板，使刀尖进至与孔口刚好接触，车刀纵向退刀，此时将中滑板刻度盘调零位。

⑤ 用中滑板刻度盘指示控制深度（留 0.3～0.4 mm 精车余量），孔底留 0.2～0.3 mm 精车余量。

⑥ 精车盲孔。将车刀深入孔口内，移动中滑板，使刀尖进至与孔口刚好接触，车刀纵向退刀，

此时将中滑板刻度盘调零位。用中滑板刻度盘指示控制深度。精车盲孔时注意保证尺寸精度。

9. 车内孔的注意事项

（1）车内孔时，中滑板进、退刀方向与车外圆时相反。

（2）精车内孔时，应保持切削刃锋利，否则容易出现让刀现象，导致车出锥孔。

六、内孔的测量

内孔的测量如图 5-24 所示。

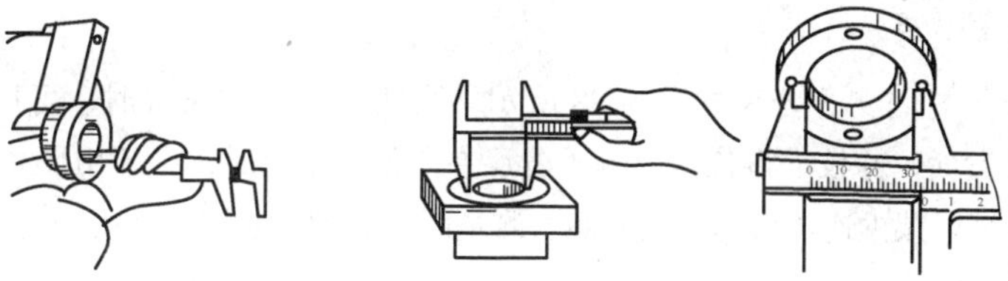

(a) (b)

图 5-24 内孔的测量

（a）测孔深 （b）测内径

1. 孔径测量

当精度要求较低时，可用游标卡尺或内卡钳测量孔径。当精度要求较高时，可用以下工具测量孔径：

（1）内卡钳。当孔口试切削或位置狭小时，可用内卡钳（图 5-25）配合千分尺测量孔径。

（2）塞规。塞规（图 5-26）只能测量孔径，不能测量孔的直线度和圆度。它是极限量具，通端用于测量尺寸的极小值，止端用于测量尺寸的极大值。通端通、止端止，则说明工件合格。

使用时要注意塞规的轴心线与工件的轴心线尽可能同轴，顺着轴心线慢慢插入，慢慢顺轴心线抽出。

图 5-25 内卡钳

图 5-26 塞规

（3）内径千分尺。内径千分尺如图 5-27 所示，使用时应依被测物孔径大小选择适当的内径千分尺。将内径千分尺测试头放入被测物孔内；放入时被测物需放平，内径千分尺应正直。测试时，左手三手指拿着内径千分尺刻度表下的圆棒，右手旋转内径分厘卡最上端的旋转钮；当测试头测量面与被测物孔内表面轻微接触时，右手转动旋钮使其发出 3 ～ 5 声轻响。测量时，在径向应找出最大尺寸，在轴向应找出最小尺寸。

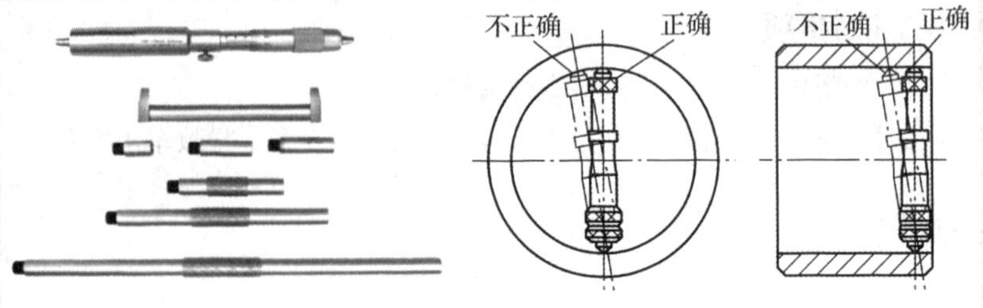

(a) (b)

图 5-27 内径千分尺

（4）内测千分尺。内测千分尺如图 5-28 所示。当孔径小于 25 mm 时，可用内测千分尺测量。测量前应先清洁测量面，并校准零位。内测千分尺在测量及使用时，必须用尺寸最大的接杆与其测微头连接，依次顺接以减少连接后的轴线弯曲。测量时应看测微头固定和松开时的变化量。

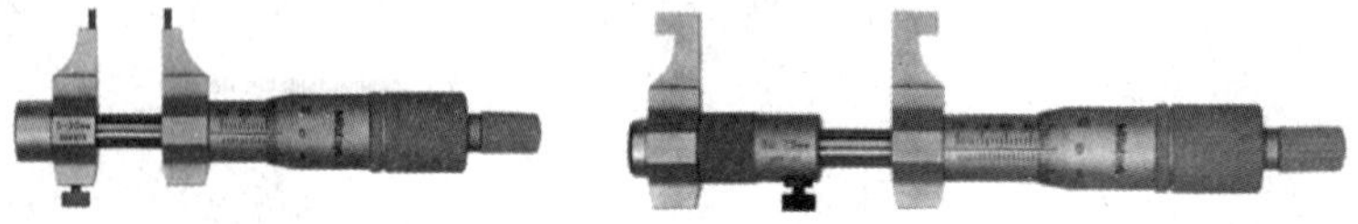

图 5-28 内测千分尺

（5）内径百（千）分表。内径百（千）分表如图 5-29 所示。使用时将测量端倾斜放入被测孔内，定位护桥侧先进，再按压定位护桥将固定测杆放入，测量端放入孔内后将内径指示表竖直，然后左右摆动，使内径指示表在轴向上找到最小值，即为孔的直径。

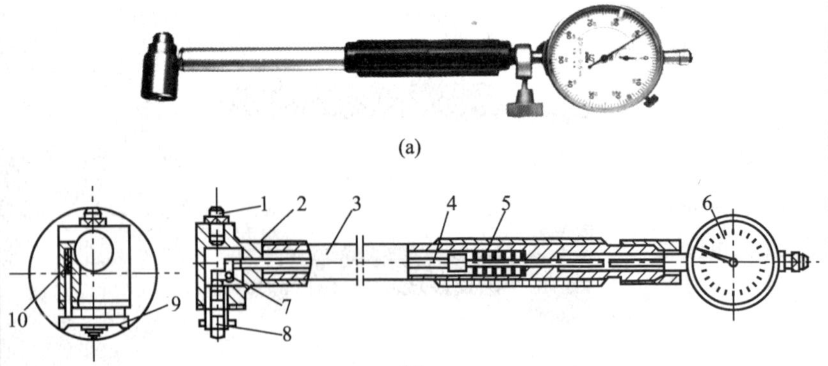

图 5-29 内径百（千）分表

（a）实物图 （b）结构图

1—固定（可换）测杆；2—三通管；3—表架套杆；4—传动杆；

5—测力弹簧；6—内径指示表；7—等臂杠杆；8—活动测杆；

9—定位护桥（弦桥）；10—定位弹簧

2. 形状精度测量

孔的形状精度测量参数为孔的圆度和圆柱度。采用比较测量法，使用内径百分表测量孔的圆度和圆柱度。如图 5-30 所示，在孔的同一截面上，将内径百分表顺轴心线转动一周，百分表的指示值最大值与最小值之差即是该截面的圆度误差。圆柱度误差是测量孔 3 ～ 5 个截面所得的圆度误差的平均值。

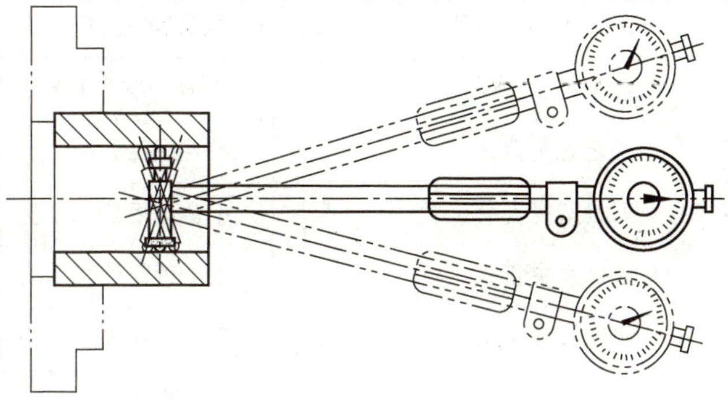

图 5-30 孔的形状精度测量方法

考核与评价

一、理论知识考评

（1）什么是孔加工？孔加工的方法有哪几种？

（2）钻孔属于（　　），其尺寸精度一般可以达到（　　），表面粗糙度为（　　）。

（3）麻花钻的顶角是（　　），横刃斜角是（　　）。

（4）麻花钻顶角的检验方法有（　　）、（　　）、（　　）。

（5）麻花钻的缺点有哪些？如何选择麻花钻？如何修磨麻花钻？麻花钻如何安装？

（6）如何正确钻孔（钻孔的步骤）？钻孔时如何选择切削用量？钻孔时的注意事项有哪些？

（7）扩孔的方法有（　　）、（　　）。用麻花钻扩孔与用扩孔钻扩孔有何异同？

（8）如何对所钻孔进行质量分析？

（9）车孔的精度一般可以达到（　　），表面粗糙度值可以达到（　　），精车时可以达到（　　）。

（10）内孔车刀可分为（　　）车刀、（　　）车刀。

（11）内孔车刀的刃磨步骤：粗磨前刀面、（　　），粗磨（　　），磨卷屑槽并控制前角和（　　），精磨（　　）、（　　），磨过渡刃。

（12）车内孔时，如何安装内孔车刀？车内孔的关键技术是什么？

（13）车内孔时，刀柄的横截面积最大不能超过孔横截面积的（　　）。

（14）车内孔时，刀柄伸出长度不得少于（　　）。

（15）铰刀按用途分为（　　）铰刀、（　　）铰刀。

（16）铰削余量如何确定？铰通孔与铰盲孔有何异同？

（17）铰孔时产生废品的原因是什么？如何预防？

二、实训技能考评

各小组查阅资料，分析讨论，制定任务方案，完成图 2–4 所示零件内孔的加工。简单套类零件加工考核评分标准见表 5–2。

表5–2 简单套类零件加工考核评分标准

项目	序号	技术要求	配分	评分标准	得分
工艺（15%）	1	工步正确且完整	5	不规范每处扣 1 分	
	2	切削用量合理	5	每错一处扣 1 分	
	3	工艺规范合理	5	不合理每处扣 1 分	
机床操作（20%）	4	刀具选择安装正确	5	不合理每处扣 1 分	
	5	工件装夹正确	5	不合理每处扣 1 分	
	6	机床操作规范	5	不合理每处扣 1 分	
	7	零件加工不出错	5	出错全扣	
工件质量（35%）	8	尺寸精度符合要求	25	不合理每处扣 1 分	
	9	表面粗糙度及形位公差符合要求	10	不合理每处扣 1 分	
文明生产（15%）	10	安全操作	5	出错全扣	
	11	机床维护与保养	5	不合格全扣	
	12	工作场地整理	5	不合格全扣	
相关知识及职业能力（15%）	13	机加工基础知识	5	教师提问	
	14	自学能力	10	教师根据学生的学习情况、表达沟通能力、合作能力和创新能力酌情给分	

子任务2 车内沟槽、端面沟槽

【知识目标】

1. 内沟槽、端面沟槽的种类、结构特点、技术要求及车削加工基本操作技能、技巧。
2. 会识读内沟槽、端面沟槽零件图，从图样中得知其槽的作用。
3. 内沟槽、端面沟槽车刀的特点及其刃磨方法和要点。
4. 内沟槽、端面沟槽车刀的选用、装夹要点，切削用量及切削液选用。
5. 内沟槽、端面沟槽车削加工的工艺分析、质量分析的方法及检测和测量。

【技能目标】

1. 熟练操作车床进行内沟槽、端面沟槽车削加工，掌握尺寸控制方法及要点。
2. 熟练掌握内沟槽、端面沟槽车刀的刃磨及合理选用。
3. 能对有内沟槽、端面沟槽的零件进行工艺分析和质量分析。
4. 能通过查阅资料或讨论交流的方式获取所需相关信息。
5. 具有严谨的工作作风和良好的职业道德。

典型工作任务

完成图 2–5 所示两个端面沟槽零件和图 5–31 所示内沟槽零件的车削加工。图 5–31 技术要求为未注倒角为 *C*0.5，未注表面粗糙度为 *Ra* 6.3，不得使用砂布、锉刀。

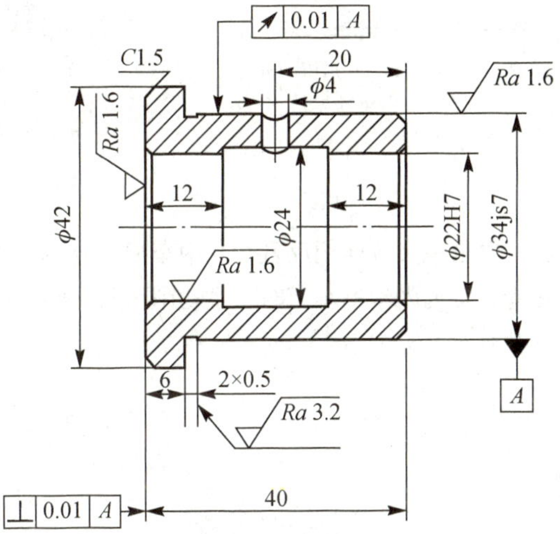

图 5–31 内沟槽零件

通过内沟槽和端面沟槽零件车削加工练习，掌握内沟槽及端面沟槽的车削方法，并能配合钩形游标卡尺、内径千分尺等测量工具，保证按要求加工出零件。

相关知识

一、车内沟槽

（一）内沟槽的种类和作用

内沟槽包括退刀槽、密封槽、轴向定位槽、油气通道槽、空刀槽等，如图 5–32 所示。

（1）退刀槽。退刀槽在车内、外螺纹，车孔，磨孔时做退刀用，或为了开油槽方便而两端开有退刀槽。

（2）密封槽。在槽中嵌入密封圈、油毛毡，防止轴上的润滑剂溢出。

（3）轴向定位槽。在轴上装弹簧挡圈，做定位用。

（4）油气通道槽。油气通道槽在各种液（气）压阀中用以通油或通气，其位置精度高。

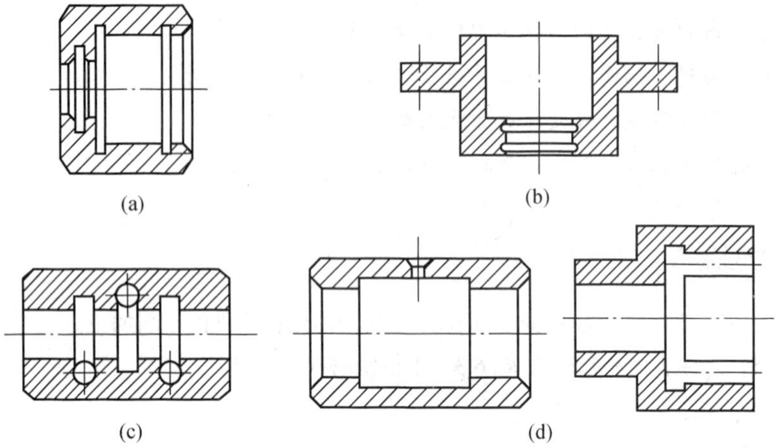

图 5-32　各种内沟槽

（a）退刀槽　（b）密封槽　（c）油气通道槽　（d）空刀槽

（二）内沟槽车刀

内沟槽车刀的几何形状与切断刀相仿，只是装夹方向相反且在孔中车槽，分为整体式和机夹式，如图 5-33 所示。其刀头狭长，刀头强度更差。装夹内沟槽车刀时，主切削刃与孔中心应等高或略高，两侧副偏角务必对称。工作时内沟槽车刀以横向进给为主。

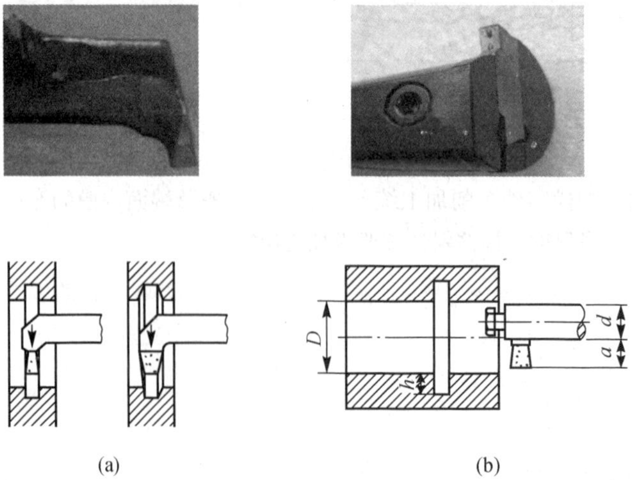

图 5-33　内沟槽车刀

（a）整体式　（b）机夹式

内沟槽车刀的几何参数如下：前角为 5°～20°，主后角为 6°～12°，副后角为 1°～3°，主偏角为 90°，副偏角为 1°～1° 30′，刃倾角为 0°。

（三）车内沟槽的方法与步骤

与车外沟槽一样，车内沟槽时精度低的一次车出，精度高的分粗、精车车出，可采用多次直进法和纵向进给法。宽度较小和要求不高的内沟槽可用主切削刃宽度等于槽宽的内沟槽车刀以直进法一次车出，如图 5-34（a）所示；要求较高和较宽的内沟槽可采用直进法多次车出，如图 5-34（b）所示，粗车时注意留槽深与槽宽的精车余量；若内沟槽深度较浅、宽度很大，可用内沟槽车刀车沟槽两端垂直面，再用纵向进给法车出，如图 5-34（c）所示。

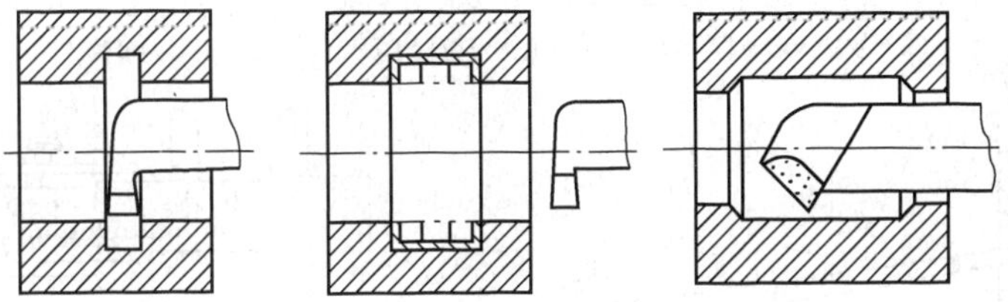

(a) (b) (c)

图 5-34 内沟槽车削方法

（a）一次直进法 （b）多次直进法 （c）纵向进给法

车内沟槽的步骤如下：

（1）确定起始位置。摇动床鞍和中滑板，使刀刃轻轻与孔壁接触，将中滑板刻度调零位。

（2）确定车内沟槽的终止位置。计算中滑板进给格数，做记号或记下刻度值。

（3）确定内沟槽的退刀位置。使内沟槽车刀主刃离开孔壁 0.2 ～ 0.3 mm，且在中滑板刻度盘上做退刀位置记号。

（4）控制内沟槽的轴向位置尺寸，即小滑板、床鞍刻度的控制。

（5）启动车床，转动中滑板手柄，使之横向进给 f=0.1 ～ 0.2 mm/r，当中滑板刻度标示已进给到槽深尺寸时，稍稍停留后退刀。

车内沟槽的进刀方法如图 5-35 所示。

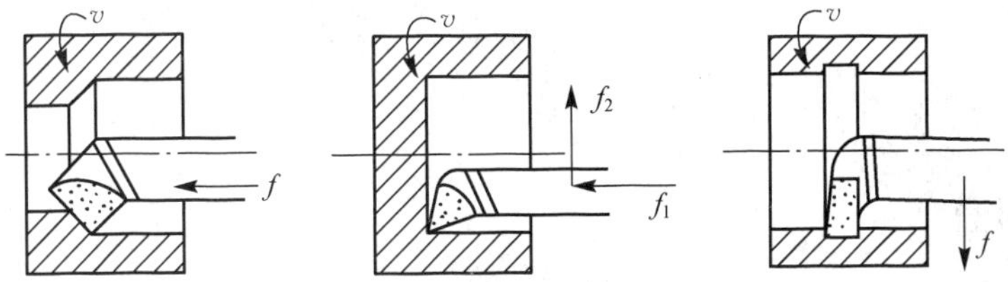

图 5-35 车内沟槽的进刀方法

注意：车内沟槽时，深度（径向）尺寸由中滑板刻度盘控制，宽度（轴向）尺寸由大滑板、小滑板刻度盘控制。

（四）内沟槽的测量

内沟槽用弹簧内卡钳、沟形游标卡尺等（图 5-36）测量径向尺寸，如图 5-37 所示。

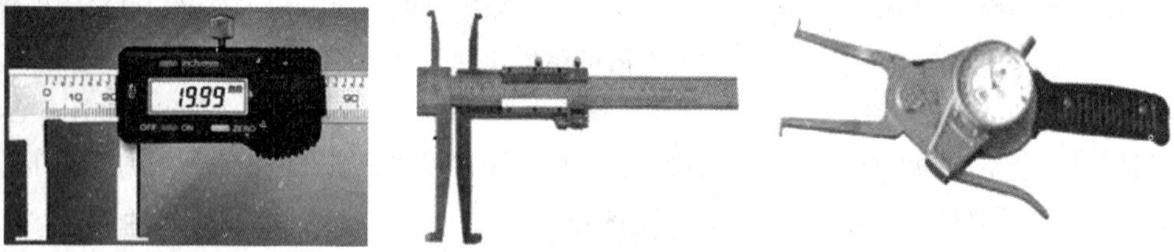

(a) (b) (c)

图 5-36　内沟槽测量量具

（a）数显沟形游标卡尺 （b）普通沟形游标卡尺 （c）带表沟形测量仪

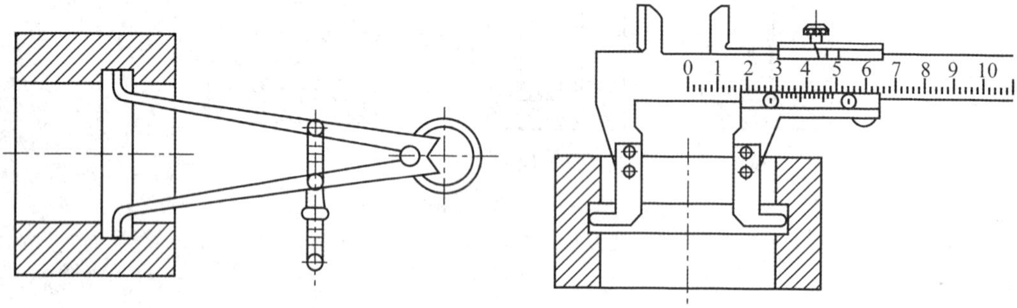

图 5-37　内沟槽径向尺寸的测量

内沟槽宽度（轴向）尺寸用样板或游标深度尺测量，如图 5-38 所示。

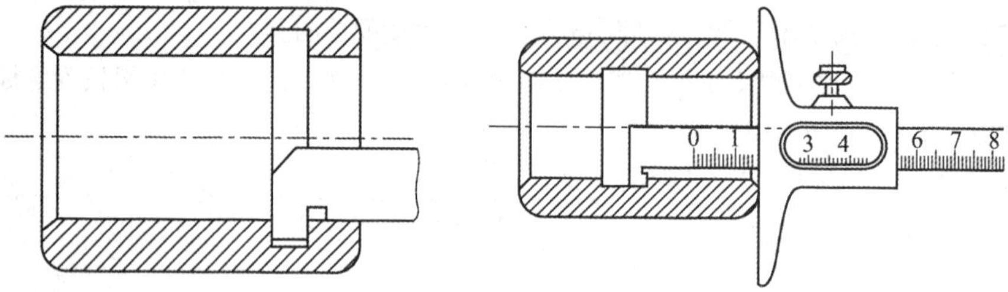

图 5-38　内沟槽轴向尺寸的测量

二、车端面沟槽

（一）端面沟槽的种类和作用

端面沟槽（图 5-39）包括端面直沟槽、端面 T 形槽、端面燕尾槽等。

（1）端面直沟槽。端面直沟槽常用于密封。

（2）端面 T 形槽。端面 T 形槽常用于装夹 T 形螺钉、调整位置。

（3）端面燕尾槽。端面燕尾槽常与燕尾配合，调整位置。

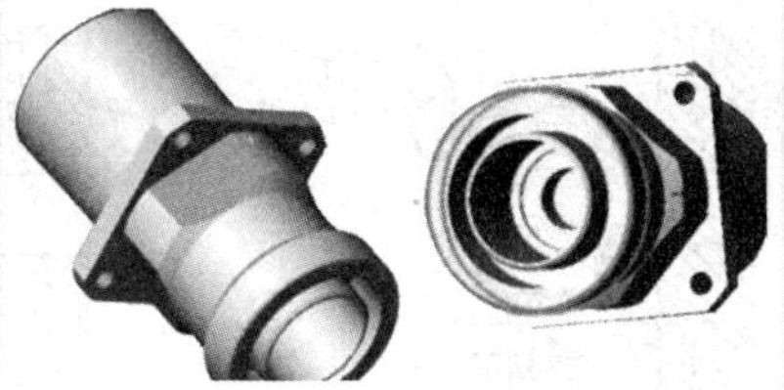

图 5-39　端面沟槽

（二）端面直沟槽车刀

端面直沟槽车刀的几何形状是外圆车刀与内孔车刀的综合，如图 5-40 所示。在端面上切较窄的直槽时车床切槽刀的一个刀尖相当于车削内孔，因此该刀尖的副后刀面必须按端面直沟槽圆弧的大小刃磨成圆弧形并磨有一定的后角，以防与槽的圆弧相碰。端面直沟槽车刀刀尖处的副后刀面的圆弧半径 R 必须小于端面直沟槽的大圆弧半径，以防左副后刀面与工件端面槽孔壁相撞。端面直沟槽车刀刀头狭长且强度更差，工作时以纵向进给为主。

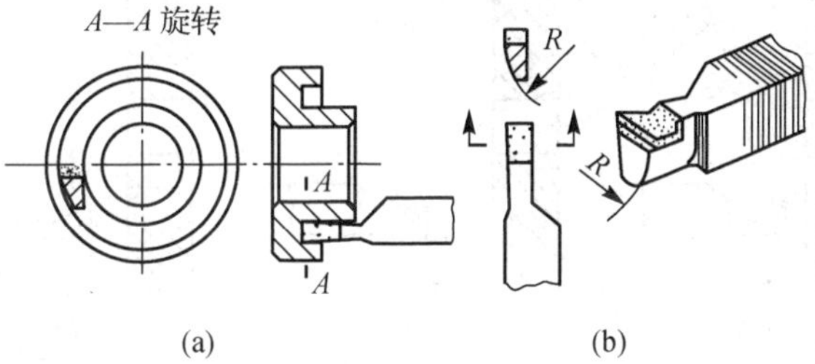

图 5-40　端面直沟槽车刀

端面直沟槽车刀的几何参数如下：前角为 5°～20°，主后角为 6°～12°，副后角为 1°～10°，主偏角为 90°，副偏角为 1°～1° 30′，刃倾角为 0°。

装夹端面直沟槽车刀时主切削刃应垂直于工件轴线，以保证车出直槽底面与工件轴线垂直。

（三）车端面直沟槽

端面直沟槽的车削加工如图 5-41 所示。

（四）车端面 T 形槽

端面 T 形槽的车削加工如图 5-42 所示。先用端面直沟槽车刀车出直槽，再用外侧弯头车槽刀车外侧沟槽，最后用内侧弯头车槽刀车内侧沟槽。为避免弯头刀与直槽侧面圆弧相撞，应将弯头刀刀体侧面磨成圆弧形。弯头刀刀宽等于槽宽，刀高小于直槽宽。

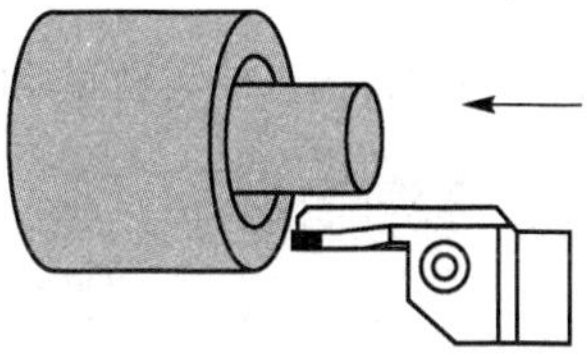

图 5-41　端面直沟槽的车削加工

任务一 任务二 任务三 任务四 任务五 任务六 任务七 任务八 任务九 任务十 任务十一

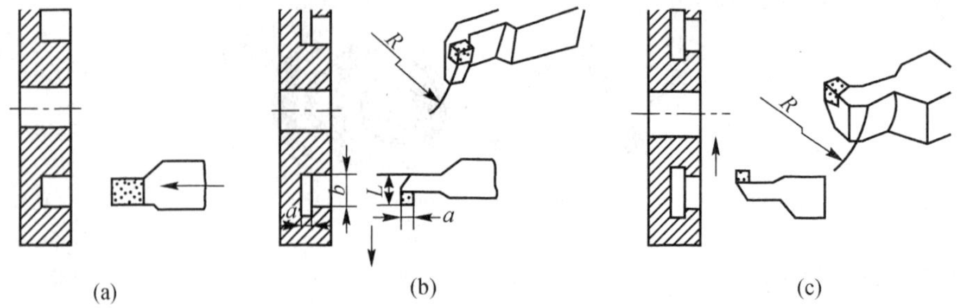

图 5-42 端面 T 形槽的车削加工

（a）车端面直沟槽 （b）车外侧沟槽 （c）车内侧沟槽

（五）车端面燕尾槽

车端面燕尾槽与车端面 T 形槽相似（见图 5-43），只是其弯头刀是三角形而不是方形。

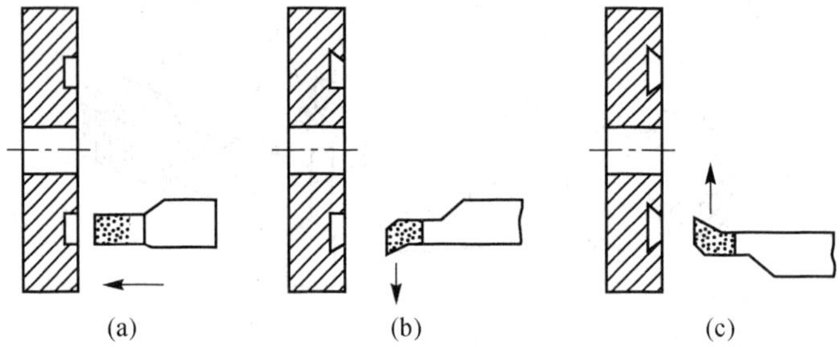

图 5-43 端面燕尾槽的车削加工

（a）车端面直沟槽 （b）车外侧沟槽 （c）车内侧沟槽

（六）端面沟槽的测量

可选择游标卡尺、游标深度尺、样板对端面沟槽进行轴向尺寸和径向尺寸的测量。

用沟形游标卡尺测量端面沟槽深度。

技能拓展

各自寻找带内、外沟槽和端面沟槽的套类零件图，按图进行加工并保证加工质量符合图样要求。

考核与评价

一、理论知识考评

（1）什么是内沟槽、端面沟槽？内沟槽、端面沟槽的加工方法有哪几种？

（2）什么是退刀槽？退刀槽有何作用？

（3）轴向定位槽与退刀槽有何区别？

（4）端面沟槽有哪几种？其有何作用？

（5）内沟槽车刀有何特点？端面沟槽车刀有何特点？

（6）如何检查和测量内沟槽、端面沟槽？如何控制槽深和槽宽？

二、实训技能考评

各小组查阅资料，分析讨论，制定任务方案，完成图 2-5 和图 5-31 零件的加工。沟槽零件加工考核评分标准见表 5-3。

表5-3　沟槽零件加工考核评分标准

项　目	序号	技术要求	配分	评分标准	得分
工艺（15%）	1	工步正确且完整	5	不规范每处扣 1 分	
	2	切削用量合理	5	每错一处扣 1 分	
	3	工艺规范合理	5	不合理每处扣 1 分	
机床操作（20%）	4	刀具选择安装正确	5	不合理每处扣 1 分	
	5	工件装夹正确	5	不合理每处扣 1 分	
	6	机床操作规范	5	不合理每处扣 1 分	
	7	零件加工不出错	5	出错全扣	
工件质量（35%）	8	尺寸精度符合要求	25	不合理每处扣 1 分	
	9	表面粗糙度及形位公差符合要求	10	不合理每处扣 1 分	
文明生产（15%）	10	安全操作	5	出错全扣	
	11	机床维护与保养	5	不合格全扣	
	12	工作场地整理	5	不合格全扣	
相关知识及职业能力（15%）	13	机加工基础知识	5	教师提问	
	14	自学能力	10	教师酌情给分	
		表达沟通能力			
		合作能力			
		创新能力			

任务六

内、外圆锥的车削加工

任务描述

图 6-1 和图 6-2 所示为简单圆锥零件。通过本任务的学习，利用车工的基本操作，按要求加工制作出零件，并对完成后的圆锥零件进行误差分析及加工质量的分析和技能总结。

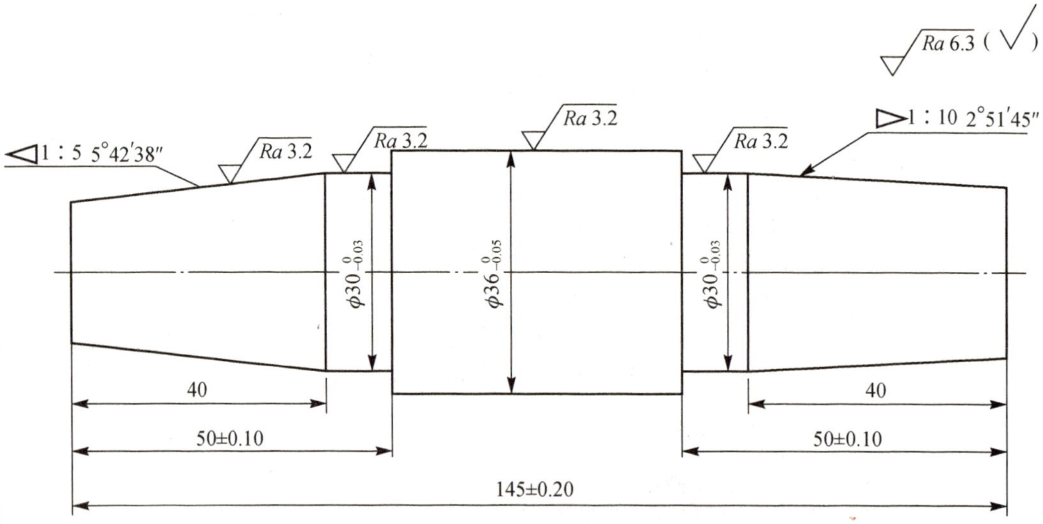

图 6-1 外圆锥零件 1

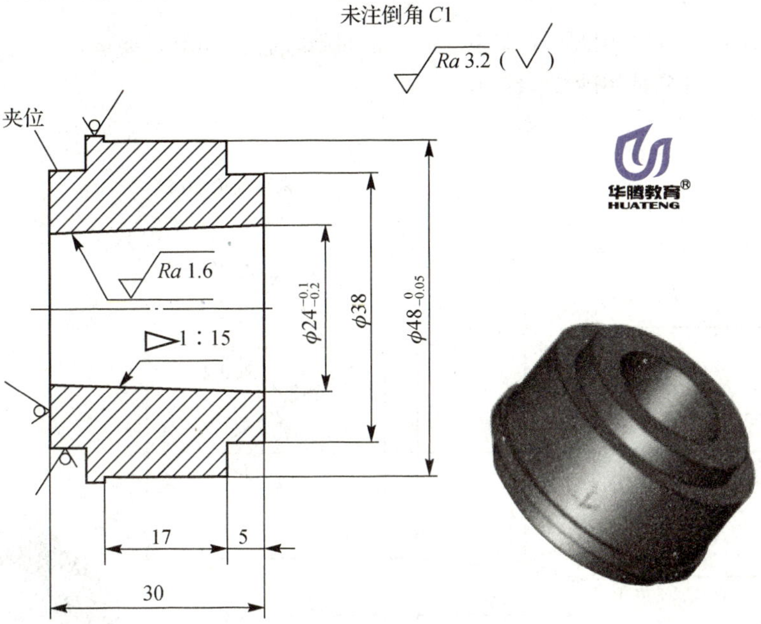

图 6-2 内圆锥零件 1

子任务1 车外圆锥

【知识目标】

1. 掌握圆锥的种类、结构特点和技术要求。
2. 识读圆锥零件图，从图样中得知圆锥的作用。
3. 掌握圆锥车削加工基本操作技能与技巧。
4. 掌握圆锥车削加工的测量和检测。
5. 掌握车圆锥车刀的特点、装夹要点及其刃磨方法和要点。
6. 学会选择圆锥车削加工车刀、切削用量。

【技能目标】

1. 熟练掌握车削圆锥的尺寸控制及锥度控制的方法、要点。
2. 能对带有圆锥的零件进行工艺分析和质量分析。
3. 能通过查阅资料或讨论交流的方式获取所需相关信息。
4. 具有严谨的工作作风和良好的职业道德。

典型工作任务

图 6-1 和图 6-3 所示为用圆棒料车削得到的带外圆锥的轴。其技术要求为未注倒角 *C*0.5，未注表面粗糙度 *Ra* 6.3，不得使用砂布、锉刀。

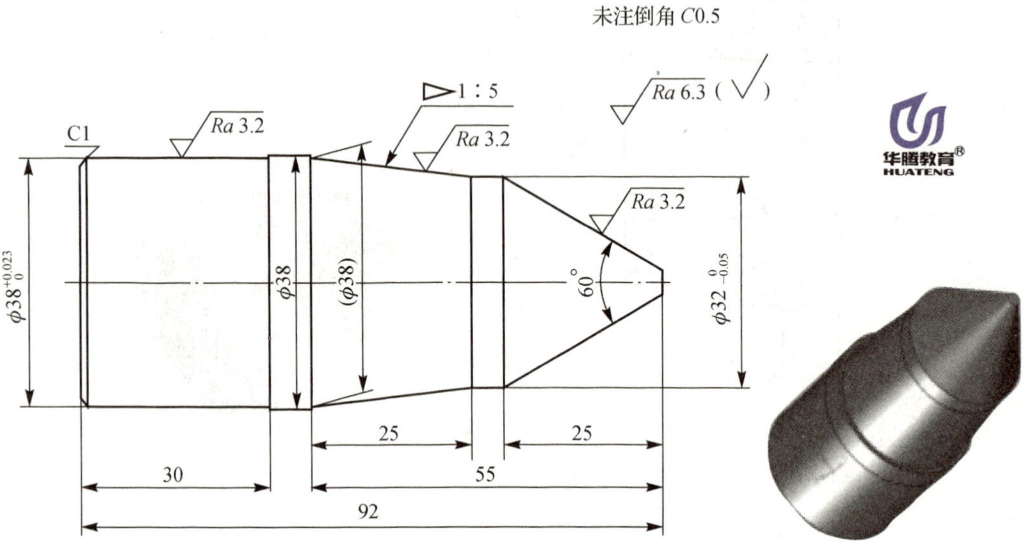

图 6-3　外圆锥零件 2

要求通过外圆锥车削练习掌握外圆锥的车削方法，并能配合游标卡尺、千分尺、圆锥套规、样板等测量工具，保证按要求加工出零件。

相关知识

一、圆锥的基本知识

1. 圆锥面的特点及应用

两相交直线中的一直线绕另一直线旋转一周而得的几何曲面称为圆锥面。圆锥是由圆锥面和一定轴向尺寸、径向尺寸而限定的几何体。

加工圆锥面除了尺寸精度、形位精度和表面粗糙度具有较高要求外，还有角度或锥度的精度要求。采用涂色法检测圆锥面质量，其精度以接触面大小评定，一般采用内、外圆锥配合加工。圆锥面主要应用于圆锥齿轮、锥形主轴、带锥孔齿轮、锥形手柄、锥形套筒和锥柄刀具。

圆锥面配合的特点是当圆锥角 $\alpha \leqslant 3°$ 时，可以传递很大的转矩，同轴度较高，能够做到无间隙配合。

2. 圆锥的各部分名称及相关计算

圆锥各部分名称及基本参数如图 6-4 所示。

基本参数含义如下：

（1）圆锥半角 $\frac{\alpha}{2}$。圆锥角 α 是在通过圆锥轴线的截面内两素线的夹角。车削时常用到的是圆锥半角。

任务一 任务二 任务三 任务四 任务五 任务六 任务七 任务八 任务九 任务十 任务十一

（2）最大圆锥直径 D。最大圆锥直径简称大端直径。

（3）最小圆锥直径 d。最小圆锥直径简称小端直径。

（4）圆锥长度 L。圆锥长度最大直径与最小直径间的轴向距离。

（5）锥度 C。圆锥大、小端直径之差与长度之比即锥度，$C=(D-d)/L$。

圆锥各部分尺寸的计算式为

$$\tan\frac{\alpha}{2}=(D-d)/2L$$

$$C=(D-d)/L=2\tan\frac{\alpha}{2}$$

当圆锥半角 $\frac{\alpha}{2}<6°$ 时，可以用近似公式计算

$$\frac{\alpha}{2}=28.7°\times(D-d)/L=28.7°\times C$$

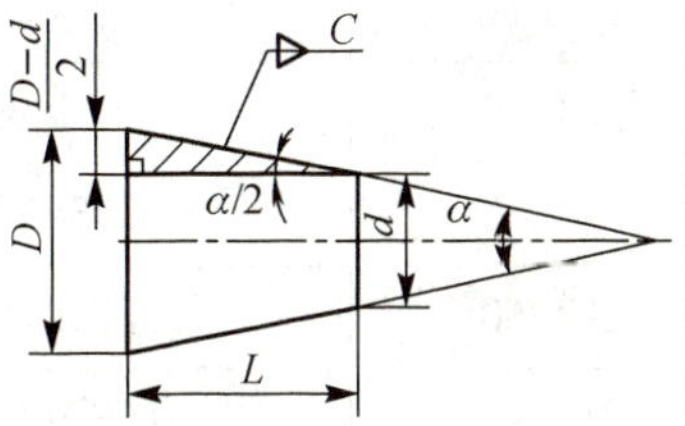

图 6-4　圆锥各部分名称及基本参数

3. 圆锥的种类

圆锥可分为普通圆锥和标准圆锥。

（1）普通圆锥。普通圆锥即特殊情况使用的一般圆锥。

（2）标准圆锥。标准圆锥包括莫氏圆锥和米制圆锥。

① 莫氏圆锥。莫氏圆锥分 0 号、1 号、2 号、3 号、4 号、5 号、6 号共 7 种，其圆锥角、大小端直径、长度都不相等。莫氏锥度号型与锥度见表 6–1。

表6–1　莫氏锥度号型与锥度

号　型	锥度 C
莫氏锥度 No.0	1 ∶ 19.212
莫氏锥度 No.1	1 ∶ 20.047
莫氏锥度 No.2	1 ∶ 20.020
莫氏锥度 No.3	1 ∶ 19.922
莫氏锥度 No.4	1 ∶ 19.254
莫氏锥度 No.5	1 ∶ 19.002
莫氏锥度 No.6	1 ∶ 19.180

② 米制圆锥。米制圆锥有 4 号、6 号、80 号、100 号、120 号、140 号、160 号、200 号共 8 种。其中，140 号米制圆锥不常用。其号数代表大端直径，其锥度恒等于 1 ∶ 20（C=1 ∶ 20）。

常用的标准圆锥锥度及应用见表 6–2。

表6–2　常用的标准圆锥锥度及应用

锥度 C	圆锥角 α	应　用
1 ∶ 4	14°15′	车床主轴法兰及轴头
1 ∶ 5	11°25′16	易拆卸的联接、锥形摩擦离合器等
1 ∶ 7	8°10′16	管件的开关塞、阀等

续表

锥度 C	圆锥角 α	应　　用
1 ∶ 12	4° 46′ 19	部分滚动轴承内环锥孔
1 ∶ 15	3° 45′ 6	主轴与齿轮的配合部分
1 ∶ 16	3° 34′ 47	圆锥管螺纹
1 ∶ 20	2° 51′ 51	米制圆锥，锥形主轴颈
1 ∶ 30	1° 54′ 35	锥柄铰刀和扩孔钻与柄的配合
1 ∶ 50	1° 8′ 45	圆锥定位销及锥铰刀
7 ∶ 24	16° 35′ 39	铣床主轴孔及刀杆的锥体
7 ∶ 64	6° 15′ 38	刨齿机工作台的心轴孔

二、车外圆锥的方法

因为圆锥既要保证车床精度又要保证角度精度，所以在车削时要同时保证尺寸精度和圆锥角度。一般先保证圆锥角度，然后精车控制尺寸精度。车外圆锥的方法有转动小滑板法、偏移尾座法、仿形法、宽刃刀车削法。

（一）转动小滑板法

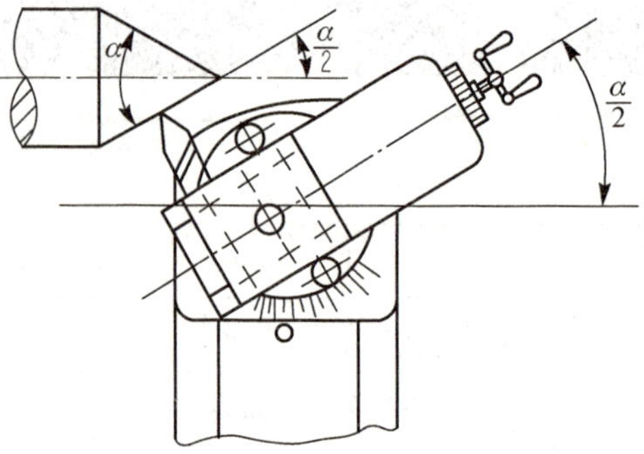

图 6-5　转动小滑板示意图

1. 转动小滑板法车外圆锥的原理、特点与应用

（1）原理。把刀架小滑板按工件的圆锥半角 $\alpha/2$ 要求转动一个相应角度，使车刀的运动轨迹与需要加工的圆锥素线平行。转动小滑板示意图如图 6-5 所示。

（2）特点。其操作简便，调整范围广；因受小滑板行程的限制，只能够加工圆锥角较大而锥面不长的工件；同一工件上加工不同角度的圆锥时调整方便；只能手动进给，劳动强度大，表面粗糙度难控制；由于小滑板长度有限，只能加工素线长度较短的圆锥面。

（3）应用。转动小滑板法适用于单件、小批量生产，特别适于工件长度短、圆锥角较大的圆锥面。

2. 转动小滑板法车外圆锥的方法和步骤

（1）装夹工件和刀具。工件旋转中心必须与主轴旋转中心重合，车刀刀尖必须严格对准工件旋转中心，否则车出的圆锥素线不是直线而是双曲线。

（2）确定小滑板的转动角度。根据工件图样，选择相应的公式计算出圆锥半角 $\alpha/2$，即为小滑板转动的角度。

（3）转动小滑板。用扳手将小滑板下面的转盘螺母松开，将转盘转至需要的圆锥半角 $\alpha/2$，在刻度与基准零线对齐后将转盘螺母紧紧。$\alpha/2$ 的值通常不是整数，其小数部分用目测估计，大致对准后再通过试车逐步找正。

小滑板实际转动的角度可以大于计算值 10′～20′，但不得小于计算值。角度偏小会使圆锥素线车长而难以修复圆锥长度尺寸。

对于正圆锥，工件圆锥大端靠近主轴，圆锥小端靠近尾座，小滑板应逆时针方向转动一个 $\alpha/2$；对于反圆锥，工件圆锥小端靠近主轴，圆锥大端靠近尾座，小滑板应顺时针方向转动一个 $\alpha/2$。

（4）粗车外圆锥。车前调整小滑板镶条间的间隙，依据圆锥长度调整小滑板的行程长度，再按圆锥大端直径车出圆柱体，然后车圆锥面，车前调整小滑板镶条间的间隙，依据圆锥长度调整小滑板的行程长度。

（5）找正圆锥角。用圆锥套规检测圆锥角，依据擦痕情况判断圆锥角度的大小，确定小滑板的调整方向和调整量，调整后再试车，直至圆锥角找正为止，然后粗车圆锥面，留 0.5～1 mm 精车余量；也可用样板或万能角度尺通过透光检验找正工件圆锥角。

（6）精车外圆锥面。其目的是提高工件表面质量、控制圆锥面的尺寸精度，故车刀必须锋利、耐磨。按精加工要求选择切削余量。

3. 转动小滑板法车外圆锥的注意事项

转动小滑板法车外圆锥时应注意：车刀刀尖必须严格对准工件旋转中心，避免产生双曲线误差；车圆锥前加工的圆柱直径应按圆锥大端直径放余量 1 mm 左右；用圆锥套规检查时，套规和工件表面均用绢布擦干净；工件表面粗糙度必须小于 3.2 μm，并去毛刺；涂色要薄而均匀，转动量应在半圈以内，不可来回转动；在车削过程中，锥度一定要严格、精确地计算、调整，长度尺寸必须严格控制；车刀刀刃要始终保持锋利，工件表面要一刀车出。

（二）偏移尾座法

1. 偏移尾座法车外圆锥的原理、特点与应用

（1）原理。加工时采用两顶装夹，将尾座向内、外偏移一定距离 S，使加工回转轴线与主轴回转轴线相交一个角度，其大小等于圆锥半角 $\frac{\alpha}{2}$。

$$S=L_0\tan\frac{\alpha}{2}=L_0(D-d)/2L$$

或

$$S=CL_0/2$$

偏移尾座法示意图如图 6-6 所示。

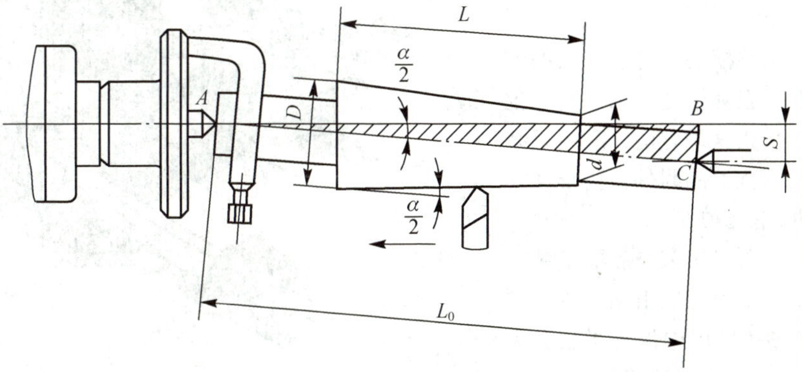

图 6-6 偏移尾座法示意图

（2）特点。偏移尾座法加工因受尾座偏移量的限制而不能加工锥度较大的工件；可以采用纵向自动进给，表面粗糙度值低，工件表面质量好；因顶尖在中心孔中呈歪斜的接触不良，故顶尖和中心孔磨损不均匀；不能加工整体圆锥体。

（3）应用。偏移尾座法适于加工锥度较小、锥体部分较长、精度不高的工件。

2. 尾座的偏移方向和偏移方法

对于顺圆锥（大端靠近主轴），尾座向内偏移；对于倒圆锥（小端靠近主轴），尾座向外偏移。尾座的偏移方法如下：

（1）用尾座的刻度偏移尾座。

（2）用百分表偏移尾座。

（3）用锥度量棒或试件偏移尾座。

无论哪种方法都有误差，都必须通过试切逐步修正，达到比较精确的目的，从而满足工件的要求。

3. 偏移尾座法车外圆锥的方法和步骤

（1）计算尾座偏移量。$S=L_0\tan\dfrac{\alpha}{2}=L_0（D-d）/2L$ 或 $S=CL_0/2$

（2）装夹工件。将前、后顶尖对齐（尾座上下零线对齐），在工件两中心孔内涂油脂，用两顶尖装夹工件，工件在两顶尖间的松紧程度以手不能拨动工件，而工件无轴向窜动为宜。

（3）粗车外圆锥面。确定好切削用量，采用自动进刀粗车外圆锥。如果 C 偏大，那么反向移动尾座；如果 C 偏小，那么同向移动尾座。反复调整试车，直至圆锥角找正为止，然后粗车外圆面，留 0.5 ～ 1 mm 精车余量。

（4）精车外圆锥面。利用计算法或移动床鞍法确定切削深度 a_p，自动进给精车外圆锥面至要求的尺寸。

4. 偏移尾座法车外圆锥的注意事项

偏移尾座法车外圆锥时应注意：粗车时进刀不宜过深，应首先找正圆锥，以防工件报废；精车圆锥面时，a_p 和 f 都不能太大，否则影响锥面进给质量；随时注意两顶尖间松紧和前顶尖磨损的情况，以防工件飞出伤人；偏移尾座时，应仔细、耐心调整，熟练掌握偏移方向；如果工件数量较多，其长度和中心孔的深浅、大小必须一致，否则都将引起工件总长度 L_0 发生变化，从而使加工出的工件锥度不一致。

（三）仿形法

1. 仿形法车外圆锥的原理、特点与应用

仿形法又称靠模法，对于较长的外圆锥和圆锥孔，当其精度要求较高而批量又较大时常采用这种方法。靠模板装置是车床加工圆锥面的附件。仿形法车外圆锥示意图如图 6–7 所示。

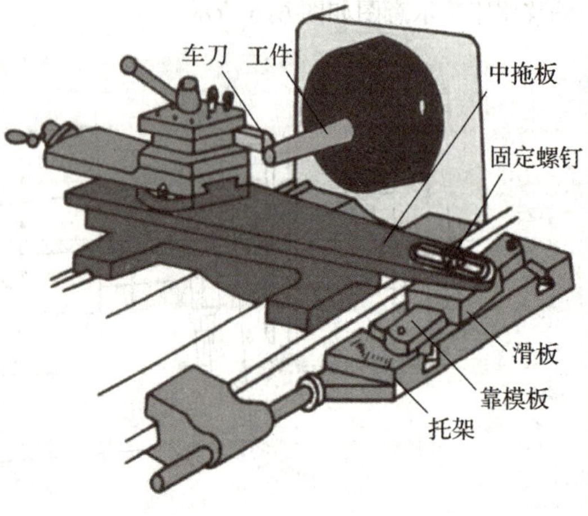

图 6–7　仿形法车外圆锥示意图

（1）原理。在车床床身后面安装一固定靠模板，其斜角可以根据工件的圆锥半角 $\alpha/2$ 调整；取出中滑板丝杠，刀架通过中滑板与滑块刚性连接。这样，当床鞍纵向进给时，滑块沿着固定靠模

板中的斜槽滑动，带动车刀做平行于靠模板斜面的运动，使车刀刀尖的运动轨迹平行于靠模板的斜面，这样就车出了外圆锥。

（2）特点。仿形法调整锥度准确、方便，生产效率高，适于批量生产；能够自动进给，表面粗糙度 *Ra* 值较小，表面质量好；靠模装置角度调整范围小，一般适于圆锥半角 $\alpha/2$ 在 12° 以内的工件。

（3）应用。仿形法适用于表面粗糙度值低、$\alpha/2<12°$ 的工件的批量生产。

2. 仿形法靠模的倾斜方向

靠模的倾斜方向为正圆锥向外倾斜，倒圆锥向内倾斜。

3. 仿形法车外圆锥的方法和步骤

（1）计算圆锥半角。按下式计算圆锥半角：

$$\tan\frac{\alpha}{2}=(D-d)/2L$$

或

$$\frac{\alpha}{2}=28.7°\times(D-d)/L=28.7°\ C$$

圆锥半角计算公式常数参数见表 6–3。

表6-3 圆锥半角计算公式常数参数

$(D-d)/L$ 或 C	常　数	备　注
0.10 ~ 0.20	28.6°	本表适用于圆锥半角为 6 °~ 13°的情况
0.20 ~ 0.29	28.5°	
0.29 ~ 0.36	28.4°	
0.36 ~ 0.40	28.3°	
0.40 ~ 0.45	28.2°	

（2）取出中滑板丝杠。安装靠模板，调整靠模角度。注意靠模板的倾斜方向，滑块在滑槽内应滑动顺畅。

（3）装夹工件。将前、后顶尖对齐，在工件两中心孔内涂油脂，用两顶尖装夹工件。工件在两顶尖间的松紧程度以手不能拨动工件而工件无轴向窜动为宜。

（4）粗车外圆锥，检查锥度，修正圆锥半角 $\alpha/2$，再精车外圆锥。

（四）宽刃刀车削法

1. 宽刃刀车削法车外圆锥的原理、特点与应用

（1）原理。宽刃刀车外圆锥面实质上也属于成型法车削，即用成形刀具对工件进行加工。它是在车刀安装后，使主切削刃与主轴轴线的夹角等于工件的圆锥半角 $\alpha/2$，采用横向进给的方法加工出外圆锥面，如图 6–8 所示。

（2）特点。切削刃必须平直，刃倾角为零，车床及车刀系统刚性好，切削速度低、切削深度小于 0.1 mm。

（3）应用。宽刃刀车削法适用于圆锥在一端、锥度不长的圆锥的精车。

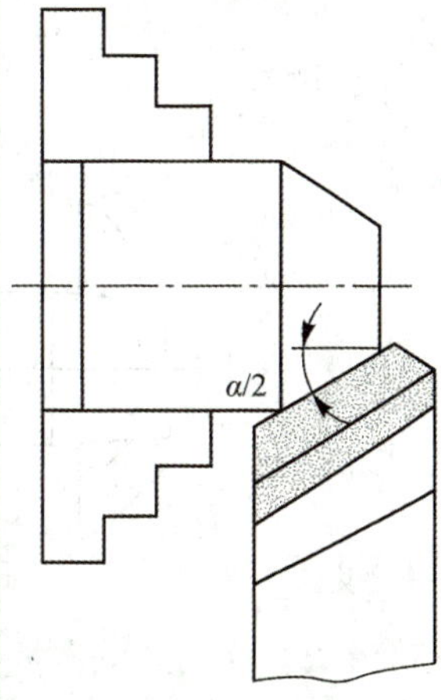

图 6–8　宽刃刀车外圆锥示意图

2. 宽刃刀车削法车外圆锥的方法和步骤

第一步：备好宽刃刀，切削刃必须平直，刃倾角为零。

第二步：选择车床及车刀系统刚性好的车床。

第三步：选择切削用量，切削速度要低、切削深度要小。a_p 小于 0.1 mm。

第四步：按圆锥的大端车出圆柱体，然后用宽刃刀在端口处横向进刀车出圆锥，注意小端直径要准确。若圆锥较长，则用多次进刀的方法进行车削加工，但接刀处必须严整。

3. 宽刃刀车削法车外圆锥的注意事项

宽刃刀车削法车外圆锥时应注意单夹式工件装夹伸出不要太长；刀具刃磨要符合要求，a_p<0.1，v_c<60m/min，f=0.1 ~ 0.3 mm/r。

三、外圆锥的检测

1. 角度和锥度的检测

（1）用万能角度尺检测。准确使用万能角度尺测量外圆锥的角度和锥度，如图 6-9 所示。

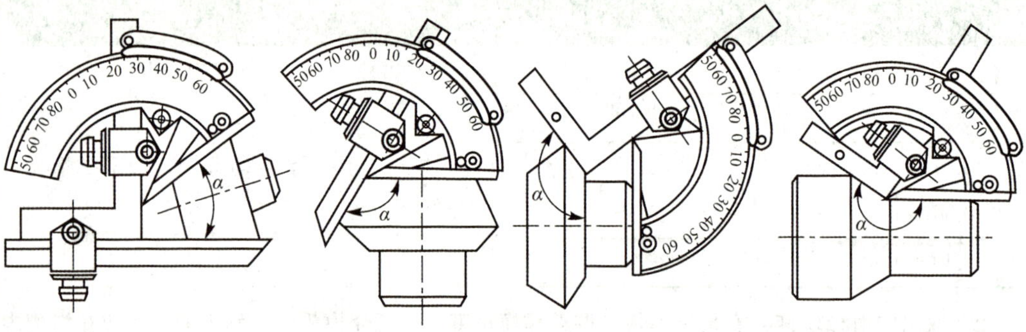

图 6-9 用万能角度尺检测外圆锥角度和锥度

（2）用角度样板检测。将角度样板紧贴于圆锥面，常用透光方法观察样板与被测圆锥面的透光情况，判定外圆锥是否准确，如图 6-10 所示。

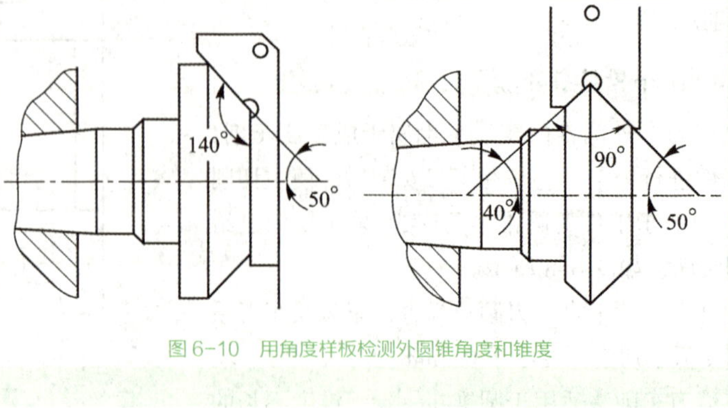

图 6-10 用角度样板检测外圆锥角度和锥度

（3）用正弦规检测。正确使用正弦规检测，通过计算角度判断外圆锥准确与否，如图 6-11 所示。

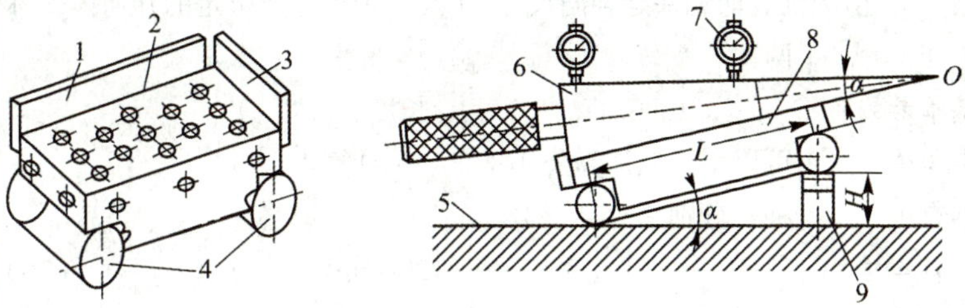

图 6-11　用正弦规检测外圆锥角度和锥度

1—后挡板；2—底板；3—侧挡板；4—标准圆柱体；5—工作台；6—被测圆锥；7—百分表；8—两标准圆柱体中心距；9—量块；α—圆锥半角；H—量块总高度（尺寸）

（4）用圆锥套规检测。在外圆锥表面内涂一层薄薄的显色剂，将圆锥套规沿着外圆锥轴线慢慢套入，然后稍向轴向施力转动 1/3 周，取下套规，观察工件表面显示剂被擦去的情况。若三条显示剂全长擦痕均匀，则表明圆锥接触良好，锥度正确。若圆锥大端显示剂被擦去，小端显示剂未被擦去，则说明圆锥角大了；相反，若小端显示剂被擦去，大端未被擦去，则说明圆锥角小了，如图 6-12 所示。

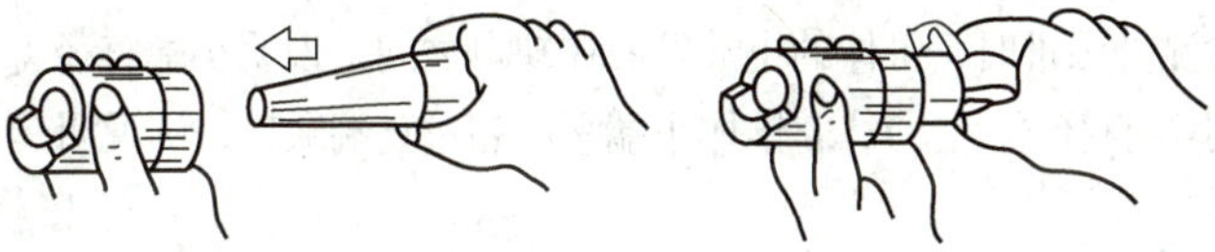
(a)　　(b)

图 6-12　用圆锥套规检测外圆锥角度和锥度

2. 尺寸的检测

圆锥尺寸用卡钳和千分尺检测。测量外圆锥的大、小端直径及其长度，然后通过计算判断外圆锥的准确与否。

技能拓展

各自寻找带圆锥轴的零件图，按图进行加工并保证加工质量符合图样要求。

考核与评价

一、理论知识考评

1. 什么是圆锥？外圆锥的车加工方法有哪几种？

2. 圆锥配合面的主要特点是圆锥角较少（　　）时，可以传递很大的转矩，同轴度（　　）、能做到（　　）配合。常用标准圆锥有（　　）和（　　）两种。

3. 加工圆锥时，除了尺寸精度、（　　）精度、（　　）具有较高要求外，还有角度（锥度）的精度要求，角度精度用加减角度的（　　）或（　　）表示。

4. 精度要求较高的圆锥面常用涂色法检验，其精度以接触面（　　）判定。

任务一 任务二 任务三 任务四 任务五 任务六 任务七 任务八 任务九 任务十 任务十一

5. 圆锥表面是由于轴线成一定（　　）且一端相交于轴线的一条线段（　　），绕该轴线旋转一周所形成的（　　）。由圆锥表面和一定轴向尺寸、（　　）尺寸所限定的几何体，称为（　　）。圆锥分为（　　）和（　　）两种。

6. 圆锥的基本参数有（　　）、（　　）、（　　）、长度、（　　）。

7. 当圆锥半角（　　）可以用近似计算公式（　　）计算。

8. 莫氏圆锥有（　　）种，分别是（　　）。

9. 米制圆锥有 4 号、（　　）、（　　）、（　　）、120 号、（　　）、（　　）和 200 号 8 种。

10. 米制圆锥的锥度恒为（　　）。

11. 车外圆锥的方法有转动小滑板法、（　　）、（　　）、（　　）。

12. 车顺圆锥时，小滑板（　　）时针旋转一个圆锥半角；车倒圆锥时，小滑板（　　）时针旋转一个圆锥半角。

13. 车外圆锥的步骤是什么？

14. 转动小滑板法车外圆锥的特点是什么？转动小滑板法车外圆锥的注意事项有哪些？

15. 偏移尾座法车外圆锥，适于圆锥半角（　　）。

16. 偏移尾座法车外圆锥的特点是什么？ 偏移尾座法车外圆锥的注意事项有哪些？

17. 仿形法车外圆锥的原理、特点是什么？

18. 宽刃刀车外圆锥的实质是（　　）。

19. 外圆锥的角度、锥度的检测方法有万能角度尺检测、（　　）检测、（　　）检测、（　　）检测。

20. 用圆锥套规检测外圆锥时，锥体的小端平面在缺口之间，说明小端直径（　　）。若锥体小端未进入缺口，则说明其小端直径（　　）；若锥体小端平面超过止端缺口，则说明其小端直径（　　）了。

二、实训技能考评

各小组查阅资料，分析讨论，制定任务方案，完成图 6–1 和图 6–3 所示零件的加工。外圆锥零件加工考核评分标准见表 6–4。

表6-4　外圆锥零件加工考核评分标准

项　目	序号	技术要求	配分	评分标准	得分
工艺（15%）	1	工步正确且完整	5	不规范每处扣 1 分	
	2	切削用量合理	5	每错一处扣 1 分	
	3	工艺规范合理	5	不合理每处扣 1 分	
机床操作（20%）	4	刀具选择安装正确	5	不合理每处扣 1 分	
	5	工件装夹正确	5	不合理每处扣 1 分	
	6	机床操作规范	5	不合理每处扣 1 分	
	7	零件加工不出错	5	出错全扣	
工件质量（35%）	8	尺寸精度符合要求	25	不合理每处扣 1 分	
	9	表面粗糙度及形位公差符合要求	10	不合理每处扣 1 分	

续表

项　目	序号	技术要求	配分	评分标准	得分
文明生产（15%）	10	安全操作	5	出错全扣	
	11	机床维护与保养	5	不合格全扣	
	12	工作场地整理	5	不合格全扣	
相关知识及职业能力（15%）	13	机加工基础知识	5	教师提问	
	14	自学能力	10	教师酌情给分	
		表达沟通能力			
		合作能力			
		创新能力			

子任务2 车内圆锥

【知识目标】

1. 掌握内圆锥的种类、结构特点和技术要求。
2. 识读内圆锥零件图，从图样中得知圆锥的作用。
3. 掌握内圆锥车削加工基本操作技能技巧、测量和检测、工艺分析及质量分析的方法。
4. 掌握车内圆锥车刀的特点、选用、刃磨方法与要点及装夹要点。
5. 合理选择内圆锥车削加工时的切削用量及切削液。

【技能目标】

1. 熟练掌握内圆锥车削加工的方法和要点。
2. 掌握内圆锥尺寸控制及锥度控制的方法和要点，内圆锥车刀的刃磨及合理选用。
3. 能对带有内圆锥的零件进行工艺分析和质量分析。
4. 能通过查阅资料或讨论交流的方式获取所需相关信息。
5. 具有严谨的工作作风和良好的职业道德。

典型工作任务

图 6-2 和图 6-13 所示为用圆棒料车削得到的带内圆锥的套。其技术要求为未注倒角 *C*1，未注表面粗糙度 *Ra* 3.2，不得使用砂布、锉刀。

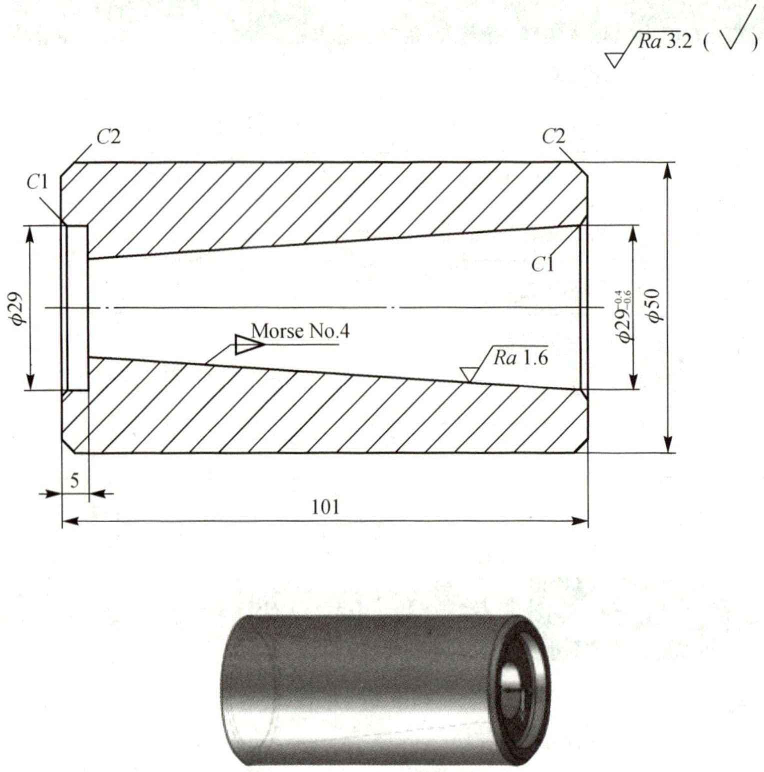

图 6-13 内圆锥零件 2

要求通过内圆锥车削练习掌握内圆锥车削方法，并能配合游标卡尺、千分尺、圆锥塞规、样板等测量工具，保证按要求加工出零件。

相关知识

车内圆锥比车外圆锥要困难，因为车锥孔时不易观测和测量，为便于加工、测量、排屑，应将锥孔大端靠近尾座方向。其加工方法有转动小滑板法、仿形法和圆锥铰刀铰削法。

一、转动小滑板法车内圆锥

转动小滑板法适用于车削圆锥孔较大、锥度不长的内圆锥。

1. 转动小滑板法车内圆锥的方法和步骤

（1）钻孔。用小于锥孔小端直径 1 ～ 2 mm 的麻花钻钻底孔。

（2）内孔车刀的选择及装夹。尽可能增加刀柄直径（圆形刀柄），用车端面的方法调整车刀，使车刀刀尖严格对准工件中心，刀柄伸出长度应保证其切削行程。装好车刀后停车，手动使刀柄伸出长度在孔内行至终点，检查刀柄是否与孔壁相撞。

（3）转动小滑板。按计算出的圆锥半角，将小滑板逆时针转动 $\alpha/2$；如果是加工配合圆锥面，那么转动小滑板后先车好外圆锥面，然后不动小滑板，将内圆锥车刀反装，使切削刃向下，主轴仍然正转，便可以加工出与圆锥体相配合的圆锥孔（其配合精度较高），如图 6-14 所示。

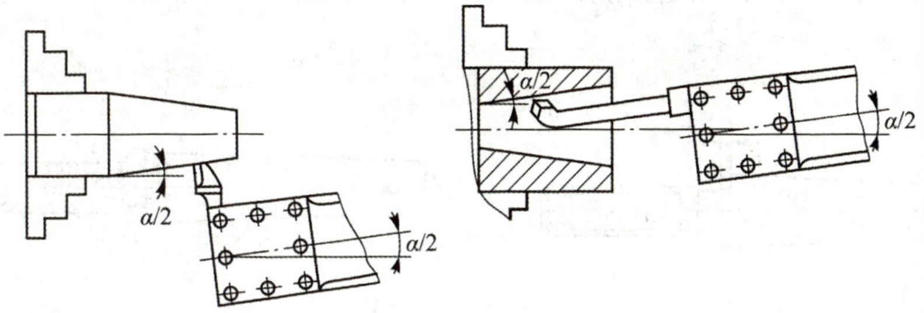

图 6-14　配车圆锥方法 1

按计算出的圆锥半角，使小滑板顺时针转动 α/2；如果是加工配合圆锥面，那么转动小滑板后先车好外圆锥面，此时反装外圆锥车刀，然后不动小滑板，将内圆锥车刀正装进行车削，主轴仍然正转，便可以加工出与圆锥体相配合的圆锥孔（其配合精度较高），如图 6-15 所示。

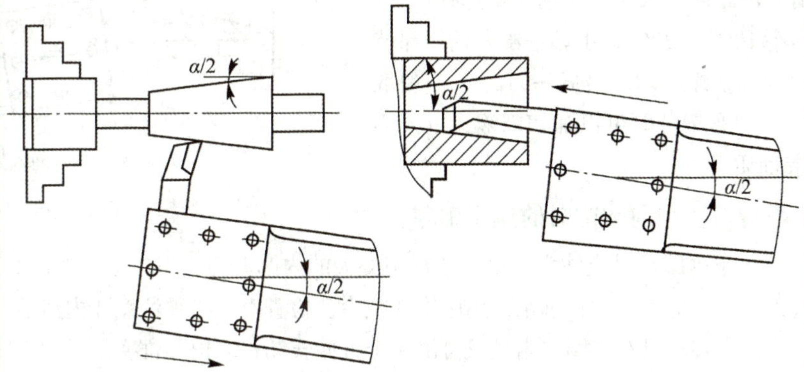

图 6-15　配车圆锥方法 2

按计算出的圆锥半角，使小滑板顺时针转动 α/2；将内圆锥车刀正装，然后车削内圆锥，内圆车刀及小滑板不动，最后车外圆锥，如图 6-16 所示。

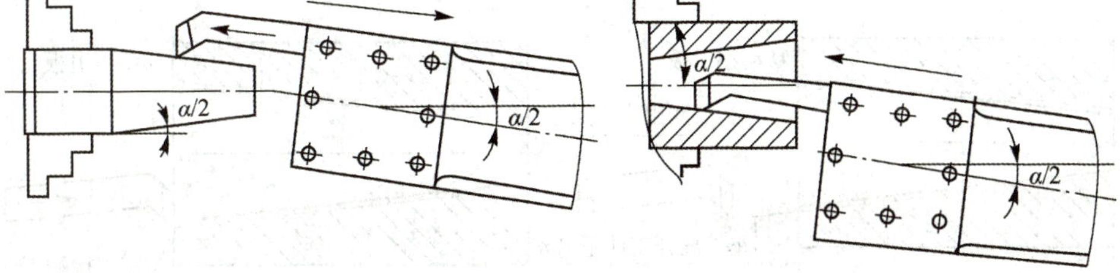

图 6-16　配车圆锥方法 3

（4）粗车内圆锥面。粗车内圆锥面与车外圆锥面一样。先用圆锥塞规校准圆锥角，然后精车。当塞规能够塞进工件大概一半时，校正圆锥角，内圆锥端面在尺寸 m 范围内即符合要求，如图 6–17 所示。

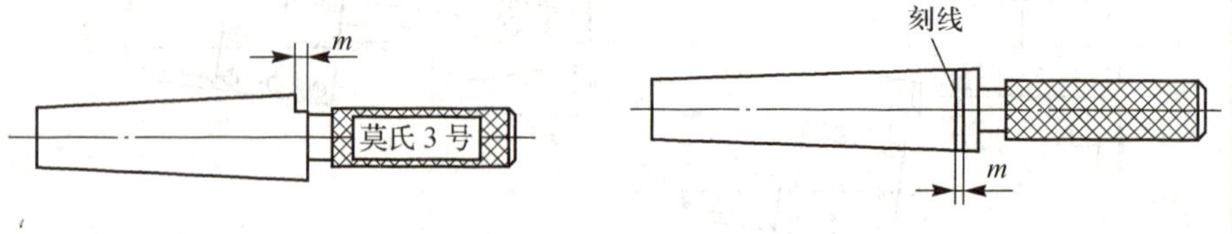

图 6–17　圆锥塞规

（5）精车内圆锥面。与精车外圆锥面控制尺寸的方法相同。

（6）车对称锥孔。按计算的圆锥半角逆时针转动小滑板，车右端内圆锥，主轴正转；然后将内圆车刀反向装夹，主轴反转，车左端内圆锥，如图 6–18 所示。

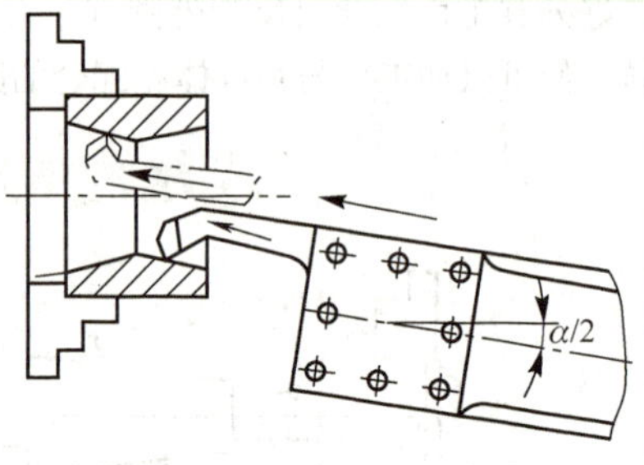

图 6–18　车对称锥孔

2. 转动小滑板法车内圆锥时切削用量的选择

转动小滑板法车内圆锥时，切削用量选择如下：v_c 比车外圆锥小 10% ～ 20%；手动进给要始终保持均匀，不得停顿和快慢不均；最后一刀的 a_p 一般取 0.1 ～ 0.2 为宜；精车钢件时可以加切削液，以减小 Ra 值，提高表面质量。

3. 转动小滑板法车内圆锥时的注意事项

转动小滑板法车内圆锥时应注意：尽量选择刚度大的内圆车刀，刀尖必须严格对准工件中心；粗车时不宜进刀过深，应大致找正圆锥；用圆锥塞规涂色检查时，必须注意孔内清洁，显示剂必须涂在圆锥塞规表面，转动量在半圈之内且只可沿一个方向转动；取出圆锥塞规时注意安全，不能敲击，以防工件移位；精车锥孔时要以圆锥塞规上的刻线来控制内圆锥孔尺寸，如图 6–19 所示。

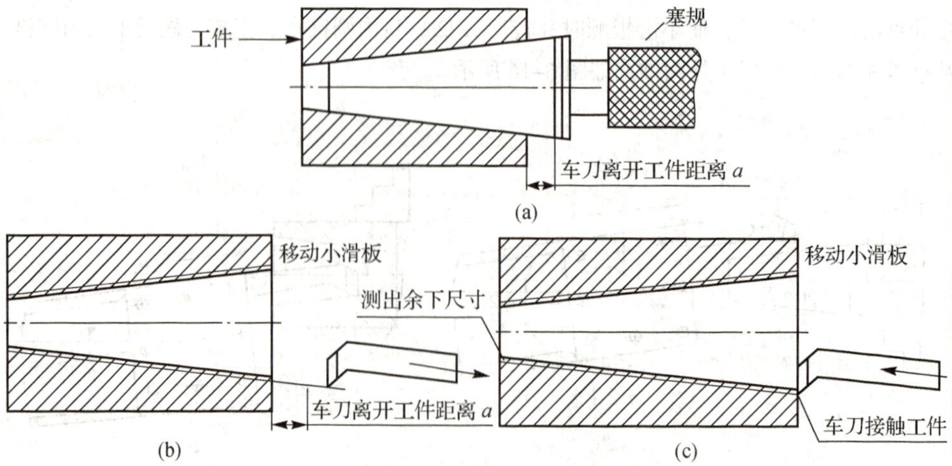

图 6–19　车内圆锥的注意事项

二、仿形法车内圆锥

仿形法车内圆锥的特点是圆锥半角 $\alpha/2$ 小于 12°，圆锥锥度稍长。其原理与车外圆锥原理相同；工作方法和步骤与车外圆锥方法和步骤一样，只要把锥度靠模板按与车外圆锥面时反转一个适当的角度，并装上内圆车刀便可加工。

仿形法适用于工件批量较大、圆锥半角 $\alpha/2$ 小于 12° 的圆锥加工。

三、圆锥铰刀铰削法车内圆锥

1. 圆锥铰刀铰削法车内圆锥的特点与原理

圆锥铰刀铰削法车内圆锥的特点是圆锥直径较小，精度较高，锥度也较小。其原理是圆锥铰刀加工圆锥的锥度与铰刀的锥度一致。

2. 圆锥铰刀铰削法车内圆锥的方法、步骤

圆锥铰刀铰削法车内圆锥的方法、步骤如下：

（1）依照图样（锥孔直径、锥孔精度、锥孔深度）要求选择合适的粗、精铰刀，如图 6-20 所示。

图 6-20　圆锥铰刀

（2）依具体情况安排工序：钻—车—铰，钻—铰，钻—扩—铰。车后，留粗铰余量 0.1 ～ 0.2 mm，精铰余量 0.05 ～ 0.15 mm。

3. 圆锥铰刀铰削法车内圆锥时切削用量的选择

圆锥铰刀铰削法车内圆锥时切削用量选择如下：因切削刃长、切削面积大、排屑困难，故切削余量要小些，v_c<5 m/min；而且进给要均匀，f 依锥度大小而定，锥度大则 f 小些，锥度小则 f 大些，于钢件 f=0.15 ～ 0.3 mm/r，铸件 f=0.3 ～ 0.5 mm/r。

铰孔时必须加注切削液。

4. 圆锥铰刀铰削法车内圆锥的注意事项

圆锥铰刀铰削法车内圆锥时应注意：铰刀轴线必须与主轴轴线重合，常采用浮动夹头装夹铰刀；内锥孔的质量靠铰刀保证，故铰刀不能撞击，要妥善保管；铰孔时要保持孔内清洁、经常退刀并且充分加注切削液；铰孔时，车床只能正转而不可反转。

四、内圆锥面的检测

（1）角度和锥度的检测。用圆锥塞规（图 6-17）涂色检测。判断圆锥角大小的方向正好相反，若小端擦着而大端未擦着，则说明圆锥角大；若小端未擦着而大端擦着，则说明圆锥角小。

（2）尺寸的检测。使用游标卡尺、千分尺测量内圆锥的线性尺寸（内圆锥大、小端直径及其长度）。

五、圆锥车削加工质量分析

圆锥车削加工产生废品的原因及预防方法见表 6–5。

表6–5 圆锥车削加工产生废品的原因及预防方法

废品问题	产生原因	预防方法
锥度、角度不正确	用转动小滑板车削时： （1）小滑板转动角度计算出错或小滑板角度调整不当； （2）车刀没有固定； （3）小滑板移动时松紧不匀	（1）仔细计算圆锥半角、试车校准方向反复调整； （2）紧固车刀； （3）调整镶条间隙，使小滑板要点均匀
	用偏移尾座法车削时： （1）尾座偏移位置不正确； （2）工件长度不一致	（1）重新计算和调整尾座偏移量； （2）工件车刀及中心孔深度必须一致
	用仿形法车削时： （1）靠模角度调整不正确； （2）滑板与锥度靠模板配合不良	（1）重新调整锥度靠模板角度； （2）调整滑块和锥度靠模板的间隙
	用宽刃刀车削时： （1）装刀不正确； （2）切削刃不直； （3）刃倾角不等于零	（1）调整切削刃的角度和对准中心； （2）修磨切削刃的直线度； （3）重新刃磨刃倾角，使之为零
	铰内圆锥时： （1）铰刀锥度不正确； （2）铰刀轴线与主轴轴线不重合	（1）修磨铰刀； （2）用百分表和试棒调整尾座套筒轴线
大、小端尺寸不正确	（1）未经常测量大、小端直径； （2）控制刀具进给错误	（1）经常测量大、小端直径； （2）及时测量，用计算法或移动床鞍法控制切削深度 a_p
双曲线误差	车刀刀尖未对准工件轴线	车刀刀尖必须严格对准工件轴线
表面粗糙度达不到要求	（1）切削原理选择不当； （2）手动进给时快时慢； （3）车刀角度不正确，刀尖不锋利； （4）小滑块镶条间隙不当； （5）未留足精车或铰削余量	（1）正确选择切削用量； （2）手动进给要均匀，快慢一致； （3）刃磨车刀角度要正确，刀尖要锋利； （4）调整小滑板镶条间隙； （5）留足精车或铰削余量

六、圆锥车削加工工艺分析举例

说明图 6–1 所示零件的加工步骤和工艺分析。

（1）刀具刃磨，工量具准备。

（2）工件安装。夹毛坯伸出 20 mm 找正，粗车 $\phi 42\times 6$ 夹位。

（3）内孔车刀安装。

① 安装时刀尖对准工件中心，精车刀稍高于工件中心。

② 安装时刀杆应与工件轴心平行。

③ 刀杆伸出长度尽可能短些，比孔长 5 mm 左右。

装夹后，让车刀在孔内试走一遍，避免与孔壁相碰。

（4）加工步骤。

① 夹毛坯外圆，车 $\phi 42\times 6$ 夹位。

② 将工件掉头，夹 $\phi 42\times 6$ 夹位，粗车端面。

③ 钻 $\phi 21$ 通孔。

④ 粗车 $\phi 38\times 5$、$\phi 48$ 外圆，留余量 0.5 mm。

⑤ 粗车 $\phi 24$ 通孔至 $\phi 21.7$。

⑥ 粗车锥孔，控制大端直径在 $\phi 24$ 至 $\phi 23.5$。

⑦ 精车锥孔至尺寸（与外圆锥配合精车、控制基面距）。

⑧ 精车 $\phi 48$ 外圆至尺寸。

⑨ 精车端面及 $\phi 38\times 5$ 尺寸。

⑩ 倒角 $C1$（检测各尺寸）。

⑪ 将工件掉头，（垫铜皮）夹 $\phi 48$ 外圆，找正，粗车 $\phi 38\times 5$ 外圆、端面及总长，各留 0.5 mm 余量。

⑫ 松开工件，轻夹 $\phi 38\times 5$ 外圆（靠平端面），精车端面取总长及平行度至尺寸要求，精车 $\phi 38\times 5$ 外圆及端面，倒角 $C1$（检测各尺寸，完工）。

技能拓展

各自寻找内圆锥零件图，按图进行加工并保证加工质量符合图样要求。

考核与评价

一、理论知识考评

（1）什么是内圆锥？内圆锥的车加工方法有哪几种？

（2）圆锥配合面的主要特点是:圆锥角较小（　　）时，可以传递很大的转矩，同轴度（　　）、能做到（　　）配合。

（3）加工内圆锥时，除了尺寸精度、（　　）精度、（　　）具有较高要求外，还有角度（锥度）的精度要求，角度精度用加减角度的（　　）或（　　）表示。

（4）精度要求较高的内圆锥面常用涂色法检验，其精度以接触面（　　）判定。

（5）车内圆锥的方法有转动小滑板法、（　　）、（　　）、（　　）。

（6）车内圆锥时，小滑板（　　）时针旋转一个圆锥半角。

（7）车内圆锥的步骤是什么？

（8）转动小滑板法车内圆锥的特点是什么？

（9）转动小滑板法车内圆锥的注意事项有哪些？

（10）车内圆锥能否用偏移尾座法？为什么？

（11）圆锥铰刀铰削法车内圆锥的特点是什么？注意事项有哪些？

（12）仿形法车内圆锥的原理、特点是什么？

（13）内圆锥的角度、锥度的检测方法有万能角度尺检测、（　　）检测、（　　）检测、（　　）检测。

（14）内圆锥尺寸用卡钳和（　　）检测、（　　）用圆锥套规检测。

（15）用圆锥塞规检测内圆锥时，锥体的小端平面在缺口之间，说明小端直径（　　）。若锥体小端未进入缺口，则说明其小端直径（　　）；若锥体小端平面超过了止端缺口，则说明其小端直径（　　）。

（16）内圆锥车刀切削部分的几何角度与内圆车刀有区别吗？

（17）内圆锥的车削加工方法各有何特点？如何保证内圆锥的车削质量？

（18）内圆锥车刀如何装夹？

（19）车削内圆锥时切削用量选择多少为好？

二、实训技能考评

各小组查阅资料，分析讨论，制定任务方案，完成图 6-2 和图 6-13 所示零件的加工。内圆锥零件加工考核评分标准见表 6-6。

表6-6　内圆锥零件加工考核评分标准

项　　目	序号	技术要求	配分	评分标准	得分
工艺（15%）	1	工步正确且完整	5	不规范每处扣 1 分	
	2	切削用量合理	5	每错一处扣 1 分	
	3	工艺规范合理	5	不合理每处扣 1 分	
机床操作（20%）	4	刀具选择安装正确	5	不合理每处扣 1 分	
	5	工件装夹正确	5	不合理每处扣 1 分	
	6	机床操作规范	5	不合理每处扣 1 分	
	7	零件加工不出错	5	出错全扣	
工件质量（35%）	8	尺寸精度符合要求	25	不合理每处扣 1 分	
	9	表面粗糙度及形位公差符合要求	10	不合理每处扣 1 分	
文明生产（15%）	10	安全操作	5	出错全扣	
	11	机床维护与保养	5	不合格全扣	
	12	工作场地整理	5	不合格全扣	
相关知识及职业能力（15%）	13	机加工基础知识	5	教师提问	
	14	自学能力	10	教师酌情给分	
		表达沟通能力			
		合作能力			
		创新能力			

子任务3 内、外圆锥配车加工

【知识目标】

1. 掌握内、外圆锥配合车削的方法、步骤、要点及基本操作技能、技巧。
2. 掌握内、外圆锥配合车削加工的测量和检测及工艺分析及质量分析。
3. 掌握车内、外圆锥车刀的特点、选用、刃磨、装夹方法和要点。
4. 合理选择内、外圆锥车削加工时的切削用量及切削液。

【技能目标】

1. 熟练操作车床进行内、外圆锥的配车加工。
2. 能对带有内圆锥的零件进行工艺分析和质量分析。
3. 能通过查阅资料或讨论交流的方式获取所需相关信息。
4. 具有严谨的工作作风和良好的职业道德。

典型工作任务

图6-21和图6-22所示为内、外圆锥零件。其技术要求为未注倒角 C0.5，未注表面粗糙度 Ra 6.3，不得使用砂布、锉刀。

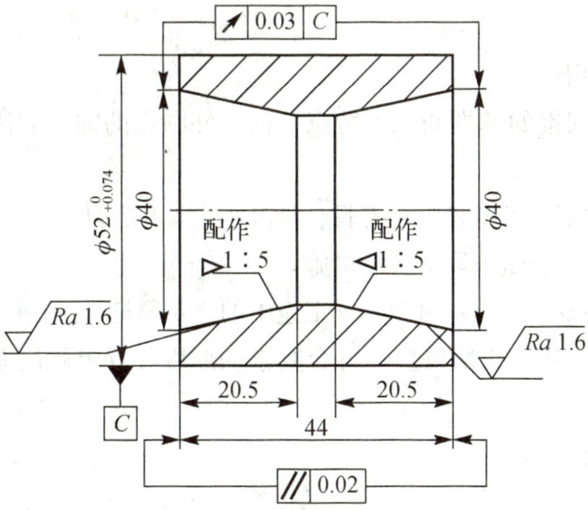

图6-21 配合件一——内圆锥零件

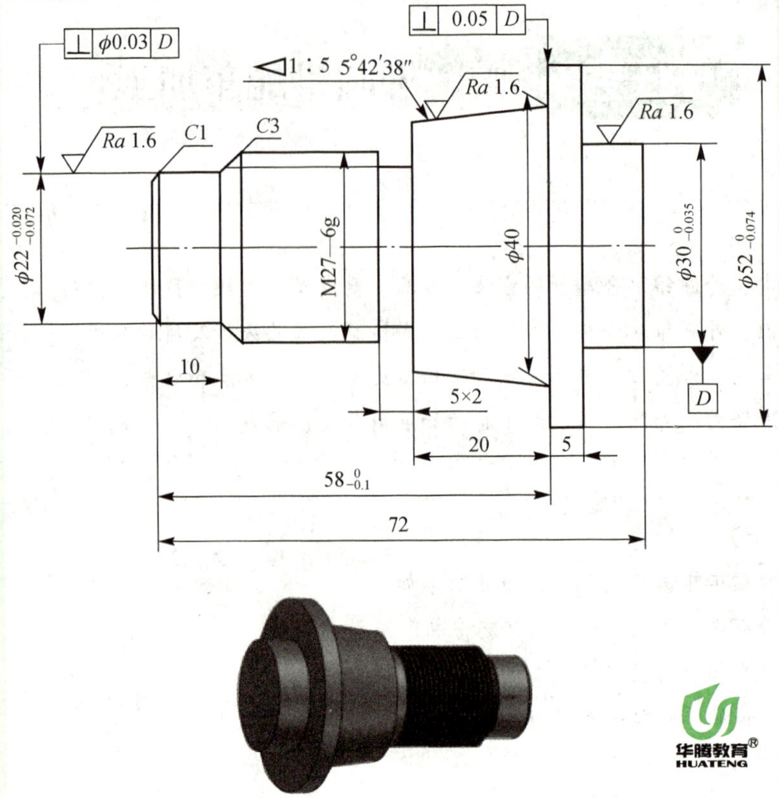

图 6-22 配合件二——外圆锥零件

要求通过内、外圆锥配合车削加工练习掌握内、外圆锥配合车削方法，并能配合游标卡尺、千分尺、圆锥塞规、圆锥套规、圆锥样板等测量工具，保证按要求加工出零件。

相关知识

内、外圆锥配车加工实训注意事项如下：

（1）查阅资料，复习、熟知并掌握圆锥的基本知识、特点，内、外圆锥的加工方法、步骤和要点。

（2）读懂图样，分析图样，依照图样要求准备材料、刀具、量具、工具和夹具。

（3）加工前进行工艺分析，为保证加工质量采取必要的措施。

（4）加工中切削用量、切削液的选用及相关注意事项和加工途中的必要测量。

（5）加工，对所加工工件进行质量分析，找出质量不符合要求的原因并寻求解决方法，总结经验。

（6）对车床，工、量具进行保养与复原。

技能拓展

各自寻找内、外圆锥零件图，按图进行配车加工，并保证加工质量符合图样要求。

考核与评价

（1）什么是内、外圆锥配合车削?
（2）内、外圆锥配合车削的主要特点是什么?
（3）内、外圆锥配合车削方法有哪几种?
（4）内、外圆锥配合车削时是先车内圆锥还是先车外圆锥?
（5）内、外圆锥配合车削时要注意哪些?
（6）能常用偏移尾座法配合车内、外圆锥吗?
（7）能常用仿形法配车内、外圆锥吗?

任务七

成形面及表面修饰加工

任务描述

图 7-1、图 7-2 和图 7-3 所示为成形面及表面修饰零件图。通过本任务的学习，利用车工的基本操作，按要求制作出零件，并对完成后的零件进行误差分析及加工质量的总结。

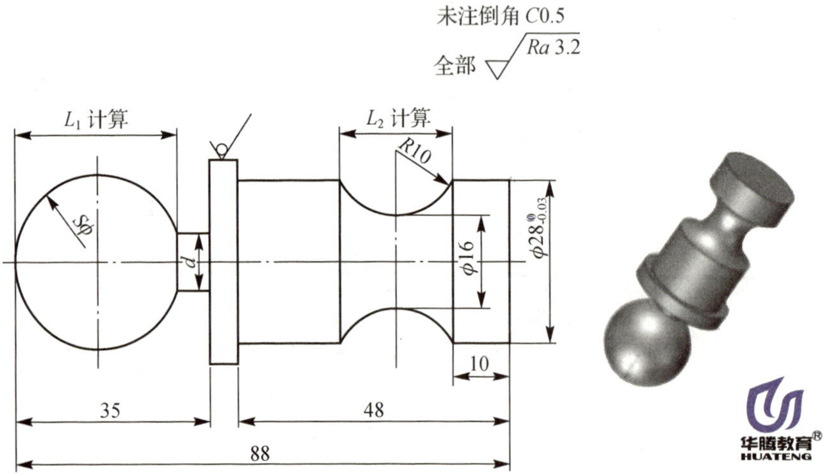

图 7-1　成形面零件

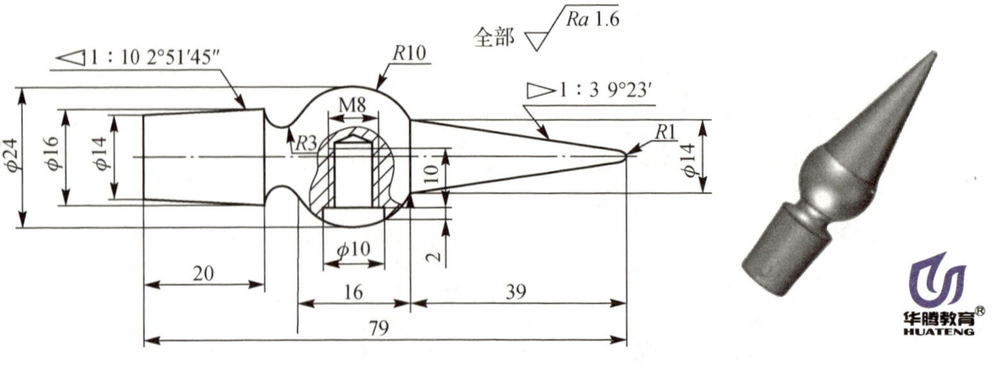

图 7-2　成形面及表面修饰（抛光）零件

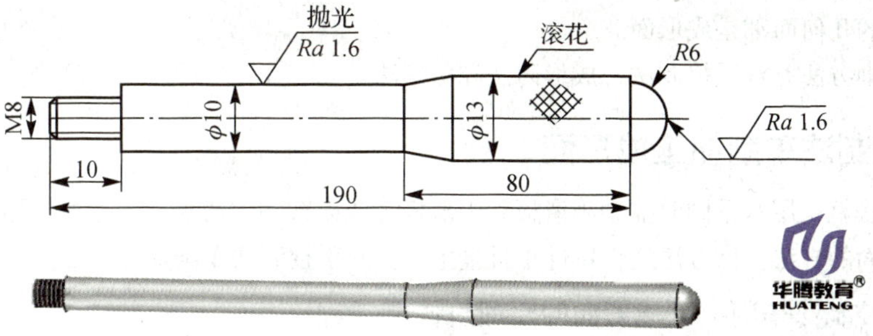

图 7-3 锤柄

子任务1 成形面加工

【知识目标】

1. 掌握成形面车削加工的基本知识和相关计算，成形面的车削方法、要点。
2. 掌握成形面车削加工的操作方法、要点及安全操作规程，刀具装夹要点和切削用量的选择。
3. 掌握规范检测成形面质量的方法，掌握保证加工质量的方法。

【技能目标】

1. 能识读成形面零件图，掌握车成形面的原理。
2. 熟练掌握车成形面的方法、步骤和要点。
3. 能正确检测成形面的加工质量，分析产生废品的原因并采用相应的预防措施。
4. 能合理选择加工方法。
5. 具有分析问题、解决问题及灵活应变的能力。

典型工作任务

图 7-1、图 7-2 和图 7-3 所示分别为成形面零件和需表面修饰加工的零件。其技术要求为未注倒角 C0.5，未注表面粗糙度 *Ra* 6.3，可使用砂布、锉刀。

要求通过成形面车削加工、表面修饰加工训练，掌握成形面车削方法及表面修饰加工方法，并能配合游标卡尺、千分尺、样板等测量工具，保证按要求加工出零件。

相关知识

零件的轴向剖面呈曲线形的表面称为成形面或特形面。球面、椭圆面、纺锤面、一般曲线绕轴线旋转一周得的几何面都是成形面。

成形面车削方法有双手控制法、成形刀法和仿形法。

一、双手控制法车削加工成形面

双手控制法就是用双手同时摇动小滑板和中滑板（或床鞍和中滑板），通过双手的协调动作车出所要求的成形面的方法。该方法适于单件小批量生产。双手控制法车削加工成形面如图 7–4 所示。

1. 双手控制法车削加工成形面的原理与特点

（1）原理。双手控制中小滑板或者控制中滑板和床鞍的合成运动，使刀尖的运行轨迹与零件表面素线（曲线）重合，以达到车成形面的目的。

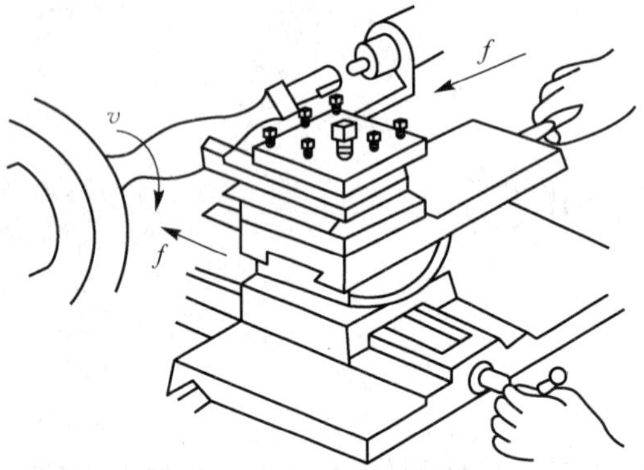

图 7–4　双手控制法车削加工成形面

用双手控制法车成形面时，首先要分析曲面各点的斜率，然后根据斜率确定纵向、横向进刀速度。图 7–5 所示为车削圆球面的速度分析。车 A 点时，横向进刀速度要慢，纵向进刀速度要快；车到 B 点时，横向进刀速度和纵向进刀速度基本相同；车到 C 点时，横向进刀速度要快，纵向进刀速度要慢。车削时的关键是双手摇动手柄的速度配合要恰当。

（2）特点。需多次合成运动进给，才能使车刀刀尖逐渐逼近要求的曲线，双手配合要协调；切削刃主要是刀尖刃，故劳动强度大；加工后需用细板锉及砂布抛光。

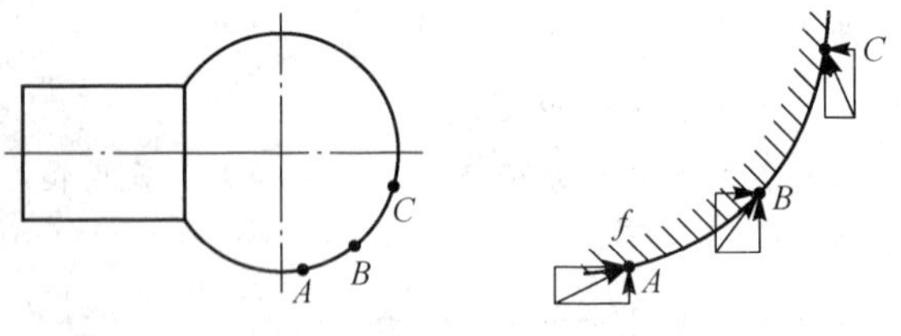

图 7–5　车削圆球面的速度分析

2. 双手控制法车削加工成形面的步骤

以图 7–6 所示零件的加工为例，介绍双手控制法车削加工成形面的步骤。加工时首先选用刀具并合理刃磨。要求车刀的主切削刃成圆弧形。用三爪自定心卡盘夹持工件。

分析图样，计算成形面车削有关参数。长度 L 的计算公式为

$$L=\frac{1}{2}(D+\sqrt{D^2-d^2})$$

式中，L 为圆球部分长度，mm；D 为圆球直径，mm；d 为柄部直径，mm。

双手控制法车削成形面的加工步骤如下：

（1）按圆球部分的直径和长度 L 车出两级外圆（D、d），均留 0.3 ～ 0.5 mm 余量，如图 7–7 所示。

（2）确定圆球的中心位置。车圆球前，用直尺量出圆球中心，并用车刀刻划线痕，用 45° 车刀在圆球部分的两侧车倒角，以减少加工余量，如图 7–8 所示。

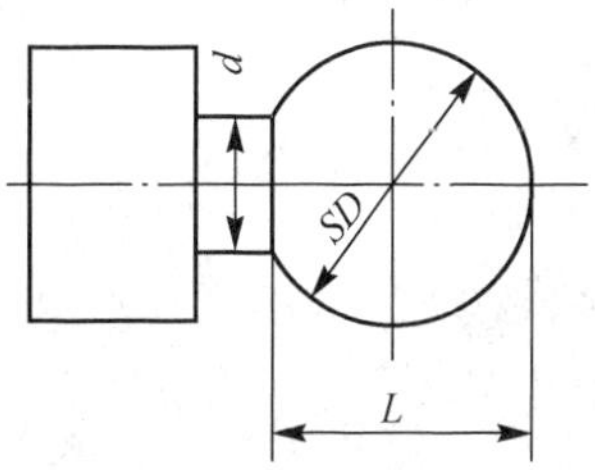

图 7–6　成形面车削相关计算

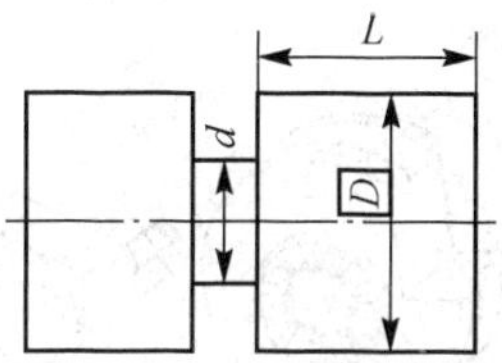

图 7–7　成形面车削步骤 1

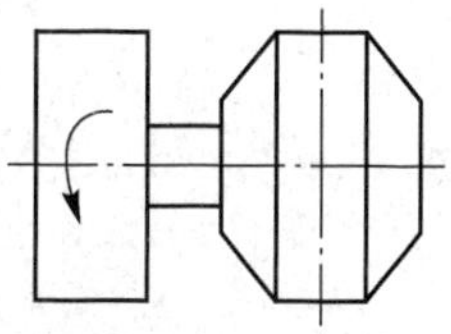
图 7–8　成形面车削步骤 2

（3）粗车右半球。车刀进至离右半球中心 4 ～ 5 mm 接触外圆后，用双手同时移动中、小滑板，中滑板开始进给速度要慢，以后逐渐加快，小滑板则恰好相反；双手动作要协调一致，最后一刀离球面中心位置大概 1.5 mm，以保证有足够的切削用量。

（4）粗车左半球。其车削方法与车右半球相似，不同之处是球柄部与球面连接处要用切断刀清根，清根时不要碰伤球面。

（5）精车球面。提高主轴转速，适当减慢进给速度，车削时仍然由球中心向两半球进行，最后一刀从球的中心线痕处开始进给。注意常检查，防止把球车废。

此外，车削时要选择合适的切削用量；认真、细致车削加工，边加工边用专用样板检测成形面，并用车刀修整；用细板锉、砂布修整、抛光。

3. 双手控制法车削加工成形面的注意事项

用双手控制法车削加工成形面时应注意：双手配合要协调、熟练，准确控制车刀切入深度，防止局部车小；需多次合成进给运动，才能加工成型；工件装夹时伸出尽可能短些，以增加刚性，否则采用两顶装夹，先车靠近尾座一端，再车靠近主轴一端；车刀最好从曲面高处向低处送进，先车靠近尾座的一端，再车靠近主轴的一端；车削复杂成形面时，分几个简单成形面逐一加工；无论分成多少个成形面，其检测基准应保持一致，先车直线部分，再车曲线部分；锉削修整时用力不宜过猛。

二、成形刀法车削加工成形面

1. 成形刀法车削加工成形面的原理与特点

（1）原理。车刀切削刃形状与工件成形面轮廓形状相同。

（2）特点。用成形刀车成形面的加工精度主要靠刀具保证。但要注意切削时接触面积较大，切削抗力也较大，易出现振动和工件移位，因此切削力要小些，工件必须夹紧。这种方法生产效率高，但刀具刃磨较困难；只用于车削刚性好、长度较短而且较简单的成形面，适于批量较大的生产。

2. 成形刀的种类

成形刀有整体成形刀、棱形成形刀和圆形成形刀等，分别如图 7-9 ～图 7-11 所示。

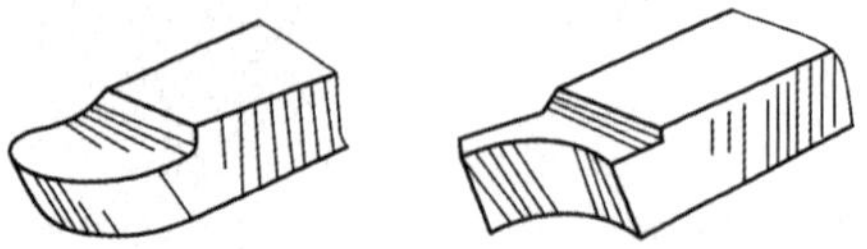

图 7-9　整体成形刀

图 7-10　棱形成形刀

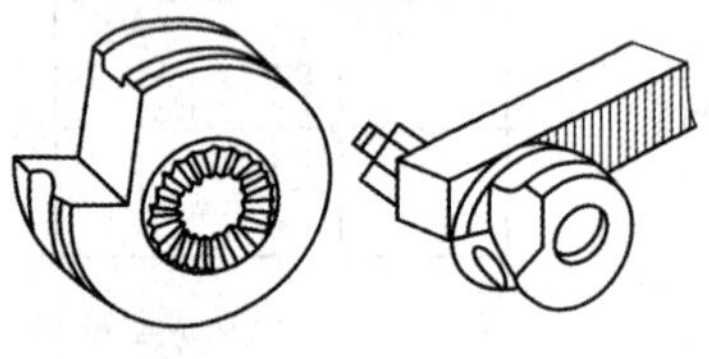

图 7-11　圆形成形刀

（1）整体成形刀结构同普通车刀，重磨次数不多，如螺纹车刀、铲齿车刀、圆弧车刀等。

（2）棱形成形刀外形为棱柱形，重磨次数多、刚性好，加工外成形表面。

（3）圆形成形刀外形是回转体，制造方便、重磨次数多，可加工内、外成形表面，应用普遍，加工精度高、刚性好。

3. 成形刀法车削加工成形面的步骤

成形刀法车削加工成形面（图 7-12）的步骤如下：

（1）刃磨成形刀。合理刃磨以保持锋利的切削刃和刀刃形状，减小切削阻力。为了减小切削抗力，减小工件变形，减小振动以利于排屑，车刀前角应大些，一般为 15° ～ 20°，后角为 6° ～ 10°。

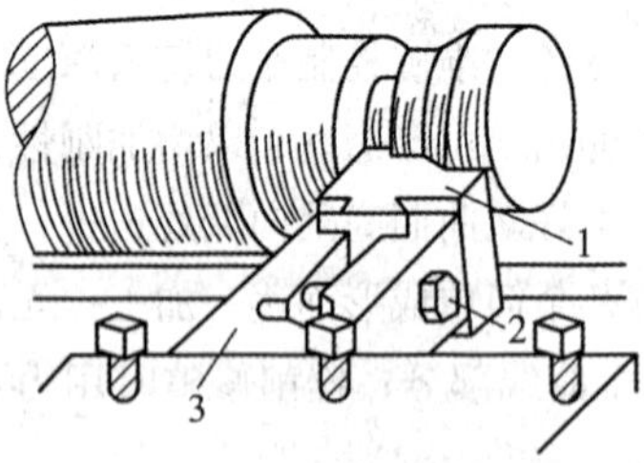

图 7-12　成形刀法车削加工成形面

1—成形刀；2—紧定螺钉；3—中滑板

（2）粗车成形面。采用双手控制法切去大部分切削余量。

（3）精车成形面。采用成形刀单一进给车削。

4. 成形刀法车削成形面的防振措施

采用成形刀法车成形面时，为了预防振动可采取以下措施：

（1）车床要有足够的刚性，同时尽量将车床各部分间隙（尤其是主轴、中滑板、床鞍的运动间隙）调整得较小。

（2）始终保持切削刃锋利和适当的正前角。

（3）使成形刀切削刃与工件回转中心等高。

（4）选用较小的走刀量和切削速度。

（5）注意采用正确的润滑方法。

三、仿形法车削加工成形面

在车床上安装仿形装置（靠模），使车刀的运动轨迹和成形面素线一致，以此加工成形面。

仿形法操作方便，生产效率高，多用于成批生产，加工的成形面形状准确、质量稳定，但只能加工成形面形状变化不大的工件。

1. 床鞍仿形法车手柄成形面

床鞍仿形法车手柄成形面如图 7-13 所示。此时，刀架的横向滑板已经与丝杠脱开，其前端的拉杆 3 装有滚柱 4，当大拖板纵向走刀时，滚柱 4 即在靠模 5 的曲线槽内移动，从而使车刀刀尖也随着做曲线移动，同时用小刀架控制切深，即可车出手柄的成形面。当靠模 5 的槽是直槽时，将靠模扳转一定角度，即可用于车圆锥。

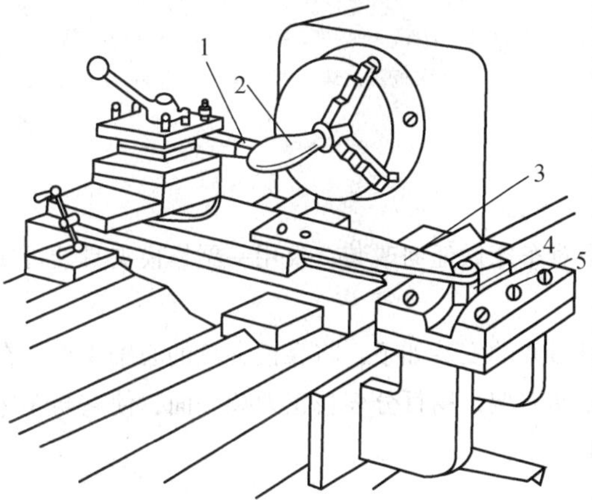

图 7-13 床鞍仿形法车手柄成形面

1—车刀；2—成形面；3—拉杆；4—滚柱；5—靠模

床鞍仿形法操作简单，生产率较高，但需制造专用靠模，故只用于大批量生产中车削长度较大、形状较为简单的成形面。

2. 尾座仿形法车成形面

尾座仿形法车成形面如图 7-14 所示。生活中的例子如机械法配钥匙。即把一个标准样件（靠模）装在尾座套筒内，在刀架上装一把长刀夹，长刀夹上装有圆头车刀和靠模杆。车削时，用双手操纵中、小滑板（或使用床鞍自动进给和用手操纵中滑板相配合）使靠模杆始终贴在标准件上，并沿标准件表面移动，圆头车刀就在工件上车出与标准件形状相同的成形面。此法应用广，但操作不便。

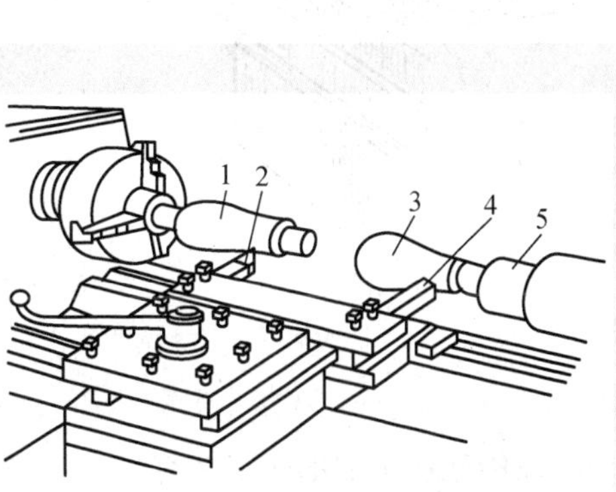

图 7-14 尾座仿形法车成形面

1—成形面；2—车刀；3—靠模；4—靠模杆；5—尾座

3. 横向靠模法车端面成形面

横向靠模法车端面成形面时，与床鞍

任务一 任务二 任务三 任务四 任务五 任务六 任务七 任务八 任务九 任务十 任务十一

仿形法车手柄基本相同，只是将手柄靠模换成一个带有曲线槽的靠模，并将滚柱换成滚轮，如图 7–15 所示。

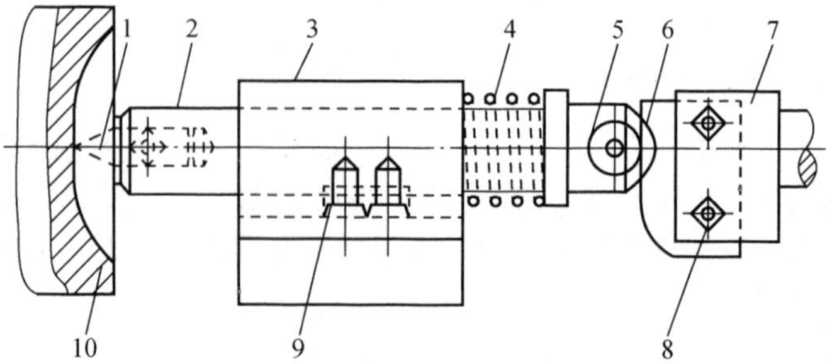

图 7–15 横向靠模法车端面成形面

1—车刀；2—刀杆；3—刀夹；4—弹簧；5—滚轮；6—靠模；7—夹板；8—螺钉；9—键；10—工件

4. 靠模法车凸轮

采用靠模法车凸轮无须对车床做任何改装，仅用一副靠模夹具便可实现左、右凸轮的加工，采用杠杆式靠模刀架。

靠模夹具及杠杆式靠模刀架的安装如下：将靠模夹具的心轴 1 夹持在车床的三爪卡盘内；取下车床小刀架，装上杠杆式靠模刀架，用百分表找正刀架一面，使它与车床导轨平行，然后紧固两个环形 T 形槽螺钉，如图 7–16 所示。

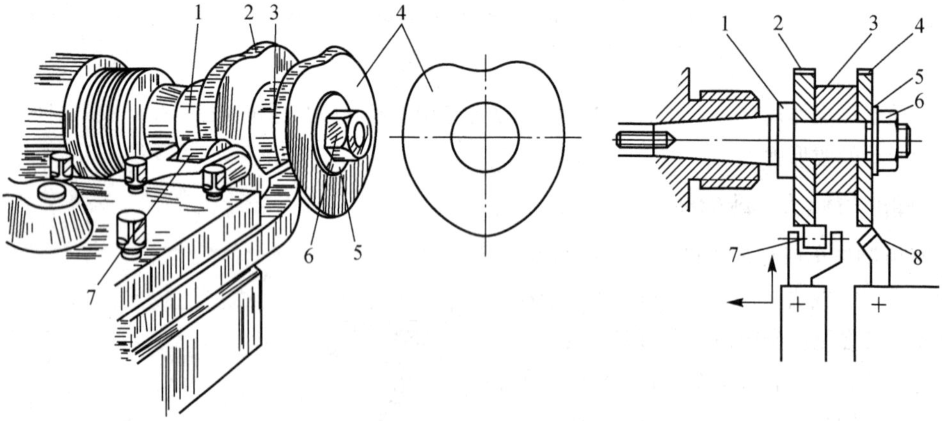

图 7–16 靠模法车凸轮

1—心轴；2—靠模；3—套圈；4—工件；5—垫圈；6—螺帽；7—宽轮子；8—车刀

5. 靠模法加工成形面工艺分析

（1）椭圆球手柄加工工艺分析。加工图 7–17（a）所示的椭圆球手柄，工艺路线如图 7–17（b）~ 图 7–17（f）所示。

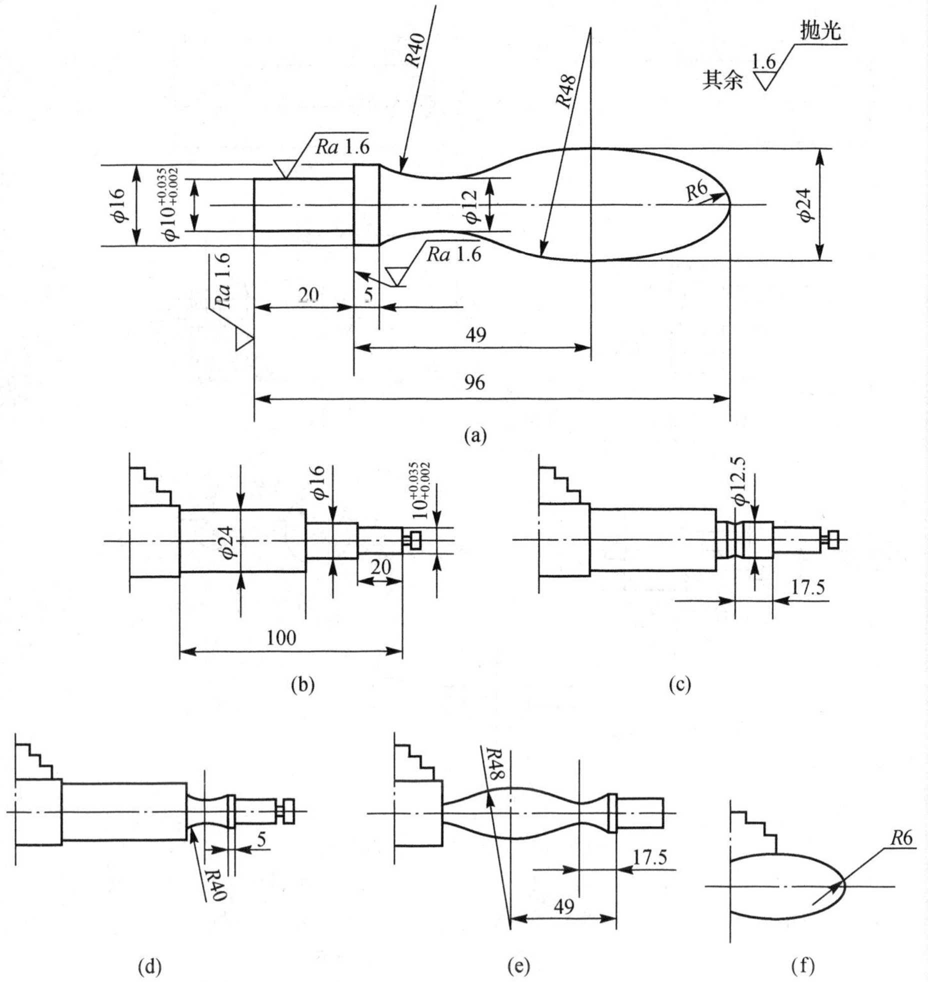

图 7-17　椭圆球手柄加工工艺分析

（a）零件图 （b）车阶梯 （c）粗车缩颈部分 φ12 （d）车缩颈圆弧

（e）车 *R*48 椭球处 （f）车尾部 *R*6 球头

（2）三球手柄加工工艺分析。加工图 7-18（a）所示的三球手柄，工艺路线如图 7-18（b）～图 7-18（h）所示。

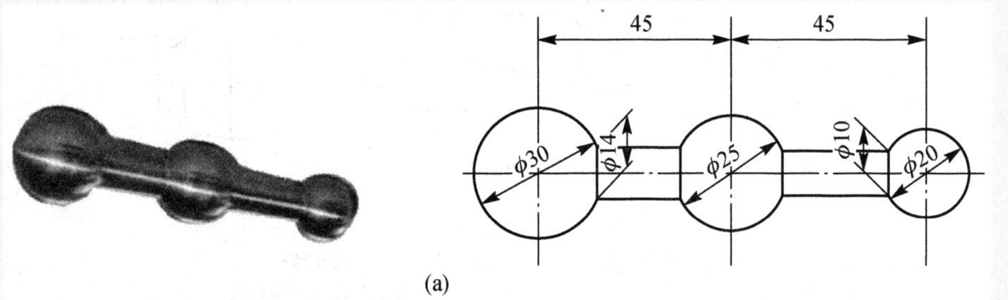

任务一
任务二
任务三
任务四
任务五
任务六
任务七
任务八
任务九
任务十
任务十一

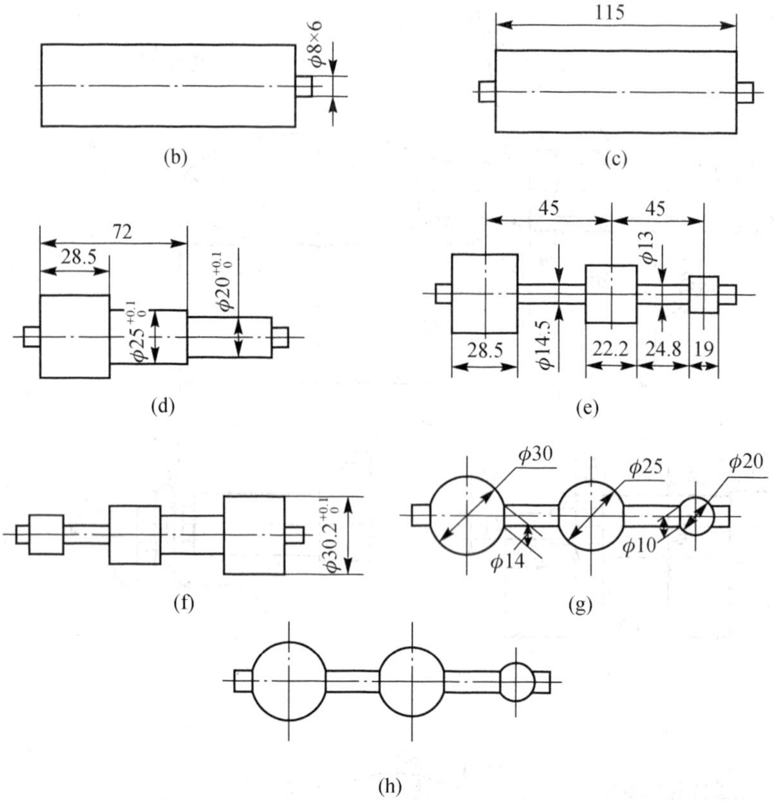

图 7-18　三球手柄加工工艺分析

（a）零件图　（b）车右端小凸台，钻中心孔　（c）车左端小凸台，保证中间长 115　（d）车三个球体部分阶梯　（e）车三个球体的连接部分　（f）调头装夹，依次粗车 $\phi30$、$\phi25$、$\phi20$ 球体　（g）精车各球体及其连接部分　（h）用铜皮包裹大、小球体，车去左、右小凸台

四、成形面车削加工的检测

精度要求不高的成形面用样板检测。检测时，样板中心应对准工件中心，并依据样板与工件的间隙大小来修整，最终使样板与工件曲面轮廓全部重合，如图 7-19 所示。

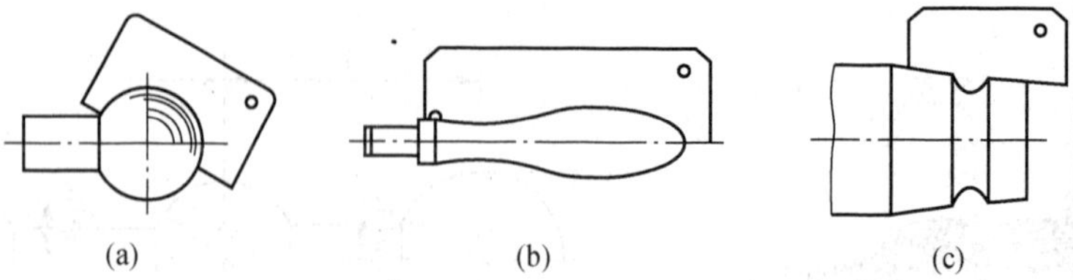

图 7-19　成形面样板检测法

（a）检验球面　（b）检验手柄　（c）检验斜面圆弧

精度要求高的成形面还需要用游标卡尺或千分尺通过被检测表面的中（轴）心线，并进行多方

位测量，使其尺寸公差满足工件精度要求，如图 7–20 所示。

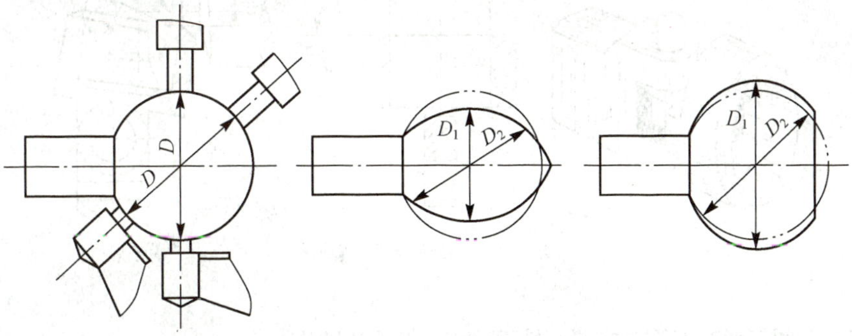

图 7–20 成形面游标卡尺、千分尺检测法

五、车成形面质量分析

车成形面产生废品的原因及其预防方法见表 7–1。

表7–1 车成形面产生废品的原因及其预防方法

废品问题	产生原因	预防方法
成形面轮廓不正确	（1）用双手控制法车削时，纵、横向进给配合不协调； （2）用成型法车削时，成形刀刃磨不正确；没有对准车床主轴轴线，工件受切削力产生变形而形成误差； （3）用仿形法车削时，靠模形状不准确，安装不正确或仿形机构中有间隙	（1）加强车削练习，使左、右手的纵、横向进给配合协调； （2）仔细刃磨车刀，车刀装夹高度正确，适当减小进给量； （3）使靠模形状准确，安装正确，调整仿形机构间隙，使成型均匀
表面粗糙度不符合要求	（1）与车轴类工件时不符合要求原因一样； （2）材料切削性能差，未进行预热处理，车削困难； （3）产生积屑瘤； （4）切削液选用不当； （5）车削痕迹较深，抛光未达到要求	（1）见轴类工件质量分析； （2）对工件进行预热处理，改善切削性能； （3）控制积屑瘤的产生； （4）正确选择切削液； （5）先粗、精锉削再抛光

知识拓展

用专用工具车削成形面。

1. 利用圆筒形车刀车圆球面

圆筒形车刀如图 7–21 所示，其车削部分是一个圆筒，前端磨斜 15°，形成一个圆的车削刃口，尾部和特殊刀柄应保持 0.5 mm 的配合间隙，并用销轴浮动连接，以自动对准圆球面中心。车成形面时，一般先用圆弧刀大致粗车成型，再将圆筒形车刀的径向表面中心调整到与车床主轴轴线成一个夹角 α，最后用圆筒形车刀把圆球面车削成型。

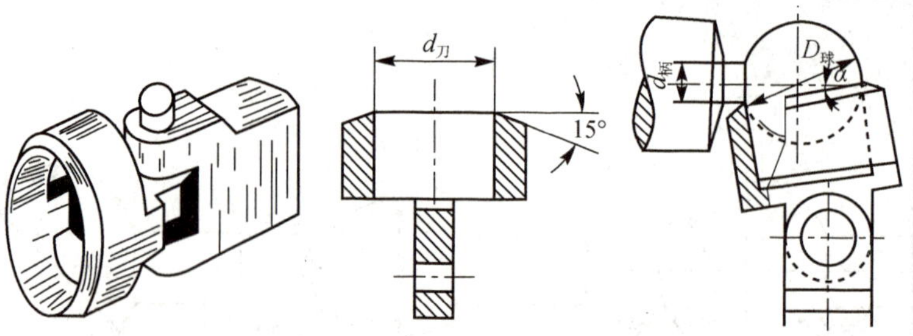

图 7-21　圆筒形车刀及其应用

（1）特点。圆筒形车刀简单方便，易于操作，加工精度高。

（2）应用。圆筒形车刀多用于车削青铜、铸铝等脆性材料的带柄圆球面。

2. 用铰链推杆车球面内孔

较大的球面内孔可用铰链推杆车削。球面内孔的工件装在卡盘中，在两顶尖间装夹刀柄，反装圆弧车刀，车床主轴仍在正转，刀架上安装推杆，推杆两端用铰链连接。当刀架纵向进给时，圆弧车刀在刀柄中转动，即可车出球面内孔。

3. 用蜗杆副车成形面

（1）车外成形面。车外成形面时，必须使车刀刀尖的运动轨迹为一个圆弧。关键是保证顶尖做圆周运动，其轨迹的圆弧半径与成形面的圆弧半径相等，同时刀尖与工件回转轴线等高。

（2）车内成形面。车内成形面时，先把车床小滑板取下而装上成形面工具，将刀架装在圆盘上，圆盘下装蜗杆副，当转动手柄时，圆盘内的蜗杆就带动蜗轮使车刀绕着圆盘的轴线旋转，刀尖做圆周运动，即车出成形面。为了调整成形面半径，在圆盘上制出 T 形槽，使刀架在圆盘上移动，当刀尖调整得超过中心时，就可以车削内成形面。

技能拓展

各自寻找成形面零件图，按图进行加工并保证加工质量符合图样要求。

考核与评价

一、理论知识考评

（1）什么是成形面？成形面有何特点？

（2）带有成形面的零件有何作用？

（3）成形面如何加工？有哪几种方法？各有何特点？

（4）简述成形面的结构及形状、种类和应用。

（5）成形面车刀切削部分的几何形状及几何角度分别是什么？

（6）成形面车刀如何装夹？

（7）车削成形面时切削用量选择多少为好？

（8）如何保证成形面的车削质量？

二、实训技能考评

各小组查阅资料，分析讨论，制定任务方案，完成图 7–1、图 7–2 和图 7–3 所示成形面的加工。成形面加工考核评分标准见表 7–2。

表7–2 成形面加工考核评分标准

项　目	序号	技术要求	配分	评分标准	得分
工艺（15%）	1	工步正确且完整	5	不规范每处扣 1 分	
	2	切削用量合理	5	每错一处扣 1 分	
	3	工艺规范合理	5	不合理每处扣 1 分	
机床操作（20%）	4	刀具选择安装正确	5	不合理每处扣 1 分	
	5	工件装夹正确	5	不合理每处扣 1 分	
	6	机床操作规范	5	不合理每处扣 1 分	
	7	零件加工不出错	5	出错全扣	
工件质量（35%）	8	尺寸精度符合要求	25	不合理每处扣 1 分	
	9	表面粗糙度及形位公差符合要求	10	不合理每处扣 1 分	
文明生产（15%）	10	安全操作	5	出错全扣	
	11	机床维护与保养	5	不合格全扣	
	12	工作场地整理	5	不合格全扣	
相关知识及职业能力（15%）	13	机加工基础知识	5	教师提问	
	14	自学能力	10	教师酌情给分	
		表达沟通能力			
		合作能力			
		创新能力			

子任务2 表面修饰加工

【知识目标】

1. 掌握研磨、抛光的方法、要点和技巧。
2. 掌握滚花基本知识和相关计算，以及操作方法、要点及安全操作规程。
3. 掌握滚花刀的装夹要点和切削用量的选择。
4. 掌握滚花产生废品的原因及相应的预防措施。

【技能目标】

1. 能说明滚花、抛光零件的结构特征和主要技术要求。
2. 掌握滚花、抛光的加工原理和方法，正确检测滚花、抛光的加工质量。
3. 识读表面修饰加工零件图并按图完成加工，正确选择表面修饰的切削用量及切削液。
4. 能合理选择加工方法。
5. 具有分析问题、解决问题及灵活应变的能力。

典型工作任务

图 7-22 和图 7-23 所示为带成形面及表面需修饰加工的零件。其技术要求为未注倒角 *C*0.5，未注表面粗糙度 *Ra*6.3，可使用砂布、锉刀。

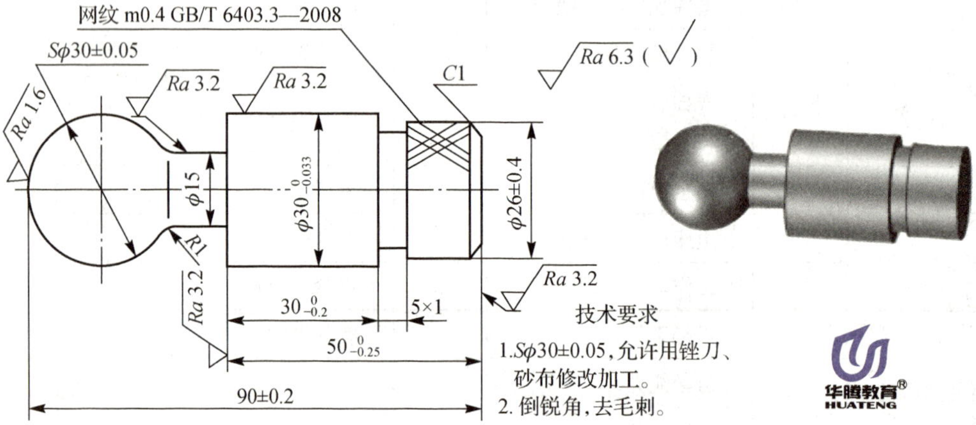

图 7-22　带成形面及需表面修饰加工的零件

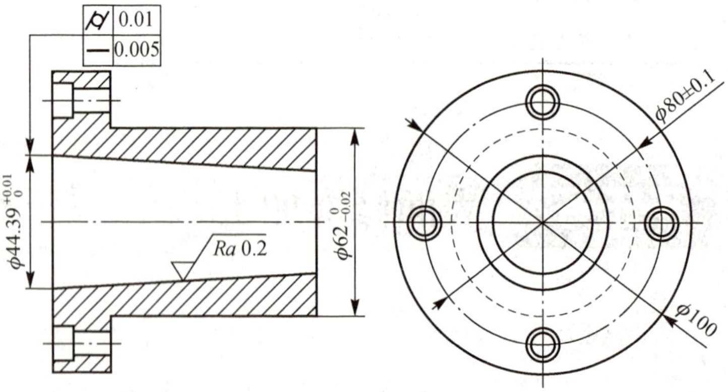

图 7-23　表面需修饰加工的零件

要求通过成形面车削加工、表面修饰加工训练，掌握成形面车削方法及表面修饰加工方法，并能配合游标卡尺、千分尺、样板等测量工具，保证按要求加工出零件。

相关知识

一、研磨

研磨是指利用涂敷或压嵌在研具上的磨料颗粒，通过研具与工件在一定压力下的相对运动对加工表面进行的精整加工，如图 7-24 所示。研磨可用于加工各种金属和非金属材料，加工的表面形状有平面，内、外圆柱面和圆锥面，凸、凹球面，螺纹，齿面及其他成形面。加工精度可达 IT5 ~ IT01，表面粗糙度可达 *Ra* 0.63 ~ 0.01。

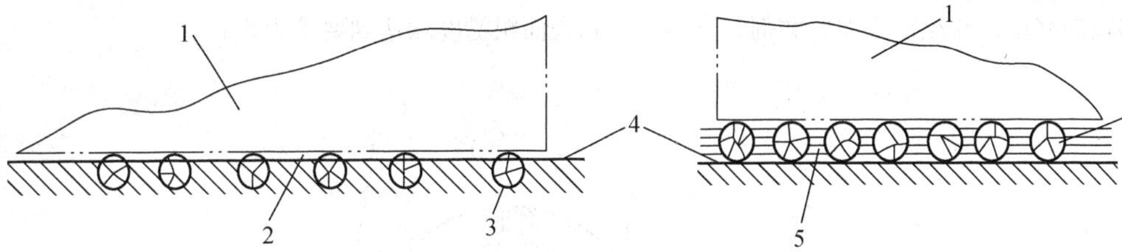

图 7-24　研磨示意图

1—工件；2—辅料（干研磨）；3—磨料；4—研具；5—辅料（湿研磨）

1. 研具材料

研具材料要比工件材料软，组织要均匀，最好有微小的孔，以使研磨剂嵌入研具工作表面，提高研磨质量。研具材料本身还要求有较好的耐磨性，以使研具尺寸、形状稳定，从而保证研磨后工件尺寸和几何形状精度。

常用研具材料如下：

（1）灰铸铁。灰铸铁较理想、最常用，适于研磨各种淬火钢件。

（2）铸造铝合金。铸造铝合金一般用于研磨铜料。

（3）硬木材。硬木材用于研磨软金属。

（4）轴承合金（巴氏合金）。轴承合金用于软金属的精研磨。

2. 研磨剂

研磨剂由磨料、研磨液和辅料混合而成。

（1）磨料。磨料在研磨中主要起切削作用。常用磨料如下：

① 金刚石粉末。金刚石粉末适于研磨硬质合金刀具或工件。

② 碳化硼。碳化硼硬度仅次于金刚石，适于硬度较高的工具钢和硬质合金材料的精研磨或抛光。

③ 氧化铬和氧化铁颗粒。该颗粒极细，适于表面粗糙度要求极小的表面最后抛光。

④ 碳化硅。绿色碳化硅用于研磨硬质合金、陶瓷、玻璃，黑色碳化硅用于研磨脆性或软材料。

⑤ 氧化铝。氧化铝有人造和天然之分，广泛用于研磨碳钢和合金钢。

磨料粒度按颗粒大小分为 29 类，其中细粉标记为 12#、14#、16#、20#、24#、30#、36#、46#、60#、70#、80#、100#、120#、150#、180#、240#、280#，微粉标记为 W40、W28、W20、W14、W10、W7、W5、W3.5、W2.5、W1.5、W1、W0.5。

（2）研磨液。加研磨液的目的是使微粉能均匀分布在研具表面，同时起冷却与润滑作用。常用的研磨液有 10 号机油、煤油和锭子油。

（3）辅料。加辅料的目的是使工件表面形成氧化膜，以加速研磨过程。常用的辅料有硬脂酸、油酸、脂肪酸和工业甘油。为了方便，一般工厂在微粉中加入油酸、混合脂及少量煤油配成研磨膏。

3. 研磨要求

研磨前对工件的要求为工件表面粗糙度必须达到 *Ra* 1.6 ～ 0.8，工件的几何形状误差不得超过 0.02 mm，工件应留有 0.005 ～ 0.03 mm 的研磨余量，工件被研磨表面最好淬硬。

研磨速度以线速度 v=10 ～ 15 m/min 为宜。

4. 研磨外圆

用研套（图 7-25）研磨外圆。研磨时将研套套在工件上，手持研具沿低速旋转的工件做匀速、缓慢的轴向移动，并经常添加研磨剂，直到尺寸和表面粗糙度均达到要求为止。

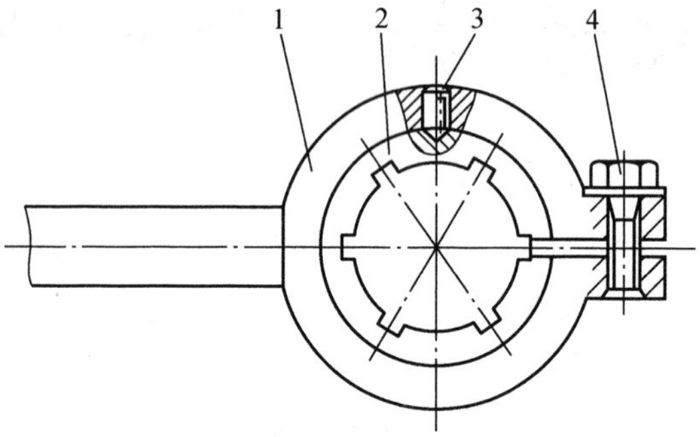

图 7-25　研套研磨外圆

1—夹箍；2—研套；3—螺钉；4—螺栓

5. 研磨内圆柱 / 锥孔

用研棒（图 7-26）研磨内圆柱孔或内圆锥孔。用两顶式装夹研棒做低速转动，将工件套在研棒上，并在套筒表面涂研磨剂，用手或夹具使工件沿轴线均匀地往复移动，直到内孔符合要求为止。研棒有粗、精之分，如图 7-27 所示。粗研棒的研磨部分设有储存研磨剂的沟槽，精研棒则是无沟槽的、较为光滑的圆柱体或圆锥体。无论是粗研棒还是精研棒，均与被研磨的内孔的锥度一致。

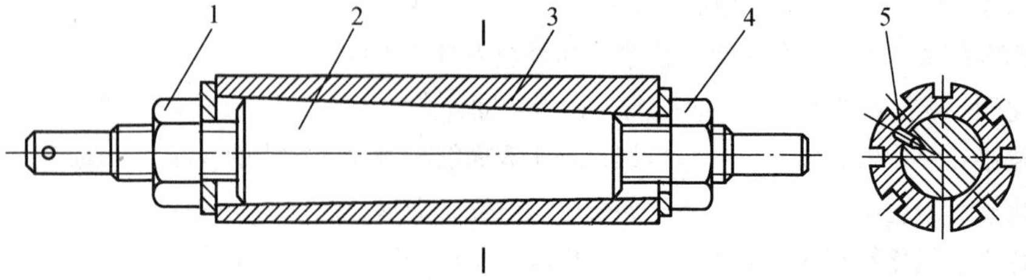

图 7-26　研棒研磨内圆锥孔

1、4—螺母；2—研棒；3—锥孔套筒；5—销钉

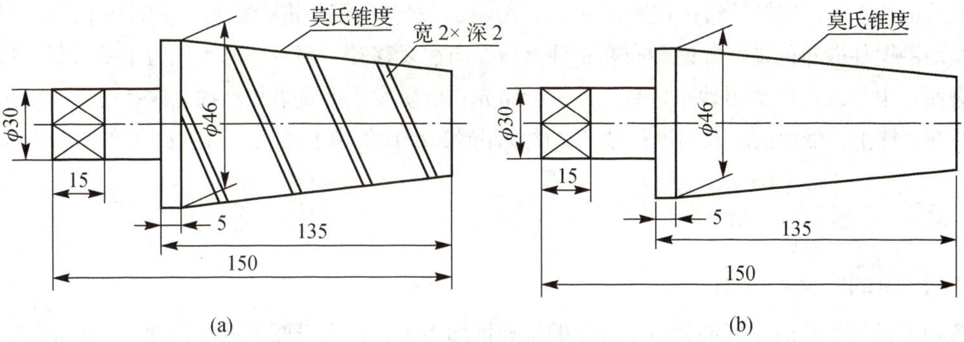

图 7-27 粗、精研棒

（a）粗研棒 （b）精研棒

二、表面抛光

用双手控制法车成形面，由于进给不均匀，工件表面往往留下高低不平的痕迹，表面粗糙度难以达到要求，因此车削完成的成形面还要用锉刀、砂布修整抛光。

1. 锉刀修光

锉刀修光如图 7-28 所示，即用钳工锉、整形锉在车床上修光。

锉刀通常选用扁锉或半圆锉（图 7-29），锉纹粗细视工件表面具体情况而定；锉削时，压力要均匀一致，推锉速度要慢，并适当做纵向移动，如图 7-28 所示；避免把工件锉扁或锉成节状；为防止锉屑滞塞在锉纹里而损伤工件表面，锉削前可在锉齿表面涂上一层粉笔末，并经常用铜刷清理齿缝；合理选择车床主轴转速，防止转速过高而加速锉刀磨钝，缩短使用寿命。

2. 砂布抛光

砂布抛光如图 7-30 所示，砂布抛光时的车床转速要比车削时高。

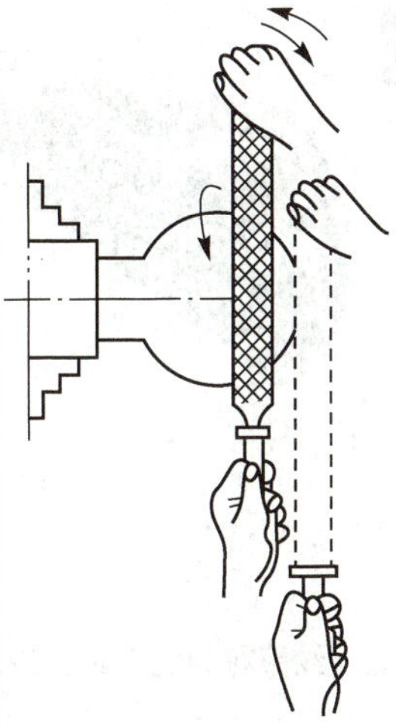

图 7-28 锉刀修光

图 7-29 锉刀

（a）扁锉 （b）半圆锉

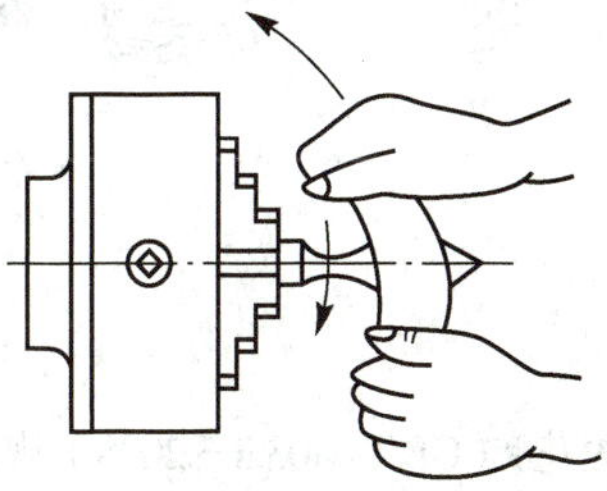

图 7-30 砂布抛光

根据工件表面痕迹合理选用从粗到细的砂布，选择较高的车床主轴转速。为了确保安全，提高抛光的质量和效率，应把砂布垫在锉刀下面，采用锉刀修整的姿势进行抛光；用细砂布进一步抛光，可直接用手捏住砂布两端，并使砂布在工件上做纵向往复移动，要注意两手压力不要过猛，以防砂布撕裂而发生事故；严禁用砂布包裹工件进行抛光，以防发生严重事故；抛光内孔时，可将砂布顺时针绕在木棒上，然后放入孔内进行抛光，严禁用砂布绕在手指上抛光，以防发生严重事故。

三、滚花

1. 滚花的定义和分类

各种工具和机器的手握部分为了便于握持和增加美感，常在表面上滚出各种不同的花纹，如千分尺的套管、铰杠扳手。这些花纹一般是在车床上用滚花刀滚压而成的，故称滚花。滚花是用滚花刀挤压工件，使其表面产生塑性变形而形成花纹，如图 7–31 所示。

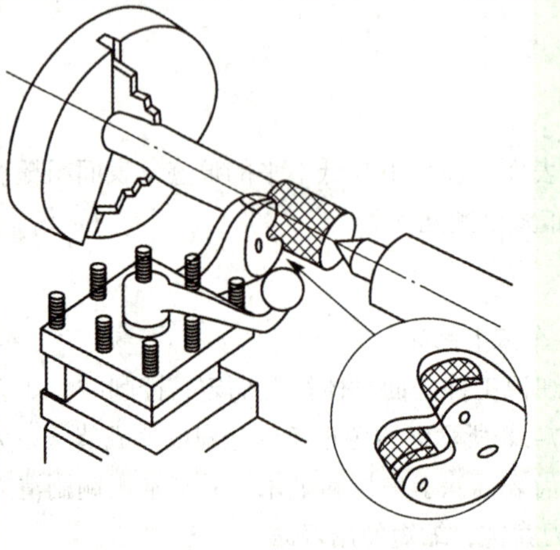

图 7–31　滚花

按网纹不同，滚花可分为直纹滚花和网纹滚花。花纹又有粗、细之分，用模数 m 表示。滚花前工件表面粗糙度为 Ra 12.5，滚花后工件直径较滚花前工件直径大 0.8 ～ 1.6 μm。

2. 滚花刀

常用的滚花刀有单轮滚花刀、双轮滚花刀和六轮滚花刀，如图 7–32 所示。单轮滚花刀用来滚直纹花；双轮、六轮滚花刀用来滚网纹花，又名为花纹刀、滚花刀排。滚花刀常用规格有 0.3 mm、0.4 mm、0.5 mm、0.6 mm、0.8 mm、1.0 mm、1.2 mm、1.5 mm、1.6 mm、1.8 mm、2.0 mm。

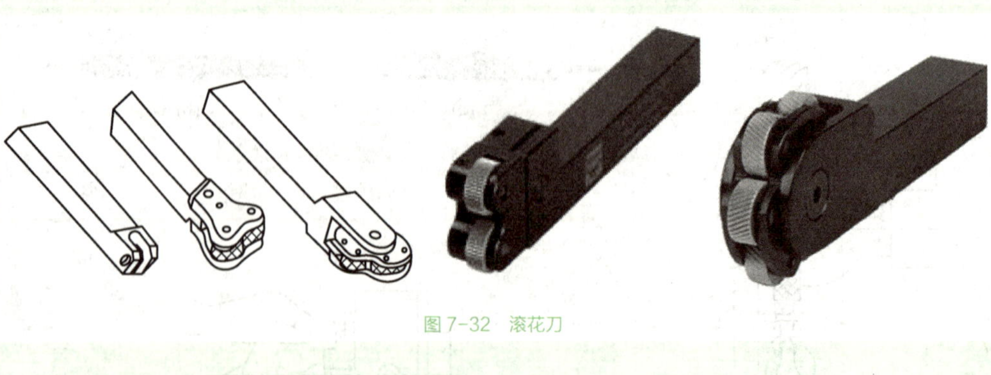

图 7–32　滚花刀

3. 滚花的标记

按国家标准《滚花》（GB/T 6403.3—2008）规定，以模数 m=0.3 mm 的直纹滚花为例，其完整标记为

直纹　m0.3　GB/T 6403.3—2008

以模数 m=0.4 mm 的网纹滚花为例，其完整标记为

网纹 m0.4 GB/T 6403.3—2008

也可简化标记为网纹 0.3、网纹 0.4，如图 7-33 所示。

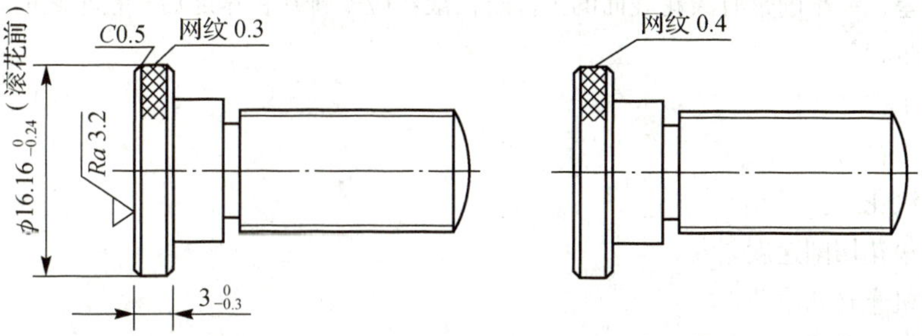

图 7-33 网纹标记

4. 滚花的尺寸参数

滚花的花纹形状是假定工件直径为无穷大时花纹的垂直截面，如图 7-34 所示，滚花的尺寸参数见表 7-3。

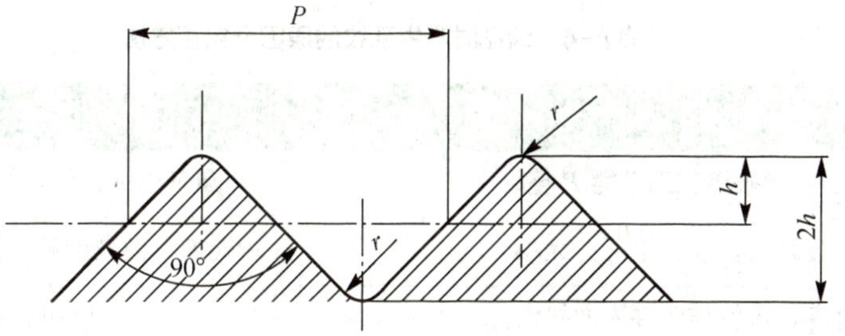

图 7-34 滚花花纹的形状

表7-3 滚花的尺寸参数

单位：mm

模数 m	h	r	节距 P
0.2	0.132	0.06	0.628
0.3	0.198	0.09	0.942
0.4	0.264	0.12	1.257
0.5	0.326	0.16	1.571

注：表中 $h=0.785m-0.414r$。

5. 滚花的方法和步骤

开始滚压时，必须使用较大的压力进刀，使工件表面刻出较深的花纹，否则易产生乱纹；为了减小开始滚压的径向压力，可以使滚轮表面 1/3 ～ 1/2 的宽度与工件接触，这样滚花刀容易压入工件表面；停车检测花纹符合要求后，方可纵向进刀；滚花时切削速度应低些，一般为 5 ～ 10 m/min，纵向进给量大些，为 0.3 ～ 0.6 mm/r；滚压时还需浇注切削液以润滑滚轮，并经常清除滚压产生的切屑；滚花时径向力很大，所用设备应刚度较高，工件必须装夹牢靠。为避免滚花时出现工件移位带来的精度误差，在车削带有滚花表面的工件时，滚花应安排在粗车之后、精车之前。

具体滚花步骤如下：

（1）分析工件。

（2）选择滚花刀。

（3）装夹滚花刀。

（4）选择滚花切削速度。

（5）开动机床开始滚花。

（6）倒角、去除毛刺后卸下工件。

6. 滚花的安全技术

为保证操作安全，滚花时要注意以下事项：滚花时刀具和工件受力均大，因此刀具和工件均必须装夹牢固；滚花时不得用手或棉纱接触工件以防伤手，清除切屑用钢刷；车削带滚花工件时，通常粗车后滚花，然后校正工件再车其他部位；车削薄壁工件时，先滚花再钻孔、车孔，以减小工件变形；加工直纹滚花时，滚花刀的齿纹必须与工件轴线平行，否则滚压的花纹不直；滚花时发现乱纹，应立即退刀并检查出原因，及时纠正。滚花时产生乱纹的原因及纠正方法见表 7–4。

表7–4 滚花时产生乱纹的原因及纠正方法

产生乱纹的原因	纠正方法
工件外圆周长不能被滚花刀节距 P 整除	外圆车小点，使其能被整除
滚轮与工件接触时，横进给压力太小	一开始就加大横进给量，使其压力增大
工件转速过高，滚轮与工件表面打滑	降低工件转速
滚轮转动不灵活或滚轮与小轴间隙太大	检查原因，调换小轴
滚轮齿部磨损或滚轮齿间有切屑嵌入	清除切屑或更换滚轮

技能拓展

各自寻找带滚花及需要研磨抛光的零件图，按图进行加工并保证加工质量符合图样要求。

考核与评价

一、理论知识考评

（1）什么是表面修饰加工？表面修饰加工有何特点？

（2）带有表面修饰加工的零件有何作用？

（3）表面修饰加工有哪几种方法？各有何特点？

（4）简述表面修饰的结构及形状、种类和应用。

（5）表面修饰加工如何操作？

（6）表面修饰加工的注意事项有哪些？

（7）如何保证表面修饰的质量？

（8）什么是滚花？滚花有何特点？

（9）滚花时要注意什么？

二、实训技能考评

各小组查阅资料，分析讨论，制定任务方案，完成图 7–22 和图 7–23 所示零件的加工。工件加工考核评分标准见表 7–5。

表7–5 带成形面及表面需修饰加工的工件加工考核评分标准

项目	序号	技术要求	配分	评分标准	得分
工艺（15%）	1	工步正确且完整	5	不规范每处扣 1 分	
	2	切削用量合理	5	每错一处扣 1 分	
	3	工艺规范合理	5	不合理每处扣 1 分	
机床操作（20%）	4	刀具选择安装正确	5	不合理每处扣 1 分	
	5	工件装夹正确	5	不合理每处扣 1 分	
	6	机床操作规范	5	不合理每处扣 1 分	
	7	零件加工不出错	5	出错全扣	
工件质量（35%）	8	尺寸精度符合要求	25	不合理每处扣 1 分	
	9	表面粗糙度及形位公差符合要求	10	不合理每处扣 1 分	
文明生产（15%）	10	安全操作	5	出错全扣	
	11	机床维护与保养	5	不合格全扣	
	12	工作场地整理	5	不合格全扣	
相关知识及职业能力（15%）	13	机加工基础知识	5	教师提问	
	14	自学能力	10	教师酌情给分	
		表达沟通能力			
		合作能力			
		创新能力			

任务八 普通三角形螺纹车削加工

任务描述

图 8-1、图 8-2 和图 8-3 所示均为带普通三角形螺纹的工件零件图。通过本任务的学习，利用车床的基本操作加工出零件，并对完成后的零件进行误差分析及加工质量分析和总结。

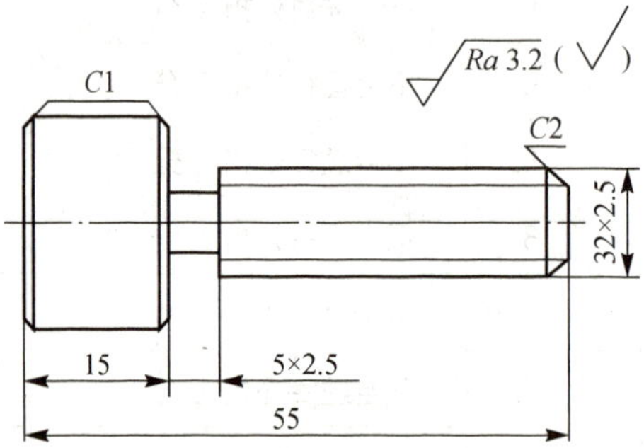

图 8-1 螺杆

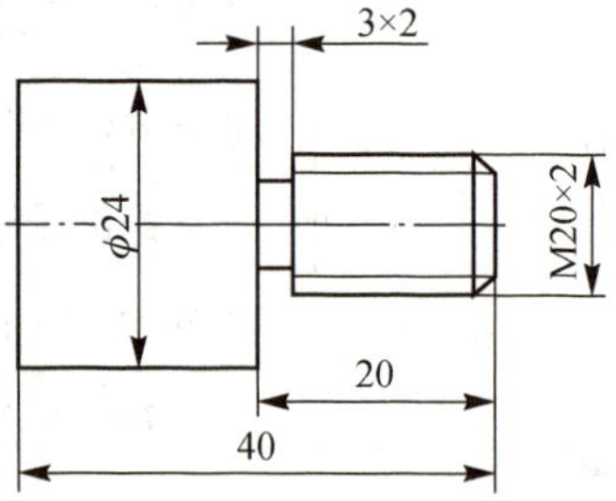

图 8-2 堵头

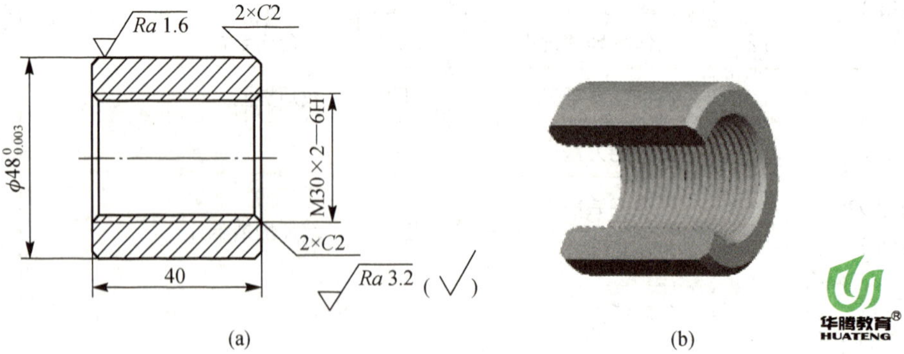

图 8-3 内螺纹套

（a）零件图 （b）实物图

再将上述零件的 M30 × 2 改为 M12 进行攻丝。

子任务1 普通三角形外螺纹加工

【知识目标】

1. 掌握普通三角形螺纹加工的基本知识和相关计算。
2. 掌握普通三角形螺纹车刀的几何参数及其刃磨方法、要点。
3. 掌握车削普通三角形螺纹时车床的调整方法、要点。
4. 掌握普通三角形螺纹车刀的装夹要点和切削用量的选择、加工的方法和技巧。
5. 掌握普通三角形螺纹的质量检测与保证措施。
6. 掌握产生废品的原因及相应的预防措施。

【技能目标】

1. 能说明带普通三角形外螺纹零件的结构特征和主要技术要求。
2. 能识读带普通三角形外螺纹的零件图。
3. 掌握车普通三角形外螺纹的原理、方法和要点。
4. 能正确选择普通三角形外螺纹车刀及其刃磨和切削用量，以及切削液。
5. 能正确检测普通三角形螺纹的加工质量。
6. 能合理选择加工方法。
7. 具有分析问题、解决问题及灵活应变的能力。

典型工作任务

图 8–1 和图 8–2 所示为带普通三角形外螺纹的工件零件图。其技术要求为未注倒角 *C*0.5，未注表面粗糙度 *Ra* 3.2，不得使用砂布、锉刀。

要求通过普通三角形外螺纹车削加工，掌握普通三角形外螺纹车削方法，并能配合游标卡尺、千分尺、普通三角形螺纹样板、螺纹千分尺等测量工具，保证按要求加工出零件。

相关知识

一、螺纹的基本知识

1. 螺纹的分类

螺纹按形成螺旋线的形状可分为圆柱螺纹和圆锥螺纹，按用途可分为联接螺纹和传递螺纹，按牙型特征可分为三角形螺纹、矩形螺纹、梯形螺纹、锯齿形螺纹、圆弧滚珠螺纹等，按螺旋线旋向可分为左旋螺纹、右旋螺纹，按螺旋线数可分为单线螺纹、双线螺纹和多线螺纹，按螺纹的内、外位置可分为内螺纹和外螺纹。

2. 普通三角形螺纹的几何参数

普通三角形螺纹的几何参数如图 8-4 所示。普通三角形螺纹的牙型角 $\alpha=60°$。

（1）牙型角（α）。牙型角指相邻牙侧间的夹角。

（2）螺距（P）。螺距是指相邻两牙在中径线上对应两点间的距离。

（3）导程（L）。导程是指同一条螺旋线上相邻两牙在中径线上对应两点间的轴向距离，单线螺纹 $L=P$，多线螺纹 $L=nP$。

（4）螺纹大径（d、D）。螺纹大径是指与外螺纹牙顶或内螺纹牙底相切的假想圆柱或圆锥的直径。国家标准规定螺纹大径的基本尺寸为螺纹的公称直径。

（5）中径（d_2、D_2）。中径是指假想圆柱、圆锥的直径，该圆柱、圆锥的素线通过牙型上沟槽和凸起宽度相等的地方。

（6）螺纹小径（d_1、D_1）。螺纹小径是指与外螺纹牙底或内螺纹牙顶相切的假想圆柱或圆锥的直径。

（7）顶径。顶径是指与外螺纹或内螺纹牙顶相切的假想圆柱或圆锥的直径。

（8）底径。底径是指与外螺纹或内螺纹牙底相切的假想圆柱或圆锥的直径。

（9）原始三角形高度（H）。原始三角形高度是指原始三角形顶点在垂直于螺纹轴线方向到牙底的距离。普通三角形螺纹 H=0.866 P。

（10）螺旋升角（ψ）。螺旋升角是指在中径圆柱或中径圆锥上螺旋线的切线与垂直于螺纹轴线的平面的夹角。其计算公式为

$$\tan\psi=\frac{nP}{\pi d_2}=\frac{L}{\pi d_2}$$

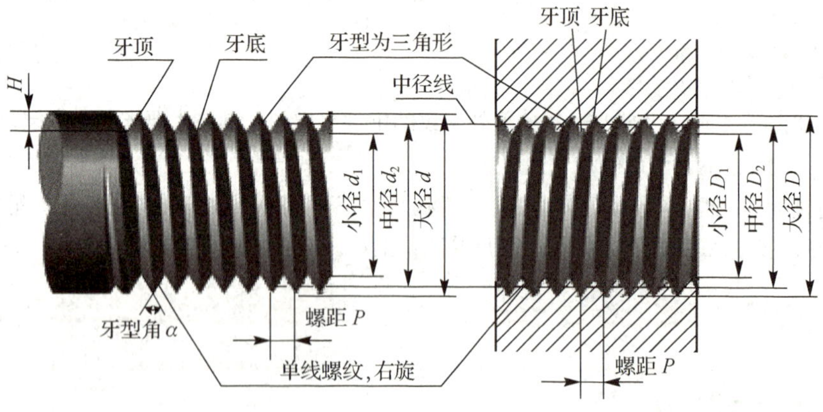

图 8-4 普通三角形螺纹的几何参数

3. 普通三角形螺纹的标识

普通三角形螺纹的标识如下：

螺纹代号　公称直径 × 螺距（导程 / 线数）旋向—中径公差带代号 / 顶径公差带代号—旋合长度代号

例如，

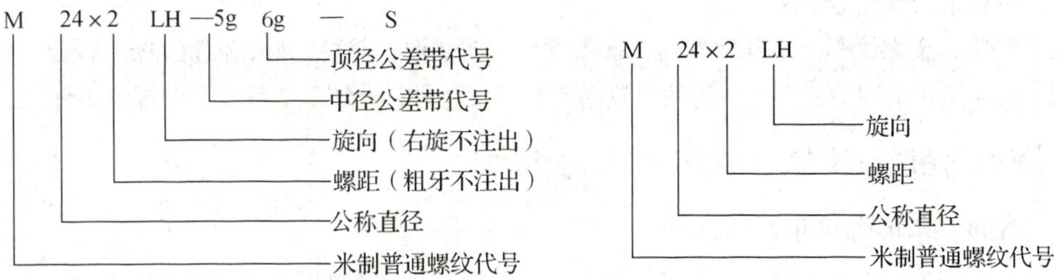

左旋用“LH”标示，右旋可不标示；多线要标出导程和线数，单数螺纹可不标；外螺纹的标注用小写字母，内螺纹的标注用大写字母；旋合长度长用 L 表示，短则用 S 表示，中等用 N 表示但不标注，有实际数值则标注实际数值；普通粗牙螺纹螺距不标注，但细牙螺纹的螺距必须标注。

M3 ～ M24 普通粗牙三角形外螺纹的螺距见表 8-1，需要牢记。

表8-1 M3～M24普通粗牙三角形外螺纹的螺距

螺纹代号	螺距 /mm	螺纹代号	螺距 /mm
M3	0.5	M14	2
M4	0.7	M16	2
M5	0.8	M18	2.5
M6	1.0	M20	2.5
M8	1.25	M22	2.5
M10	1.5	M24	3
M12	1.75		

4. 普通三角形螺纹的公差与配合

国家标准规定：外螺纹的上偏差 es、内螺纹的下偏差 EI 为基本偏差；内螺纹规定 G、H 两种公差带位置，外螺纹规定 e、f、g、h 四种公差带位置。公差带等级一般查表选择。

外螺纹：上偏差 es= 基本偏差，下偏差 $ei=es-T$。

内螺纹：下偏差 EI= 基本偏差，上偏差 $ES=EI+T$。

螺纹的配合精度分为精密、中等、粗糙三类。其中，精密用于精密螺纹，中等用于一般用途的螺纹，粗糙在精度要求不高或制造比较困难时采用。

5. 螺纹的加工方法

螺纹的加工方法有滚丝、搓丝、挤丝、攻丝、铰丝、车螺纹和铸造螺纹。

二、普通三角形螺纹车刀

（一）不同材料的普通三角形螺纹车刀

（1）高速钢螺纹车刀。其刃磨方便，切削锋利，韧性好，刀尖不易崩裂，车出的螺纹表面粗糙度小，但热稳定性差，不宜高速车削，常用于低速车削或作为螺纹精车刀，也用于车削塑性材料、大螺距螺纹和精密丝杠等工件。

（2）硬质合金螺纹车刀。其硬度高，耐磨性好，耐高温，热稳定性好，但抗冲击能力差，适于高速车削，常用于车削脆性材料（如铸铁）或高速车削塑性材料及加工批量较大的螺纹工件。

（二）普通三角形螺纹车刀的结构与几何参数

1. 普通三角形螺纹车刀的结构

普通三角形螺纹车刀如图 8–5 所示，可分为整体式外螺纹车刀、装夹式外螺纹车刀、整体式内螺纹车刀和装夹式内螺纹车刀。

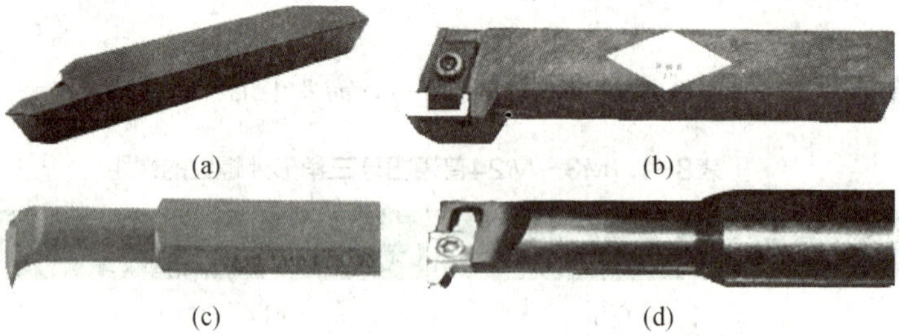

图 8–5　普通三角形螺纹车刀

（a）整体式外螺纹车刀（b）装夹式外螺纹车刀（c）整体式内螺纹车刀（d）装夹式内螺纹车刀

整体式螺纹车刀又分为焊接式车刀和刀具的切削部分与夹持部分是一体的非焊接式车刀，如高速钢螺纹车刀。当然，高速钢螺纹车刀也可制作成装夹式螺纹车刀。一般焊接式车刀的切削部分是硬质合金的。

2. 普通三角形螺纹车刀的主要角度

（1）外螺纹车刀：前角为 0°，后角为 4°～6°。当加工 $P>2$ 的螺纹或加工材料硬度较高时，在车刀的两个主刀刃上磨出 0.2～0.4 mm 宽、$\gamma_o=-5°$ 的倒棱，高速车削时车刀牙型角适当减小 3′。

（2）内螺纹车刀：刀体的径向尺寸应比螺纹孔径小 3 mm 以上，车内螺纹的关键因素是刀杆的刚性和排屑条件。

3. 普通三角形螺纹车刀切削部分几何角度的影响

（1）螺旋升角对车刀角度的影响。由于螺旋升角的影响和车刀径向前角的存在，加工螺纹时车刀两侧切削刃不通过工件的轴线，车出的螺纹牙侧不是直线而是曲线。

（2）螺旋升角对车刀侧刃后角的影响。如图 8–6 所示，螺旋升角使车刀沿进给方向一侧的后角 α_{oL} 磨成工作后角加上螺旋升角，即 $\alpha_{oL}=(3°\sim5°)+\psi$；为了保证刀具强度，车刀背进给方向的后角 α'_{oL} 磨成工作后角减去螺旋升角，即 $\alpha'_{oL}=(3°\sim5°)-\psi$。车削左旋螺纹时，情况正好相反。

螺旋升角 ψ 越大，对车刀侧刃后角的影响也越大。这种影响会在车削梯形螺纹或螺距较大的螺纹时反映得更加明显。

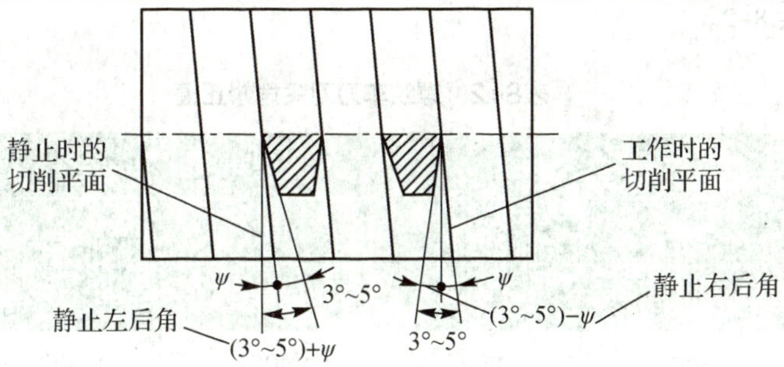

图 8-6 螺旋升角对车刀侧刃后角的影响

（3）螺旋升角对车刀侧刃前角的影响。如图 8-7 所示，将车刀两侧切削刃组成的平面垂直于螺旋线装夹，这时两侧刀刃的工作前角都为 0°；或在前刀面上沿两侧切削刃上磨出较大的卷屑槽，使切削顺利并便于排屑。

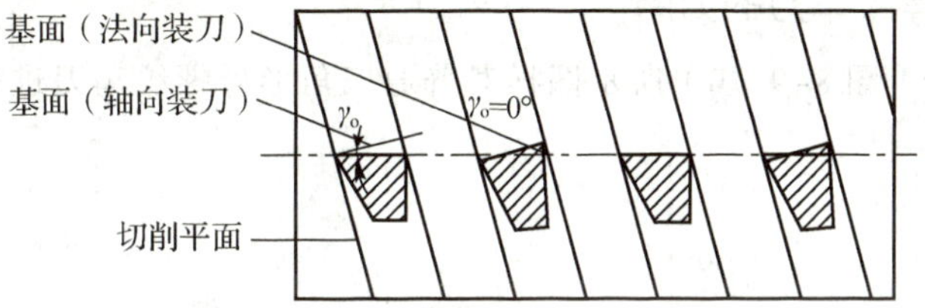

图 8-7 螺旋升角对车刀侧刃前角的影响

（4）径向前角 γ_P 对刀尖角的影响。当径向前角 γ_P=0° 时，螺纹车刀两刀刃之间的夹角等于刀尖角，如图 8-8（a）所示。当径向前角 γ_P>0° 时，两刀刃之间的夹角小于刀尖角，如图 8-8（b）所示。

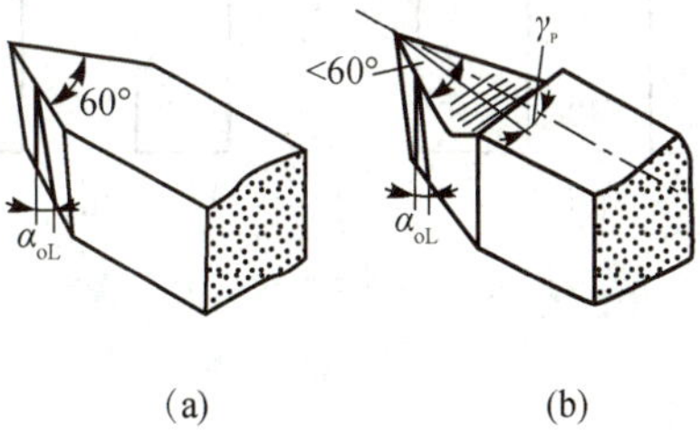

图 8-8 径向前角 γ_P 对刀尖角的影响

（a）γ_P=0° （b）γ_P>0°

γ_P=0°，车螺纹时车刀排屑不畅致使螺纹表面粗糙度值较大，影响加工精度。γ_P>0°，虽然排屑顺利且可减小积屑瘤，但螺纹车刀两侧切削刃不与工件轴向重合，使得车出的螺纹牙型角大于车刀的刀尖角，径向前角越大，牙型角的误差越大；同时，还会使车出的螺纹牙型在轴向剖面不是直线而是曲线，影响螺纹的配合质量。

为了车削出较正确的牙型角，对于 $\gamma_P>0°$ 的螺纹车刀，要对两刀刃之间的夹角加以修正。螺纹车刀刀尖角修正值见表 8-2。

表8-2 螺纹车刀刀尖角修正值

径向前角	牙型角				
	60°	55°	40°	30°	29°
	刀尖角修正值				
0°	60°	55°	40°	30°	29°
5°	59° 48′	54° 48′	39° 51′	29° 53′	28° 53′
10°	59° 14′	54° 16′	39° 26′	29° 33′	28° 34′
15°	58° 18′	53° 23′	38° 44′	29° 1′	28° 3′
20°	56° 57′	52° 8′	37° 45′	28° 16′	27° 19′

（三）普通三角形螺纹车刀的刃磨

参考图 8-9（a）、图 8-9（b）所示图样对普通三角形外螺纹车刀进行刃磨，准备工具如图 8-10 所示。

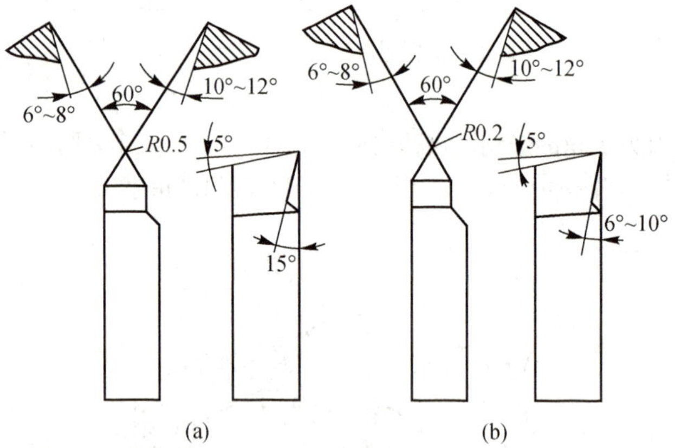

图 8-9 普通三角形外螺纹车刀刃磨图样

（a）粗车刀 （b）精车刀

1. 刃磨要求

（1）当螺纹车刀的径向前角为零时刀尖角等于牙型角，当径向前角大于零时刀尖角必须修正。

（2）螺纹车刀两侧的切削刃必须是直线。

（3）螺纹车刀的切削刃应具有较小的表面粗糙度值。

（4）螺纹车刀两侧后角是不相等的，应考虑车刀进给方向的后角受螺旋升角的影响而加减一个螺旋升角。

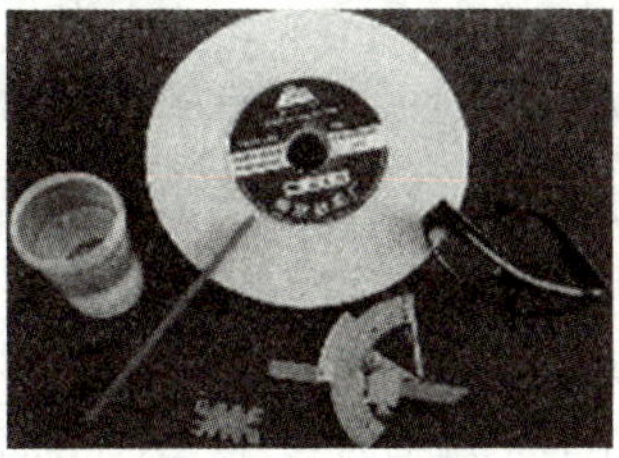

图 8-10 普通三角形外螺纹车刀刃磨工具

2. 刃磨步骤

螺纹车刀刃磨步骤如下：

（1）磨前刀面。

（2）磨两侧后刀面，以初步形成两刃夹角，其中先磨进给方向侧刃，再磨背进给方向侧刃。

（3）精磨前刀面，以形成前角。

（4）精磨后刀面，刀尖角用螺纹车刀样板测量，保证得到正确的刀尖角。

（5）修磨刀尖，刀尖侧棱宽度为 0.1P。

（6）用油石研磨刀刃处的前、后刀面，注意保证刃口锋利。

3. 刃磨注意事项

刃磨时，人的站立姿势要正确；磨削时，双手握着车刀，保证与砂轮接触的径向压力不小于一般车刀；刃磨外螺纹车刀时刀尖角平分线应平行于刀体中心线，刃磨内螺纹车刀时刀尖角平分线应垂直于刀体中心线；车削高阶梯的螺纹车刀靠近高阶梯一侧的刀刃应短些，否则会擦伤轴肩；粗磨时也要用样板检查，对径向前角大于零的螺纹车刀，粗磨时两刃夹角要略大于牙型角，待磨好后再修磨两刃夹角；刃磨时要稍做左右、上下移动，这样容易使刀刃平直；刃磨时一定要注意安全。

（四）普通三角形螺纹车刀的装夹

普通三角形螺纹车刀的装夹注意事项如下：

（1）装刀时刀尖要对正工件，如图 8-11 所示。

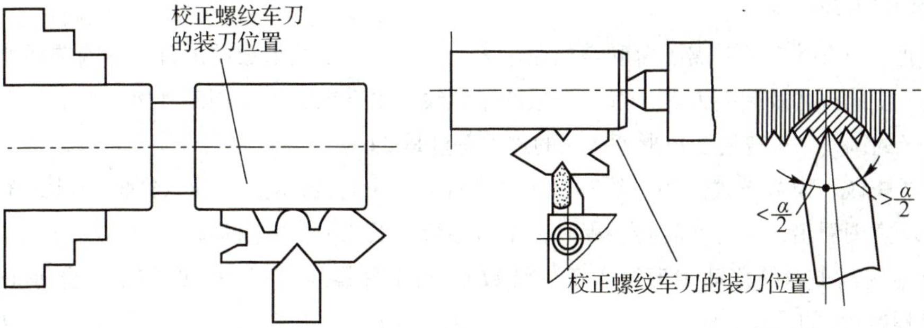

图 8-11 刀尖对正

（2）装刀时可用样板对刀，保证车刀刀尖角的对称中心线与工件轴心线垂直，如图 8–11 所示。如果刀尖装歪，就会产生牙型歪斜。

（3）刀头伸出不要过长，一般为 20 ~ 25 mm（约是刀杆厚度的 1.5 倍），以增加切削时的刚度，防止振动和扎刀。

（4）车刀轴向装刀工作时两侧前角 $\gamma_{工作L}=-\gamma_{工作R}\neq 0°$。

（5）车刀法向装刀工作时、静止时两侧前角 $\gamma_{oL}=\gamma_{oR}=0°$。

（6）粗车时采用法向装刀，精车时采用轴向装刀。这样既能顺利地进行粗车，又能保证精车后螺纹牙型的准确性。

此外，还需注意车刀的正反装及螺纹加工方向，根据情况调整刀头方向及位置，如图 8–12 和图 8–13 所示。

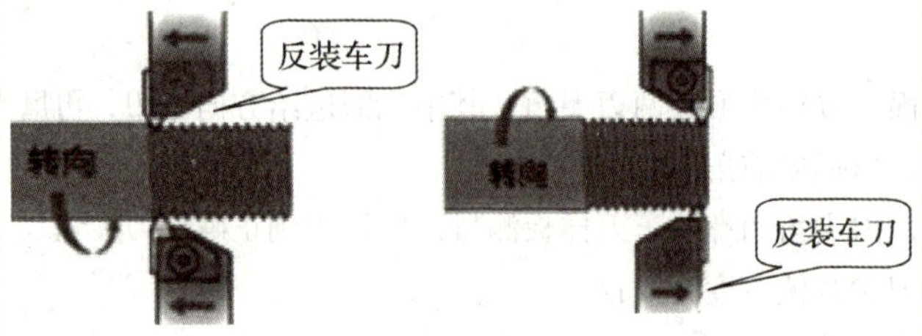

图 8–12　右螺纹右手刀柄装刀

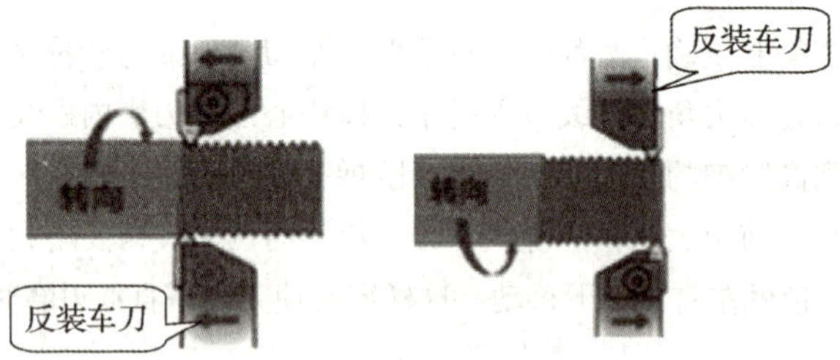

图 8–13　左螺纹左手刀柄装刀

三、车削普通三角形外螺纹

1. 车削要点

车普通三角形外螺纹时需了解和掌握在车床上三角形外螺纹形成的原理，正确选择螺纹车刀的几何角度，正确刃磨及装夹刀具，选择合适的车螺纹进给方向、切削用量和冷却润滑的方式。尤其要注意车床的调整。车普通三角形外螺纹的进刀总量是 0.65P。

车多线螺纹、模数螺纹、蜗杆等时，还要进行交换齿轮的调整。从 CA6140 型卧式车床车螺纹时的传动示意图看出，当工件旋转一周时，车刀必须沿工件轴线方向移动一个螺纹的导程 $nP_{工}$。在一定的时间内，车刀的移动距离等于工件转数 $n_{工}$与工件螺纹导程 $nP_{工}$的乘积，也等于丝杠转数 $n_{丝}$与丝杠螺距 $P_{丝}$的乘积，即

$$n_{工}nP_{工}=n_{丝}P_{丝}$$

即

$$i=\frac{n_{丝}}{n_{工}}=\frac{nP_{工}}{P_{丝}}$$

2. 车床调整与检查

车普通三角形外螺纹时，要合理调整车床：调整主轴转速（图 8–14），依照进给箱铭牌标示螺距范围调整螺距（图 8–15）；调整滑板间隙，床鞍、中小滑板镶条的间隙既不能太紧又不能太松，太紧则摇动费力，太松则容易扎刀；下压开合螺母手柄（图 8–16），改光杠转动为丝杠转动（图 8–17）。

图 8–14 调整主轴转速

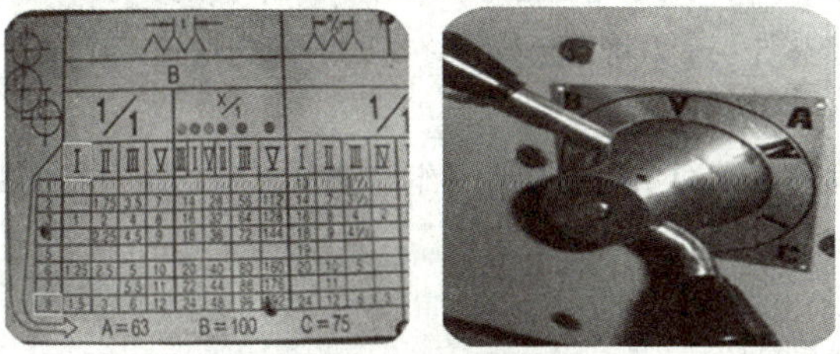

图 8–15 调整螺距

图 8–16 下压开合螺母手柄

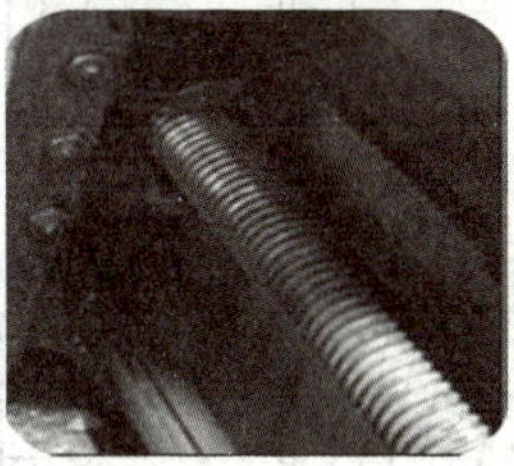

图 8–17 改光杠转动为丝杠转动

调整后检查丝杠和开合螺母啮合是否到位，以防车削时产生乱牙。

3. 车削方法

因为三角形外螺纹车刀刀尖强度较差，工作条件恶劣，加之两切削刃同时切削，切削抗力较大，影响工件精度和表面粗糙度，所以应根据不同的进给要求、零件的材质和螺距的大小选择合适的进刀方法。

（1）直进法。直进法如图 8–18（a）所示，车削时只用中滑板横向进给，在几次行程后，把螺纹车至所要求的尺寸和表面粗糙度。该方法适于 $P<3$ mm 的三角形外螺纹粗、精车。采用直进法倒顺车普通三角形外螺纹（$P<3$ mm）的步骤如下：

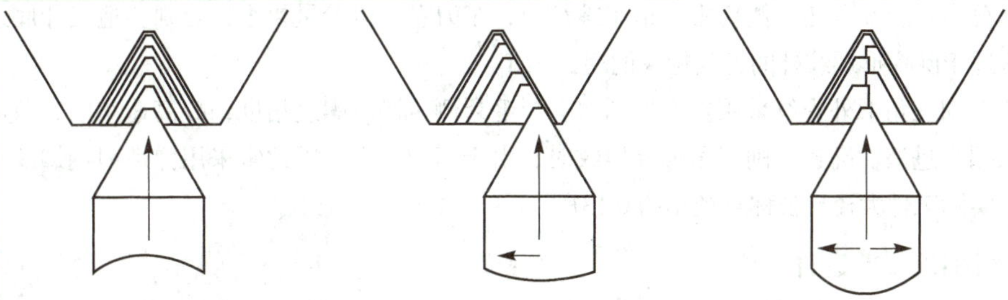

(a) (b) (c)

图 8–18 低速车削三角形外螺纹的方法

（a）直进法 （b）斜进法 （c）左右切削法

① 步骤 1：开车，使车刀与工件轻微接触，记下刻度盘读数，向右退出车刀，如图 8–19（a）所示。

② 步骤 2：合上开合螺母，在工件表面车出一条螺纹线，横向退出车刀，停车，如图 8–19（b）所示。

③ 步骤 3：开反车，使车刀退到工件右端，停车。用钢直尺检查螺距是否正确，如图 8–19（c）所示。

④ 步骤 4：利用刻度盘调整切深，开车切削；车钢件时加注切削液，如图 8–19（d）所示。

⑤ 步骤 5：车刀将车至行程终了时，应先快速退出车刀，然后停车，开反车退回，如图 8–19（e）所示。

⑥ 步骤 6：再次横向切入，继续切削，其切削过程的路线如图 8–19（f）所示。

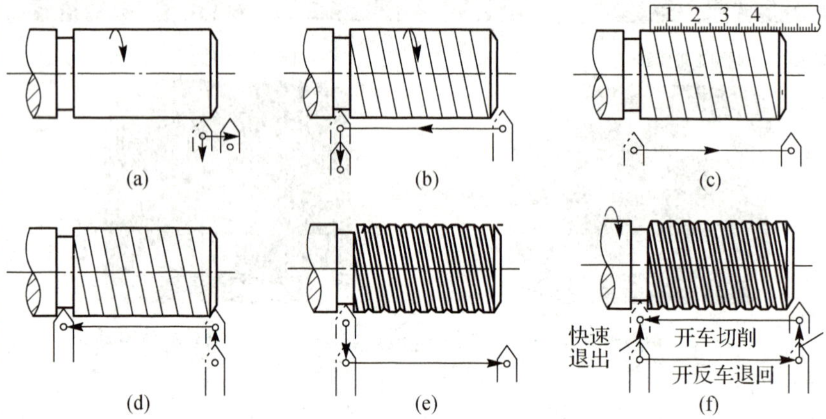

图 8–19　直进法倒顺车普通三角形外螺纹的步骤

（2）斜进法。当螺距大、螺纹槽较深、切削余量较大而粗车时，为了操作方便，除中滑板直进外，小滑板只向一个方向移动，如图 8–18（b）所示，称为斜进法。斜进法适于粗车，且每边牙侧留 0.2 mm 的精车余量。

（3）左右切削法。车螺纹时，除中滑板做横向进给外，小滑板将车刀向左或向右做微量移动（借刀或赶刀），经几次行程后把螺纹牙型车好，如图 8–18（c）所示，称为左右切削法。此法刀尖受力小，受热改善，不易扎刀，可适当提高切削用量，但操作复杂，牙型两侧的切削用量应合理分配。

用左右切削法车外螺纹时，大部分余量在顺向走刀方向车去；车内螺纹时，为改善刀柄受力变形，大部分余量应在尾座一侧切去。精车螺纹时，车刀左右进给量要小，否则会造成牙底过宽或不平。此法适于除梯形螺纹外的各类螺纹的粗、精车。

高速车削三角形外螺纹采用左右切削法会拉毛牙侧，影响螺纹精度，故高速车削三角形外螺纹时只能采用直进法。高速车削三角形外螺纹时，由于切削力大，因此常采用弹性刀柄螺纹车刀；车螺纹前，实际工件大径比公称直径小约 0.13P。

4. 切削用量的选择

切削用量需根据工件材料、螺纹牙型、螺距大小、粗车还是精车等因素确定。

5. 棒料及底孔直径的确定

塑性材料在车削过程中会因挤压发生塑性变形而凸起，脆性材料几乎没有塑性变形。因此，常用经验公式确定棒料及螺纹底孔直径。

车塑性材料：棒料直径为 $d-0.13P$，底孔直径为 $D-P$。

车脆性材料：棒料直径为 d，底孔直径为 $D-1.05P$。

其中，d 为外螺纹大径；D 为内螺纹大径；P 为螺纹螺距。

四、普通三角形外螺纹的测量

普通三角形外螺纹的测量项目如下：

（1）单项测量。选择合适的量具测量螺纹的某一项参数的精度。

（2）顶径测量。顶径用游标卡尺测量即可。

（3）螺距测量。用直尺或游标卡尺或牙规测量车削螺纹第一刀后工件上留下的刀痕，如图 8-20 所示。

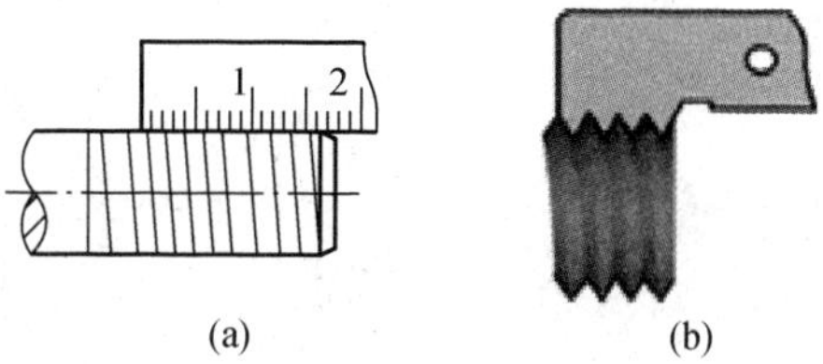

图 8-20　三角形外螺纹螺距测量

（a）直尺测量　（b）牙规测量

（4）中径测量。用螺纹千分尺测量三角形外螺纹中径，如图 8-21 所示。

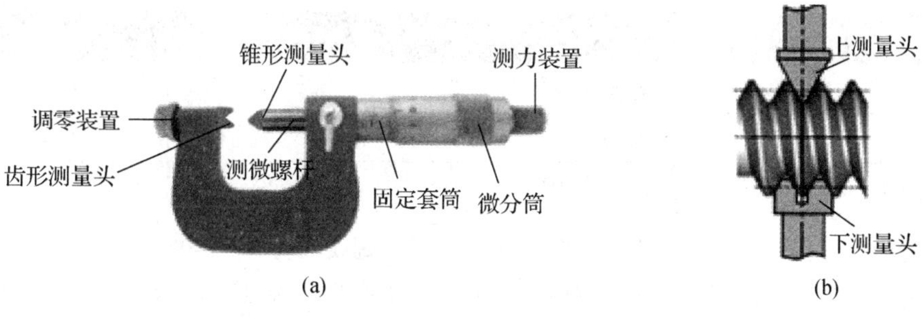

图 8-21　螺纹千分尺测量三角形外螺纹中径

（a）螺纹千分尺的结构　（b）测量原理

也可采用三针测量法测量三角形外螺纹中径，如图 8-22 所示。三针测量法是测量三角形外螺纹中径的一种比较精密的方法。测量时，在螺纹凹槽内放置具有相同直径 d_0 的三根量针，然后用千分尺测量尺寸 M 的大小，以验证所加工螺纹的中径是否正确。

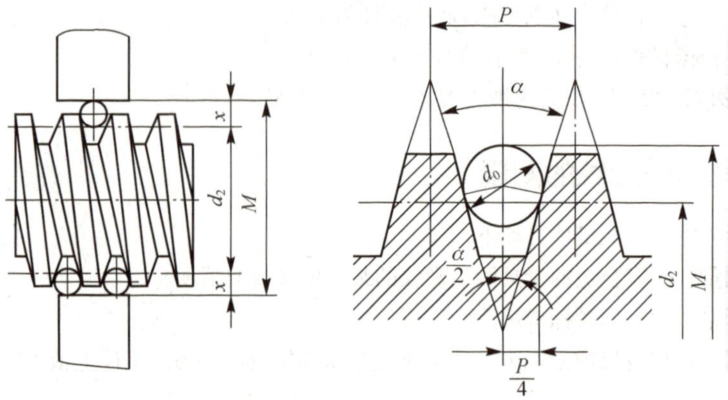

图 8-22　三针测量法测量三角形外螺纹中径

螺纹中径 d_2 的计算公式为

$$d_2 = M - d_0\left(1 + \frac{1}{\sin\frac{\alpha}{2}}\right) + \frac{P}{2}\cot\frac{\alpha}{2}$$

式中，M 为千分尺测得的数值，mm；d_0 为量针直径，mm；$\alpha/2$ 为牙型半角，(°)；P 为螺距，mm。

量针直径 d_0 的计算公式为

$$d_0 = \frac{P}{2\cos\frac{\alpha}{2}}$$

量针直径 d_0 的简化计算见表 8-3。

表8-3　量针直径d_0的简化计算

螺纹牙型角	量针直径	螺纹牙型角	量针直径
60°	d_0=0.577P	30°	d_0=0.518P
55°	d_0=0.564P	29°	d_0=0.516P
40°	d_0=0.533P		

（5）螺纹的综合测量。采用螺纹量规——螺纹塞规、螺纹环规（图 8-23）对螺纹各部分主要尺寸进行综合测量。通常用标准螺母、螺杆进行综合测量，按旋入时是否顺利和松紧程度确定是否合格。

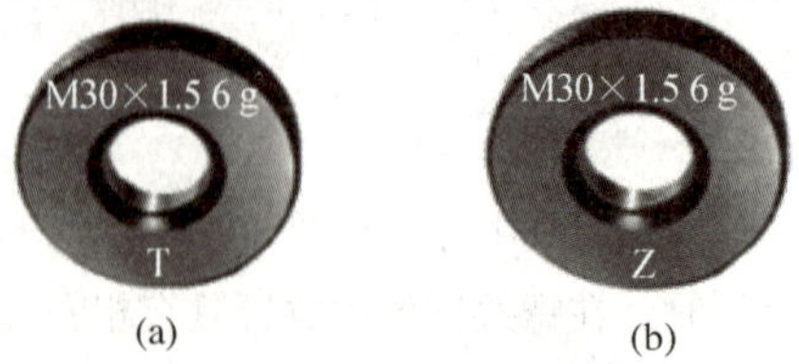

图 8-23　螺纹环规

（a）通规　（b）止规

五、普通三角形外螺纹车削注意事项

车普通三角形外螺纹时应注意以下事项：

（1）车螺纹前检测主轴手柄位置，用手旋转（正、反）主轴，看是否过重或空转量过大。

（2）由于初学者操作不熟练，宜用低速切削，并注意在练习时集中精力。

（3）车螺纹时，开合螺母必须压到位，若感觉未压好，应立即提起，重新进行。

（4）车螺纹应保证刀刃锋利，中途换刀或刃磨刀必须重新对刀，并重新调整中滑板刻度。

（5）初车螺纹时要留适当的精车余量。

（6）精车时首先用最小的赶刀量车光一个侧面，把余量留给另一侧面车。

（7）使用螺纹环规检验时，不能用力太大或用扳手拧，以免螺纹环规严重磨损或使工件发生位移。

（8）车螺纹时应注意不能用手去摸正在旋转的工件，更不能用棉纱去擦正在旋转的工件。

（9）车完螺纹后要提起开合螺母，并把手柄拨到纵向进刀位置，以免开车时撞车。

六、普通三角形外螺纹加工质量分析

普通三角形外螺纹车削加工不当可能产生一些质量问题。普通三角形外螺纹加工产生废品的原因及预防方法见表 8-4。

表8-4 普通三角形外螺纹加工产生废品的原因及预防方法

废品问题	产生原因	预防方法
中径不正确	（1）车刀切削深度不正确，以顶径为基准控制切削深度，忽略了顶径误差的影响； （2）刻度盘使用不当	（1）考虑顶径误差的影响，调整切削深度； （2）正确使用刻度盘
螺距导程不正确	（1）交换齿轮计算或组装错误，进给箱、溜板箱有关手柄位置扳错； （2）车床丝杠和主轴的窜动过大，溜板箱手轮转动不平衡，开合螺母间隙过大； （3）车削过程中开合螺母自动抬起	（1）在工件上先车一条很浅的螺旋线，测量螺距（导程）是否正确； （2）调整好主轴和丝杠的轴向窜动量及开合螺母间隙，将溜板箱手轮拉出与旋动轴脱开，使床鞍匀速运动； （3）调整开合螺母镶条，适当减小间隙，防止开合螺母转动时抬起，或用重物挂在开合螺母手柄上防止中途抬起
牙型不正确	（1）车刀刀尖刃磨不正确； （2）车刀安装不正确； （3）车刀磨损	（1）正确刃磨和测量车刀刀尖角； （2）装刀时用样板对刀； （3）合理选择切削用量，及时修磨车刀

续表

废品问题	产生原因	预防方法
表面粗糙度值大	（1）刀尖产生积屑瘤； （2）刀柄刚性不够，切削时产生振动； （3）车刀径向前角太大，中滑板丝杠螺母间隙过大而产生扎刀； （4）高速切削螺母时，切屑厚度太小或切屑向倾斜方向排出，拉毛已加工牙侧面； （5）工件刚性差，而切削用量过大； （6）车刀表面粗糙	（1）适当降低切削速度，正确选择切削液； （2）增加刀柄截面积，刀柄伸出尽可能短； （3）减小车刀径向前角，调整中滑板丝杠螺母间隙； （4）高速切削时，最后一刀的切屑厚度要大于 0.1 mm，并使切屑沿垂直轴线方向排出； （5）合理选择切削用量； （6）切削刃的表面粗糙度比零件加工表面粗糙度值小 2 ～ 3 档次
乱牙	工件的转数不是丝杠转数的整数倍	（1）倒顺车削； （2）当进刀纵向行程完成后，提起开合螺母，重新对刀

七、在车床上套螺纹

1. 套螺纹工具

板牙是套外螺纹的工具，常用的有圆板牙和管螺纹板牙。

（1）圆板牙。如图 8–24 所示，圆板牙由切削部分、校准部分和排屑孔组成。其外形像一个圆螺母，只是在它上面钻有几个排屑孔并形成刀刃。板牙的中间一段是校准部分，也是套螺纹时的导向部分，其两端面均为切削部分，待一端磨损后可换另一端使用。

图 8–24　圆板牙

板牙的几何参数：锥角一般为 φ=20°～25°；后角 α_o=7°～9°；一般大径处前角 γ_{do}=8°～12°；小径处前角 γ_d=30°～35°（粗牙），如图 8–25 所示。

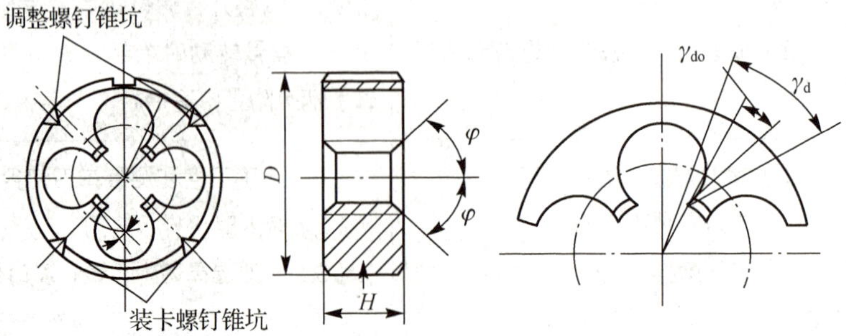

图 8–25　板牙的几何参数

（2）管螺纹板牙。管螺纹板牙又分圆柱管螺纹板牙和圆锥管螺纹板牙。管螺纹板牙的结构与圆板牙相仿，只是在单面制成切削锥，只能单面使用，如图 8-26 所示。圆锥管螺纹板牙所有刀刃均参加切削，所以切削时很费力。板牙的切削长度影响管螺纹牙型的尺寸，因此套螺纹时要经常检查，不能使切削长度超过太多，只要相配件旋入后能满足要求即可。

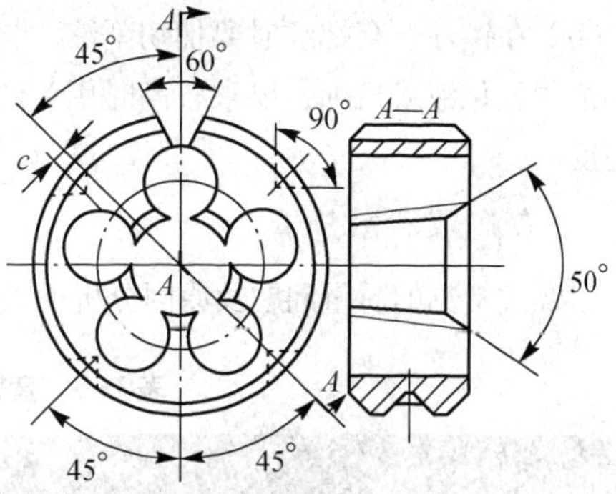

图 8-26 管螺纹板牙

（3）板牙铰杠。板牙铰杠是手工套螺纹时的辅助工具，又称为板牙架，如图 8-27 所示。板牙铰杠的外圆旋有四只装卡螺钉和一只调整螺钉，使用时装卡螺钉将板牙紧固在铰杠中，并传递套螺纹时的转矩。

当使用的圆板牙带有锥形调整槽（锥坑）时，通过调节上面两只装卡螺钉和调整螺钉，可使板牙螺纹直径在一定范围内变动。

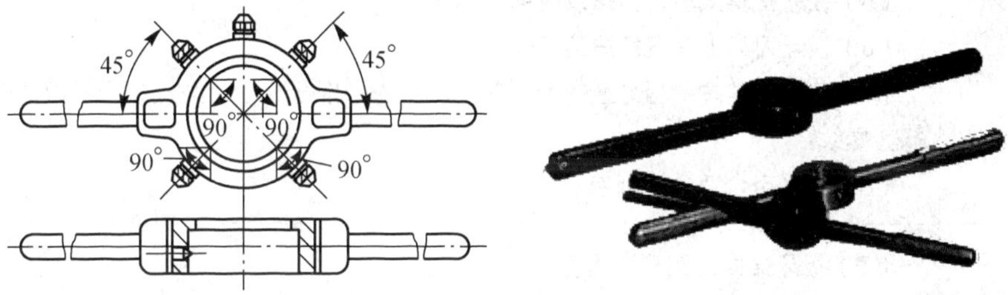

图 8-27 板牙铰杠

2. 套螺纹方法

套螺纹前先确定圆杆的直径。用板牙在工件上套螺纹时，材料同样因受挤压而变形，顶尖将被挤高一些，所以套螺纹前圆杆直径应稍小于螺纹的大径尺寸。一般圆杆直径用下式计算

$$D_{杆}=d-0.13P$$

式中，$D_{杆}$为套螺纹前圆杆直径，mm；d 为螺纹大径，mm；P 为螺距，mm。

套螺纹的要点如下：

（1）为使板牙容易对准工件和切入工件，套螺纹前圆杆端部要倒成圆锥斜角为 15°～20° 的锥体。锥体的最小直径可以略小于螺纹小径，使切出的螺纹端部避免出现锋口和卷边而影响螺母的拧入，如图 8-28 所示。

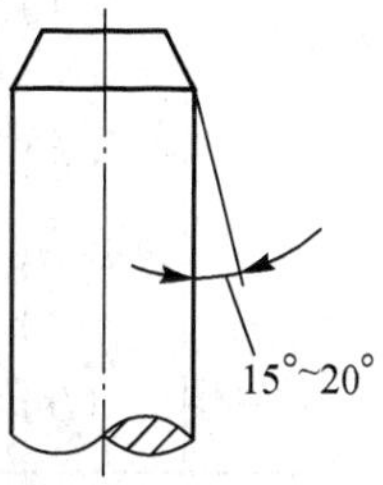

图 8-28 套螺纹前圆杆倒角

（2）切削速度要低。对钢件和塑性较大的材料，切削速度为 2～4 m/min；对铸件和塑性较小的材料，切削速度为 4～6 m/min。

（3）套螺纹时应保持板牙端面与圆杆轴线垂直，否则套出的螺纹两面会深浅不同，甚至有烂牙。

（4）在开始套螺纹时，可用手掌按住板牙中心，适当施加压

力并转动铰杠。当板牙切入圆杆 1 ～ 2 圈时，应目测检查和校正板牙的位置；当板牙切入圆杆 3 ～ 4 圈时，应停止施加压力，而仅平稳地转动铰杠，靠板牙螺纹自然旋进套螺纹。

（5）为了避免切屑过长，在套螺纹过程中板牙应经常倒转。

（6）在钢件上套螺纹时要加切削液。与攻螺纹一样，套螺纹时必须选用合适的切削液。一般使用加浓的乳化液或机油，要求较高时用菜油或二硫化钼，以延长板牙的使用寿命，减小螺纹的表面粗糙度。

3. 套螺纹质量分析

套螺纹常见的质量问题及原因分析见表 8-5。

表8-5　套螺纹常见的质量问题及原因分析

常见问题	原　因
螺纹烂牙	（1）圆杆直径太大； （2）板牙磨钝； （3）套螺纹时板牙没有经常倒转； （4）铰杠掌握不稳，套螺纹时板牙左右摇摆； （5）板牙歪斜太多，套螺纹时强行修正； （6）板牙刀刃上具有切屑瘤； （7）用带调整槽的板牙套螺纹，第二次套螺纹时板牙没有与已切出螺纹旋合，就强行套螺纹； （8）未采用合适的切削液
螺纹歪斜	（1）板牙端面与圆杆不垂直； （2）用力不均匀，铰杠歪斜；
螺纹中径小（齿形瘦）	（1）板牙已切入仍施加压力； （2）板牙端面与圆杆不垂直而多次纠正，使部分螺纹切去过多
螺纹牙深不够	（1）圆杆直径太小； （2）用带调整槽的板牙套螺纹时，直径调节太大
板牙崩牙或扭断	（1）材料硬度太高或硬度不均匀； （2）板牙切削部分刀齿前、后角太大； （3）圆杆直径太大； （4）板牙位置不正； （5）用力过猛，铰杠掌握不稳； （6）板牙没有经常倒转，致使切屑将容屑槽堵塞； （7）刀齿磨钝，并黏附有积屑瘤； （8）未采用合适的切削液； （9）当套台阶旁的螺纹时，板牙碰到台阶仍继续扳转

知识拓展

管螺纹基础知识介绍如下：

1. 管螺纹的种类

管螺纹分为圆柱管螺纹、60°圆锥管螺纹、密封管螺纹（圆锥外管螺纹、圆锥内管螺纹和圆柱内管螺纹），如图 8-29 所示。管螺纹实物如图 8-30 所示。

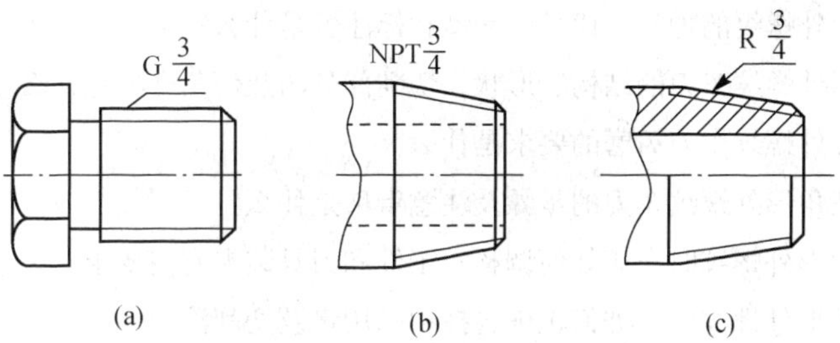

图 8-29 管螺纹的种类

（a）圆柱管螺纹 （b）60° 圆锥管螺纹 （c）密封管螺纹（圆锥外管螺纹）

图 8-30 管螺纹实物

2. 管螺纹的牙型角

圆柱管螺纹牙型角为 55°，60°圆锥管螺纹牙型角为 60°，圆锥外管螺纹牙型角为 55°。

3. 管螺纹的特征代号

圆柱管螺纹的特征代号为 G，60°圆锥管螺纹的特征代号为 NPT，圆锥外管螺纹的特征代号为 R，圆锥内管螺纹的特征代号为 R_C，圆柱内管螺纹的特征代号为 R_P。

4. 管螺纹的标注

管螺纹的标注样式为特征代号—公称直径—公差等级—旋向。

圆柱外管螺纹中径公差等级分 A、B 两级；圆柱内管螺纹，60°圆锥管螺纹，密封内、外管螺纹中径只有一种公差带，故不标注公差带代号。

管螺纹公称直径的单位是英寸。

技能拓展

各自寻找普通三角形外螺纹零件图，按图进行加工并保证加工质量符合图样要求。

考核与评价

一、理论知识考评

（1）普通三角形外螺纹的几何参数有哪些？

（2）普通三角形外螺纹的种类、代号、牙型和标注各是什么？

（3）普通三角形外螺纹车刀的结构、形状、切削部分的几何角度各是什么？

（4）普通三角形外螺纹车刀刃磨的要求是什么？

（5）刃磨普通三角形外螺纹车刀的步骤及注意事项是什么？

（6）车普通三角形外螺纹时车床如何调整？工件和刀具装夹有何要求？

（7）车普通三角形外螺纹时，如何正确选择切削用量及切削液？

（8）在车床上如何套螺纹？如何保证普通三角形外螺纹的加工质量？

（9）普通三角形外螺纹如何检测？车螺纹时为什么会烂牙？

（10）螺纹的种类很多，按形成螺旋线的形状分为（　　）螺纹、（　　）螺纹，按用途不同分为（　　）螺纹、（　　）螺纹，按牙型特征分为（　　）螺纹、（　　）螺纹、（　　）螺纹、（　　）螺纹，按螺旋线的旋向分为（　　）螺纹、（　　）螺纹，按螺旋线的线数分为（　　）和（　　）螺纹。

（11）三角形外螺纹分为（　　）螺纹、（　　）螺纹、（　　）螺纹，普通三角形外螺纹又分为普通三角形（　　）螺纹和普通三角形（　　）螺纹。

（12）国家规定外螺纹的公差带是 e、（　　）、（　　）、（　　）四种位置。内螺纹的公差带是 G、（　　）两种位置。

（13）为避免螺纹车刀后刀面与螺纹牙侧发生干涉，保证切削顺利进行，应将车刀沿进给方向一侧的后角磨成工作后角加上（　　），背进给方向的后角磨成工作后角减去（　　）。

（14）车削三角形外螺纹常采用低速车削法和高速车削法，低速车螺纹的进刀方法有（　　）、（　　）、（　　）。

（15）斜进法车螺纹一般用于粗车，而且每边留（　　）mm 的精车余量。

（16）车普通三角形外螺纹的进刀总量是（　　）。

（17）螺纹检测有单项测量法、（　　）测量法；单项测量法有顶径测量、（　　）、（　　）。

二、实训技能考评

各小组查阅资料，分析讨论，制定任务方案，完成图 8–1 和图 8–2 所示普通三角形外螺纹零件的加工。工件加工考核评分标准见表 8–6。

表8-6 普通三角形外螺纹工件加工考核评分标准

项目	序号	技术要求	配分	评分标准	得分
工艺（15%）	1	工步正确且完整	5	不规范每处扣 1 分	
	2	切削用量合理	5	每错一处扣 1 分	
	3	工艺规范合理	5	不合理每处扣 1 分	
机床操作（20%）	4	刀具选择安装正确	5	不合理每处扣 1 分	
	5	工件装夹正确	5	不合理每处扣 1 分	
	6	机床操作规范	5	不合理每处扣 1 分	
	7	零件加工不出错	5	出错全扣	
工件质量（35%）	8	尺寸精度符合要求	25	不合理每处扣 1 分	
	9	表面粗糙度及形位公差符合要求	10	不合理每处扣 1 分	
文明生产（15%）	10	安全操作	5	出错全扣	
	11	机床维护与保养	5	不合格全扣	
	12	工作场地整理	5	不合格全扣	
相关知识及职业能力（15%）	13	机加工基础知识	5	教师提问	
	14	自学能力	10	教师根据学生的学习情况、表达沟通能力、合作能力和创新能力酌情给分	
		表达沟通能力			
		合作能力			
		创新能力			

子任务2 普通三角形内螺纹加工

【知识目标】

1. 掌握普通三角形内螺纹基本知识和相关计算。
2. 掌握普通三角形内螺纹车削、攻制方法、技巧和切削用量的选择。
3. 掌握普通三角形内螺纹车削、攻制产生废品的原因，并了解相应的预防措施。

【技能目标】

1. 能说明普通三角形内螺纹零件的结构特征和主要技术要求。
2. 能识读普通三角形内螺纹加工零件图。
3. 可理解车、攻普通三角形内螺纹的原理和方法。
4. 能正确选择加工普通三角形内螺纹的刀具并刃磨，正确选择切削用量及切削液。
5. 熟练车、攻普通三角形内螺纹，正确检测加工质量。
6. 具有分析问题、解决问题及灵活应变的能力。

典型工作任务

图 8–3 所示为普通三角形内螺纹零件。其技术要求为未注倒角 *C*0.5，未注表面粗糙度 *Ra* 3.2，不得使用砂布、锉刀。

要求通过普通三角形内螺纹车削加工、攻制加工训练，掌握普通三角形内螺纹加工方法，并能配合游标卡尺、千分尺、普通三角形螺纹样板等测量工具，保证按要求加工出零件。

相关知识

一、车普通三角形内螺纹

1. 普通三角形内螺纹车刀的刃磨

参考图 8–31（a）所示图样对普通三角形内螺纹车刀进行刃磨，准备工具如图 8–31（b）所示。

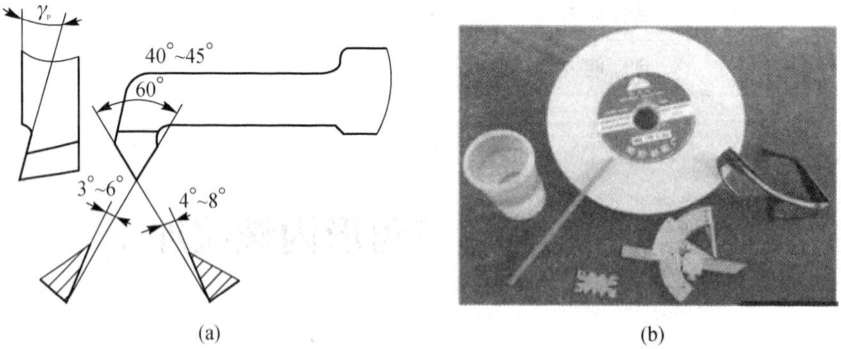

图 8–31　普通三角形内螺纹车刀及刃磨准备

（a）刀具图样　（b）准备工具

刃磨步骤如下：

（1）根据螺纹长度和牙型深度刃磨出刀头和刀杆部分，如图 8–32（a）所示。

（2）刃磨进给方向后刀面，如图 8–32（b）所示。

（3）刃磨背进给方向后刀面，以初步形成刀尖角，如图 8–32（c）所示。

（4）刃磨前刀面，初步形成前角，如图 8–32（d）所示。

（5）粗、精磨后刀面，并用螺纹车刀样板测量刀尖角，如图 8–32（e）所示。

（6）修磨刀尖，如图 8-32（f）所示。

（7）磨出径向后角，防止与螺纹顶径相碰（磨圆弧形，以形成两后角），如图 8-32（g）所示。

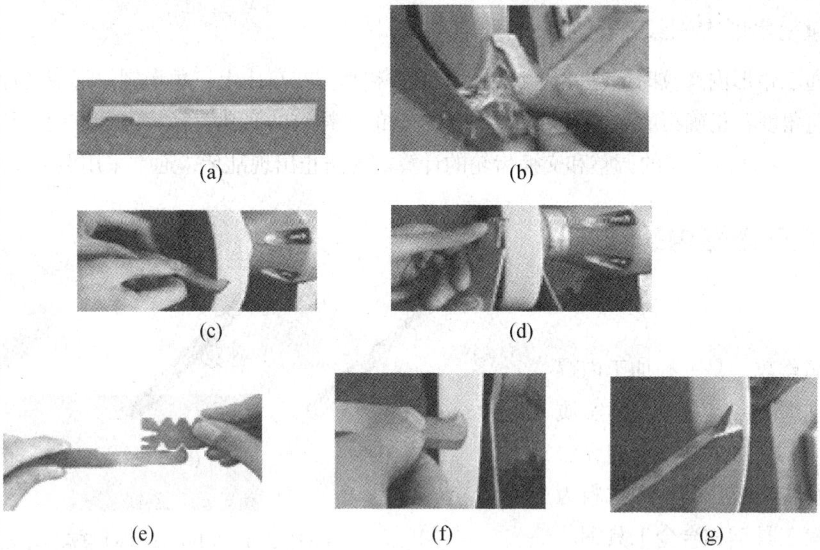

图 8-32 普通三角形内螺纹车刀刃磨步骤

2. 车刀的安装

普通三角形内螺纹车刀的安装如图 8-33 所示。

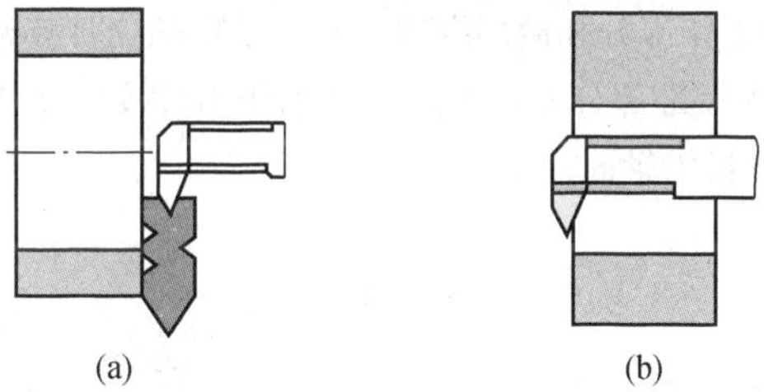

图 8-33 普通三角形内螺纹车刀的安装

（a）用螺纹样板安装内螺纹车刀 （b）检查刀柄是否与孔底相碰

注意：刀具切削部分的对称中心线要与刀柄的对称中心线垂直，刀柄尽可能与工件轴心线平行，以防车深时刀柄与内螺纹端口相碰。

3. 普通三角形内螺纹车削注意事项

车普通三角形内螺纹时应注意：三角形内螺纹车刀的两侧切削刃要平直，否则螺纹牙型侧面不平直；车平底孔三角形螺纹时，左侧切削刃要磨得短些，这样可使车刀切削刃两侧在退刀槽中留有一定的空隙；用中滑板进给时，控制每次车削的背吃刀量，进、退刀方向与车外螺纹相反；小滑板要调得紧一些，以防车削时车刀位移而产生乱牙。

4. 普通三角形内螺纹切削用量的选择

普通三角形内螺纹的切削用量根据工件材料、螺纹牙型、螺距大小、粗车还是精车等因素确定。

5. 普通三角形内螺纹底孔直径的确定

车削普通三角形内螺纹需先确定底孔直径。对于塑性材料，内螺纹底孔直径为 $D-P$；对于脆性材料，内螺纹底孔直径为 $D-1.05P$。

6. 普通三角形内螺纹车削加工的要点

车削普通三角形内螺纹时需注意以下要点：了解和掌握在车床上三角形螺纹形成的原理，正确选择车刀的几何角度，正确刃磨及装夹刀具，选用合适的车螺纹的底孔直径、进给方向、切削用量和冷却润滑方式。更要注意车床的调整和交换齿轮的计算。为防止出现乱牙，通常采用倒顺车削法车螺纹。

二、攻普通三角形内螺纹

（一）丝锥

丝锥又名丝攻，是一种加工内螺纹的工具，如图 8–34 所示。其实质是一种多刃刀具，可以加工车刀无法车削的小直径内螺纹。其常用材料为高速钢、碳素工具钢和合金工具钢。

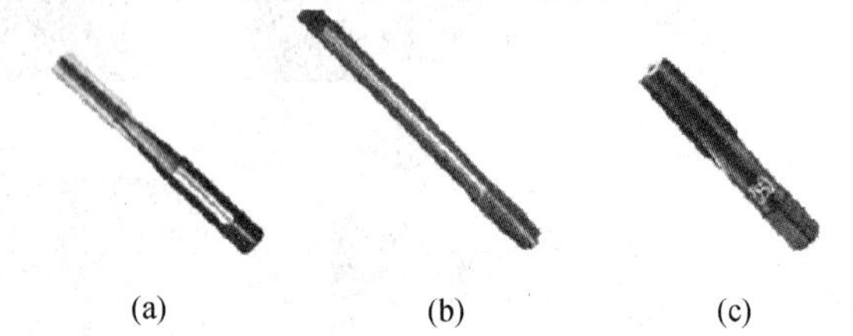

图 8–34　丝锥
（a）手用丝锥　（b）机用丝锥　（c）管螺纹丝锥

1. 丝锥的分类

按使用方法不同，丝锥可分为手用丝锥（碳素工具钢或合金工具钢滚牙或切牙丝锥）和机用丝锥（高速钢磨牙丝锥）；按用途不同，丝锥可分为普通螺纹丝锥、英制螺纹丝锥、圆柱管螺纹丝锥、圆锥管螺纹丝锥、板牙丝锥、螺母丝锥、校准丝锥和特殊螺纹丝锥等。

2. 丝锥的结构

如图 8–35 所示，丝锥由工作部分和柄部组成。柄部是攻螺纹时被夹持的部分，起传递转矩的作用。工作部分由切削部分 l_1 和校准部分 l_0 组成，起切削作用。校准部分有完整的牙型，用来修光和校准已切出的螺纹，并引导丝锥沿轴向前进。

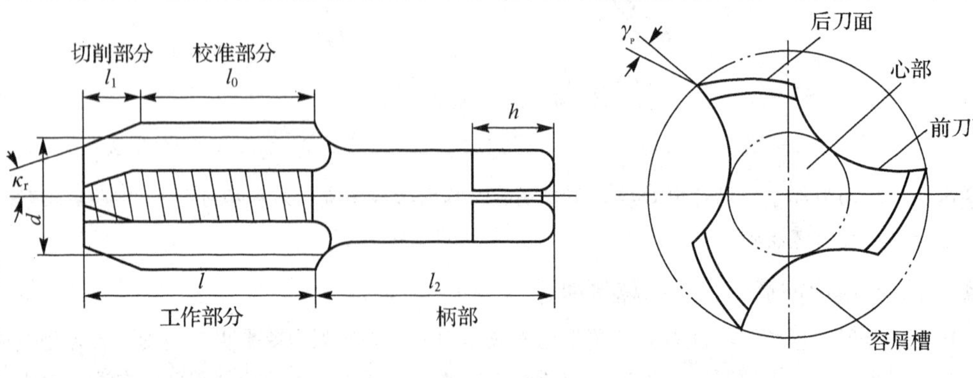

图 8–35　丝锥的结构

3. 丝锥的几何参数

丝锥的主要几何参数有前角、后角和倒锥，如图 8–36 所示。

任务一 任务二 任务三 任务四 任务五 任务六 任务七 任务八 任务九 任务十 任务十一

（1）前角 γ_P：随被加工材料不同也不一样，一般为 8° ～ 10°。

（2）后角 α_P。一般手用丝锥 α_P=6° ～ 8°，机用丝锥 α_P=10° ～ 12°，校准部分后角 α_P=0°。

（3）倒锥。丝锥校准部分的大径、中径、小径均有（0.05 ～ 0.12）/100 的倒锥，以减小与螺孔的摩擦，减小所攻螺孔的扩胀量。

4. 丝锥容屑槽

丝锥容屑槽有直槽和螺旋槽两大类，螺旋槽又分为左旋槽和右旋槽，如图 8-37 所示。

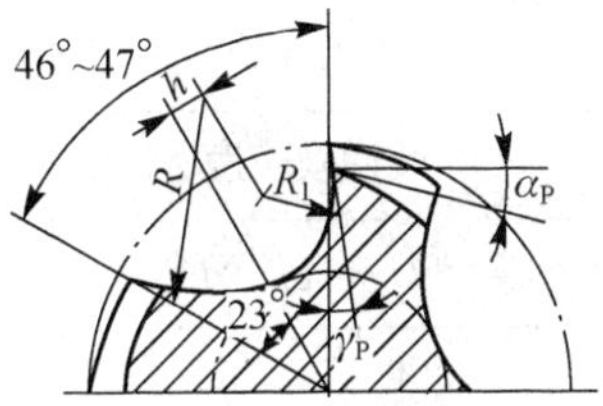

图 8-36 丝锥的几何参数

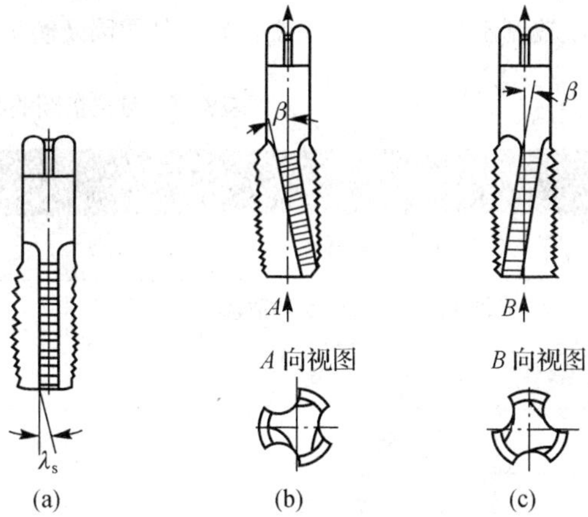

图 8-37 丝锥容屑槽

（a）直槽 （b）左旋槽 （c）右旋槽

5. 丝锥的螺距

螺距是螺纹的重要工艺参数。丝锥按螺距大小分为粗牙和细牙两类。

（二）攻螺纹前的工艺要点

1. 底孔直径的确定

攻螺纹前要确定底孔直径。对于钢件和塑性较大的材料，$D_{孔}=D-P$；对于铸件和塑性较小的材料，$D_{孔}=D-1.05P$。

2. 盲孔孔深的确定

攻制内螺纹盲孔时，孔深确定为 $H=L+0.7D$，或稍深些。

3. 孔口倒角

孔口倒角直径应大于螺纹大径。

（三）攻螺纹的方法

攻制普通三角形内螺纹时，首先要找正尾座轴线与主轴轴线重合；若内螺纹小于 M16，则要先钻底孔，倒角后直接用丝锥一次攻成；若 P 较大，则需头攻、二攻、三攻，方可攻成。

（四）攻螺纹时切削速度的选择

对于钢件和塑性较大的材料，切削速度取 2 ～ 4 m/min。对于铸件和塑性较小的材料，切削速度取 4 ～ 6 m/min。

（五）攻螺纹时切削液的选择

攻制钢件螺纹时，切削液选用硫化切削液、机油、乳化液；攻制低碳钢和 40 铬等韧性较大材料零件的螺纹时，切削液选用工业植物油；攻制铸件螺纹时，切削液选用煤油或不用切削液。

（六）攻内螺纹的注意事项

攻内螺纹时应注意：丝锥是否缺齿，是否装夹歪斜，是否充分浇注切削液，是否常退刀排屑；攻盲孔螺纹时是否做记号以防折断丝锥，是否按头攻、二攻、三攻依次攻制；不得用棉纱或手清除孔内切屑。

内螺纹攻制不当容易造成丝锥折断，其原因及防护措施见表 8–7。

表8–7　丝锥折断的原因及防护措施

丝锥折断原因	预防措施
底孔直径太小，切削用量太大	按内螺纹小径最大尺寸扩孔
丝锥轴线与工件轴线不重合	调整尾座中心与工件旋转中心重合
切削速度过高	降低切削速度
未很好润滑	经常退刀，浇注切削液
攻盲孔螺纹丝锥顶到孔底	做记号

三、普通三角形内螺纹的测量

螺纹规又称螺纹通止规、螺纹量规，通常用来检验、判定螺纹的尺寸是否合格。根据所检验的是内螺纹还是外螺纹，螺纹规分为螺纹塞规和螺纹环规。内螺纹检测使用螺纹塞规，如图 8–38 所示。

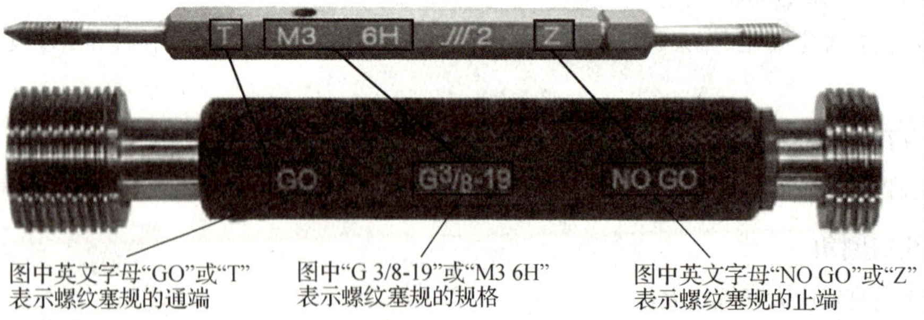

图 8–38　螺纹塞规

1. 螺纹塞规的使用方法

（1）选择螺纹塞规时应选择与被测螺纹相匹配的规格。

（2）使用前清理干净螺纹塞规和被测螺纹表面的油污、杂质等。

（3）使用时，将螺纹塞规与被测螺纹对正后，用大拇指与食指转动螺纹塞规或被测零件，使其在自由状态下旋转。在通常情况下（无被测零件的图示说明时），螺纹塞规的通规可以在被测螺纹的任意位置转动，通过全部螺纹长度则判定为合格品，否则为不合格品；在螺纹塞规的止规与被测螺纹对正后，旋入螺纹长度在两个螺距之内（不可强行用力通过）视为合格品，否则判为不合格品，如图 8-39 所示。当有被测零件的图示说明时，应按照图示说明做判定。

(a) (b)

图 8-39 螺纹塞规的使用

（a）通规通 （b）止规止

2. 使用螺纹塞规时的注意事项

（1）被测件螺纹公差等级及偏差代号必须与螺纹塞规标识公差等级、偏差代号相同才可使用。

（2）只有当通规和止规联合使用并分别检验合格，才表示被测螺纹合格。

（3）应避免螺纹塞规与坚硬物品相互碰撞，轻拿轻放，以防止磕碰而损坏测量表面。

（4）严禁将螺纹塞规作为切削工具强制旋入螺纹，避免造成早期磨损。

（5）螺纹塞规使用完毕，应及时清理干净测量部位附着物，存放在规定的量具盒内。

3. 螺纹塞规的维护和保养

（1）每月定期涂抹防锈油，以保证表面无锈蚀、无杂质（若螺纹塞规使用频繁且所处环境干净则无须上油保护）。

（2）所有的螺纹塞规必须经计量校验机构校验合格后并在校验有效期内方可使用。

（3）损坏或报废的螺纹塞规应及时反馈处理，不得继续使用。

（4）计量超差或者达到计量器具周检期的螺纹塞规，由管理人员收回并做相应的处理。

技能拓展

各自寻找三角形内螺纹零件图，按图进行加工并保证加工质量符合图样要求。

考核与评价

一、理论知识考评

（1）普通三角形内螺纹零件有何作用？

（2）普通三角形内螺纹加工有哪几种方法？各有何特点？

（3）普通三角形内螺纹加工的注意事项有哪些？

（4）普通三角形内螺纹加工如何操作？质量如何保证？

二、实训技能考评

各小组查阅资料，分析讨论，制定任务方案，完成图 8-3 所示内螺纹零件的加工。内螺纹工件加工考核评分标准见表 8-8。

表8-8 内螺纹工件加工考核评分标准

项目	序号	技术要求	配分	评分标准	得分
工艺 （15%）	1	工步正确且完整	5	不规范每处扣 1 分	
	2	切削用量合理	5	每错一处扣 1 分	
	3	工艺规范合理	5	不合理每处扣 1 分	
机床操作 （20%）	4	刀具选择安装正确	5	不合理每处扣 1 分	
	5	工件装夹正确	5	不合理每处扣 1 分	
	6	机床操作规范	5	不合理每处扣 1 分	
	7	零件加工不出错	5	出错全扣	
工件质量 （35%）	8	尺寸精度符合要求	25	不合理每处扣 1 分	
	9	表面粗糙度及形位公差符合要求	10	不合理每处扣 1 分	
文明生产 （15%）	10	安全操作	5	出错全扣	
	11	机床维护与保养	5	不合格全扣	
	12	工作场地整理	5	不合格全扣	
相关知识及职业能力 （15%）	13	机加工基础知识	5	教师提问	
	14	自学能力	10	教师根据学生的学习情况、表达沟通能力、合作能力和创新能力酌情给分	
		表达沟通能力			
		合作能力			
		创新能力			

子任务3 普通三角形内、外螺纹配合加工

【知识目标】

1. 了解安全操作规程。
2. 掌握普通三角形内、外螺纹配合加工的方法和技巧，以及切削用量的选择。
3. 掌握保证普通三角形内、外螺纹配合加工质量的方法。
4. 掌握普通三角形内、外螺纹配合加工产生废品的原因和相应的预防措施。

【技能目标】

1. 掌握内、外螺纹配合加工的技能。
2. 能正确选择配合加工普通三角形内、外螺纹时的切削用量及切削液。
3. 能检测普通三角形内、外螺纹的加工质量。
4. 具有分析问题、解决问题及灵活应变的能力。

典型工作任务

图 8-40 和图 8-41 所示为普通三角形螺纹配合零件。其技术要求为未注倒角 C1，未注表面粗糙度 Ra 3.2，不得使用砂布、锉刀。

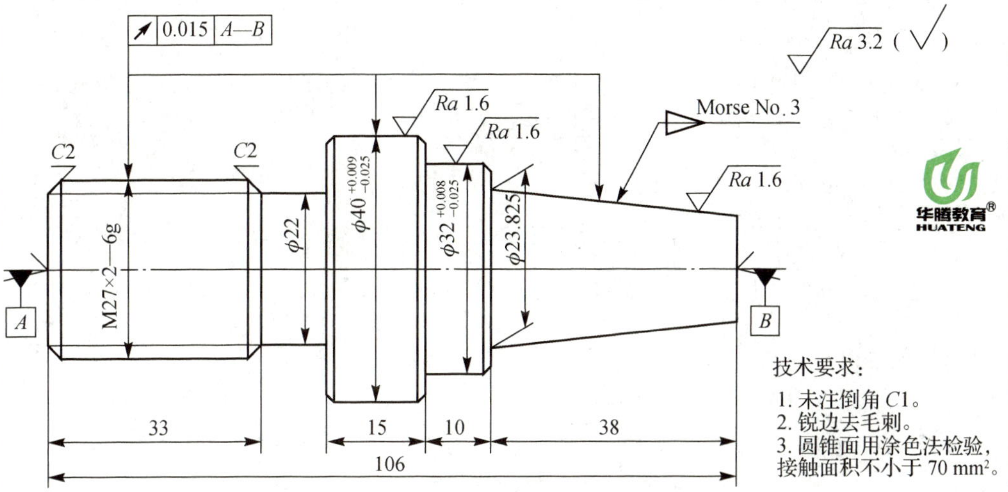

图 8-40 外螺纹轴

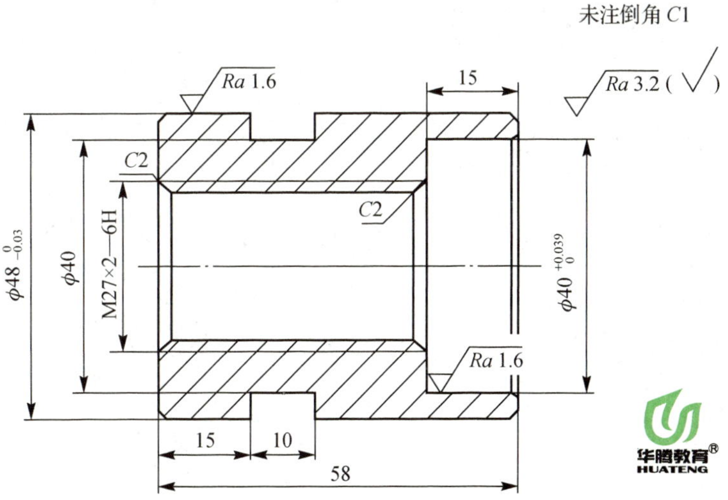

图 8-41 内螺纹套

技能拓展

各自寻找内、外螺纹配合零件图，按图进行配合加工，并保证加工质量符合图样要求。

考核与评价

（1）普通三角形内、外螺纹配合加工，是先加工外螺纹还是先加工内螺纹？

（2）普通三角形内、外螺纹加工有哪几种方法？各有何特点？

（3）普通三角形内、外螺纹配合加工如何操作？

（4）普通三角形内、外螺纹配合加工的注意事项是什么？ 如何保证质量？

任务九

梯形螺纹、蜗杆加工

任务描述

图 9-1、图 9-2 所示为梯形螺纹（传递螺纹的一种）零件，图 9-3 所示为蜗杆。通过本任务的学习，利用车工的基本操作，按要求加工制作出零件，并对完成后的零件进行误差分析及加工质量分析和总结。

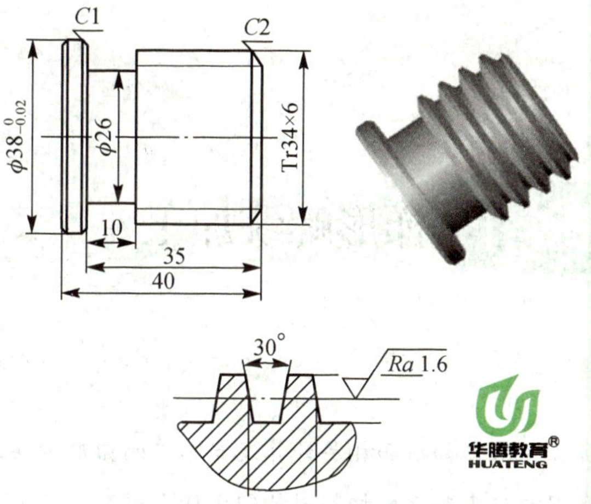

图 9-1　梯形外螺纹零件

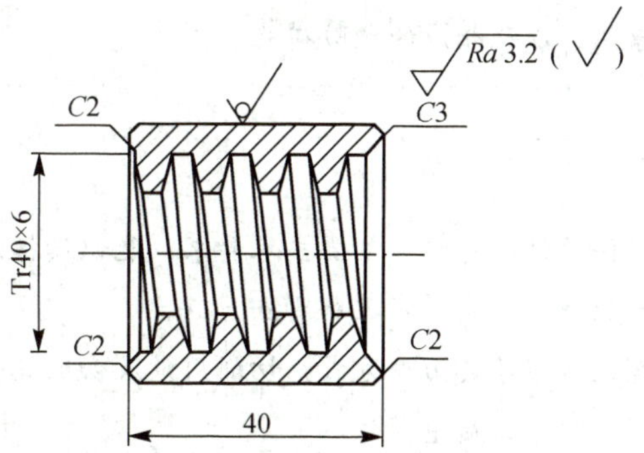

图 9-2　梯形内螺纹零件

模数	2.5
头数	1
压力角	20°
导程角	3°10′47″
线型	阿基米德
旋向	右

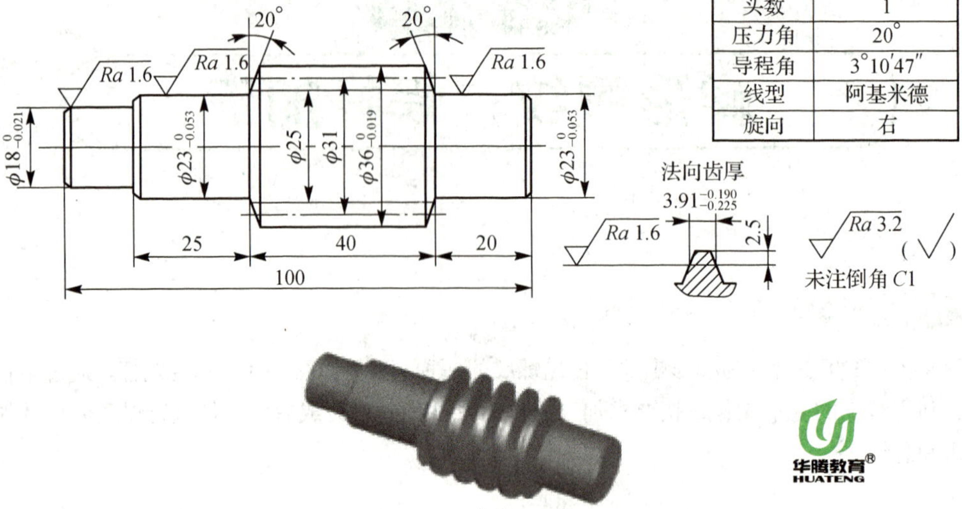

图9-3 蜗杆

子任务1 梯形螺纹加工

【知识目标】

1. 掌握梯形螺纹加工的基本知识和相关计算及其车刀的刃磨方法与要点。
2. 掌握梯形螺纹车刀的装夹要点和切削用量的选择，以及保证加工质量的方法。
3. 掌握加工梯形螺纹时车床的调整方法、要点，以及梯形螺纹车削的方法和技巧。
4. 掌握产生废品的原因，以及相应的预防措施。

【技能目标】

1. 能说明梯形螺纹零件的结构特征、主要技术要求，能识读梯形螺纹零件图。
2. 掌握车梯形螺纹的原理、方法、步骤和要点。
3. 能正确选择梯形螺纹车刀及其刃磨方式、切削用量及切削液。
4. 能正确检测梯形螺纹的加工质量。
5. 能合理选择加工方法。
6. 具有分析问题、解决问题及灵活应变的能力。

典型工作任务

图 9-1 和图 9-2 所示为梯形螺纹零件。其技术要求为未注倒角 *C*0.5，未注表面粗糙度 *Ra* 3.2，不得使用砂布、锉刀。

要求通过梯形螺纹车削加工，掌握梯形螺纹车削方法，并能配合游标卡尺、千分尺、梯形螺纹样板、螺纹千分尺、万能角度尺等测量工具，保证按要求加工出零件。

相关知识

一、梯形螺纹的基本知识

梯形螺纹是传递螺纹的一种，牙型为等腰梯形，通常用于一些机构的传动，往往具有一定的强度和刚度要求。其分为米制和英制两种。英制梯形螺纹的牙型角为 29°，我国常见的是米制梯形螺纹，其牙型角为 30°。如图 9-4 所示，梯形螺纹轴上牙型角即为 30°。

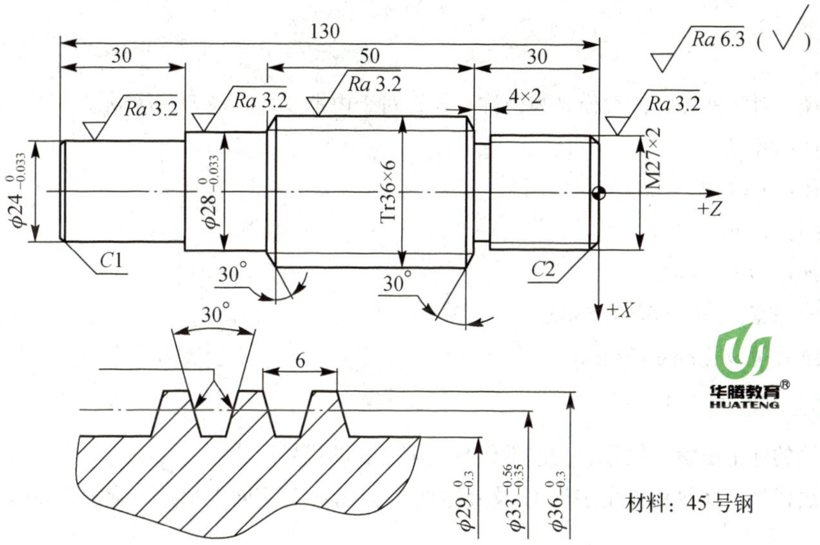

图 9-4 梯形螺纹轴

1. 梯形螺纹的几何参数

梯形螺纹的几何参数如图 9-5 所示。

几何参数的含义及计算公式如下：

（1）牙型角：$\alpha=30°$

（2）螺距 P、牙顶间隙 α_c：由螺纹标准确定。

$P=1.5 \sim 5$，$\alpha_c=0.25$；

$P=6 \sim 12$，$\alpha_c=0.5$；

$P=14 \sim 44$，$\alpha_c=1$。

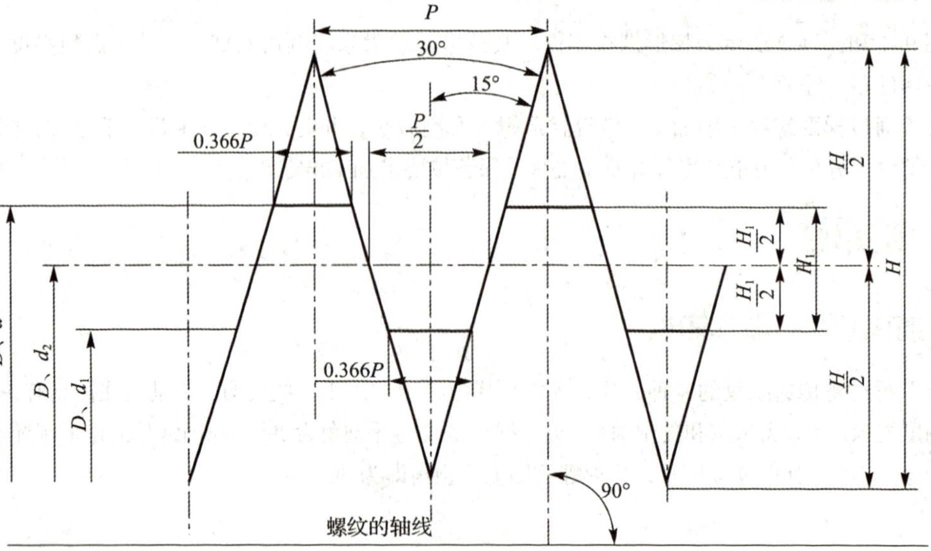

图 9-5　梯形螺纹的几何参数

（3）大径：对于外螺纹，大径 d 为公称直径；对于内螺纹，大径 $D_4=d+2\alpha_c$。

（4）中径：$D_2=d_2$。

（5）小径：$D_1=d-P$。

（6）牙高：$H_4=h_3$。

（7）牙顶宽：$f=0.366P$。

（8）牙槽底宽：$w=0.366P-0.536\alpha_c$。

（9）螺纹升角 ψ：$\tan\psi=P/\pi d_2$。

2. 梯形螺纹的标记

梯形螺纹的标记由螺纹代号、公差带代号及旋合长度代号组成。

（1）螺纹代号。螺纹代号用字母 Tr 及公称直径 × 螺距与旋向表示，左旋螺纹旋向为 LH，右旋不标。

（2）公差带代号。公差带代号仅标注中径公差带，如 7H、7e，大写为内螺纹，小写为外螺纹。

（3）旋合长度代号。旋合长度代号分 N、L 两组，N 表示中等旋合长度，L 表示长旋合长度。

梯形螺纹标记示例：

Tr22 × 5—7H

其含义为梯形螺纹，公称直径为 22 mm，螺距为 5 mm，中径公差带代号为 7H。

二、梯形螺纹车刀

梯形螺纹车刀是一种简单的成型车刀，其牙型角为 30°（英制为 29°）。梯形螺纹车刀按加工性质可分为粗车刀和精车刀两种，分别如图 9-6 和图 9-7 所示。

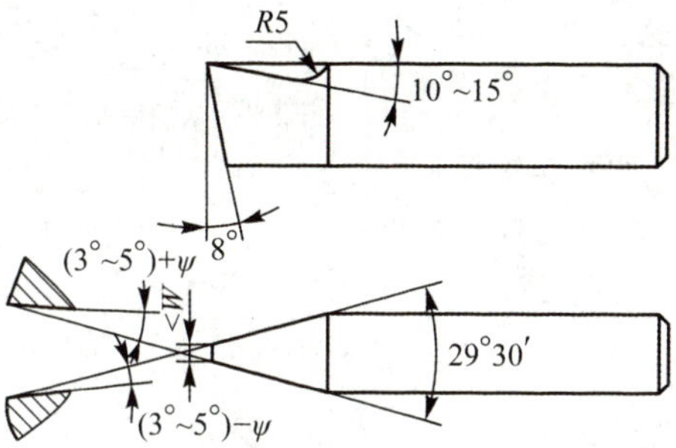

图 9-6 梯形螺纹粗车刀

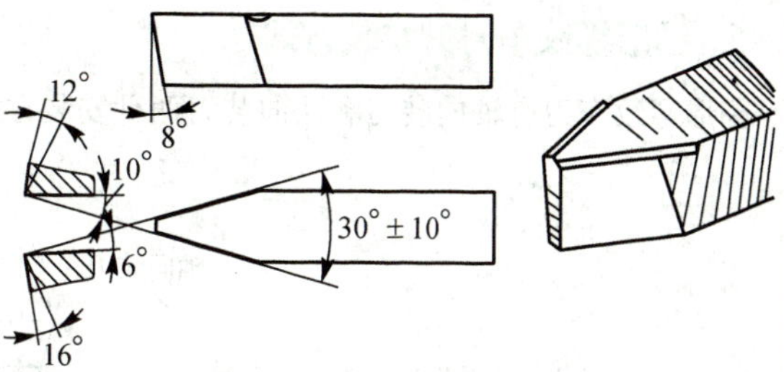

图 9-7 梯形螺纹精车刀

1. 梯形螺纹车刀几何参数的选择

（1）两刃夹角。粗车刀的两刃夹角应小于牙型角，精车刀的两刃夹角应等于牙型角。

（2）刀尖宽度。粗车刀的刀尖宽度应为 1/4 螺距宽，精车刀的刀尖宽应比牙底宽 W 小 0.05 mm。

（3）纵向前角。粗车刀的纵向前角一般为 10° ～ 15° ；精车刀为了保证牙型角正确，纵向前角应等于 0°，但实际生产时取 5° ～ 10°。

（4）纵向后角。纵向后角一般为 6° ～ 8°。

（5）两侧刀刃后角。受螺旋升角的影响，车刀的工作角度（前角和后角）发生了一定的变化。螺纹车刀的左、右侧后角的大小关系到刀具的强度和锋利性，并且影响螺纹牙侧的表面粗糙度，因此车刀左侧后角 α_{oL}=（3° ～ 5°）+ ψ，车刀右侧后角 α_{oR}=（3° ～ 5°）− ψ。

2. 梯形螺纹车刀的刃磨

梯形螺纹车刀的刃磨步骤如下：

（1）粗磨主、副后刀面，初步形成刀尖角。

（2）粗、精磨前刀面形成前角。

（3）精磨主、副后刀面，边磨边用角度样板（图 9-8）进行修正。

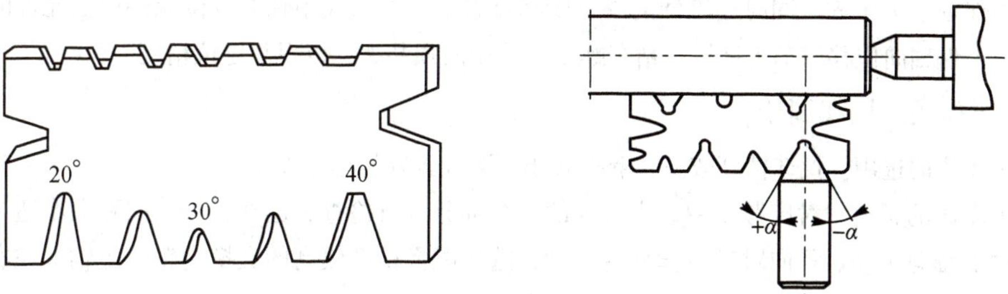

图 9-8 角度样板及其使用

刃磨时还需注意以下事项：

（1）刃磨两侧副后刀面时，应考虑螺纹的左右旋向和螺旋升角的大小，然后确定两侧后角的增减。

（2）车刀的刃口要光滑且平直，两侧副刀刃必须对称于刀头且不能歪斜。

（3）刃磨高速钢车刀时应及时冷却以防退火。

（4）刃磨后应用油石研去刀刃上的毛刺。

3. 梯形螺纹车刀的安装方式

梯形螺纹车刀有轴向装刀和法向装刀两种安装方式，如图 9–9 所示。

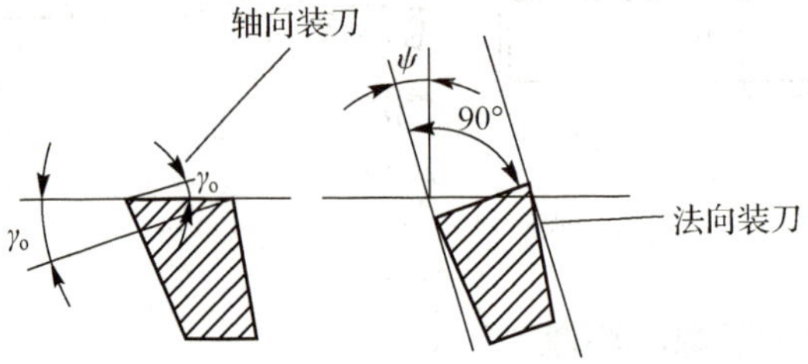

图 9–9 梯形螺纹车刀的安装

（1）轴向装刀。前刀面与工件轴线重合。其优点是车出的螺纹直线度好。

（2）法向装刀。前刀面在纵向进给方向对基面倾斜一个螺旋升角，即前刀面在纵向进给方向垂直于螺旋线的切线。其优点是左、右切削刃工作前角相等，改善了倾斜条件，使排屑顺畅，但螺纹牙型是双曲线。

因此，粗车时采用法向装刀，精车时采用轴向装刀。另外，还要考虑车刀的安装高度，使刀尖对准工件回转中心；采用弹簧刀排时刀尖应略高于工件回旋中心 0.2 mm，以补偿弹簧刀排的弹性变形。

三、工件的装夹及车床的选用和调整

车梯形螺纹时，工件的装夹及车床的选用和调整方法如下。

1. 工件的装夹

车梯形螺纹时，一般采用两顶或一夹一顶装夹工件。由于切削力较大，通常采用四爪卡盘一夹一顶，以保证装夹牢固，同时使工件的一个阶梯靠着卡爪平面或用轴向定位元件固定元件的轴向位置，以防工件轴向位移而车废螺纹。精车螺纹时采用两顶装夹，以提高定位精度。

2. 车床的选用和调整

（1）车床的选用。挑选精度较高、磨损较小、刚性较好的车床加工。

（2）车床的调整。对床鞍及中、小滑板的配合部分进行检查和调整，使其间隙大小适当；特别注意主轴的轴向窜动、径向跳动及丝杠的窜动；选用配换精度较高的交换齿轮；主轴上左右摩擦片的松紧应调整合适，以减小因车床因素而产生的加工误差。

四、梯形螺纹车削方法

根据梯形螺纹的精度、螺距选择不同的加工方法。

（1）车削螺距 P=4～12 mm 的梯形螺纹时，先用直进法粗车，两侧各留 0.2 ～ 0.4 mm 的余量，然后车牙底至正确尺寸，最后用精车刀采用直进法精车，如图 9–10 所示。

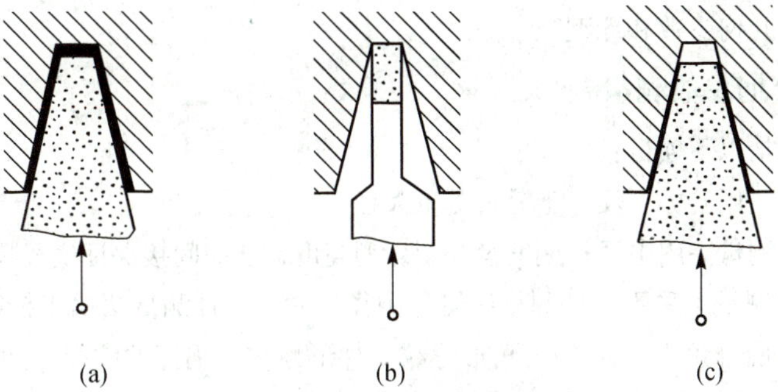

图 9-10 低速车削梯形螺纹

（a）粗车成型 （b）车牙底至尺寸 （c）精车成型

（2）车削大螺距 $P>12$ mm 的梯形螺纹时，粗车时用刀头宽度较小的螺纹车刀采用直进法车削，精车时用两把类似于左、右偏刀的精车刀分别精车螺纹的两侧面，如图 9-11 所示。

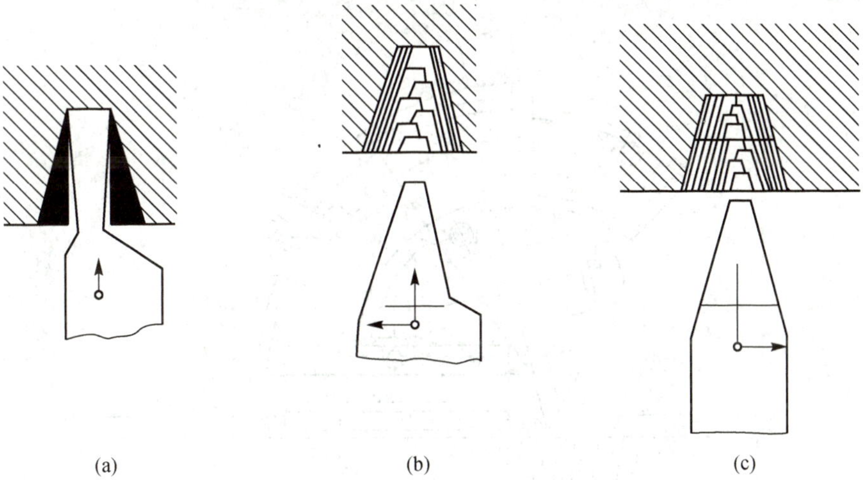

图 9-11 高速车削梯形螺纹

注意：车削梯形螺纹时应严格控制牙槽宽度。

五、梯形螺纹车削注意事项

车削梯形螺纹时应注意：不得在开车时用棉纱擦拭工件，以免发生事故；车螺纹时，为防止溜板箱手轮回转使床鞍产生窜动，可在手轮上装平衡块，最好采用手轮脱离装置；选用小的切削用量，这样可减小工件变形，同时充分利用切削液；一夹一顶直进加工工件时，尾座套筒伸出不能太短，防止车刀返回时床鞍与尾座相碰；横向进刀时，每次进刀后在刻度盘上做标记；梯形螺纹车刀两侧面副刀刃应平直，否则牙型角不正；精车时刀刃应保持锋利，要求螺纹两侧表面粗糙度小；车梯形内螺纹时尽可能利用刻度盘控制退刀，以防刀杆与孔壁相碰；调整小滑板的松紧度，以防车削进给时车刀移位。

六、梯形螺纹的测量

梯形螺纹需测量几何参数和牙型。

1. 梯形螺纹几何参数测量

几何参数测量包括以下项目：

（1）大径的测量。用游标卡尺、千分尺测量大径。

（2）底径尺寸的测量。用中滑板刻度盘控制牙型高度，从而间接保证底径尺寸。

（3）中径尺寸的测量。采用三针测量法测量中径尺寸。三针测量法属于精密测量方法，适于测量精度要求较高、螺旋升角小于 4° 的三角形螺纹、梯形螺纹、蜗杆的中径，如图 8–21、图 8–22 所示及按表 8–3 计算。三针测量法的量针直径不能太大，d_1 为蜗杆的分度圆直径，m_x 为轴向模数；亦不能太小。

也可常采用单针测量法 $A=(M+d_0)/2$ 测量中径尺寸。

（4）梯形螺纹的综合测量。采用标准梯形螺纹量规综合测量。

2. 牙型角测量

正确使用万能角度尺测量梯形螺纹牙型角，如图 9–12 所示。

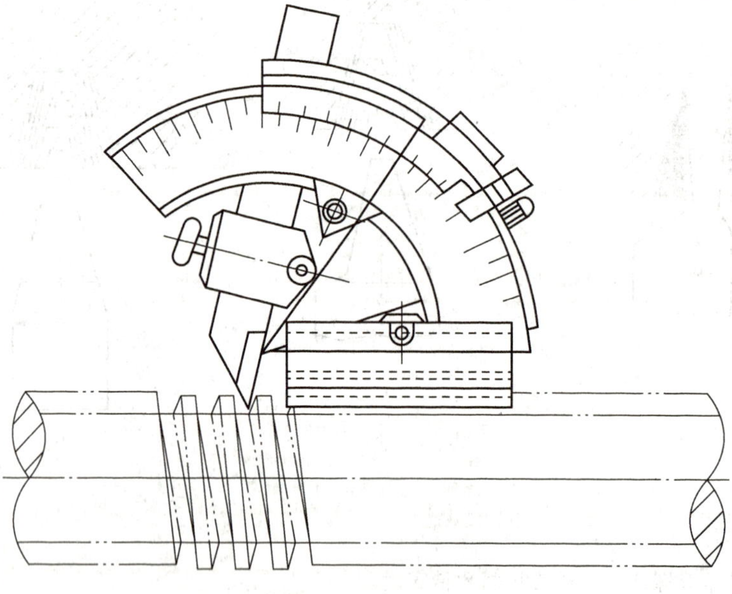

图 9–12　万能角度尺测量梯形螺纹牙型角

技能拓展

各自寻找梯形螺纹零件图，按图进行加工并保证加工质量符合图样要求。

考核与评价

一、理论知识考评

（1）梯形螺纹的几何参数有哪些？梯形螺纹的种类、代号、牙型和标注是什么？

（2）简述梯形螺纹车刀的结构、形状、切削部分的几何角度。梯形螺纹车刀的刃磨要点及注意事项有哪些？

（3）车梯形螺纹时车床如何调整？车梯形螺纹时工件和刀具装夹有何要求？

（4）车梯形螺纹时如何正确选择切削用量及切削液？

（5）梯形螺纹如何检测？车梯形螺纹时为什么会烂牙？如何保证加工的质量？

二、实训技能考评

各小组查阅资料，分析讨论，制定任务方案，完成图 9–1 和图 9–2 所示梯形螺纹零件的加工。梯形螺纹零件加工考核评分标准见表 9–1。

表9–1　梯形螺纹零件加工考核评分标准

项目	序号	技术要求	配分	评分标准	得分
工艺（15%）	1	工步正确且完整	5	不规范每处扣 1 分	
	2	切削用量合理	5	每错一处扣 1 分	
	3	工艺规范合理	5	不合理每处扣 1 分	
机床操作（20%）	4	刀具选择安装正确	5	不合理每处扣 1 分	
	5	工件装夹正确	5	不合理每处扣 1 分	
	6	机床操作规范	5	不合理每处扣 1 分	
	7	零件加工不出错	5	出错全扣	
工件质量（35%）	8	尺寸精度符合要求	25	不合理每处扣 1 分	
	9	表面粗糙度及形位公差符合要求	10	不合理每处扣 1 分	
文明生产（15%）	10	安全操作	5	出错全扣	
	11	机床维护与保养	5	不合格全扣	
	12	工作场地整理	5	不合格全扣	
相关知识及职业能力（15%）	13	机加工基础知识	5	教师提问	
	14	自学能力	10	教师根据学生的学习情况、表达沟通能力、合作能力和创新能力酌情给分	
		表达沟通能力			
		合作能力			
		创新能力			

子任务2 蜗杆加工

【知识目标】

1. 掌握蜗杆的基本知识和相关计算，以及蜗杆车刀的刃磨方法和要点。
2. 掌握蜗杆车刀装夹要点和切削用量的选择。
3. 掌握车削蜗杆时车床的调整方法和要点。
4. 掌握蜗杆的车削方法、要点和技巧。
5. 掌握保证蜗杆加工质量的方法及检测方法。

【技能目标】

1. 说明蜗杆零件的结构特征和主要技术要求，识读蜗杆零件图。
2. 掌握车蜗杆的原理和方法，正确选择蜗杆车刀及其刃磨方法。
3. 正确选择车蜗杆时的切削用量及切削液和车削的方法、步骤、要点。
4. 正确检测蜗杆的加工质量，并掌握质量分析方法与质量保证措施。
5. 能合理选择蜗杆加工方法。
6. 具有分析问题、解决问题及灵活应变的能力。

典型工作任务

图 9–3 所示为蜗杆零件。其技术要求为未注倒角 *C*0.5，未注表面粗糙度 *Ra* 1.6，不得使用砂布、锉刀。

要求通过蜗杆车削加工，掌握蜗杆车削方法，并能配合游标卡尺、千分尺、普通三角形螺纹样板、螺纹千分尺、万能角度尺等测量工具，保证按要求加工出零件。

相关知识

一、蜗杆的基本知识

（1）蜗杆的作用。蜗杆与蜗轮组成运动副，用于减速以传递两轴在空间成 90° 交错的运动，如图 9–13 所示。

图 9–13 蜗杆

（2）蜗杆的种类。蜗杆分为米制蜗杆（轴向直廓 ZH、法向直廓 ZN）和英制蜗杆。

（3）蜗杆的结构特征。与梯形螺纹相似，蜗杆轴向表面为梯形。米制蜗杆的齿形角（轴线垂直面与齿侧的夹角）为 40°，英制蜗杆的齿形角为 29°。

（4）蜗杆主要几何参数。蜗杆主要几何参数的名称、符号及计算如图 9-14 所示。

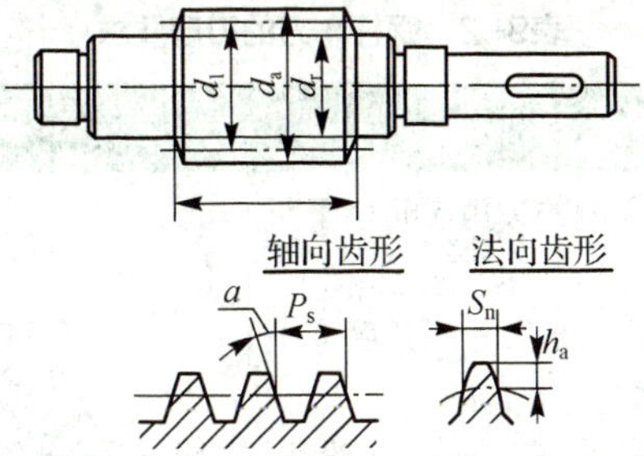

轴向模数 m_a	m_x	齿形角 α		$a=20^\circ$
齿距 P	$P=xm_x$	齿数 z_1		
导程 P_2	$P_x=xm_xz_1$	导程角 γ		$\tan\gamma=P_x/\pi d_1$
全齿高 h	$b=2.2m_x$	齿顶宽 S_a	轴向	$=0.843m_x$
齿顶高 h_a	$b_a=1.2m_x$		法向	$s=0.843m_x\cos\gamma$
齿根高 h_f	$b_f=m_x$	齿根槽宽 C_r	轴向	$=0.697m_x$
分度圆直径 d_1	$d_1=qm_x=d_b-2m_x$		法向	
齿顶圆直径 d_2	$d_a=b_1+2m_x$	齿厚 S_m	轴向	
齿根圆直径 d_f	$d_f=b_1-2.4m_x$ $d_f=b_w-4.4m_x$		法向	

图 9-14 蜗杆主要几何参数的名称、符号及计算

二、蜗杆车刀

蜗杆车刀与梯形螺纹车刀相似，但蜗杆车刀两侧切削刃之间的夹角应磨成两倍齿形角。因为蜗杆的导程较大，所以在刃磨蜗杆车刀时更应考虑导程角对车刀前角和后角的影响。另外，因为蜗杆的精度要求较高，所以一般低速车削，用高速钢车刀。高速车削时则采用硬质合金车刀。蜗杆车刀如图 9-15 所示。

1. 蜗杆车刀的角度

（1）刀尖角。粗车刀刀尖角小于蜗杆牙型角，精车刀刀尖角应等于蜗杆牙型角。

（2）刀头宽度。刀头宽度应小于齿根槽宽。

（3）纵向前角。粗车刀的纵向前角一般为 15° 左右；精车刀为了保证牙型角正确，纵向前角应等于 0°。

（4）纵向后角。纵向后角一般为 6° ～ 8°。

（5）两侧刀刃后角。考虑蜗杆旋向和导程角。右旋车刀的左侧后角为（3° ～ 5°）＋γ，右侧后角为（3° ～ 5°）$-\gamma$。左旋车刀则相反。

另外，刀尖应适当倒圆。

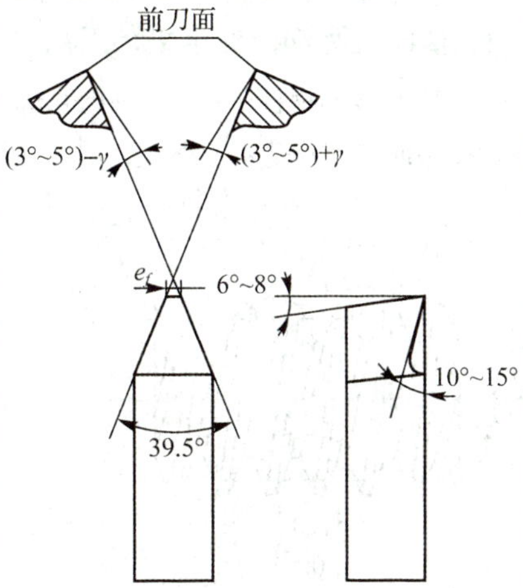

图 9-15 蜗杆车刀

2. 蜗杆车刀的刃磨

蜗杆车刀的刃磨要求见表 9-2。

表9-2 蜗杆车刀的刃磨要求

<table>
<tr><th>种类</th><th>刃磨要求</th><th>几何角度</th></tr>
<tr><td>蜗杆粗车刀</td><td>（1）车刀两侧切削刃之间的夹角应略小于两倍齿形角，一般为 39° 30′；
（2）为便于左、右借刀，车刀刀头宽度应小于齿根槽宽 0.2 ~ 0.3 mm；
（3）车刀应磨出径向前角，一般为 10° ~ 15°；
（4）车刀进给方向后角为（3° ~ 5°）+γ，而背离进给方向一侧后角则为（3° ~ 5°）−γ；
（5）径向后角一般为 6° ~ 8°；
（6）两侧刀尖要适当倒圆</td><td>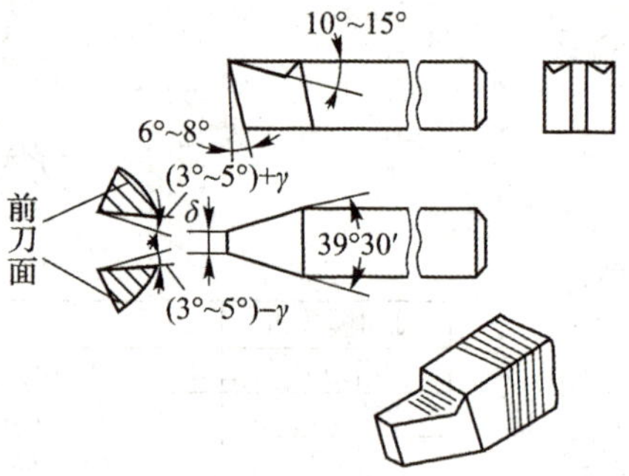
</td></tr>
<tr><td>蜗杆精车刀</td><td>（1）车刀两侧切削刃之间的夹角应等于两倍齿形角 40°；
（2）车刀切削刃要平直、光洁且两侧切削刃对称，刀头不能歪斜；
（3）为了保证车出的蜗杆齿形正确，径向前角一般为 0°；
（4）为保证左、右切削刃切削顺利，两切削刃都磨有较大的前角（r_0=15° ~ 20°）断屑槽，当然这种精车刀只能精车两侧齿侧面，车刀前端切削刃不能用来车削槽底</td><td>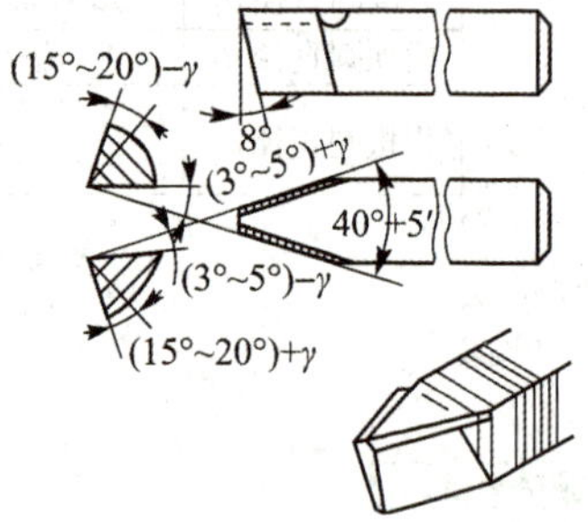
</td></tr>
</table>

三、蜗杆种类及其车刀的安装方法

加工不同的蜗杆时，车刀的安装方式也不一样。

1. 轴向直廓蜗杆与水平装刀法

（1）轴向直廓蜗杆（ZA）。轴向直廓蜗杆的齿形在蜗杆的轴向剖面内为直线，在法向剖面内为曲线，在端面内为阿基米德螺线，因此又称阿基米德蜗杆，如图 9-16 所示。

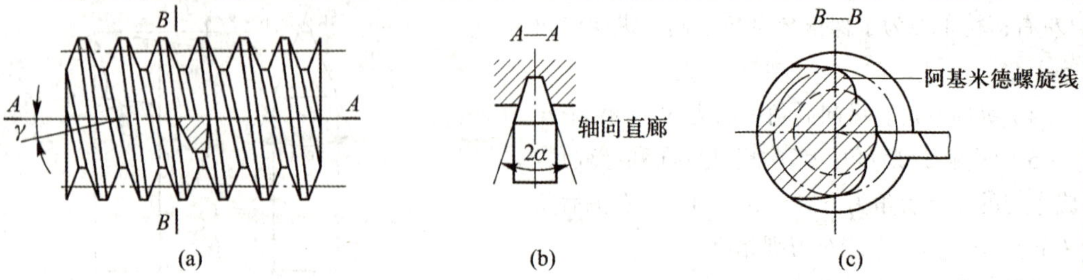

图 9-16 轴向直廓蜗杆

（2）水平装刀法。精车轴向直廓蜗杆时，为了保证齿形正确，必须使蜗杆车刀两侧切削刃组成的平面与蜗杆轴线在同一水平面内，故这种装刀法称为水平装刀法。车轴向直廓蜗杆时用水平装刀法。

在装夹车刀时一般用样板找正。装夹模数较大的蜗杆车刀时容易把车刀装歪，可采用万能角度尺找正车刀刀尖角位置。装夹车刀时应使车刀两侧刃组成的平面处于水平状态，且与蜗杆轴线等高。图 9–17 所示为用万能角度尺水平装刀。

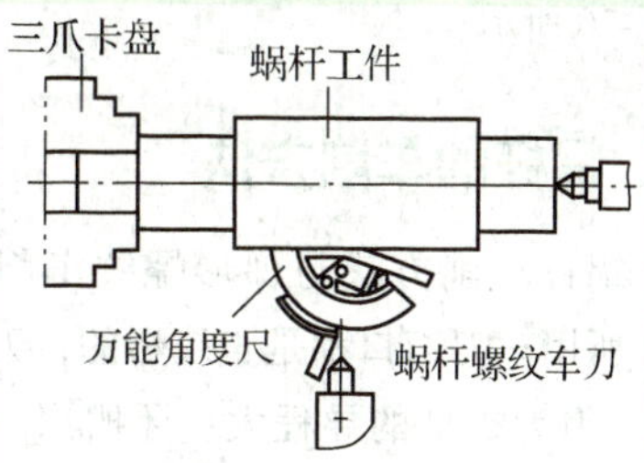

图 9–17　用万能角度尺水平装刀

轴向直廓蜗杆（阿基米德蜗杆）常采用水平装刀，因为加工较为简单。若图样未标明是法向直廓蜗杆，则均为轴向直廓蜗杆（阿基米德蜗杆）。

2. 法向直廓蜗杆与垂直装刀法

（1）法向直廓蜗杆（ZN）。法向直廓蜗杆的齿形在蜗杆的轴向剖面内为曲线，在齿根的法向剖面内为直线，在端平面内为延长渐开线，故又称延长渐开线蜗杆，如图 9–18 所示。

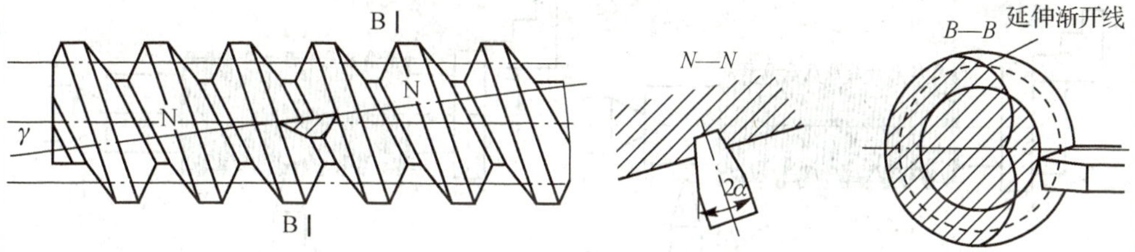

图 9–18　法向直廓蜗杆

（2）垂直装刀法。车削法向直廓蜗杆时，必须使车刀两侧切削刃组成的平面与蜗杆齿面垂直，故这种装刀方法被称为垂直装刀法，如图 9–19 所示。它适于车法向直廓蜗杆。

装夹车刀时应使车刀两侧刃组成的平面处于既过蜗杆轴线的水平面又与齿面垂直的状态。

车轴向直廓蜗杆时本应采用水平装刀法，但由于其中一侧切削刃的后角变小，为使曲线顺利，在粗车时也可采用垂直装刀法，但在精车时一定要采用水平装刀法，以保证齿形正确。

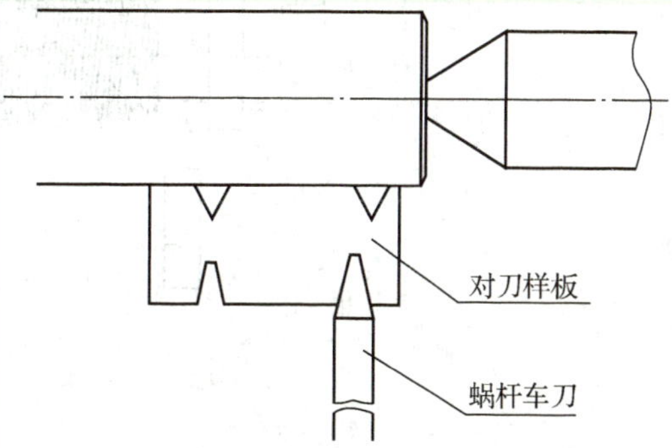

图 9–19　垂直装刀法

3. 螺旋升角较大的蜗杆及其装刀方法

加工螺旋升角较大的蜗杆时，如果采用水平装刀法，那么车刀一侧的刀刃将变成负前角，而两侧刀刃的后角一侧增大另一侧减小，会影响加工精度和表面粗糙度，而且容易引起振动和扎刀。采用弹簧刀排，刀柄头部可相对于刀柄回转一个所需的导程角，头部旋转后用两只紧固螺钉紧固，刀柄上开有弹性槽，不容易产生扎刀，如图 9-20 所示。

四、蜗杆的车削方法

蜗杆车削方法与梯形螺纹车削方法相似，所用车刀刀口都是直线形的，刀尖角为 40°。因为蜗杆的导程大、牙槽深、切削面积大，车削方法比车梯形螺纹困难，所以选用低速、开倒顺车来车削。常用的蜗杆车削方法如下：

（1）左右切削法。如图 9-21 所示，车削时先车削蜗杆牙型左侧一刀，再车削蜗杆牙型右侧一刀，如此交替车削，直至完成蜗杆的车削加工。

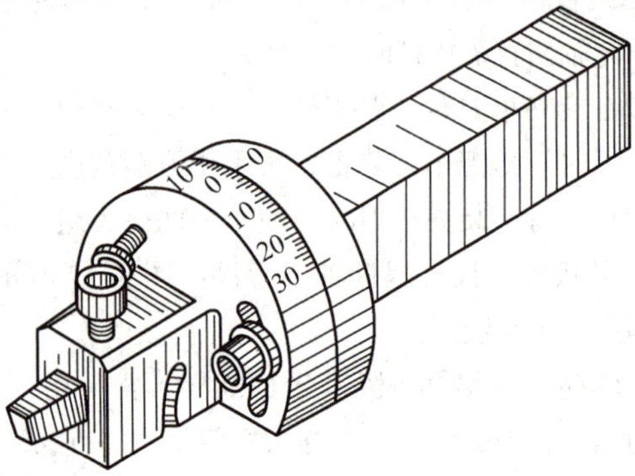

图 9-20 弹簧刀排

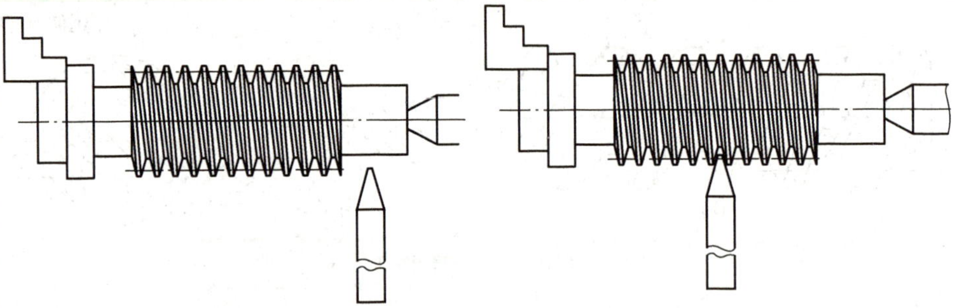
图 9-21 左右切削法

（2）车槽法。蜗杆的端面模数 m_x>3 mm 时，先用车槽刀将直槽车至齿根处，再粗车成型，如图 9-22 所示。

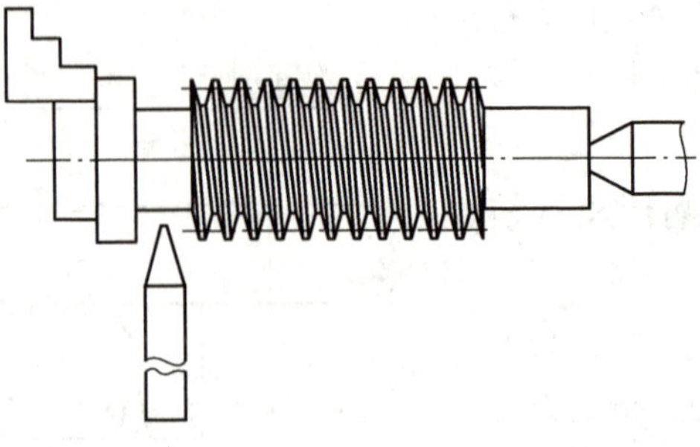
图 9-22 车槽法

（3）分层切削法。当 m_x>5 mm 时，由于切削余量大，可先粗车，逐层切入直至槽底，再用精车刀精车至图样要求，如图 9-23 所示。

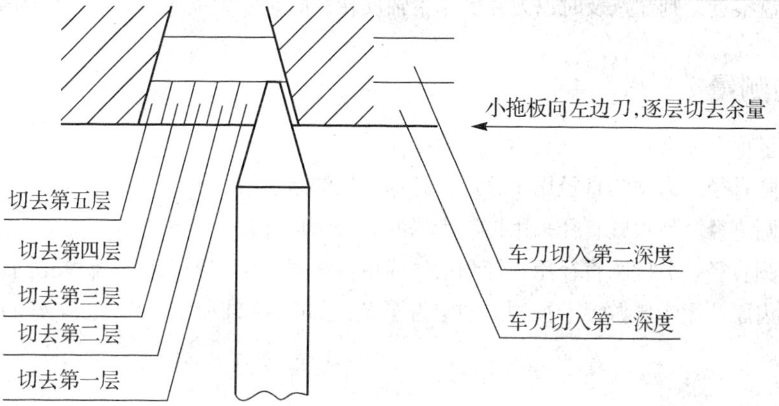

图 9-23　分层切削法

五、车床的调整、切削用量及切削液的选用

1. 车床的调整

车蜗杆时，与车梯形螺纹对车床的调整一样，要对主轴箱手柄进行调整，合理选择切削速度；调整进给箱手柄位置，合理选用进给量；调整各滑板的间隙，以防车削时车刀摆动；下压开合螺母，改光杠传动为丝杠传动；调整交换齿轮箱中的齿轮啮合关系（参看车床铭牌进行调整）；调整尾座位置及装上顶尖。

2. 切削用量的选用

车蜗杆时切削量大，宜选用较小的切削用量。蜗杆常采用低速车削；粗车时背吃刀量稍大些，精车时背吃刀量一般为 0.1 mm 左右；进给量依蜗杆的导程而定。

3. 切削液的选用

车蜗杆时切削力大，切削热大，故常采用以冷却为主的乳化液做切削液。此外，通常采用一夹一顶的方式装夹工件。

六、蜗杆车削的注意事项

车削蜗杆时需注意以下事项：

（1）开始车蜗杆时，先检查（轴向）齿距是否正确。

（2）蜗杆的导程角较大，故车刀的两侧后角适当增减。

（3）鸡心夹紧靠卡爪并牢固夹紧工件以免移位、损坏工件。

（4）粗车较大模数的蜗杆时，适量提高工件的装夹刚性，最好采用一夹一顶式装夹。

（5）粗车蜗杆时，调整床鞍与导轨的间隙使之小些，以减小窜动量。

（6）精车蜗杆时注意工件的同轴度。车刀前角大些，刃口要平直、锋利，低速车削，充分浇注切削液。

（7）车削时每次切入深度要适当，同时测量法向齿厚，以控制精车余量。

（8）手动进给中滑板时，防止多摇一圈，防止碰刀车削蜗杆、螺纹在退刀槽处。若带较大阶梯或退刀处离卡盘很近，则注意及时退刀并操作主轴反转，防止发生损坏车床和工件的事故。

七、蜗杆的测量

蜗杆的测量项目如下：

（1）齿顶圆直径。齿顶圆直径用千分尺、游标卡尺测量。

（2）齿根圆直径。齿根圆直径采用控制齿深的方法予以保证。

（3）分度圆直径。分度圆直径用三针测量法或单针测量法（与测量梯形螺纹相同）。

（4）蜗杆齿厚。用齿厚游标卡尺测量轴向齿厚 S_n，如图 9-24 所示，$S_n=S_x\cos\gamma=\pi m_x/2\cos\gamma$。

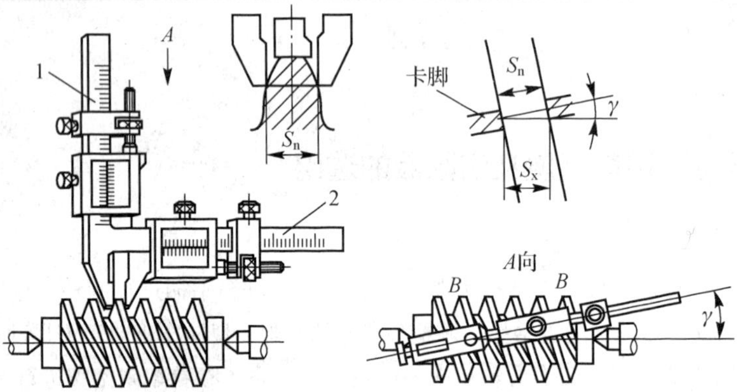

图 9-24 蜗杆齿厚测量

技能拓展

各自寻找蜗杆零件图，按图进行加工并保证加工质量符合图样要求。

考核与评价

一、理论知识考评

（1）蜗杆的几何参数有哪些？蜗杆的种类有哪些？

（2）蜗杆切削部分的几何角度是什么？

（3）蜗杆车刀的刃磨步骤及注意事项是什么？车蜗杆的注意事项是什么？

（4）车蜗杆时车床如何调整？工件和刀具装夹有何要求？如何正确选择切削用量及切削液？

（5）蜗杆如何检测？如何保证蜗杆加工的质量？

（6）轴向直廓蜗杆的齿形在蜗杆的轴向剖面内为（　　），在法向剖面内为（　　），在端面内为（　　）。法向直廓蜗杆的齿形在蜗杆的轴向剖面内为（　　），在法向剖面内为（　　），在端面内为（　　）。

（7）工业上常用的是阿基米德蜗杆（　　），若图样上没有特别标明是法向直廓蜗杆，则均为（　　）。

（8）蜗杆粗车刀左、右刀刃之间的夹角要（　　）齿形角，刀头宽度应（　　）齿根槽宽。

（9）精车蜗杆时，为了保证齿形正确，一般径向前角取（　　）。

（10）为了保证左、右切削刃切削顺利，都应磨有较大的前角（　　）的卷屑槽。

（11）车槽法适于车 m_x>（　　）mm 的蜗杆，分层切削法适于车 m_x>（　　）mm 的蜗杆。

二、实训技能考评

各小组查阅资料，分析讨论，制定任务方案，完成图 9-3 所示螺杆的加工。螺杆加工考核评分标准见表 9-3。

表9-3　螺杆加工考核评分标准

项　目	序号	技术要求	配分	评分标准	得分
工艺（15%）	1	工步正确且完整	5	不规范每处扣 1 分	
	2	切削用量合理	5	每错一处扣 1 分	
	3	工艺规范合理	5	不合理每处扣 1 分	
机床操作（20%）	4	刀具选择安装正确	5	不合理每处扣 1 分	
	5	工件装夹正确	5	不合理每处扣 1 分	
	6	机床操作规范	5	不合理每处扣 1 分	
	7	零件加工不出错	5	出错全扣	
工件质量（35%）	8	尺寸精度符合要求	25	不合理每处扣 1 分	
	9	表面粗糙度及形位公差符合要求	10	不合理每处扣 1 分	
文明生产（15%）	10	安全操作	5	出错全扣	
	11	机床维护与保养	5	不合格全扣	
	12	工作场地整理	5	不合格全扣	
相关知识及职业能力（15%）	13	机加工基础知识	5	教师提问	
	14	自学能力	10	教师根据学生的学习情况、表达沟通能力、合作能力和创新能力酌情给分	
		表达沟通能力			
		合作能力			
		创新能力			

子任务3 多线螺纹、多头蜗杆加工

【知识目标】

1. 掌握多线螺纹、多头蜗杆的基本知识和相关计算。
2. 掌握多线螺纹、多头蜗杆的车削方法、要点和技巧。
3. 多线螺纹、多头蜗杆车床的调整方法、要点，车刀装夹要点和切削用量的选择。
4. 检测多线螺纹、多头蜗杆的质量，掌握保证加工质量的方法。
5. 分析产生次废品的原因并采用相应的预防措施。

【技能目标】

1. 能说明多线螺纹、多头蜗杆零件的结构特征、主要技术要求和识读其零件图。
2. 掌握车多线螺纹、多头蜗杆的原理和方法，正确选择螺纹、蜗杆车刀并正确刃磨。
3. 能熟练掌握多线螺纹、多头蜗杆的加工方法、步骤和要点。
4. 能正确检测多线螺纹、多头蜗杆的加工质量。
5. 能合理选择多线螺纹、多头蜗杆的加工方法。
6. 具有分析问题、解决问题及灵活应变的能力。

典型工作任务

图 9-25 ～图 9-28 所示为多线螺纹及多头蜗杆零件。

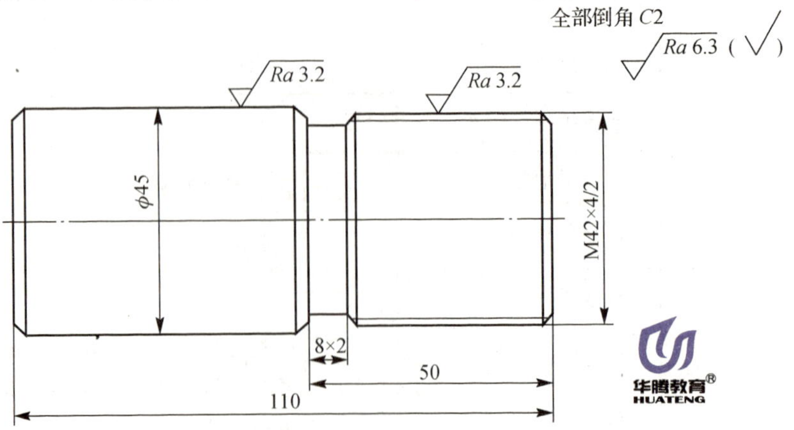

图 9-25 多线三角形螺纹

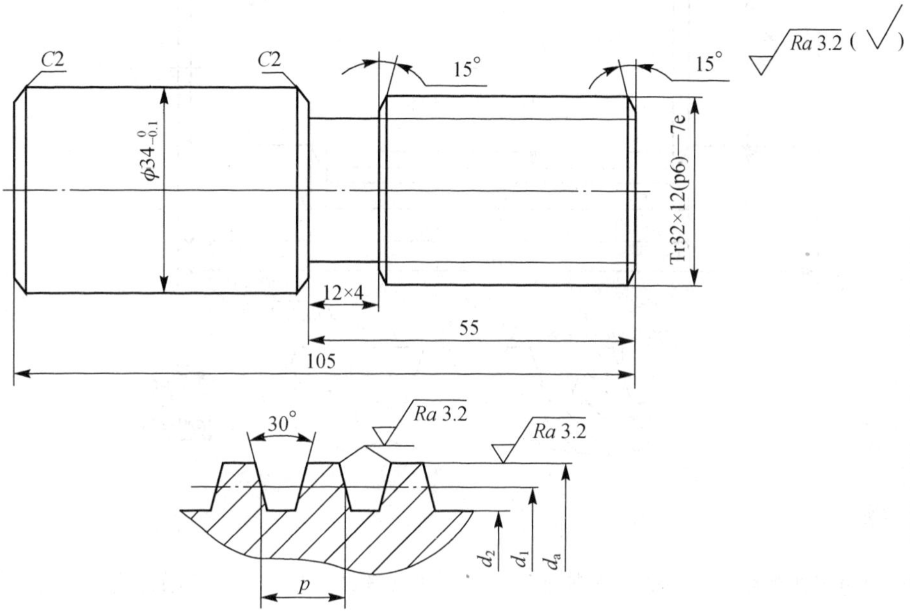

图 9-26　多线梯形外螺纹

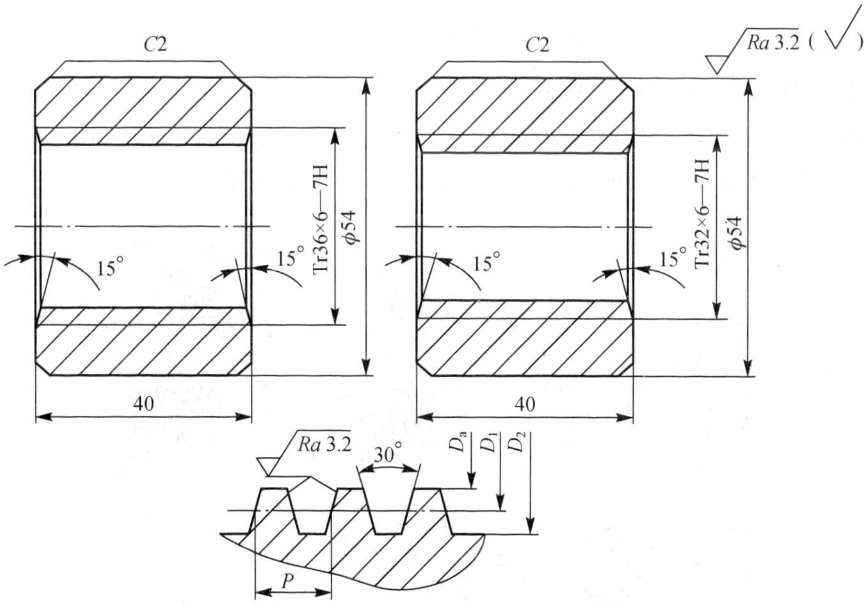

图 9-27　多线梯形内螺纹

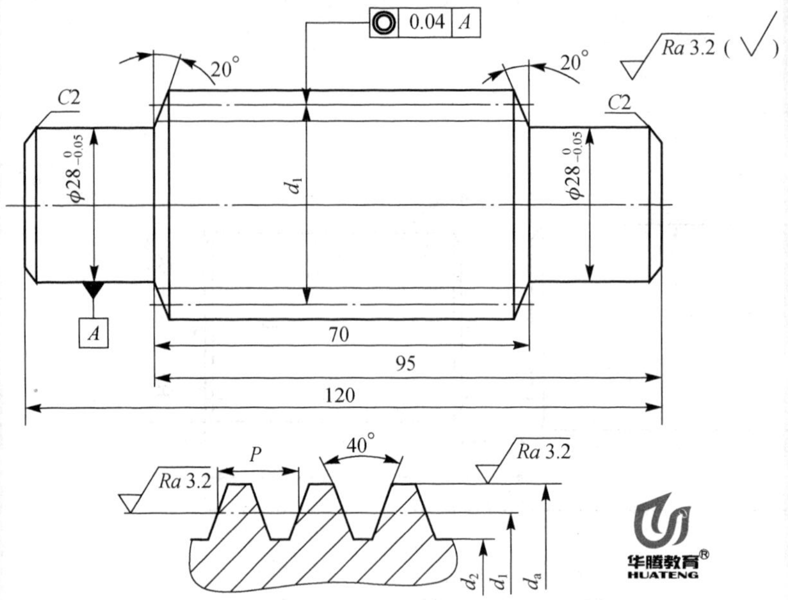

图 9-28　多头蜗杆

要求通过多线螺纹、多头蜗杆车削加工，掌握多线螺纹、多头蜗杆车削方法，并能配合游标卡尺、千分尺、普通三角形螺纹样板、螺纹千分尺、万能角度尺等测量工具，保证按要求加工出零件。

相关知识

一、多线螺纹、多头蜗杆的基本知识

沿两条或两条以上的螺旋线所形成的螺纹（蜗杆），该螺旋线在轴向等距离分布，称为多线（头）螺纹（蜗杆）。多线螺纹的各螺旋槽在轴向是等距离分布的，在圆周上是等角度分布的，如图 9-29 所示。

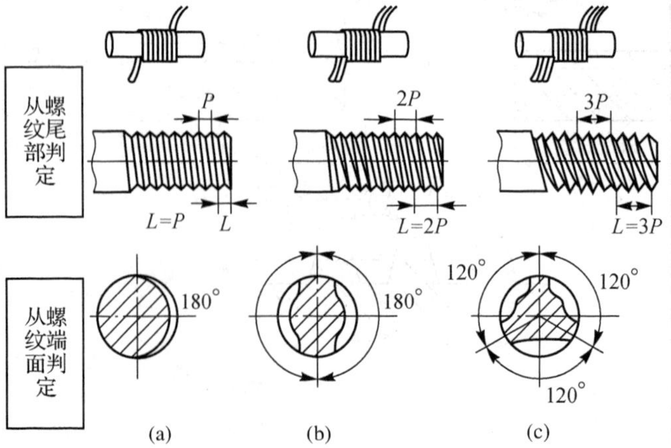

图 9-29　单线螺纹与多线螺纹的判定

（a）单线螺纹　（b）双线螺纹　（c）三线螺纹

车多线螺纹时，主要考虑分线方法和车削步骤的协调。在车削过程中，解决螺旋线的轴向等距离分布或圆周等角度分布的问题称为分线。多线螺纹的分线原理和多头蜗杆的分头原理相同，故多线螺纹的分线方法也等同于多头蜗杆的分头方法。

车多线（头）螺纹（蜗杆）与车单线螺纹、单线蜗杆的不同之处在于：一个按导程计算交换齿轮，一个按螺纹（蜗杆）线数分线。

二、多线螺纹、多头蜗杆车削加工的技术条件

多线螺纹、多头蜗杆车削加工必须满足以下技术条件：

（1）多线螺纹、多头蜗杆的螺距必须相等。

（2）每条螺纹小径（底径）要相等。

（3）每条螺纹的牙型角要相等。

三、多线螺纹、多头蜗杆的分线方法

如果分线出现误差，多线螺纹的螺距不相等，就会直接影响内、外螺纹的配合性能或蜗杆副的啮合精度，增加不必要的磨损，缩短使用寿命。因此，必须掌握分线方法，控制分线精度。根据各螺旋线的轴向等距离分布或圆周等角度分布的特点，分线方法有轴向分线法和圆周分线法两种。

1. 轴向分线法

轴向分线法是指当车一条螺旋槽后，将车刀沿螺纹（或蜗杆）的轴线方向转移一个螺距 P（或端面模数 m_x），再车下一条螺旋槽。

（1）利用小滑板刻度确定直线移动量分线。在车好一条螺旋槽后，利用小滑板刻度使车刀移动一个螺距，再车相邻的另一条螺旋槽，从而达到分线的目的。小滑板转动的刻度 $K=P/a$（a 为小滑板每格移动量）。

（2）利用开合螺母分线。当多线螺纹的导程为车床丝杠螺距的整数倍且其倍数又等于线数时，可以在车好第一条螺旋槽后，用开倒顺车的方法将车刀返回到开始车削的位置，提起开合螺母，再用床鞍刻度盘控制车床床鞍纵向前进或后退一个车床丝杠螺距，在此位置将开合螺母合上，车另一条螺旋槽。

（3）利用百分表和量块分线。利用百分表和量块分线如图 9-30 所示，该方法适于螺距精度要求高的分线。对螺距较大的多线螺纹进行分线时，因受百分表量程的限制，可在百分表与挡块之间垫入一块（或一组）量块，其厚度最好等于工件螺距。用这种方法分线的精度较高，但车削时的振动会使百分表走动，故在使用时应经常校正“零”位。

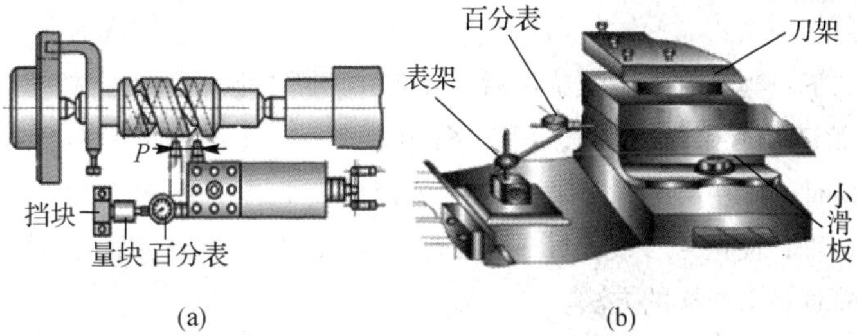

图 9-30 利用百分表和量块分线

（a）百分表、量块分线法 （b）百分表分线法

任务一 任务二 任务三 任务四 任务五 任务六 任务七 任务八 任务九 任务十 任务十一

2. 圆周分线法

因为多线螺纹各螺旋线在圆周上是等角度分布的，所以在车好第一条螺旋槽后应脱开工件与丝杠之间的传动链，并将工件转过一个角度，再连接工件与丝杠之间的传动链，车削另一条螺旋槽，这种分线方法称为圆周分线法。

设多线螺纹各起始点在端面上相隔的角度为θ，则

$$\theta=360°/n$$

式中，θ 为多线螺纹在圆周上相隔的角度，(°)；n 为多线螺纹的线数。

（1）利用三爪自定心卡盘和四爪单动卡盘分线。当工件采用两顶尖装夹并用卡盘的卡爪代替拨盘时，可利用三爪自定心卡盘分三线螺纹，利用四爪单动卡盘分双线和四线螺纹。当车好一条螺旋槽后，只需松开顶尖，把工件连同鸡心夹头转过一个角度，由卡盘上的另一只卡爪拨动，再用顶尖支承好后就可车削另一条螺旋槽。这种分线方法比较简单，但因卡爪本身的误差较大，故工件的分线精度不高。

（2）用专用分线盘分线。其车削线数为 2、3 或 4，一般精度要求的螺纹可利用简单的分度盘分线，当车削完第一条螺旋槽后，利用分线盘上分度精确的槽将工件转过一个角度，如图 9-31 所示。

① 当车双线螺纹时，工件分线应为 1—4 或 3—5。

② 当车三线螺纹时，工件分线应为 2—4—6。

③ 当车四线螺纹时，工件分线应为 1—3—4—5。

（3）利用交换齿轮分线。车多线螺纹时，在一般情况下，车床的交换齿轮箱中的交换齿轮 Z_1 转速与主轴转速相等，Z_1 转过的角度等于工件转过的角度。因此，当 Z_1 的齿数是螺纹线数的整数倍时，就可以利用交换齿轮分线，如图 9-32 所示。

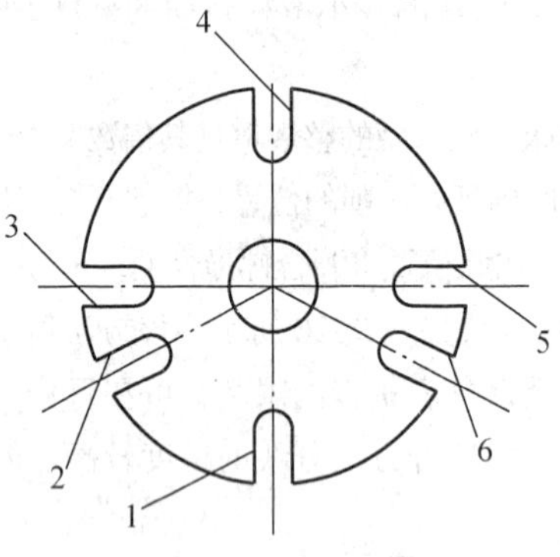

图 9-31 用专用分线盘分线

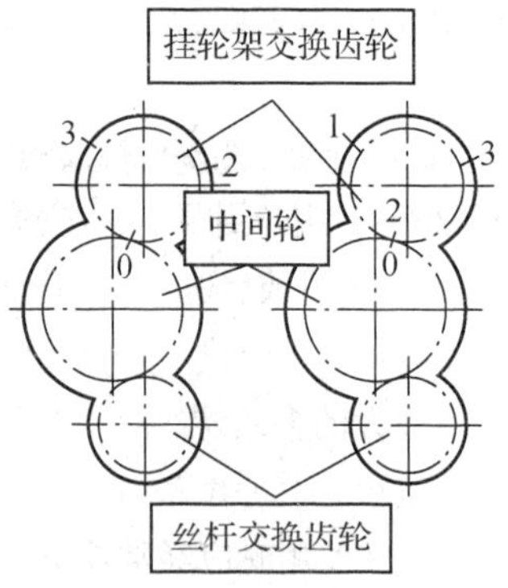

图 9-32 利用交换齿轮分线

具体分线步骤如下：当车好一条螺旋槽后，停车并切断电源，在 Z_1 上根据线数进行等分，在与 Z_1 的啮合处用粉笔做记号 1 和 0。例如，用 CA6140 型车床车米制和英制螺纹时，齿轮 Z_2 的齿数为 63，在车削三线螺纹时，应在离记号 1 第 21 齿处做记号 2 和记号 3，然后松开交换齿轮架，使 Z_1 与 Z_2 脱开，用手转动主轴，使记号 2 或记号 3 对准记号 0，再使 Z_1 与 Z_2 啮合，就可车削第二条螺旋槽了。车第三条螺旋槽时，用同样的方法。

这种分线方法的优点是分线精确度较高，但所车螺纹的线数受 Z_1 齿数的限制，操作也较麻烦，因此不宜在成批生产中使用。

（4）用多孔插盘（分度头）分线。图 9-33 所示为车多线螺纹时用的多孔插盘。多孔插盘装夹在

车床主轴上，其上有等分精度很高的定位插孔（多孔插盘一般等分 12 或 24 孔），它可以对 2、3、4、6、8 或 12 线的螺纹进行分线。

分线时先停车松开紧固螺母，拔出定位插销，将多孔插盘旋转一个角度，再把插销插入另一个定位孔中，然后紧固螺母，分线工作就完成了。多孔插盘上可以装夹卡盘，工件夹持在卡盘上；也可装上拨块拨动夹头，进行两顶尖间的车削。这种分线方法的精度主要取决于多孔插盘的等分精度。如果等分精度高，就可以使该装置获得较高的分线精度。多孔插盘分线操作简单、方便，但分线数量受插孔数量限制。

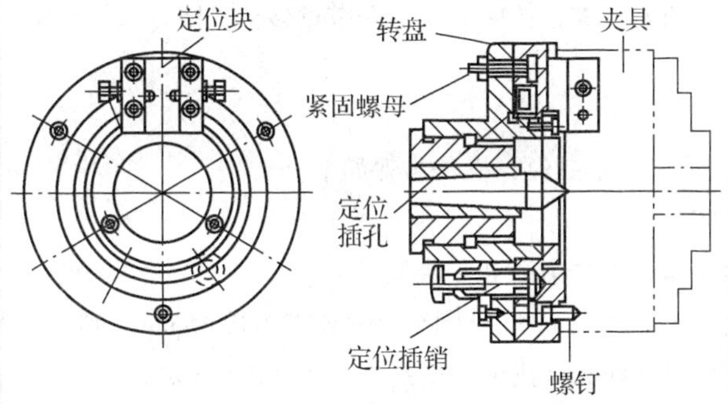

图 9-33 多孔插盘

四、多线螺纹、多头蜗杆的加工要点

多线螺纹、多头蜗杆的加工要点如下：

（1）绝不可能将一条螺旋线车好后再车另一条螺旋槽。

（2）粗车第一条螺旋槽时记住中、小滑板的刻度值。

（3）根据多线螺纹的精度要求选择适当的分线方法进行分线。粗车第二条、第三条……螺旋槽。若用轴向分线法，中滑板的刻度值应与车第一条螺旋槽相同；若用圆周分线法，中、小滑板的刻度值应与第一条螺旋槽相同。

（4）采用左右切削法加工多线螺纹时，为保证多线螺纹的螺距精度，车削每条螺旋槽时车刀的轴向移动量（借刀量）必须相等。

五、多线螺纹、多头蜗杆的加工注意事项

车削多线螺纹、多头蜗杆时需注意以下事项：

（1）多线螺纹导程大，走刀可适当快些，车削时要防止车刀、刀架及中小滑板碰撞卡盘和尾座。

（2）由于多线螺纹升角大，因此车刀两侧后角要相应增减。

（3）用小滑板刻度分线时应做到：先检查小滑板在合理的位置是否满足行程分线要求；小滑板移动方向必须与车床主轴轴线平行，否则会造成分线误差；在每次分线时，小滑板手柄转动方向要相同，否则由于丝杠与螺母之间的间隙而产生误差；采用左右切削法时，一般先车牙型的左侧面，再车牙型的右侧面；在采用直进法车削小螺距多线螺纹工件时，应调整小滑板的间隙，但不能太松，以防止切削时移位而影响分线精度。

（4）用百分表分线时应使百分表测杆平行于工件轴线，否则也会产生分度误差。

（5）粗车时要多次循环分线，第二次、第三次循环分线时不准用小滑板赶刀（借刀），只能在

牙型面上单面车削，以矫正赶刀或粗车时产生的误差。循环车削既能消除分线或赶刀所产生的误差，又能提高螺纹的精度和表面粗糙度。

（6）当车完多线螺纹、多线蜗杆后，应关闭电源，及时调整好交换齿轮及螺距手柄的位置。

六、多线螺纹分线不正确的原因

导致多线螺纹分线不正确的原因可能有以下几个：

（1）小滑板移动距离不正确。

（2）车刀刃磨后未对准原来的位置或随便赶刀，使轴向位置移动。

（3）工件未紧固，切削力过大，从而造成工件微量移动，使分线不正确。

技能训练

车图 9–25 所示的多线三角形螺纹，操作步骤如下：

（1）检查毛坯、车床。

（2）使工件伸出 70 mm 左右，并找正、夹紧。

（3）粗、精车端面，粗、精车 ϕ45 外圆至尺寸要求（长 65 mm、倒角 *C*2）。

（4）调头，将工件伸出 70 mm，找正、夹紧。

（5）粗、精车端面，保证总长尺寸 110。

（6）粗、精车外圆 ϕ42 至长度尺寸 50。

（7）车槽 8 × 2。

（8）粗、精车 M42 × 4/2 螺纹至图样要求。

（9）倒角 *C*2，去毛刺。

技能拓展

各自寻找多线螺纹、多头蜗杆零件图，按图进行加工并保证加工质量符合图样要求。

考核与评价

（1）加工图 9–25 ～图 9–28 所示的多线螺纹、多头蜗杆，小组互评，教师点评。工件加工考核评分标准见表 9–4。

表9–4　多线螺纹、多头蜗杆工件加工考核评分标准

项　　目	序号	技术要求	配分	评分标准	得分
工艺（15%）	1	工步正确且完整	5	不规范每处扣 1 分	
	2	切削用量合理	5	每错一处扣 1 分	
	3	工艺规范合理	5	不合理每处扣 1 分	
机床操作（20%）	4	刀具选择安装正确	5	不合理每处扣 1 分	
	5	工件装夹正确	5	不合理每处扣 1 分	
	6	机床操作规范	5	不合理每处扣 1 分	
	7	零件加工不出错	5	出错全扣	

续表

项　目	序号	技术要求	配分	评分标准	得分
工件质量（35%）	8	尺寸精度符合要求	25	不合理每处扣 1 分	
	9	表面粗糙度及形位公差符合要求	10	不合理每处扣 1 分	
文明生产（15%）	10	安全操作	5	出错全扣	
	11	机床维护与保养	5	不合格全扣	
	12	工作场地整理	5	不合格全扣	
相关知识及职业能力（15%）	13	机加工基础知识	5	教师提问	
	14	自学能力	10	教师根据学生的学习情况、表达沟通能力、合作能力和创新能力酌情给分	
		表达沟通能力			
		合作能力			
		创新能力			

（2）加工图 9-34 所示的双线梯形螺纹，回答问题。

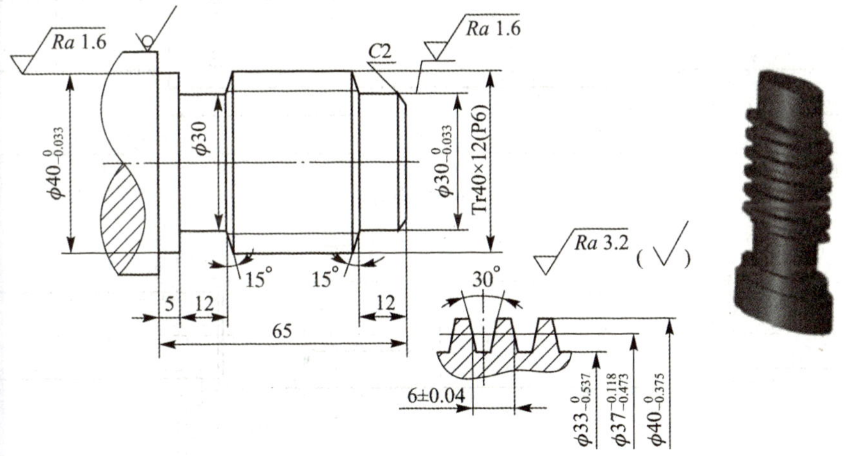

图 9-34　双线梯形螺纹

① 准备工作（车床和工量用具）有哪些？

② 切削用量如何选用？

③ 主要加工步骤（工艺）有哪些？

④ 善后工作有哪些？

任务十

偏心件、细长轴、薄壁件车削加工

任务描述

图 2-7、图 2-8 和图 10-1 所示为偏心件，图 10-2 所示为细长轴，图 10-3 所示为薄壁件。通过本任务的学习，利用车床的基本操作，按要求加工制作出零件，并对完成后的零件进行误差分析及加工质量的总结。

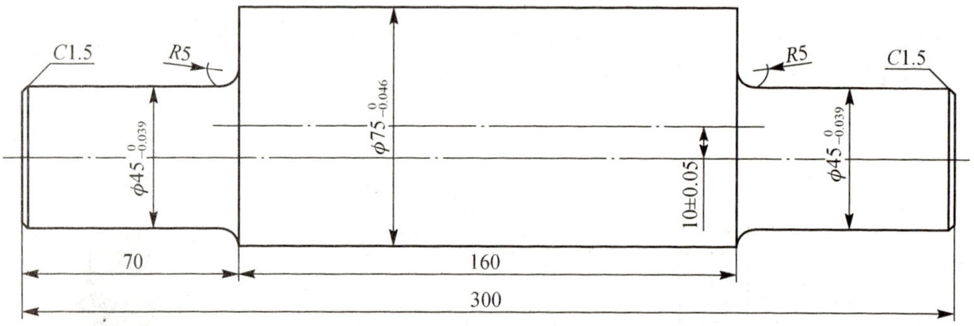

图 10-1　偏心轴

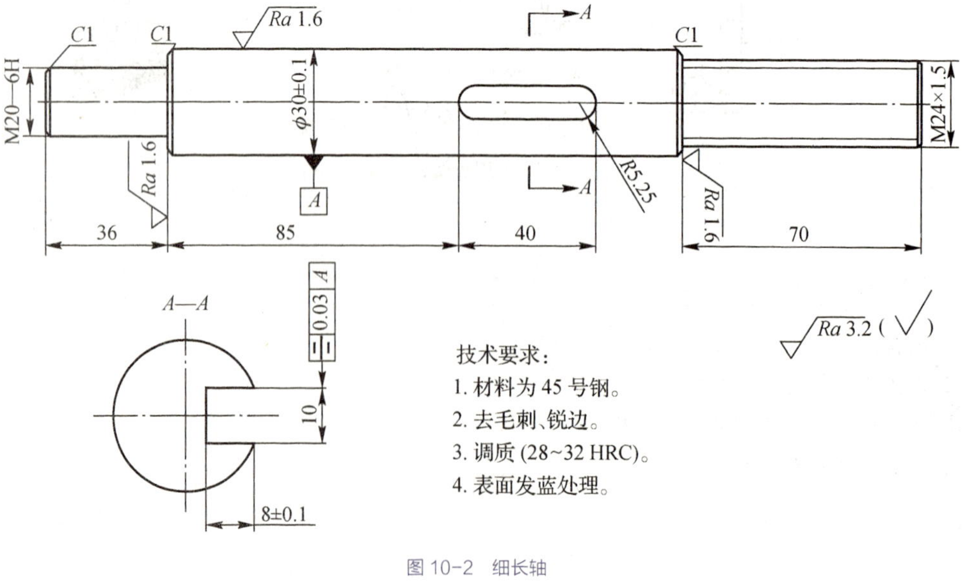

图 10-2　细长轴

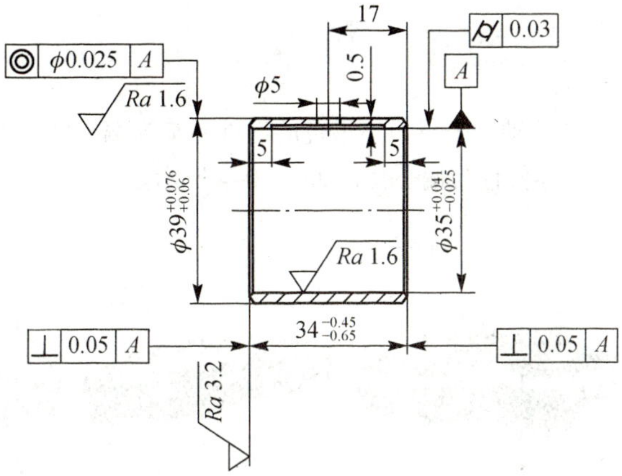

图 10-3 薄壁件

子任务1 偏心件车削加工

【知识目标】

1. 掌握偏心件的结构特点、作用及其相关计算。
2. 掌握利用四爪卡盘加工偏心件及曲轴的操作技能。
3. 掌握偏心件及曲轴的车削加工方法、步骤、要点及质量控制措施。

【技能目标】

1. 掌握四爪卡盘在车削加工中的运用。
2. 掌握偏心件及曲轴的车削加工方法、步骤、要点及质量控制。
3. 具有分析问题、解决问题及应变的能力。

典型工作任务

加工图 2-7、图 2-8 和图 10-1 所示的偏心件。

要求通过偏心件车削加工掌握偏心件车削方法，并能配合游标卡尺、千分尺等测量工具，保证按要求加工出零件。

相关知识

一、偏心件概述

外圆与外圆、内孔与外圆的轴线平行但不重合的零件，称为偏心件。外圆与外圆偏心的零件称为偏心轴，内孔与外圆偏心的零件称为偏心套，如图 10-4 所示。

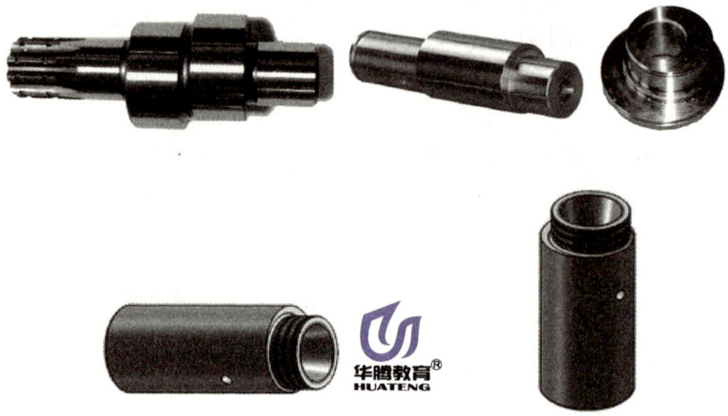

图 10-4 偏心轴与偏心套

二、偏心件的车削原理

车削偏心件时，把所要加工的偏心部分的轴线找正到与车床主轴轴线重合，并根据工件的数量、形状、偏心距的大小和精度要求相应地采用不同的装夹方式进行车削加工。

三、偏心件划线的方法与注意事项

1. 偏心件的划线方法

图 10-5 所示偏心轴的划线及操作步骤如下：

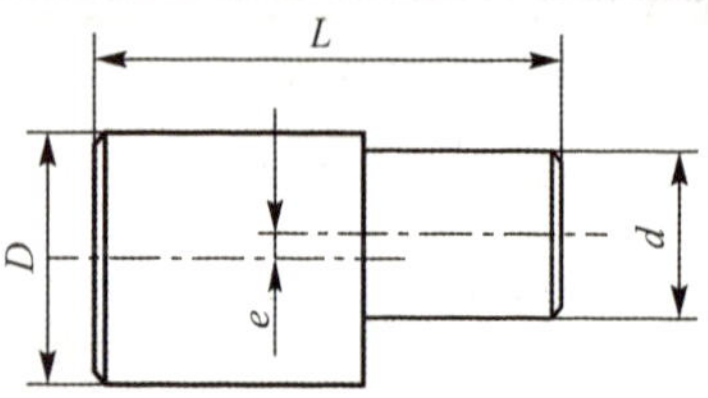

图 10-5 偏心轴

（1）把工件毛坯车成圆轴，使其直径等于 D，长度等于 L，在轴的两端面和外圆上涂色，然后把它放在 V 形架上进行划线，用划针先在工件端面和外圆上划一组与工件等高的水平线，如图 10-6（a）所示。

（2）把工件转动 90°，用 90° 角尺对齐已划好的端面线，再在端面和外圆上划另一组水平线，如图 10-6（b）所示。

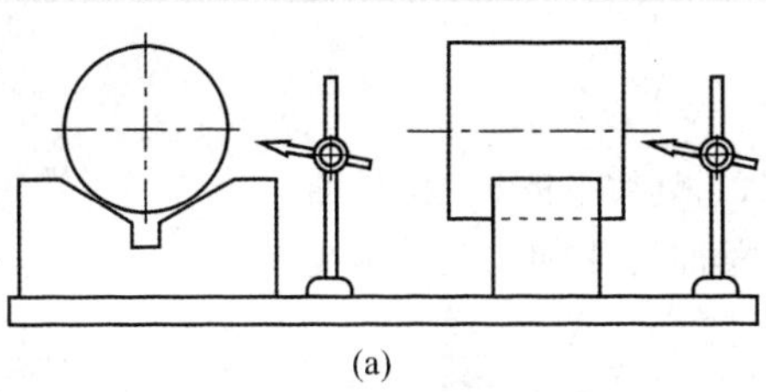

图 10-6 划线找正中心

（3）用两脚规以偏心距 e 为半径，在工件的端面上取偏心距 e 值，作出偏心点。以偏心点为圆心作圆，并用样冲在所划出的线上打好样冲眼，这些样冲眼应打在线上（图 10-7），不能歪斜，否则会产生偏心距误差。

（4）把划好的工件装在四爪单动卡盘上，在装夹时先调节卡盘的两爪呈不对称位置，另外两爪呈对称位置，工件偏心圆线在卡盘中央，如图 10-8 所示。

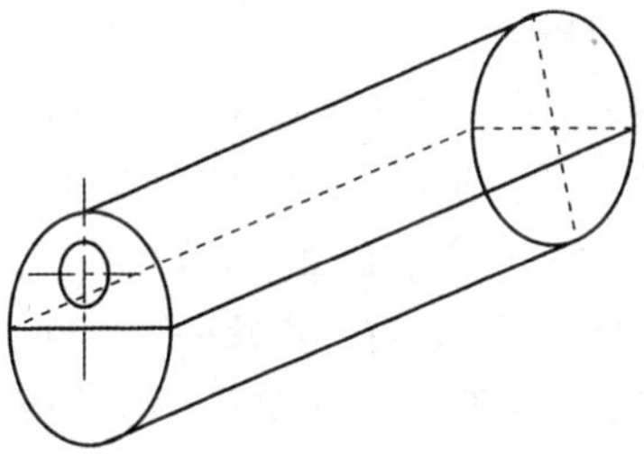

图 10-7 划出偏心位置

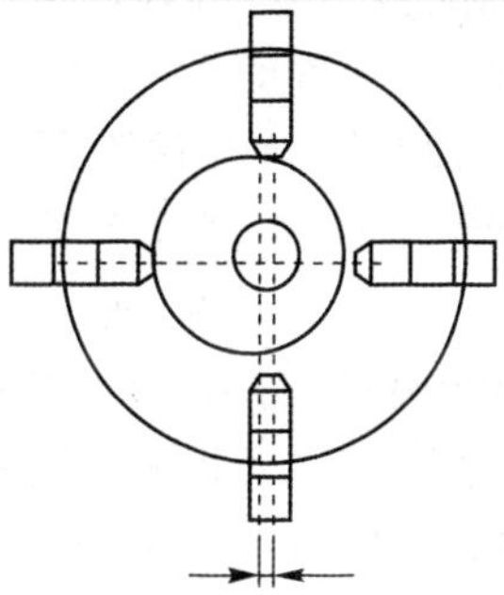

图 10-8 在四爪卡盘上找正装夹偏心轴

（5）在床面上放好小平板和划线盘，使针尖对准偏心圆线，找正偏心圆，然后把针尖对准外圆水平线，如图 10-9 所示。自左至右检查水平线是否水平，把工件转动 90°，用同样的方法检查另一条水平线，然后紧固卡脚，复查工件装夹情况。

（6）将工件找正后，把四爪再拧紧一遍，即可进行车削，如图 10-10 所示。在初切削时，进给量要小，切削深度要浅，等工件车圆后，切削用量可以增加，否则就会损坏车刀或使工件移位。

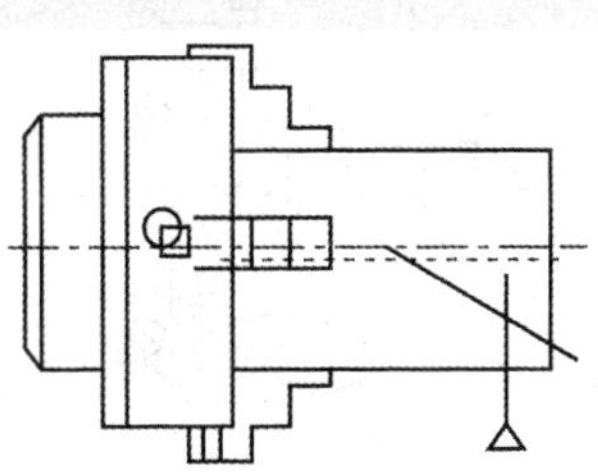

图 10-9 偏心轴在四爪卡盘上找正装夹复检

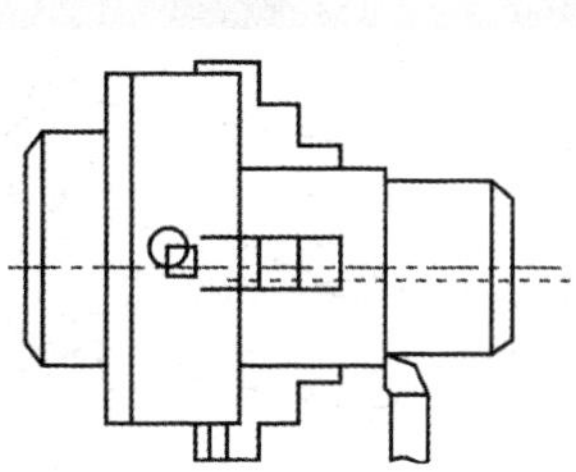

图 10-10 偏心轴试削加工

2. 偏心件划线的注意事项

偏心件划线时要注意以下事项：

（1）划线用的显示剂应均匀涂一薄层。

（2）划线时，按操作规程缓慢有序划线，划线平板上要涂机油。

（3）样冲尖要刃磨均匀，圆且尖。打样冲时，样冲应与所标线条垂直。

四、偏心件的装夹方法

在装夹工件时，有意识地把工件轴线与车床主轴轴线偏移一个距离，当主轴正常转动时，工件即偏移了一个偏心距。这样车削加工出来的零件就成了偏心件。

1. 四爪卡盘装夹

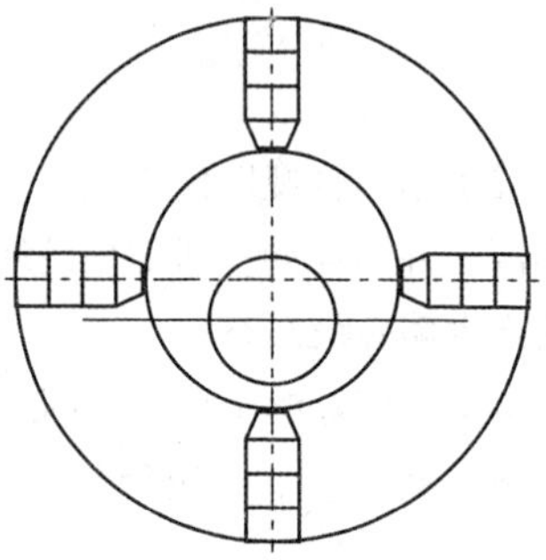

图 10–11 用四爪卡盘装夹偏心轴

图 10–11 所示为用四爪卡盘装夹偏心轴，该方法适用于工件数量少、长度较短、不便在两顶尖上装夹时。

（1）原理。在装夹工件时，使四爪卡盘对称的两个爪有意识地与主轴轴心线偏移一个中心距 e，即工件在装夹时偏移了一个中心距 e。主轴正常转动时，工件的轴心线就偏移了主轴轴心线，加工得到的工件即是偏移量为 e 的偏心件。

（2）操作方法。按划线找正车削偏心件；装夹找正工件，装夹前应调整好卡爪，使其两两对称且间距稍大于工件直径；夹持工件 15 ～ 20 mm，在工件外圆垫铜片（厚度为偏心距）；划线；车偏心件（轴）；用刀尖在工件轴线上刻线；粗车偏心圆直径；检查偏心距；精车偏心外圆。

找正时，先用划线初步找正，如图 10–12 所示；再用百分表进一步校正偏心距，如图 10–13 所示；粗车偏心件，如图 10–14 所示；检查偏心件，如图 10–15 所示；精车偏心件得到零件，如图 10–16 所示。

（3）注意事项。在四爪卡盘上车削偏心轴时，必须按已划好的偏心和侧素线找正，使偏心轴线与车床主轴线重合，将工件正确装夹后即可车削。

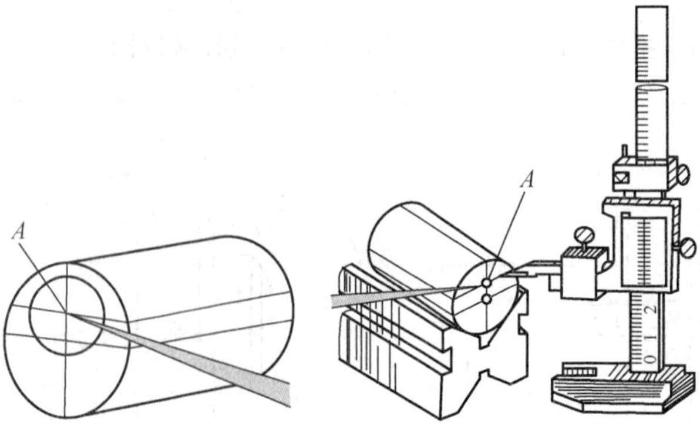

图 10–12 偏心件划线

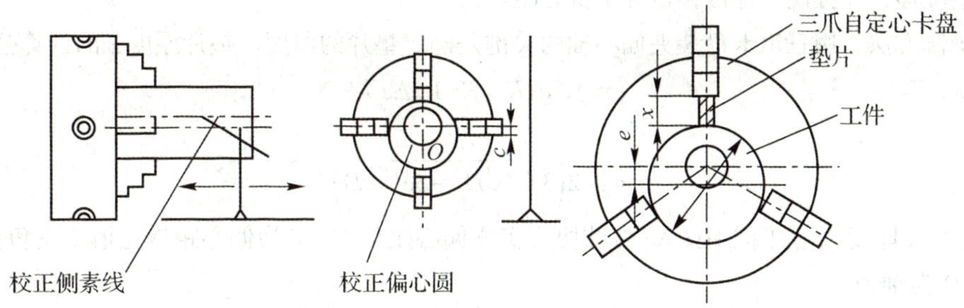

图 10-13　用百分表校正

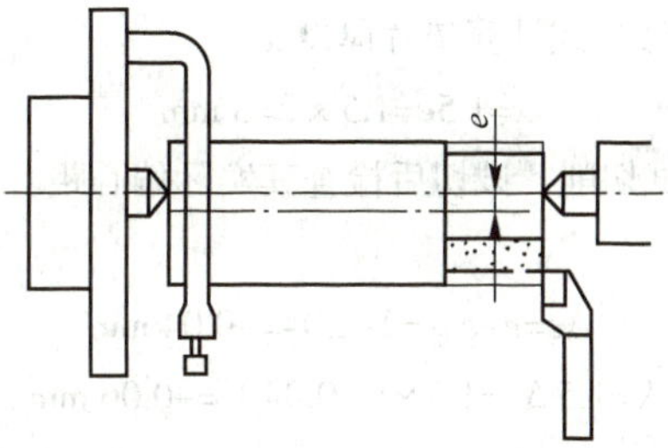

图 10-14　粗车偏心件

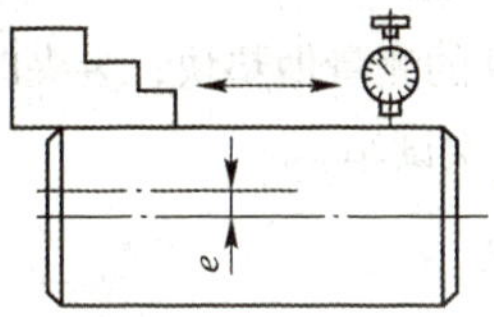

图 10-15　用百分表检测偏心件

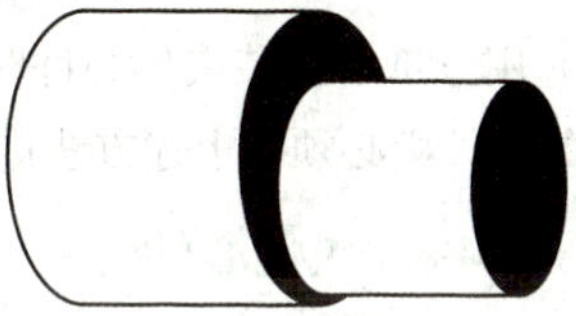

图 10-16　精车偏心件得到零件

2. 三爪卡盘装夹

图 10-17 所示为用三爪卡盘装夹偏心件，该方法适用于长度较短、形状简单、加工数量较多的偏心件加工。

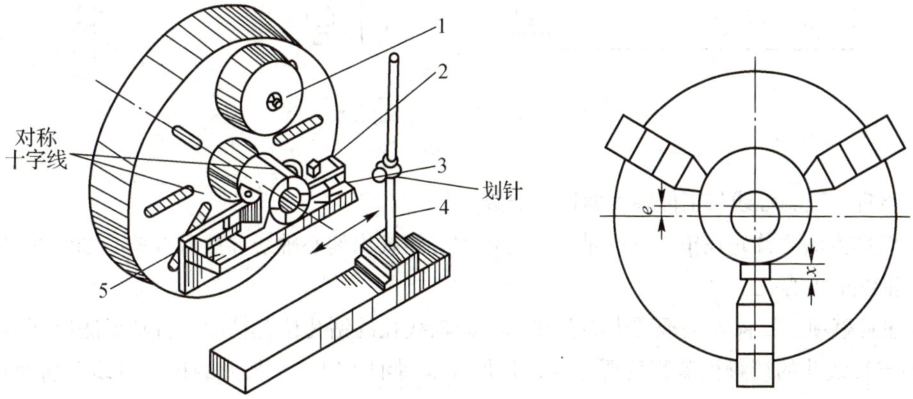

图 10-17　用三爪卡盘装夹偏心轴

1—平衡铁；2—工件；3—角铁；4—划针盘；5—压板

（1）原理。在三爪卡盘任意一卡爪与工件接触之间垫上一块预先选好的垫片，使工件轴线与主轴轴线产生位移，并且使工件位移量等于偏心距。

（2）操作方法。用三爪卡盘装夹偏心轴的关键是确定垫片的厚度。垫片厚度 x 的计算公式为

$$x=1.5e+K\ (K=1.5\Delta e)$$

或

$$x=1/2\left(3e+\sqrt{D^2-3e^2}-D\right)$$

式中，x 为垫片厚度；e 为偏心距；Δe 为试切后实测偏心距误差；K 为偏心距修正值（正负按实际测量结果）；D 为轴径。

例：车削偏心距 e=2 mm 的工件，计算其偏心垫片厚度 x。

解：先不考虑修正值，按近似公式计算垫片厚度 x。

$$x=1.5e=1.5\times 2=3\text{ mm}$$

先垫入 3 mm 厚的垫片进行试切削，试切后检查其实际偏心距。若实测偏心距为 2.04 mm，则偏心距误差为

$$\Delta e=e-e_{测}=2-2.04=-0.04\text{ mm}$$

$$K=1.5\Delta e=1.5\times(-0.04)=-0.06\text{ mm}$$

则垫片厚度的正确值为

$$x=1.5e+K=3-0.06=2.94\text{ mm}$$

（3）注意事项。用三爪卡盘装夹偏心件时，应选择较硬的测量做垫块；装夹时，工件轴线不能歪斜；精度要求高的工件则必须按上述方法进行计算，并多次试车。

3. 两顶尖装夹车削加工偏心件

一般较长的偏心轴只要两端面能钻中心孔，有鸡心夹头的装夹位置，都应该用两顶尖装夹车偏心。这种方法的优点是偏心中心孔已钻好，无须花费时间找到偏心，且定位精度较高。图 10–18 所示为用两顶尖装夹偏心件。

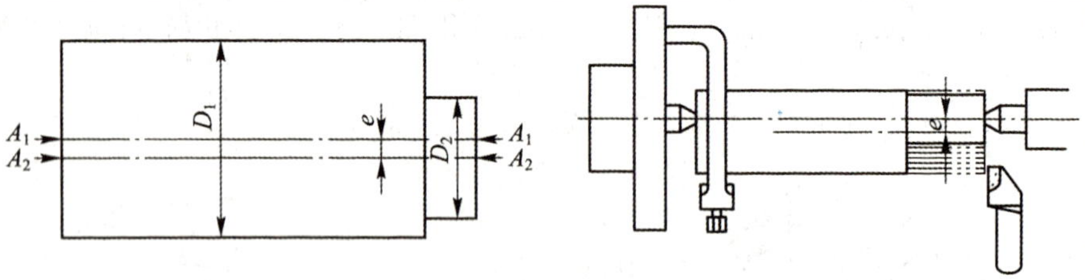

图 10–18 用两顶尖装夹偏心件

（1）原理。顶尖轴线与工件轴线偏移一个偏心距。

（2）操作方法。首先找正工件的轴线，再依偏心距找出偏心轴线，然后打偏心轴线的样冲，最后钻偏心轴线的中心孔。

（3）注意事项。要保证基准圆中心孔和偏心圆轴线孔的钻孔位置精度，否则无法保证偏心距精度；顶尖与轴线孔的接触松紧程度要适当，且加注润滑油，以减小彼此磨损；断续车削偏心轴时，应选用较小的切削用量，初次进刀时一定要从离偏心最远处切入。

4. 其他装夹方法

（1）双重卡盘装夹法。将三爪卡盘装夹在四爪卡盘上，并移动一个偏心距。加工偏心件时，只

要把工件安装在三爪卡盘上就可以车削。这种方法第一次校正困难，但批次加工时无须校正偏心距，因此适于批量加工零件。但其切削用量较低，车削时应尽量用尾座顶尖顶持，以防发生意外事故。此法只适于车削长度较短、偏心距不大、精度要求不高的偏心件。

（2）偏心卡盘装夹法。偏心卡盘的偏心距可用量块或百分表控制，因此可以获得很高的精度。偏心卡盘装夹调整方便，通用性强，是一种较理想的偏心件夹具。

（3）专用夹具装夹法。图 10–19 所示为用专用夹具装夹偏心件。该方法适于加工数量较多、偏心距精度要求较高的偏心件。

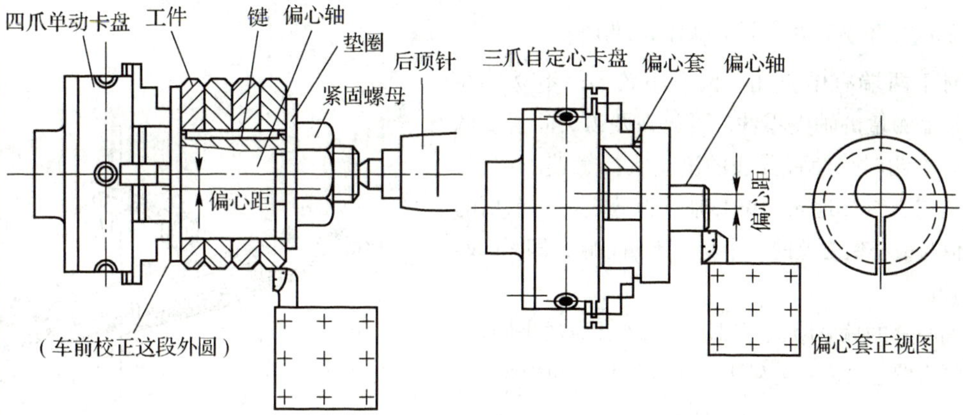

图 10–19 用专用夹具装夹偏心件

五、简单曲轴的车削方法

图 10–20 所示曲轴是一种常用偏心件，广泛地应用于压力机、压缩机和内燃机等机械中。

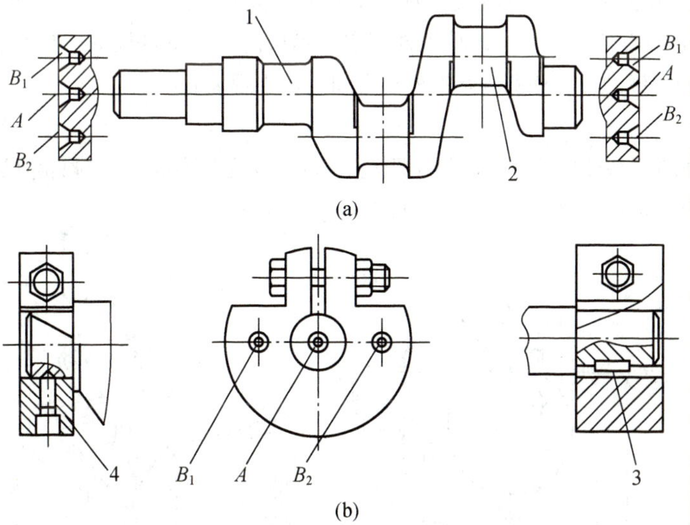

图 10–20 曲轴

（a）用两顶尖装夹 （b）用偏心夹板装夹

1—主轴颈；2—曲轴颈；3—定位键；4—定位螺钉

曲轴的加工原理与一般偏心轴、偏心套的加工原理相同，但曲轴结构复杂，细长且有多个曲拐，刚性较差，曲柄颈和主轴颈的尺寸精度、形状精度要求较高，彼此间的位置精度要求也较高，因此加工难度较大，工艺过程也更复杂。

一般在车床上进行曲轴主轴颈和曲柄颈的粗加工与半精加工（其精加工通常采用磨削方法进行）。主轴颈的加工方法与一般轴类工件的加工方法相似，而曲柄颈的加工则困难得多，应特别注意。

六、偏心距的检测方法

偏心距通常有以下两种检测方法。

1. 在两顶尖间直接检测偏心距

对于两端有中心孔、偏心距较小、不易放在V形架上测量的轴类零件，可放在两顶尖间测量偏心距。检测时，使百分表的测量头接触偏心部位，用手均匀、缓慢地转动偏心轴，百分表上指示出的最大值与最小值之差的一半就等于偏心距，即（max−min）/2。

偏心套的偏心距也可以用类似上述方法来测量，但必须将偏心套套在心轴上，再在两顶尖间检测。

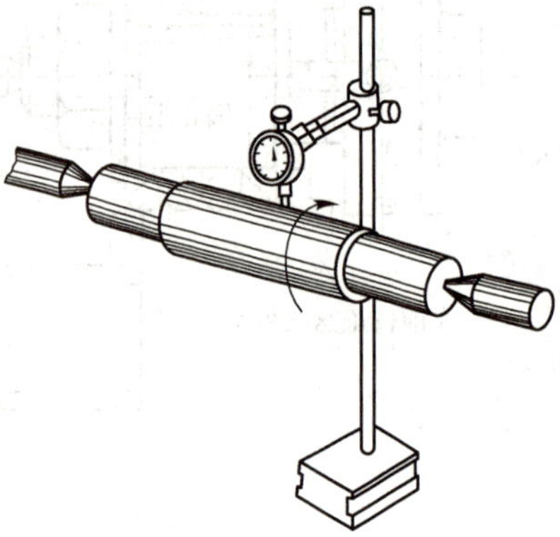

图 10-21　在两顶尖间直接检测偏心距

2. 在V形架上间接检测偏心距

（1）当工件无中心孔或工件较短、偏心距 $e<5$ mm 时，可将工件放在两顶尖间，转动偏心件，通过百分表读数最大值与最小值之间差值的一半直接确定偏心距，如图 10-21 所示。

（2）若工件的偏心距较大（$e \geqslant 5$ mm），受百分表测量范围的限制，可采用图 10-22 所示方法间接测量偏心距。测量时，将V形架置于测量平板上，将工件放在V形架中，转动偏心件，用百分表先找出偏心件的偏心外圆最高点，将工件固定，然后使可调整量规平面与偏心外圆最高点等高，再按下式计算出偏心件的偏心外圆到基准外圆之间的最小距离 a：

$$a=(D-d)/2-e$$

式中，a 为偏心外圆到基准外圆之间的最小距离，mm；D 为基准圆直径的实际尺寸，mm；d 为偏心圆直径的实际尺寸，mm；e 为工件的偏心距，mm。

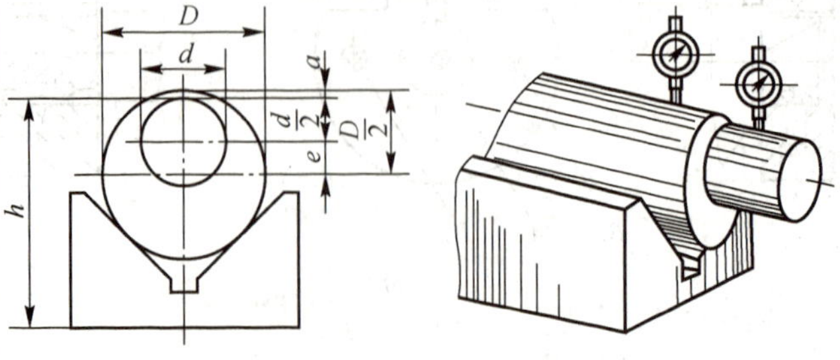

图 10-22　在V形架上间接检测偏心距

选择一组量块，使之组成的尺寸等于 a，并将此组量块放置在可调整量规平面上，再水平移动百分表，先测量基准外圆最高点，得一读数 A，继而测量量块上表面得另一读数 B，比较这两读数，看其误差值是否在偏心距误差的范围内，以确定此偏心件的偏心距是否满足要求。

技能拓展

按图 10–23 加工偏心轴。或自寻偏心件图，按图进行加工并保证加工质量符合图样要求。

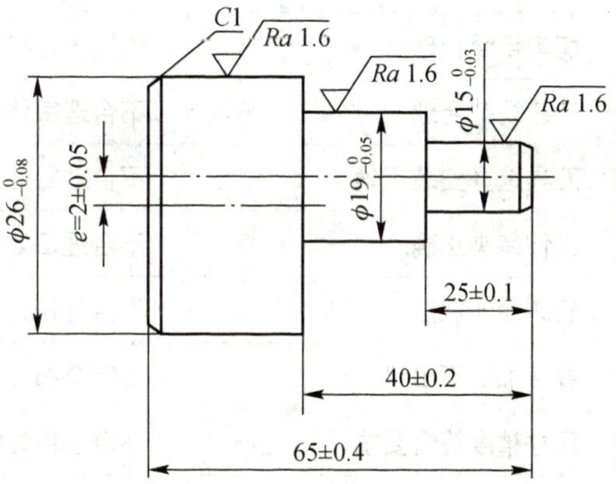

图 10–23 偏心轴

其参考工艺步骤如下：

（1）用三爪卡盘装夹毛坯外圆，伸出约 75 mm，校正并夹紧。

（2）车至端面见光。

（3）车 $\phi 26_{-0.08}^{\ 0}\times 70$ 外圆至要求，并倒角 $C1$。

（4）切断，总长保证为 66 mm。

（5）在三爪卡盘一爪处垫偏心垫，校正偏心距及外圆侧母线符合要求，并夹紧工件。

（6）车端面，保证总长为 65 ± 0.4。

（7）车 $\phi 15_{-0.03}^{\ 0}\times(25\pm0.1)$、$\phi 19_{-0.05}^{\ 0}\times(40\pm0.2)$ 至要求，并各部倒角。

考核与评价

一、理论知识考评

（1）偏心件、曲轴有何特点？

（2）偏心件、曲轴车削加工要用到哪些车床附件？

（3）车削加工偏心件、曲轴要注意些什么？

（4）车削偏心件、曲轴时，工件的装夹方式如何？

（5）车削偏心件、曲轴时如何选择切削用量、切削液？

（6）车削偏心件、曲轴时如何保证加工质量？

二、实训技能考评

各小组查阅资料，分析讨论，制定任务方案，完成图 2–7、图 2–8 和图 10–1 所示偏心件的加工，然后小组互评，教师点评。偏心件加工考核评分标准见表 10–1。

表10–1　偏心件加工考核评分标准

项　目	序号	技术要求	配分	评分标准	得分
工艺（15%）	1	工步正确且完整	5	不规范每处扣 1 分	
	2	切削用量合理	5	每错一处扣 1 分	
	3	工艺规范合理	5	不合理每处扣 1 分	
机床操作（20%）	4	刀具选择安装正确	5	不合理每处扣 1 分	
	5	工件装夹正确	5	不合理每处扣 1 分	
	6	机床操作规范	5	不合理每处扣 1 分	
	7	零件加工不出错	5	出错全扣	
工件质量（35%）	8	尺寸精度符合要求	25	不合理每处扣 1 分	
	9	表面粗糙度及形位公差符合要求	10	不合理每处扣 1 分	
文明生产（15%）	10	安全操作	5	出错全扣	
	11	机床维护与保养	5	不合格全扣	
	12	工作场地整理	5	不合格全扣	
相关知识及职业能力（15%）	13	机加工基础知识	5	教师提问	
	14	自学能力	10	教师酌情给分	
		表达沟通能力			
		合作能力			
		创新能力			

子任务2　细长轴车削加工

【知识目标】

掌握细长轴的特点、作用及加工方法、要点。

【技能目标】

1. 能说明细长轴的特点及应用。
2. 能熟练加工细长轴。
3. 具有分析问题、解决问题及灵活应变的能力。

典型工作任务

加工图 10–2 所示的细长轴零件。其技术要求为未注倒角 *C*0.5，未注表面粗糙度 *Ra* 1.6，不得使用砂布、锉刀。

要求通过细长轴车削加工，掌握细长轴车削方法，并能配合游标卡尺、千分尺、梯形螺纹样板、螺纹千分尺、万能角度尺等测量工具，保证按要求加工出零件。

相关知识

一、细长轴及其车削加工特点

细长轴就是长径比大于 25（*L*/*d*）的轴类零件。细长轴的外形不复杂，本身刚性差（*L*/*d* 越大，刚性越差），车削时由于切削力、重力、切削热等影响，容易发生弯曲变形，产生振动、锥度、腰鼓形和竹节形等缺陷，难以保证加工精度。

图 10–24 所示为细长轴车削加工及力学（模型）分析。可知细长轴车削加工的关键是增加工件的刚性，可通过采用中心架、跟刀架予以辅助支承来增加工件的刚性。

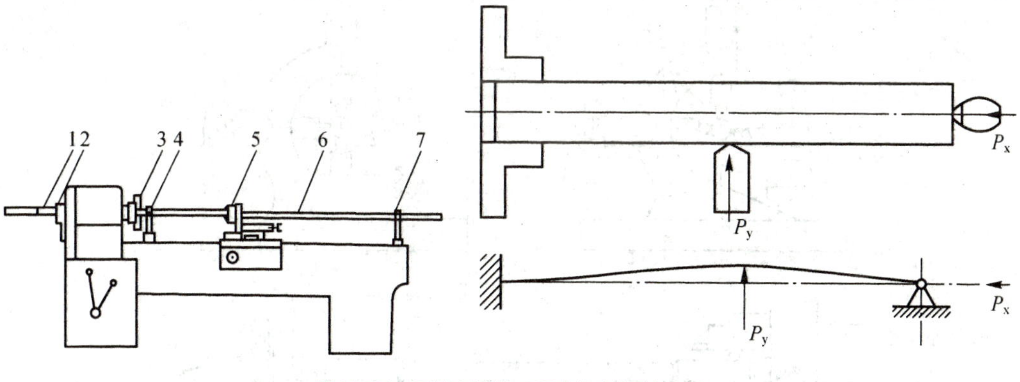

图 10–24 细长轴车削加工及力学（模型）分析

1—无缝钢管；2—钢管夹持器；3—切削盘；4，7—滚轮托架；5—工件夹持器；6—工件

1. 中心架及其使用方法

中心架如图 10–25 所示。使用中心架车削细长轴，关键是使中心架与工件表面接触的三个支承爪所决定圆的圆心与车床的回转中心重合。车削时，工件采用一夹一顶或两顶式装夹，中心架安装在工件的中间部位并固定在车床身上，如图 10–26 所示。

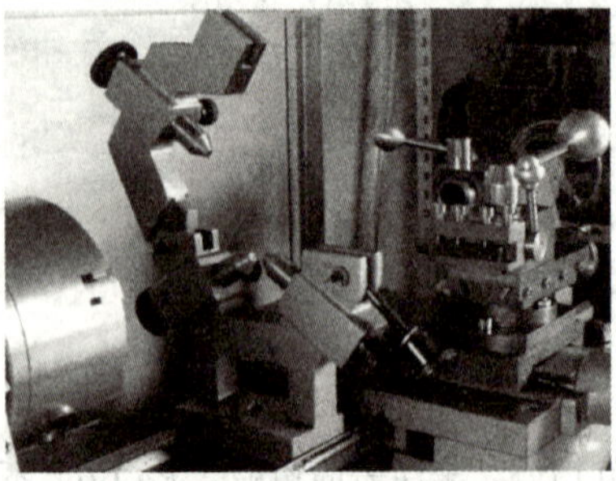

图 10-25 中心架

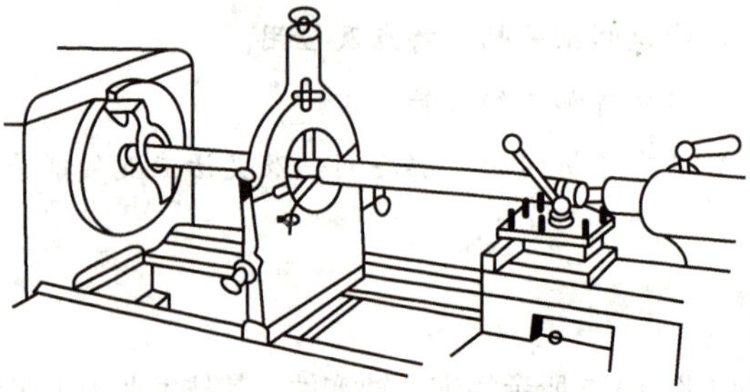

图 10-26 中心架的使用

中心架直接支承在工件中间，可使工件的长径比减小一半，刚性增加数倍。轴间要车削出支承爪沟槽，其表面粗糙度小于或等于 1.6，圆度误差小于 0.05 mm；车削时，支承爪与沟槽接触面要涂润滑油（脂）。

中心架配以过渡套筒支承工件。该方法适用于车削某段部分不需要加工的细长轴，也用来加工中间部分有沟槽、表面又不规则的工件（安装中心架处有花键、键槽等）。过渡套筒的外圆圆度误差在 0.01 mm 之内。

2. 跟刀架的使用方法

跟刀架的支承爪与工件的接触压力应调整适当，否则影响加工精度。跟刀架的应用如图 10-27 所示。

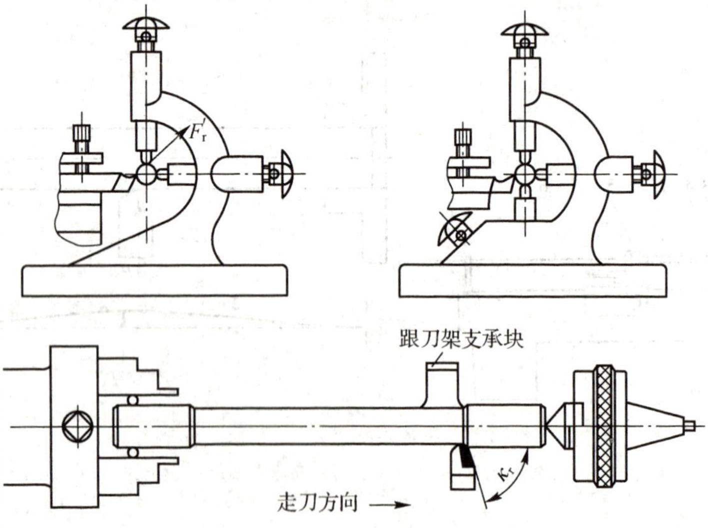

图 10-27 跟刀架的应用

（1）跟刀架支承爪的调整方法。在已加工表面上调整支承爪与车刀的支承位置，一般是使支承爪位于车刀的后面，两者间距小于 10 mm。调整跟刀架支承爪时，先调整后支承爪，综合运用手感，耳听、目测等方法控制支承爪，直至轻微接触外圆为止；再调整外支承爪，调整到上述同样感觉为止。要求每个支承爪都能与轴保持相同的合理间隙，使轴可以自由转动；车削时经常对各支承爪与工件的接触情况进行跟踪、监视、检查，并及时注油润滑。

（2）跟刀架支承爪的修正。跟刀架支承爪一般在本身车床上修正。先将跟刀架固定在床鞍上，再用内孔车刀（可调刀杆）装夹在卡盘上，调整跟刀架支承爪，然后使车刀转动，以床鞍做纵向进给车削支承爪的支承面，使三个支承面构成的圆的直径基本等于工件支承轴颈直径。

二、细长轴的车削方法

细长轴车削的关键技术是控制工件热变形及刀具的几何角度对工件精度的影响。

1. 热变形工件伸长的计算

热变形工件伸长的计算公式为

$$\Delta L=\alpha_l L\Delta t$$

式中，α_l 为工件材料的线膨胀系数，1/℃；L 为工件的总长，mm；Δt 为工件升高的温度，℃。

2. 针对热变形采取的措施

针对热变形可采取以下措施：采用一夹一顶式装夹，如图 10-28 所示；使用弹性回转顶尖补偿工件热变形伸长；采取反向进给方法；充分浇注切削液。

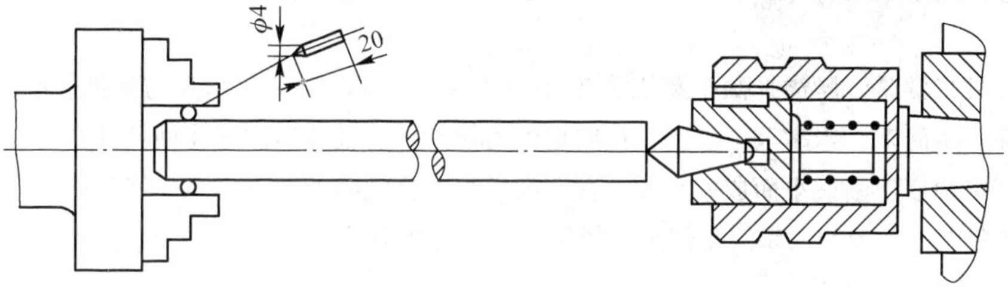

图 10-28 细长轴车削加工装夹

3. 合理选择车刀的几何形状

所选车刀 κ_r=80°～93°，γ_o=15°～30°，前刀面应磨有 R1.5～R3 圆弧形断屑槽。

选择正的刃倾角，通常 λ_s=3°～10°；为减小径向切削力，γ_ε<0.3 mm，倒棱宽度选小些，一般为 0.5f；选择红硬性和耐磨性好的刀具材料（如 YT15、YT30、YW1 等）。细长轴车削加工工件装夹及进刀如图 10-29 所示。

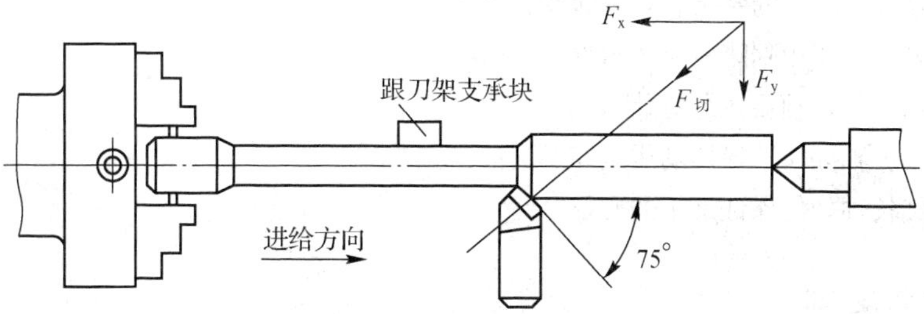

图 10-29 细长轴车削加工工件装夹及进刀

任务一 任务二 任务三 任务四 任务五 任务六 任务七 任务八 任务九 任务十 任务十一

三、车加工细长轴的注意事项

车细长轴时需注意以下事项：

（1）必须调整尾座中心，使之与车床主轴中心同轴。

（2）在车削过程中始终浇注切削液。

（3）车削时随时注意顶尖的松紧程度。

（4）粗车是选择好第一次切削深度，将工件毛坯一次车圆。

（5）在车削过程中，随时注意支承爪与工件表面的变化情况，并视具体情况随时做出相应调整。

（6）在车削过程中，随时注意工件已加工表面的变化情况，当发现开始有竹节形、腰鼓形等缺陷时要及时找出原因并采取应对措施。如果发现缺陷越来越明显，应立即停车。

四、车加工细长轴时容易出现的缺陷及预防措施

车削细长轴时容易出现竹节形和腰鼓形缺陷。

（1）竹节形缺陷。预防措施如下：应正确调整跟刀架支承爪，不可支得过紧；采取接刀车削时，必须使车刀刀尖和工件支承基准圆略微接触，接刀时切削深度加深 0.01 ～ 0.02 mm；粗车时发现开始出现竹节形，可调整中滑板手柄，相应适当增加切削深度，以减小工件外径，或微调跟刀架支承爪，使支承力减小，以防竹节形继续产生；调整车床床鞍、滑板相应的间隙，以消除进给时的让刀现象。

（2）腰鼓形缺陷。腰鼓形缺陷是因为工件刚性差，以及跟刀架支承爪与工件表面接触不一致，支承磨损而产生间隙，当车至中部时，径向切削力使工件的轴线压向车床回转轴线的外侧，发生弯曲变形，切削深度逐渐减小而成。为此，在车削过程中要随时调整支承爪，使其圆弧面的轴线与车床主轴轴线重合，适当增大车刀主偏角，使车刀锋利，减小径向切削力。

技能拓展

各自寻找细长轴零件图，按图进行加工并保证加工质量符合图样要求。

考核与评价

一、理论知识考评

（1）细长轴有何特点？

（2）车削时保证细长轴技术要求的方法有哪些？

（3）加工细长轴工件的装夹方式有哪些？

（4）细长轴加工要用到哪些车床附件？

（5）车削加工细长轴要注意些什么？

（6）车削细长轴如何选择切削用量和切削液？

（7）车削细长轴如何保证加工的质量？

二、实训技能考评

各小组查阅资料，分析讨论，制定任务方案，完成图 10–2 所示细长轴的加工。细长轴加工考核评分标准见表 10–2。

表10-2 细长轴加工考核评分标准

项　　目	序号	技术要求	配分	评分标准	得分
工艺（15%）	1	工步正确且完整	5	不规范每处扣 1 分	
	2	切削用量合理	5	每错一处扣 1 分	
	3	工艺规范合理	5	不合理每处扣 1 分	
机床操作（20%）	4	刀具选择安装正确	5	不合理每处扣 1 分	
	5	工件装夹正确	5	不合理每处扣 1 分	
	6	机床操作规范	5	不合理每处扣 1 分	
	7	零件加工不出错	5	出错全扣	
工件质量（35%）	8	尺寸精度符合要求	25	不合理每处扣 1 分	
	9	表面粗糙度及形位公差符合要求	10	不合理每处扣 1 分	
文明生产（15%）	10	安全操作	5	出错全扣	
	11	机床维护与保养	5	不合格全扣	
	12	工作场地整理	5	不合格全扣	
相关知识及职业能力（15%）	13	机加工基础知识	5	教师提问	
	14	自学能力	10	教师根据学生的学习情况、表达沟通能力、合作能力和创新能力酌情给分	
		表达沟通能力			
		合作能力			
		创新能力			

子任务3 薄壁件车削加工

【知识目标】

掌握薄壁件的特点及其加工方法、加工要点。

【技能目标】

1. 能说明薄壁件的特点、应用及加工方法。
2. 能熟练加工薄壁件。
3. 具有分析问题、解决问题及灵活应变的能力。

典型工作任务

加工图 10–3 和图 10–4 所示薄壁件。

要求通过薄壁件车削加工，掌握薄壁件车削方法，并能配合游标卡尺、千分尺、梯形螺纹样板、螺纹千分尺、万能角度尺等测量工具，保证按图样要求加工出零件。

相关知识

一、典型薄壁件

几种典型的薄壁件如图 10–30 所示。

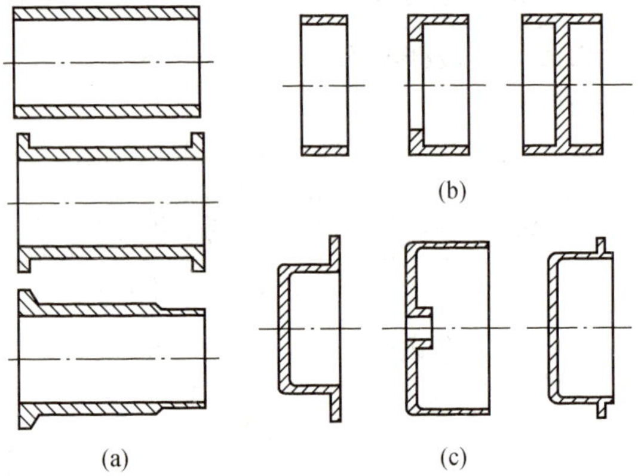

图 10–30 几种典型的薄壁件
（a）套类 （b）环类 （c）盘类

二、薄壁件的加工特点

（1）由于薄壁件刚度低，在夹紧力作用下容易变形时，待工件变形恢复后将直接影响尺寸精度和形状精度。

（2）在车削过程中，薄壁工件在切削力的径向分力作用下容易产生振动和变形，这将对工件的尺寸精度、形状和位置精度及表面粗糙度产生影响。

（3）工件较薄，切削热引起的工件受热严重，加之加工条件的变化，使切削时工件受热膨胀变形规律复杂，尺寸精度难以控制，特别对于线膨胀系数较大的金属薄壁工件，影响更为显著。

（4）对于精密的薄壁工件，在测量时如果测量压力过大则会导致工件变形，从而引起测量误差。

三、改善薄壁件刚性的措施

（1）增大零件的装夹面积。具体措施如下：

① 使用开缝套筒。

② 使用软卡爪。

③ 使用弹性胀力心轴。

④ 对于极薄的套类零件可在坯料上留一定的夹持长度，在工件一次装夹中完成内、外圆的加工后将工件切下。

⑤ 对于极薄的片状工件可以使用真空吸盘装夹。

（2）使用轴向夹紧方法。

（3）使用工艺肋。

（4）确定合理的车刀角度。

（5）掌握合理的切削用量。

（6）严格遵循粗精分开的原则。

（7）充分浇注切削液。

四、薄壁件的装夹

薄壁件壁厚很薄，径向刚度很小，在加工过程中受到切削力、切削热及夹紧力等因素的影响极易变形，导致各项技术要求难以保证。如果采用普通装夹方式，则会产生很大的变形而无法保证加工精度。因此，加工薄壁件首先要考虑工件的装夹方式。

（1）采用工艺夹头装夹，如图 10-31 所示。

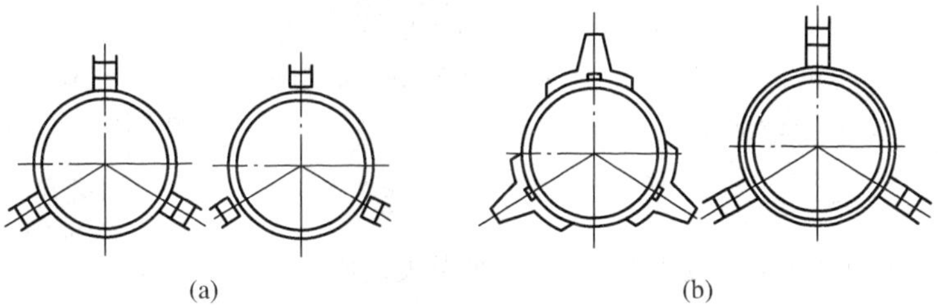

图 10-31 采用工艺夹头装夹

（a）装夹不当变形 （b）用专用软卡爪和开口销装夹

（2）在坯料上预留一定的夹持长度，待工件完成内孔、外圆及端面的加工后切掉，如图 10-32 所示。

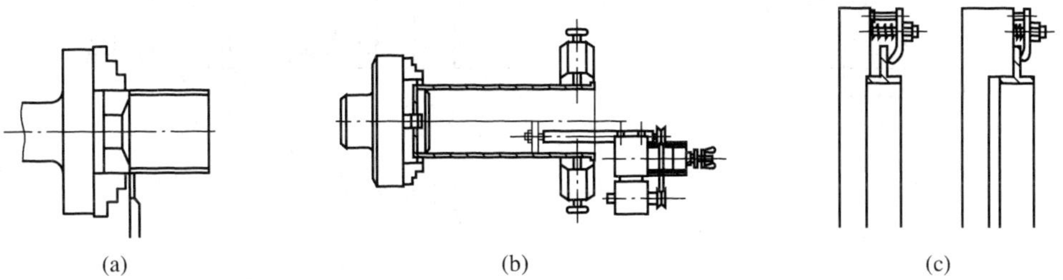

图 10-32 预留夹持长度装夹

（a）中小型薄壁圆筒的装夹 （b）长圆筒加工的装夹 （c）带支承面薄壁件的装夹

（3）增加夹压点或夹压面积，减小零件的变形或使变形均匀化进行装夹，如图 10-33 所示。

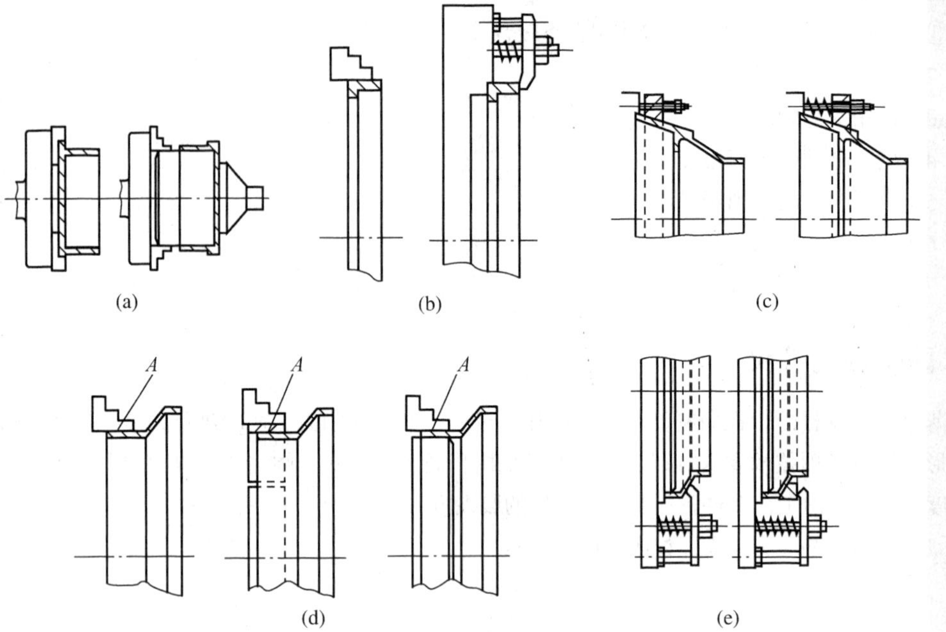

图 10-33　增加夹压点或夹压面积装夹

（a）薄壁圆盘的装夹　（b）薄壁环及其装夹方法　（c）用压紧环和螺钉压紧工件

（d）环形薄壁件及其装夹方法　（e）用压板或压紧环压紧薄壁件锥面

（4）受力点在刚度较大处，受力方向是轴向的装夹，如图 10-34 所示。

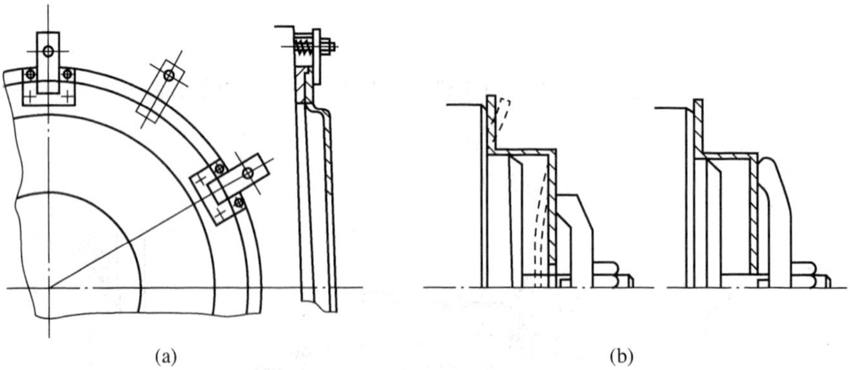

图 10-34　受力点在刚度较大处，受力方向是轴向的装夹

（a）尺寸较大的薄壁盘的装夹方法　（b）盘类薄壁件正与错的装夹方法

（5）变径向夹紧为轴向夹紧，使夹紧力作用在刚度较大的轴向上，避免了径向发生大的变形，如图 10-35 所示。

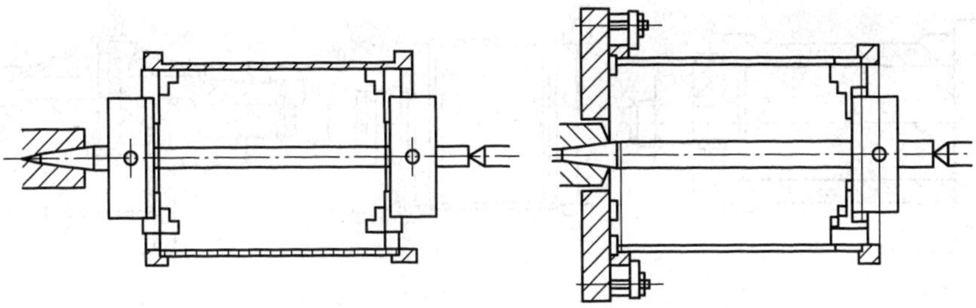

图 10-35　变径向夹紧为轴向夹紧

五、薄壁件加工变形的原因及预防措施

1. 薄壁件加工变形的原因

薄壁件易因夹紧力而变形，因切削热而引起热变形，因径向切削力的影响产生振动而变形，影响工件的尺寸精度、形状、位置精度和表面粗糙度值，如图 10-36 所示。

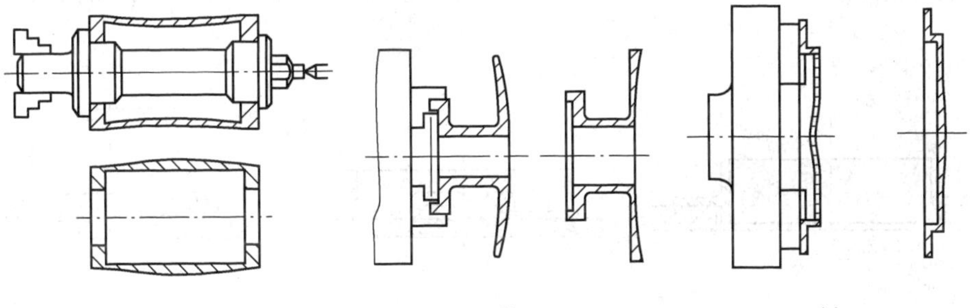

(a)　(b)　(c)

图 10-36　薄壁件加工变形的原因

（a）车削薄壁套筒产生的变形　（b）车削薄壁平面产生的变形　（c）车削薄壁盘产生的变形

2. 薄壁件加工变形的预防措施

（1）分粗、精车。

（2）合理选择刀具的几何角度。

外圆精车刀：κ_r=90°～93°，κ'_r=15°，α_o=14°～16°，α_{o1}=15，γ_o 适当增大。

内孔精车刀：κ_r=60°，κ'_r=30°，γ_o=35°，α_o=14°～16°。

α_{o1}=6°～8°，λ_s=5°～6°。

（3）增加装夹接触面。

（4）应用轴向夹紧夹具，如图 10-37 所示。

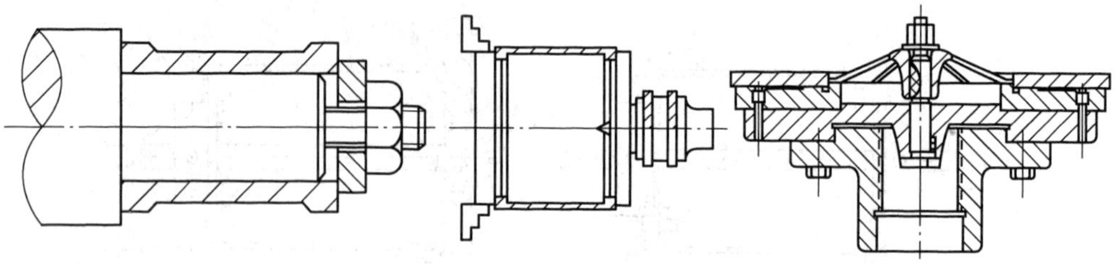

图 10-37 轴向夹紧夹具

（5）增加工艺肋。

（6）充分浇注切削液。

六、薄壁件的存放

由于在加工过程中受到夹紧力和切削力，薄壁件产生抵抗夹紧力和切削力的内压力，内压力一时难以消除，会使加工好的薄壁件出现应力变形；薄壁件受到地心引力（重力）的影响，时间一长会出现重力变形。为了使加工好的薄壁件在存放过程中不变形，要采取必要的措施和合适的存放方式。

（1）将薄壁件内腔填塞一定内容物，并轴向存放于塑性好的物件上，如图 10–38 所示。

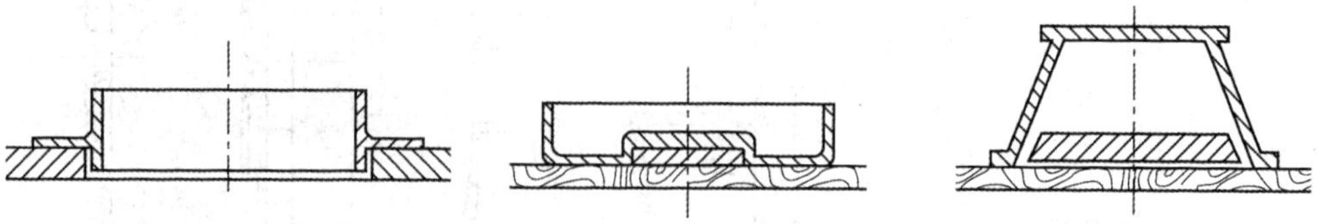

图 10-38 填塞内腔并轴向存放

（2）依照薄壁件的形状特点，使用与之相匹配的专用支架（座）存放，如图 10–39 所示。

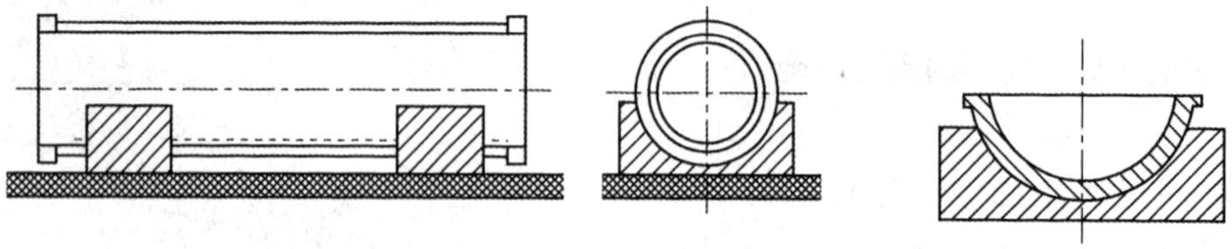

图 10-39 专用支架存放

（3）分层单个存放，码高不宜过高，如图 10–40 所示。

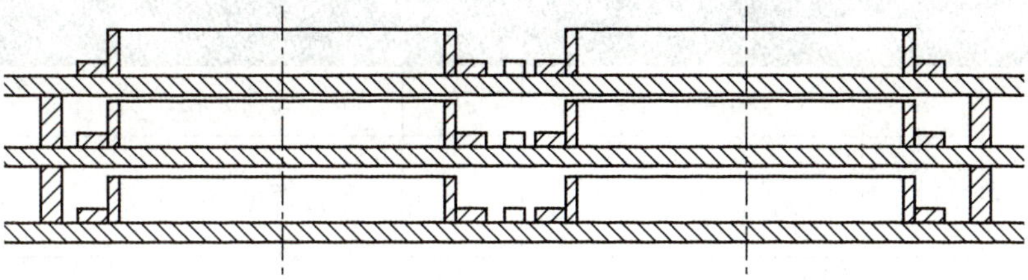

图 10-40 分层单个存放

技能拓展

各自寻找薄壁件图，按图进行加工并保证加工质量符合图样要求。

考核与评价

一、理论知识考评

（1）薄壁件有何特点？保证薄壁件技术要求的方法有哪些？

（2）加工薄壁件工件的装夹方式有哪些？

（3）薄壁件加工要用到哪些车床附件？

（4）车削加工薄壁件要注意些什么？

（5）车削薄壁件如何选择切削用量和切削液？

（6）车削薄壁件如何保证加工的质量？

二、实训技能考评

各小组查阅资料，分析讨论，制定任务方案，完成图 10-3 和图 10-4 所示薄壁件的加工。薄壁件加工考核评分标准见表 10-3。

表10-3 薄壁件加工考核评分标准

项目	序号	技术要求	配分	评分标准	得分
工艺（15%）	1	工步正确且完整	5	不规范每处扣 1 分	
	2	切削用量合理	5	每错一处扣 1 分	
	3	工艺规范合理	5	不合理每处扣 1 分	
机床操作（20%）	4	刀具选择安装正确	5	不合理每处扣 1 分	
	5	工件装夹正确	5	不合理每处扣 1 分	
	6	机床操作规范	5	不合理每处扣 1 分	
	7	零件加工不出错	5	出错全扣	

续表

项　　目	序号	技术要求	配分	评分标准	得分
工件质量（35%）	8	尺寸精度符合要求	25	不合理每处扣 1 分	
	9	表面粗糙度及形位公差符合要求	10	不合理每处扣 1 分	
文明生产（15%）	10	安全操作	5	出错全扣	
	11	机床维护与保养	5	不合格全扣	
	12	工作场地整理	5	不合格全扣	
相关知识及职业能力（15%）	13	机加工基础知识	5	教师提问	
	14	自学能力	10	教师根据学生的学习情况、表达沟通能力、合作能力和创新能力酌情给分	
		表达沟通能力			
		合作能力			
		创新能力			

任务十一

车削加工综合训练

任务描述

图 11-1 和图 11-2 为车削加工零件图，图 11-3 为图 11-1 和图 11-2 的装配图，通过本任务的学习训练，利用车工的基本操作，按要求将两个零件制作出来，并对完成的零件进行误差分析及加工质量的总结。

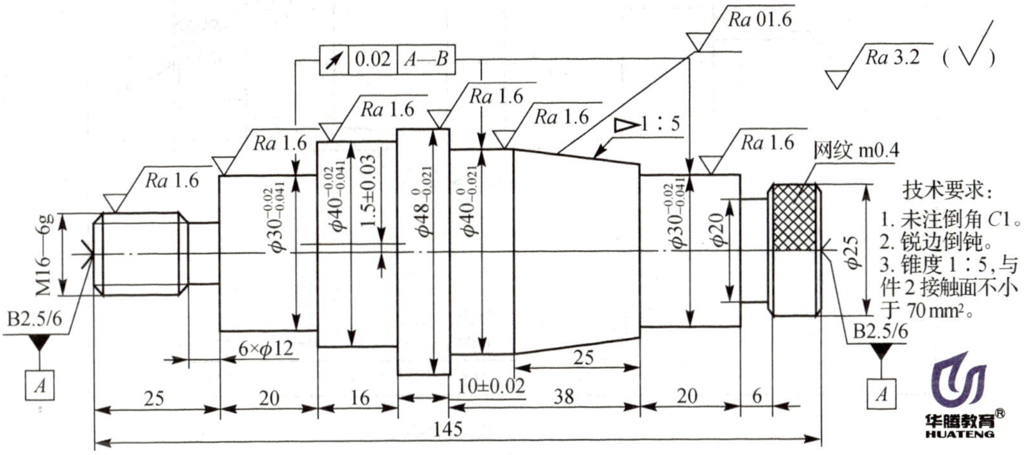

图 11-1　工件 1

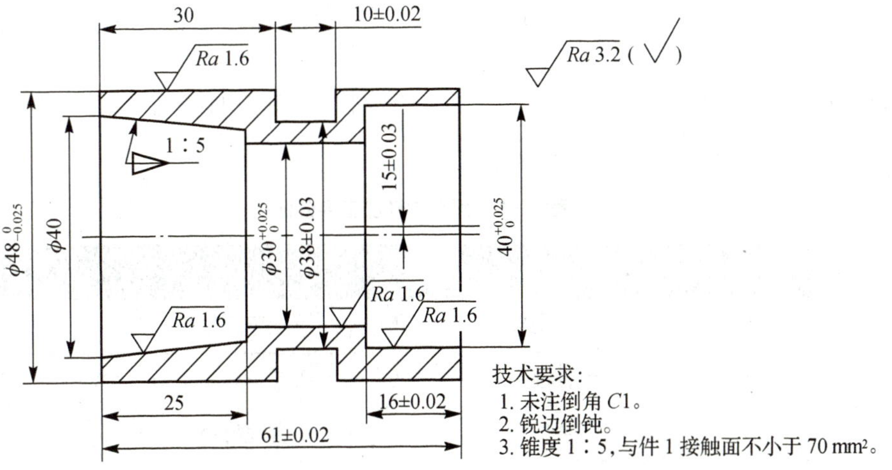

图 11-2　工件 2

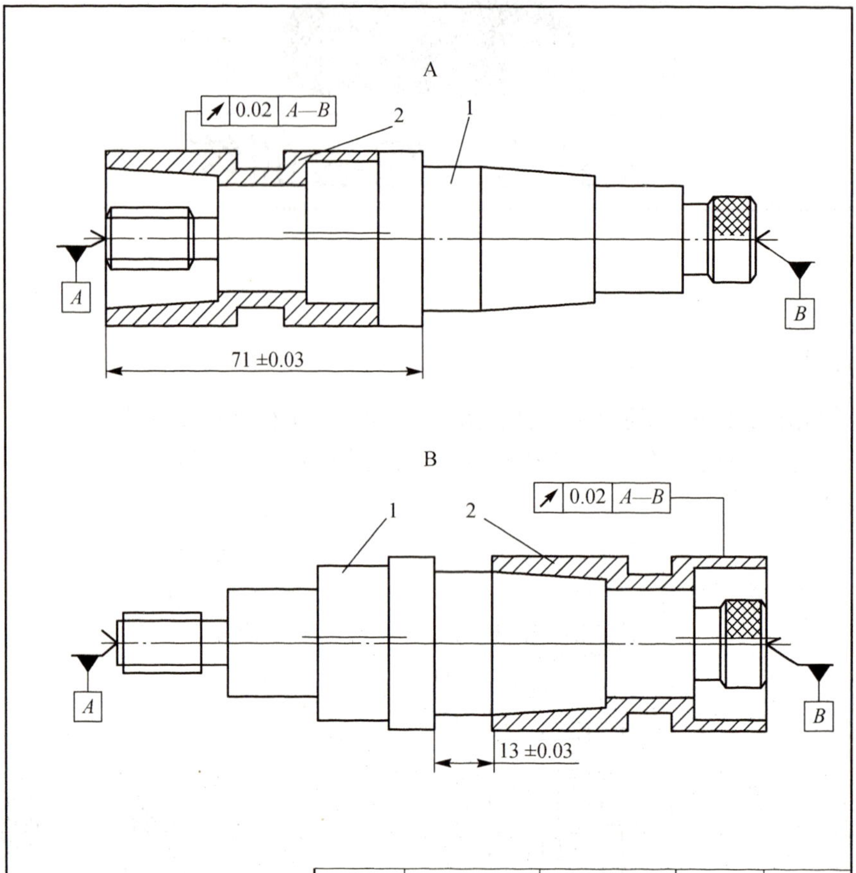

2	工件 2	CG-2010-2	45	
1	工件 1	CG-2010-1	45	
序号	名称	图号	材料	备注

图 11-3　工件 1、工件 2 装配图

考核与评价

各小组查阅资料，分析讨论，制定任务方案，完成图 11-1 和图 11-2 所示零件的配合加工。配合零件加工考核评分标准见表 11-1。

表11-1　配合零件加工评分标准

项　目	序号	技术要求	配分	评分标准	得分
工艺（15%）	1	工步正确且完整	5	不规范每处扣 1 分	
	2	切削用量合理	5	每错一处扣 1 分	
	3	工艺规范合理	5	不合理每处扣 1 分	

续表

项目	序号	技术要求	配分	评分标准	得分
机床操作（20%）	4	刀具选择安装正确	5	不合理每处扣 1 分	
	5	工件装夹正确	5	不合理每处扣 1 分	
	6	机床操作规范	5	不合理每处扣 1 分	
	7	零件加工不出错	5	出错全扣	
工件质量（35%）	8	尺寸精度符合要求	25	不合理每处扣 1 分	
	9	表面粗糙度及形位公差符合要求	10	不合理每处扣 1 分	
文明生产（15%）	10	安全操作	5	出错全扣	
	11	机床维护与保养	5	不合格全扣	
	12	工作场地整理	5	不合格全扣	
相关知识及职业能力（15%）	13	机加工基础知识	5	教师提问	
	14	自学能力	10	教师根据学生的学习情况、表达沟通能力、合作能力和创新能力酌情给分	
		表达沟通能力			
		合作能力			
		创新能力			

参考文献

[1] 人力资源和社会保障部教材办公室 . 车工工艺与技能训练 [M]. 2 版 . 北京：中国劳动社会保障出版社，2015.
[2] 魏斯亮，李时骏 . 互换性与技术测量 [M]. 3 版 . 北京：北京理工大学出版社，2014.
[3] 人力资源和社会保障部教材办公室 . 机械制图 [M]. 3 版 . 北京：中国劳动社会保障出版社，2011.
[4] 贾文 . 零件加工工艺与工装设计 [M]. 北京：北京理工大学出版社，2010.